Reaktionskinetik in Lebensmitteln

Springer

Berlin
Heidelberg
New York
Barcelona
Budapest
Hong Kong
London
Mailand
Paris
Santa Clara
Singapur
Tokio

Günter Westphal · Hans Buhr · Horst Otto

Reaktionskinetik in Lebensmitteln

Mit 77 Abbildungen und 60 Tabellen

Springer

Prof. Dr. rer. nat. hab. Günter Westphal
Permselect GmbH
Glienicker Weg 185
12489 Berlin

Dr. rer. nat. Hans Buhr
TU Berlin
Fachbereich
Lebensmittelwissenschaft und Biotechnologie
10115 Berlin

Dr. rer. nat. Horst Otto
Fischerinsel 5
10179 Berlin

ISBN 3-540-61133-9 Springer-Verlag Berlin Heidelberg New York

Die Deutsche Bibliothek – CIP-Einheitsaufnahme

Westphal, Günter:
Reaktionskinetik in Lebensmitteln : mit 60 Tabellen / Günter Westphal ; Hans Buhr ; Horst Otto. – Berlin ; Heidelberg ; New York ; Barcelona ; Budapest ; Hong Kong ; London ; Mailand ; Paris ; Santa Clara ; Tokio : Springer, 1996
ISBN 3-540-61133-9
NE: Buhr, Hans: ; Otto, Horst:

Satz: Datenkonvertierung Fotosatz-Service Köhler OHG, Würzburg
Umschlaggestaltung: Künkel + Lopka, Ilvesheim
SPIN: 10489719 52/3020 – 5 4 3 2 1 0 – Gedruckt auf säurefreiem Papier

Herrn Prof. Dr. em. Josef Herrmann gewidmet

Vorwort

Gegenwärtig erleben wir die Profilierung der Lebensmittelwissenschaft als eine immer eigenständiger werdende Wissenschaftsdisziplin bei der Zusammenführung empirischer Erfahrungen mit wissenschaftlichen Erkenntnissen. Dabei werden insbesondere in Deutschland die angewandte Analytik, die angewandten Naturwissenschaften sowie die technologischen und technischen Disziplinen mit einbezogen. Aus der Notwendigkeit einer effektiven Lebensmittelproduktion resultieren für die Lebensmittelwissenschaft Aufgabenstellungen, die eine Antwort auf die qualitätsgerechte Produktionsweise und ihre Rentabilität geben. Neben dem Material- und Kostenaufwand wird der Faktor Zeit zum entscheidenden Kriterium des Ergebnisses. Es ist daher nicht verwunderlich, daß sich international in den letzten zehn Jahren die Reaktionskinetik als Teilgebiet der Lebensmittelwissenschaft offenkundig vorrangig entwickelt hat, wie aus dem Schrifttum hervorgeht (Okos, 1986; Villota und Hawkes, 1992; Schwartzberg und Hartel, 1992). Im Mittelpunkt der Arbeiten standen produktbezogene Untersuchungen zur Reaktionskinetik der Lebensmittelveränderungen. In Deutschland ist vor allem die verfahrensorientierte Reaktorkinetik zu nennen. Zwangsläufig sind auch in verschiedenen Lehrbüchern zur Lebensmittelchemie und -technologie die Grundlagen der Reaktionskinetik mit aufgenommen worden (Belitz und Grosch, 1987; Kessler, 1988; Heiss und Eichner, 1990; Franzke, 1990). Für den wissenschaftlichen Inhalt dieser Beiträge darf man wohl die publizierten Forschungsergebnisse der Arbeitskreise um R. Heiss (1955–1980), W. Grosch (ab 1975) und J. Herrmann (ab 1969) nennen.

Die reaktionskinetische Betrachtung der Produktions- und Qualitätssicherung von Lebensmitteln führte zu einem tieferen Verständnis bekannter Stoffwandlungen und der Erkenntnis dominierender Einflußfaktoren. Die Reaktionskinetik ist aber im engeren Sinn keine Theorie mit geschlossener Axiomatik und durchgängiger mathematischer Formulierung. Vielmehr bietet sie auf der Basis experimenteller Untersuchungen von Lebensmittelveränderungen mit der Erfassung, der mathematischen Beschreibung und Verallgemeinerung der beobachteten Stoffumwandlungen in Lebensmitteln praktische Grundlagen in Form qualitativer Regeln sowie quantitativer Größen, die dem Lebensmittelwissenschaftler in der Praxis gestatten, die vorliegenden Prozesse zu beurteilen und optimal unter den gegebenen Betriebsbedingungen zu gestalten (Westphal und Buhr, 1982).

Die stofflichen Veränderungen einzelner Inhaltsstoffe von Lebensmitteln lassen sich in dem komplexen Reaktionssystem eines Lebensmittels in der Regel nicht explizit erfassen. Daher ist man bei der kinetischen Analyse von Lebensmittelveränderungen neben den kinetischen Messungen am reinen Substrat unter systemnahen Bedingungen eines ausgewählten Inhaltsstoffes auf die Auswertung von Messungen am Bruttoreaktionssystem „Lebensmittel“ angewiesen, die nur effektive Meßwerte des Reaktionssystems in Abhängigkeit von der Zeit liefern können. Darüber hinaus resultiert aus der Anwendung modellhafter mathematischer Lösungsfunktionen klassischer Auswertungsmethoden naturgemäß die Gefahr, daß mit der formalkinetischen Ermittlung nicht die Daten einer geschwindigkeitsbestimmenden Teilreaktion bestimmt, sondern Bruttoreaktionskonstanten ermittelt wurden, wonach leicht Fehlschlüsse zur zielgerichteten Beeinflussung des vorliegenden Systems auftreten können. Es sei deshalb schon hier erklärt, warum wir bewußt eine Literaturzusammenstellung jener Publikationen als Anhang anfertigten, in denen die kinetischen Auswertungen der Lebensmittelveränderung dem Zeitgesetz der Reaktionen 1. Ordnung unterstellt wurden. Nach dem Wissen über die Komplexität der Lebensmittelsysteme und dem chemischen Reaktionsverhalten einzelner Inhaltsstoffe sind nicht unbedingt allein Reaktionen 1. Ordnung zu erwarten. Deshalb werden die theoretischen Grundlagen zur Reaktionskinetik sowohl bei den Zeitgesetzen als auch bei der Systematisierung der möglichen Reaktionstypen in Lebensmitteln nicht so eng gefaßt, wie es dem gegenwärtigen Bild veröffentlichter kinetischer Untersuchungen entspricht, und Hinweise gegeben, wo man nach eigener Meinung leicht zu Fehlschlüssen kommen kann. Aus der Notwendigkeit, selbst thermodynamische Aspekte in die Interpretation von kinetischen Meßergebnissen und in der praktischen Umsetzung mit berücksichtigen zu müssen, resultiert die Aufnahme thermodynamischer Größen im Zusammenhang des wissenschaftlichen Gegenstandes dieses Buches zur Kinetik von Lebensmitteln.

Der weitere inhaltliche Aufbau dieses Buches entspricht dann zunehmend den spezifischen Fragestellungen zur Qualitäts- und Prozeßoptimierung unter Berücksichtigung empirischer Ergebnisse aus der Literatur, wobei eine theoretische Bezugnahme auf exakt mathematisch naturwissenschaftliche Grundlagen angestrebt wird.

In der Überzeugung, daß bei einem Lebensmittel nicht zuletzt subjektive Verbrauchernormen zu beachten sind, wurden aus kinetischer Sicht sensorische Analysen mit in den Inhalt des Buches aufgenommen.

Inhaltsverzeichnis

Verzeichnis der wichtigsten Formelzeichen und Definitionen

a	relative Konzentration des Stoffes A
a_i	Aktivität des Lebensmittelinhaltsstoffes i
a_j	Aktivitäten aller Lebensmittelinhaltsstoffe mit Ausnahme von i
a_m	Aktivitäten aller Lebensmittelinhaltsstoffe
a_l	Aktivitäten beliebiger Lebensmittelinhaltsstoffe
A	Komponente A
$A^\bullet$	Radikal der Komponente A
b	relative Konzentration des Stoffes B
c	relative Konzentration des Stoffes C
c_A	Konzentration des Stoffes A
c_A^0	Anfangskonzentration der Komponente A
c_{As}	Aminosäure-Konzentration
c_{Asc}	Ascorbinsäure-Konzentration
c_E	Enzym-Konzentration
c_{ES}	Konzentration des Enzym-Substratkomplexes
c_{Fl}	Flavourstoff-Konzentration
c_{H_2O}	Wasserkonzentration (auch $[H_2O]$)
c_i^{gl}	Konzentration des Stoffes i im Gleichgewicht
c_i	Konzentration der Komponente i
C_i	molare Wärmekapazität des Stoffes i
c_I	Inhibitor-Konzentration
c_{KH}	Kohlenhydrat-Konzentration
c_m	Konzentration aller Stoffe
c_{Mel}	Melanoidin-Konzentration
c_{Ox}	Konzentration eines Oxidationsmittels
c_{O_2}	Sauerstoffkonzentration
c_P	Produktkonzentration
c_{Red}	Konzentration eines Reduktionsmittels
c_S	Substratkonzentration
c_{Sac}	Saccharose-Konzentration
C_0	Kochzeit in Minuten bei 100 °C (373 K)
d	Dichte einer Lösung Schichtdicke einer Küvette differentielle Änderung
dZ_p	dimensionsloser Zeitparameter
D	Reaktionszeit für den 90 %igen Umsatz Zeit, in der sich eine Mikroorganismenanzahl auf 1/10 des Ausgangswertes verringert (decimal reduction time)

D_{12}	12facher D-Wert (Konzept des lebensmittelhygienischen Minimums)
e	Energie
E	molare Energie
	Extinktion
	Zeit für Enzyminaktivierung
E_h	Redoxpotential, bezogen auf die Standard-Wasserstoffelektrode
E_A	Aktivierungsenergie
f	freie Energie
f_e	Korrelationskoeffizient zwischen sensorisch und instrumentell ermitteltem Wert
f_c	Faktor für die Abkühlung (factor cooling)
f_h	Faktor für die Aufheizung (factor heating)
f_i	Aktivitätsfaktor für den Lebensmittelinhaltsstoff i
f_n	aus den Zeitgesetzen abgeleiteter dZ_p
f_{H_n}	auf einen 10%igen Umsatz bezogener dZ_p
f_D	auf einen 90%igen Umsatz bezogener dZ_p
F	molare freie Energie
	Faraday-Konstante
F_0	Sterilisierzeit in Minuten bei der Bezugstemperatur 121,1 °C (394,1 K)
g	freie Enthalpie
	Proportionalitätsfaktor zwischen der Konzentration und der äquivalenten Meßgröße einer Lebensmittelkomponente
G	molare freie Enthalpie
	Lagerungswert, ein dZ_p
G_{zul}	zulässiger Lagerungswert
∂G_i	partielle molare freie Enthalpie der Komponente i
ΔG_{akt}	Änderung der molaren freien Aktivierungsenthalpie
$\Delta_B G$	Änderung der molaren freien Standardbildungsenthalpie
$\Delta_M G$	Änderung der molaren freien Mischungs- oder Lösungsenthalpie
$\Delta_P G$	Änderung der molaren freien Enthalpie bei Phasenumwandlungen
$\Delta_R G$	Änderung der molaren freien Reaktionsenthalpie
h	Enthalpie
	Planck'sches Wirkungsquantum
H	molare Enthalpie
	Reaktionszeit für den 10%igen Umsatz
ΔH_{akt}	Änderung der molaren Aktivierungsenthalpie
$[H_2O]$	Wasserkonzentration
I	Ionenstärke
	Inhibitor
	Intensität einer Strahlung
j	Reaktionschritt j
	Verzögerungsfaktor bei der Erhitzung oder Abkühlung einer Komponente (Gradient, Iso-j-Zone)
k	Reaktionsgeschwindigkeitskonstante
k_A	Anfangsreaktionsgeschwindigkeitskonstante
k_b	Reaktionsgeschwindigkeitskonstante bei Bezugsbedingungen
k_B	Boltzmann-Konstante

k_B Brutto-Reaktionsgeschwindigkeitskonstante
k_0 Aktionskonstante in der Arrhenius-Gleichung
k' relative Reaktionsgeschwindigkeitskonstante
k_{Mel} Geschwindigkeitskonstante für die Melanoidinbildung (Produktbildungskonstante)
k_P Geschwindigkeitskonstante für die Produktbildung
k_T Geschwindigkeitskonstante bei einer bestimmten Temperatur T
$k_{T(b)}$ Geschwindigkeitskonstante bei der Bezugstemperatur T_b
K Gleichgewichtskonstante
K_m Michaelis-Menten-Konstante (auch K_M)
KQ komplexer Qualitätskoeffizient für ein Lebensmittel
L Letalrate
m Masse
M Molmasse
MGW Molekulargewicht
M_0 Lagerungszeit bei 0 °C
n_e Empfindungsgröße
n (Brutto-)Reaktionsordnung
Molzahl (oder allgemein Objektmenge)
n_i Molzahl des Lebensmittelinhaltsstoffes i
n_j Molzahlen aller Lebensmittelinhaltsstoffe mit Ausnahme von i
n_m Molzahlen aller Lebensmittelinhaltsstoffe
N_A Avogadro-Konstante
n_{Fl} durch eine Flavourstoff hervorgerufene Empfindungsgröße
N^+ Gesamtzahl lebender Mikroorganismen
N^- Zahl abgetöter Sporen
N^o Zahl inaktiver Sporen
N_0 Anfangskeimzahl
N_{akt} Zahl aktivierter Sporen
N_Y Grenzwert der Empfindungsgröße, auf die ein Prüfer geschult wurde
O Oberfläche
p Dampfdruck einer Lösung oder über einem Lebensmittel
p_0 Dampfdruck über Wasser
pH negativer dekadischer Logarithmus der H^+-Ionenkonzentration
pK negativer dekadischer Logarithmus der Gleichgewichtskonstante
P konzentrationsproportionale Meßgröße
Viskositätsquotient
Festigkeit von pflanzlichem Gewebe
q Wärmemenge
q_{rev} reversible Änderung der Energie
$Q_{\Delta T}$ Faktor, um den sich die Geschwindigkeitskonstante bei einer Temperaturänderung um ΔT (maximal 30 K) verändert
Q_1 Faktor, um den sich die Geschwindigkeitskonstante bei einer Temperaturänderung um 1 K verändert
Q_{10} Faktor, um den sich die Geschwindigkeitskonstante bei einer Temperaturerhöhung um 10 K vervielfacht

$Q_{\Delta T_A}$	Faktor, um den sich die Geschwindigkeitskonstante bei einer Temperaturänderung $\Delta T > 30$ K verändert
$Q_{\Delta c_{H^+}}$	Faktor, um den sich die Geschwindigkeitskonstante bei einer Verschiebung der H^+-Ionenkonzentration verändert
$Q_{\Delta H_2O}$	Faktor, um den sich die Geschwindigkeitskonstante bei einer Variation des Wassergehaltes verändert
$Q_{\Delta RM}$	Faktor, um den sich die Geschwindigkeitskonstante bei einer Variation des Reaktionsmilieus verändert
r	Reaktionsgeschwindigkeit Radius
r'	relative Reaktionsgeschwindigkeit
r_B	Bruttoreaktionsgeschwindigkeit
rH	negativer dekadischer Logarithmus des Wasserstoffpartialdruckes (Clarkscher Exponent)
r_{max}	maximale Reaktionsgeschwindigkeit
r_u	umsatzabhängige Anfangsreaktionsgeschwindigkeit
R	allgemeine Gaskonstante
RM	Reaktionsmilieu
RM_b	Bezugsreaktionsmilieu
s	Entropie
S	molare Entropie Substrat
SGO	subjektive Gustometrie und Olfaktometrie
S_{T_b}	äquivalante Zeit für eine Lebensmittelveränderung bei T_b
ΔS_{akt}	Aktivierungsentropie
t	Zeit (in der Regel in Minuten)
$t_{1/2}$	Halbwertszeit (auch τ)
t_I	Zeit für die Induktionsperiode
t_{n_e}	Zeit, nach der eine Empfindungsgröße n_e auftritt Zeit, nach der eine unerwünschte, meist chemische Lebensmittelveränderung um x % eintritt
t_{erl}	Zeit, nach der erste feststellbare Mängel auftreten
t_{zul}	Zeit, nach der die Grenzwerte zulässiger Mängel erreicht ist
T	(absolute) Temperatur
T_b	Bezugstemperatur
$T_{k=1}$	absolute Temperatur in K, bei der k den Wert 1 annimmt
u	innere Energie
U	molare innere Enwergie Umsatz
v	Volumen
V	Molvolumen Verlustrate
w	Massenbruch mechanische Arbeit (meist Volumenarbeit)
W	dZ_p für die gewünschte Sterilität (allgemein auch erwünschter Effekt)
x	linearer Anstieg in der doppellogarithmischen Darstellung n_e gegen c_S
$X\,(M_o)$	Zelldichte an Mikroorganismen, auch Biomassetrockensubstanz-Gehalt

x_1	relative Konzentration einer Komponente 1 (meist von pflanzlichem Gewebe)
x_i	Molenbruch des Stoffes i
y	Zustandsvariable
$Y_{X/S}$	Ertragskoeffizient
∂Y_i	partielle (allgemeine) molare Zustandsgröße bei der Variablen *i*
Y_{sp}	spezifische Größe
z	Temperaturdifferenz (oder Reaktionszeit), bei der sich *k* um den Faktor 10 ändert
	Zustangsgröße oder Zustandsfunktion
Z	Zeit, nach der ein erwünschter Effekt erreicht wird
	Ladungszahl
	Zwischenprodukt
Z_c	Zeit, in der eine chemische Lebensmittelveränderung stattfindet
Z_e	Zeit zur Enzyminaktivierung
Z^{gl}	Zwischenprodukt im Gleichgewicht
Z_i	Ladungszahl der Komponente *i*
Z_m	Zeit für die Abtötung von Mikroorganismen
Z_S	Zeit, in der sensorische Lebensmittelveränderungen auftreten
α	stöchiometrische Molzahl der Komponente *A*
	Temperaturleitfähigkeitskoeffizient
β	stöchiometrische Molzahl der Komponente *B*
ε	Dielektrizitätskonstante
	Extinktionskoeffizient eines Stoffes
η	Viskositätskoeffizient
λ	meßbare physikochemische Größe, die proportional zur Konzentration eines Stoffes ist
	Wellenlänge eines Erregerlichtes
	Wärmeleitfähigkeit
μ	chemisches Potential
	Wachstumsrate von Mikroorganismen
μ_o	chemisches Standardpotential
μ_i	chemisches Potential des Stoffes *i*
φ	relative Luftfeuchte
ν	Wellenzahl
	spezifische Teilungsrate von Mikroorganismen
ν_o	Frequenz
ν_A	Absolutwert des stöchiometrischen Koeffizienten von A
Θ	Temperaturdifferenz bei der Abkühlung oder Erwärmung
τ	Halbwertszeit
	Relaxationszeit
	Induktionszeit
ρ	Dichte
ξ	Objektmenge der Formelumsätze
π	Produktbildungsrate von Mikroorganismen
σ	Substratverbrauchsrate für Mikroorganismen

Einleitung

Die Reaktionskinetik der Lebensmittel hat den zeitlichen Verlauf und den Mechanismus von solchen Stoffwandlungen zum Gegenstand, bei denen Bindungen der Lebensmittelinhaltsstoffe in chemischen, biochemischen und/oder mikrobiologischen Prozessen umgruppiert werden.

So laufen bei der Zubereitung und Verarbeitung, der Lagerung, dem Transport sowie der Vermarktung unter den vorherrschenden äußeren Bedingungen erwünschte und/oder unerwünschte Veränderungen von Lebensmittelinhaltsstoffen ab, die ihrerseits durch die stoffliche Zusammensetzung nach Art und Menge gekennzeichnet sind. Die Änderung der Lebensmittelqualität, ausgedrückt in der Konzentrationsänderung eines oder mehrerer Lebensmittelinhaltsstoffe pro Zeiteinheit, ist eine Funktion der Zusammensetzung der Lebensmittel (innere Faktoren, vor allem Strukturen der Komponenten) und der äußeren Einflußfaktoren (äußere Parameter, neben Druck und Temperatur insbesondere die spezifischen Parameter des Reaktionsmilieus eines Lebensmittels).

Die qualitätsfördernde Steuerung einzelner Verfahrensstufen vom Rohstoff zum verzehrfertigen Produkt Lebensmittel erfolgt häufig nur über die Analyse der Qualitätmerkmale des Endproduktes. Eine Korrektur fehlerhafter Prozesse kann daher erst in der nächsten Produktionsstufe bzw. Charge organisiert werden. Noch heute ist die Feststellung von Thissen und Bruin (1981) zutreffend, daß man in der Lebensmittelindustrie nicht am Optimum ihrer potentiellen technologischen Möglichkeiten arbeitet, obwohl die industriemäßige Produktion von Lebensmitteln teilweise automatisiert auf eine breite Produktionspalette hoher Qualität ausgerichtet ist. Viele Zweige der Lebensmittelindustrie sind stärker von Erfahrung und handwerklicher Tradition als durch die Nutzung wissenschaftlicher Erkenntnisse geprägt. Dabei spielen die Verbrauchererwartungen, die europäische und internationale Wettbewerbssituation als auch die nationalen und internationalen Gesetzgebungen[1] eine besondere Rolle. Im Unterschied zur chemischen Industrie ist in der Lebensmittelindustrie im allgemeinen ein niedrigerer Grad der Anwendung wissenschaftlicher Prinzipien und des Know-how der Ingenieurwissenschaften in Verbindung mit profunden Kenntnissen der physikalischen, chemischen und biochemischen Mechanismen festzustellen. Bekannt sind traditionelle Vorgehensweisen bei der Zubereitung der Speisen in gesellschaftlichen (öffentlichen) Einrichtungen und im Haushalt.

Die kinetischen Untersuchungen ermöglichen Aussagen über den Reaktionstyp und das Ausmaß der qualitätsprägenden Stoffwandlungen in Abhängigkeit von Stoff- und Prozeßparametern.

---

[1] Vgl. Lebensmittel- und Bedarfsgegenständegesetz vom 15.8.1974.

Da man Stoffumsätze sowie Prozeßzeiten häufig nur auf der Basis von unter Betriebsbedingungen ermittelten Daten hinreichend genau berechenbar gestalten kann, ist eine darauf begründete Qualitäts- und Prozeßoptimierung vor allem in größeren Produktionseinheiten effektiv. In diesem Zusammenhang wird die Qualität von Lebensmitteln durch den Genuß-, Nähr- und Gebrauchswert, d.h. durch wesentliche funktionelle Eigenschaften von Lebensmittelinhaltsstoffen gekennzeichnet. Die Steuerung der qualitätsbestimmenden technologischen Prozesse kann über die Kenntnis des zeitabhängigen Einflusses der Prozeßbedingungen (wie Temperatur, pH-Wert, Wassergehalt etc.) auf die funktionellen Eigenschaften erfolgen. Aber gerade bei der Erarbeitung solcher Grundlagen sind Rückstände nicht zu übersehen. Natürlich bereitet die komplexe Zusammensetzung der Lebensmittel objektive Schwierigkeiten bei der experimentellen Ermittlung reaktionskinetischer Daten. Die Reaktionskinetik der Lebensmittel kann aber schon auf Erkenntnisse verweisen, die bei der Haltbarmachung von Lebensmitteln erzielt wurden (Bigelow u. a., 1920; Ball und Olson, 1957; Riedel, 1947; Goldblith, 1961; Stumbo, 1973). Die in diesem Zusammenhang begründete und sich entwickelnde Kinetik der Enzyme und Mikroorganismen ist inzwischen zum festen Bestandteil in Lehre und Forschung geworden. Auf eine vertiefte Abhandlung dieser Wissensgebiete wird daher im vorliegenden Buch verzichtet. Nicht einbezogen werden außerdem physikalische Vorgänge, die den zeitlichen Ablauf von Veränderungen in Lebensmitteln mitbestimmen können, wie z.B. Diffusions-, Adsorptions- und Resorptionsvorgänge, Phasenumwandlungen sowie technisch orientierte Grundlagen der Reaktionskinetik.

Da die direkte Messung von erwünschten Zielgrößen – etwa die Qualitätsparameter oder sie prägende Stoffkonzentrationen – häufig schwierig oder unter Umständen gar nicht möglich ist, wurde und wird die mathematische Modellierung zur Methode für die naturwissenschaftliche Durchdringung des technischen Prozesses.

So sind mathematische Modelle von Stoffwandlungen weit verbreitet. Die auf diese Weise erarbeitete Aussagen sind jedoch im wesentlichen nur für konforme Rohstoffzusammensetzungen und festgelegte Reaktionsbedingungen im definierten Untersuchungsbereich für die Stoffwandlungen gültig. Die Reaktionskinetik der Lebensmittel geht von der Charakterisierung des sich verändernden „Systems Lebensmittel" aus. Anderseits werden die kennzeichnenden Stoffumwandlungen in Abhängigkeit von ihren Einflußfaktoren quantitativ durch die experimentelle Aufnahme von Konzentrations-Zeit-Funktionen bzw. konzentrationsproportionalen Zeitfunktionen untersucht. Naturgemäß nutzt dabei die Reaktionskinetik der Lebensmittel die Methoden der chemischen Kinetik. Auf unterschiedliche Ausgangssituationen und Ziele muß jedoch hingewiesen werden. In der Chemie hat man es allgemein mit einer definierten Zahl von Reaktionspartnern bekannter Struktur zu tun, in der Lebensmittelwissenschaft dagegen mit komplexen Vielkomponentensystemen, meist natürlichen Ursprungs. Außerdem treten oft einzelne Bestandteile in geringer Konzentration auf (Vitamine, Enzyme), die dennoch eine große spezifische Wirkung besitzen. Die Chemie muß zwar auch in der Technologie den unterschiedlichen Rohstoffen Rechnung tragen, die Qualität des Produktes kann aber in der Regel gut reproduziert werden. Die Qualität des Lebensmittels ist demgegenüber sensibel vom pflanzlichen oder tierischen Rohstoff abhängig. In die Qualität von landwirtschaftlichen Rohstoffen geht im besonderen ihre „Vorgeschichte" ein. So hängen die Zusammensetzung und Menge von pflanzlichen Rohstoffen vom Klima und der Bodenbeschaffenheit, von den verwendeten Wachstumsregulatoren und Schädlingsbekämpfungsmitteln sowie von den Ernte- und Nacherntebedingungen ab. In die Qualität von tierischen Rohstoffen gehen die Fütterungs- und Haltungsbedingungen, die angewendeten Pharmaka und Streßfaktoren, die Schlacht- und Aufbereitungsbedingungen ein. Schließlich wird die Beschaffenheit landwirtschaftlicher Rohstoffe maßgeblich durch die Transport- und Lagerungsbedingungen beeinflußt. Neben den Rohstoffen wird die Lebensmittelqualität vor allem durch die Parameter des „Reaktionsmilieus" (Herrmann, 1976) beeinflußt.

Trotz der Schwierigkeiten kinetischer Analysen an Lebensmittelsystemen bei der Erfassung von Meßwerten, den Einschränkungen mechanistischer Aussagen zum Ablauf vorliegender Prozesse und der theoretischen Behandlung insbesondere heterogener Reaktionssysteme sehen wir in der formalkinetischen Anwendung selbst mathematischer Näherungslösungen durch die Notwendigkeit begründet, zur Qualitäts- und Prozeßoptimierung technisch übersetzbare Steuerungsgrößen zu gewinnen. Es sei nur daran erinnert, daß oft in der Praxis Berechnungen nach Lösungsvorschriften ausgeführt werden, die streng genommen nur für ideale Systeme gelten, und dennoch der Zweck die Mittel heiligt.

Charakterisierung von Lebensmitteln

Lebensmittel sind Stoffe, die vom Menschen in rohem, verarbeitetem oder zubereitetem Zustand gegessen, getrunken oder gekaut werden können (Heimann, 1972). Die so getroffene Charakterisierung der Nahrungs- und Genußmittel steht mit der Lebensmittelqualität in einem engen Zusammenhang (vgl. DIN ISO 8402). Eine gute Qualität der Lebensmittel ist mit einem hohen Genuß-, Nähr- und Gebrauchswert sowie einer gesundheitsfördernden Wirkung gleichzusetzen. In Bezug auf ihren Gebrauchswert werden besonders die funktionellen Eigenschaften von Lebensmitteln angesprochen.

Funktionelle Eigenschaften sind solche Merkmale eines Lebensmittels, die zum erwünschten Nährwert und Flavour, zur erwünschten Farbe sowie Textur beitragen. Diese dem Wesen nach statische Betrachtung wird in eine mehr dynamische Auffassung übergeführt, wenn die funktionellen Eigenschaften eines Lebensmittels zugleich als solche physikochemischen Wirkungen der Lebensmittelinhaltsstoffe angesehen werden, die das Verhalten des Lebensmittels während der Gewinnung, Herstellung, Verarbeitung, Lagerung und des Verbrauches bestimmen (Kinsella, 1976). Somit sind die Eigenschaften der Lebensmittelinhaltsstoffe auch mit den entscheidenden technologischen Prozessen eines Lebensmittels als dynamische Folge von Abläufen unterschiedlicher Zustände verknüpft und zugleich ist eine Rechtfertigung dafür gegeben, Lebensmittel als Stoffsysteme zu betrachten.

1.1
Lebensmittel als Mehrstoffsysteme

Lebensmittel können nach ihrer stofflichen Zusammensetzung als Ein- oder Mehrstoffsysteme betrachtet werden. Je nach der Anzahl sichtbarer Phasen unterscheidet man zwischen homogenen und heterogenen Systemen.

Ein homogenes System zeichnet sich durch konstante Stoffeigenschaften innerhalb eines Raumes aus. Heterogene Systeme bestehen dagegen immer aus mindestens zwei Phasen mit einer Phasengrenzfläche. Ändern sich die Eigenschaften räumlich stetig ohne Übergang durch eine Phasengrenzfläche, so spricht man ebenfalls noch von einem homogenen, oft auch von einem quasihomogenen System. Diese liegen meist als Emulsionen mit einem durchschnittlichen Tröpfchendurchmesser von 1 µm vor. Darin ändern sich die Systemeigenschaften z.B. beim Übergang von den Biomolekülen oder Micellen zum Lösungsmittel kontinuierlich. Solche Systeme kennen wir als O/W-Emulsionen (Öl in Wasser, u.a. Milch, Mayonaise) und W/O-Emulsionen (Wasser in Öl, u.a. Butter und andere Streichfette). Für

Lebensmittel sind Mehrstoffsysteme typisch, sieht man einmal von Kochsalz, Saccharose oder anderen reinen Lebensmittelbestandteilen ab. Im allgemeinen liegen Mehrstoffsysteme als Mischungen vor, bei denen es sich in der Hauptsache um Lösungen von Stoffen in Wasser (blanke Säfte, verdünnte Konzentrate u.a.) oder Fetten (fettlösliche Vitamine, Farbstoffe u.a.) handelt.

Viele landwirtschaftliche Rohstoffe bzw. Lebensmittel sind heterogen. Dazu zählen stückige Güter in Aufgüssen und Wurstbrät, Suspensionen (Suppen, Brühen, Kaltschalen), Schaummassen (Bisquits, Extrudate) und kohlensäurehaltige Getränke (Bier, Schaumweine, Selters). Für solche Lebensmittel und vor allem ihre Rohstoffe sind Phasen- und Systemgrenzen typisch. Lagernde Güter sind gegen Luft, Kohlendioxid, Wasser, Fette usw. abgegrenzt. Flüssige Lebensmittel, rieselfähige Güter (Mehl, Zucker), geformte Lebensmittel (wie Formfleisch, Wurst) befinden sich häufig in Packstoffen. Verpackte und nicht verpackte Lebensmittel werden zudem häufig für eine endliche Zeit unter konstanten Bedingungen (Temperatur, Druck) aufbewahrt.

Unter dem Gesichtspunkt des Stoff- und/oder Wärmeaustausches der Lebensmittel mit ihrer Umgebung unterscheidet man zwischen abgeschlossenen, geschlossenen und offenen Systemen.

Abgeschlossene Systeme liegen vor, wenn in einer endlichen Zeit weder ein Stoff- noch ein Energieaustausch stattfindet. Von abgeschlossenen Lebensmittelsystemen sprechen wir, wenn diese steril und verschlossen verpackt bei konstanter, vorzugsweise niedriger Temperatur aufbewahrt werden.

Bei geschlossenen Systemen findet ein Wärmeaustausch ohne Stoffaustausch mit der Umgebung statt. Der Wärmeaustausch bzw. die Wärmeausbreitung kann durch Wärmeströmung (Konvektion), Wärmeleitung (Konduktion) oder Wärmestrahlung erfolgen. Die erste Form beobachten wir z.B. beim Kochen flüssiger Produkte. Hier nehmen die Teilchen bei ihrer Ortsveränderung (von der heißeren zur kühleren Stelle) Energieanteile mit. Schon bei pastösen und besonders bei festen Produkten wird die aufgenommene Wärmeenergie gewöhnlich von einem Teilchen auf das benachbarte Teilchen übertragen (Wärmeleitung). Dabei ist ein Temperaturgefälle zwischen den Teilchen als Triebkraft für den Energieaustausch verantwortlich. Im Mikrowellengerät wird dagegen hauptsächlich Energie in Form elektromagnetischer Wellen ohne ein Temperaturgefälle durch die Wandlung von Strahlungs- in Wärmeenergie auf die Materie übertragen.

Ist neben dem Energieaustausch auch ein Stoffaustausch von einer oder mehreren Komponenten mit der Umgebung gegeben, dann liegen offene Systeme vor. Zu den Vorgängen in offenen Systemen zählen die Trocknungs- und Konzentrierungsprozesse, Lösungs- und Verdünnungsprozesse, Reifungsprozesse (Wurst, Käse) als auch die Lagerung von Gütern bei variablen Umgebungsbedingungen. Beim Stoffaustausch zwischen den Phasen eines Systems oder zwischen dem Lebensmittel und der Umgebung handelt es sich meist um flüchtige Komponenten (Kohlendioxid, Aromastoffe, Dämpfe) oder flüssige Anteile (Wasser, Genußsäuren).

Allgemein ist das System Lebensmittel durch seine stoffliche Zusammensetzung (innere Faktoren) nach Art (Qualität – Strukturen der Inhaltsstoffe) und Menge

(Quantität) sowie durch die äußeren Einflüsse der Umgebung (Reaktionsmilieu = RM) auf seine Inhaltsstoffe zu charakterisieren.[1]

Die Qualität und Menge der Lebensmittelinhaltsstoffe hängen wesentlich von der Vorgeschichte des Rohstoffes ab.

1.2
Innere Faktoren von Lebensmittelsystemen und Strukturmerkmale der Lebensmittelinhaltsstoffe

Die funktionellen Eigenschaften von Lebensmittelinhaltsstoffen und ihr Verhalten in den Lebensmitteln sind eng mit ihrer Struktur verknüpft. Sie läßt sich durch die Konstitution und den räumlichen Bau (Stereochemie) der einzelnen Komponenten im gesamten Substrat beschreiben.[2]

Mit Bezug auf die Konstitution von C_3-Verbindungen kann man Strukturisomere mit der Summenformel $C_3H_6O_3$ wie folgt unterscheiden:

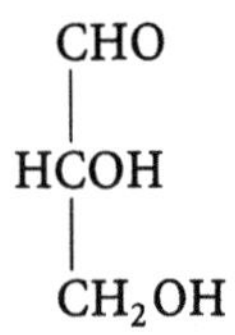

Glycerinaldehyd (1)

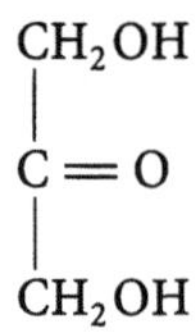

Dihydroxyaceton (2)

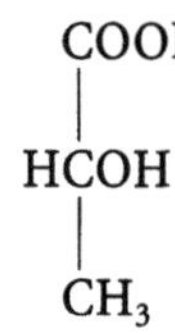

Milchsäure (3)

Betrachten wir die Verbindungen 1 und 3, so sind je nach der räumlichen Anordnung der Substituenten am mittleren, asymmetrischen Kohlenstoffatom (chirales Zentrum) die zwei verschiedenen Konfigurationsformen bzw. Enantiomere D und L zu unterscheiden. Konfiguration und Konformation[3] determinieren die biologische Aktivität der Moleküle. Erinnert sei hier nur an die konformativen Abhängigkeiten der Enzymaktivitäten.

Das reaktive Verhalten und die damit verbundenen sensorischen Eigenschaften eines Lebensmittelinhaltsstoffes sind durch eine „Wirkpaarung" mit dem Reaktionsmilieu (Abschnitt 1.3) bestimmt. Aus Erfahrungen wissen wir, daß z.B. Proteine im Getreide, in der Milch oder im Fleisch sowohl vergleichbare als auch unterschiedliche Eigenschaften zeigen. Setzt man einem Fleischbrät Casein zu, dann wird das Verhalten dieses Milchproteins wesentlich durch die neue „Umgebung" geprägt. Saccharose verleiht Nahrungs- und Genußmitteln nicht nur den

[1] In der technischen Thermodynamik unterscheidet man gewöhnlich zwischen den Systemparametern, der stofflichen Zusammensetzung und den inneren Systembedingungen wie der Temperatur, dem Druck u.a.m. und den äußeren Umweltbedingungen (Umgebungstemperatur, -druck, -feuchte etc.). Nach einer endlichen Zeit befinden sich in geschlossenen Systemen die inneren Bedingungen im Gleichgewicht.

[2] Mit der Konstitution werden Art und Sequenz der in einem Molekül vorliegenden Atome und Bindungen gekennzeichnet.

[3] Von der Konformation sprechen wir dann, wenn sich Moleküle gleicher Konstitution räumlich dadurch voneinander unterscheiden, daß Atome oder Atomgruppen um gedachte oder vorhandene Einfachbindungen gedreht werden können.

Süßgeschmack, sondern ist auch für das technofunktionelle Verhalten verschiedener pflanzlicher Rohstoffe bzw. daraus hervorgegangener Rezepturen mitverantwortlich (Zuckerrüben, Obst, Teigwaren, Getränke).

1.3
Äußere Parameter von Lebensmittelsystemen – das Reaktionsmilieu

Die auf einen Inhaltststoff eines Lebensmittels einwirkenden Parameter, zusammengefaßt im Reaktionsmilieu (RM), können originärer Art sein oder als Zwang auf das System einwirken. Bleiben wir bei dem oben gewählten Inhaltsstoff, dem Protein, dann sind im Getreide Wechselwirkungen mit den Sacchariden, in der Milch mit dem Fett und der Lactose sowie im Fleisch mit dem Fett möglich.

Verallgemeinert lassen sich die RM-Parameter zusammenfassen:

1. Art und Konzentration von Lebensmittelinhaltstoffen:
   Kohlenhydrate, Fette, Eiweiße, Enzyme (besonders Hydrolasen und Oxidoreduktasen), Effektoren, Mikroorganismen, Salze (Ionenstärke), Wasser (Wasseraktivität), Wasserstoffionen (pH-Wert), Sauerstoff, Oxidationsmittel und/oder Reduktionsmittel (rH-Wert) u. a. m.
2. Art und Konzentration von Zusatzstoffen und Kontaminanten:
   Komponenten aus 1., polyaromatische Kohlenwasserstoffe (PAK), Pestizide, Schwermetalle u. a. m.
3. Physikalische Bedingungen:
   Temperatur (T), Energieanteile oder -formen, Druck (p)

Die aufgezählten Parameter des Reaktionsmilieus sind entweder inhärente Bestandteile des Lebensmittels bzw. energetische Charakteristika oder Einflußfaktoren aus der unmittelbaren Umgebung. So können gezielt Zusatzstoffe (Salze, Farbstoffe, Vitamine u.a.m.) in ein Lebensmittel gelangen, aber auch unerwünschte Fremdstoffe auftreten. Die Zusatzstoffe erzwingen in der Regel erwünschte Veränderungen. Damit verbundene unerwünschte Veränderungen sind jedoch nicht selten. Letzterer Einfluß ist bei der Anwendung von Mikroorganismen durch die ungewollte Kontaminierung des Lebensmittels mit Mikroorganismen nicht immer vermeidbar.

Als typische Parameter des Reaktionsmilieus sind die Temperatur T und der Druck p zu betrachten. Um die Wirksamkeit einzelner Parameter und ihre wechselseitige Einflußnahme auf ein Lebensmittel einschätzen zu können (Prozeßberechnung), hat man praxisorientierte Bezugsparameter (RM_b) festgelegt. In Bezug auf die Temperatur sind dies u.a. die Lagerungstemperaturen (–18 °C, 0 °C oder 25 °C), die Pasteurisierungstemperaturen (70 – 92 °C), die Koch- oder Garetemperatur (100 °C) und die Sterilisierungstemperatur (121,1 °C). Als Bezugswert gelten für den Druck 0,1 MPa und für die Objektmenge eines Stoffes 1 Mol.

Im folgenden sollen einige der aufgeführten Parameter des Reaktionsmilieus entsprechend ihrer Bedeutung für Lebensmittelveränderungen diskutiert werden.

1.3.1
Konzentrationen und Formelmenge von Lebensmittelinhaltsstoffen

Die Konzentration einer Lebensmittelkomponente c_i ist ihrer Molzahl n_i im untersuchten System[4] proportional.

$$c_i \approx n_i \tag{1.1}$$

Der Proportionalitätsfaktor zwischen c_i und n_i ist mit dem Aufenthaltsvolumen v gegeben.

$$c_i = \frac{n_i}{v} \tag{1.2}$$

Ändert sich in einer meßbaren Zeitdifferenz Δt die Konzentration c_i bzw. die Molzahl n_i eines Lebensmittelinhaltstoffes i infolge von Abbau- oder Zerfallsreaktionen, dann besteht folgende Funktionalität:

$$c_i \approx n_i = f(t) \tag{1.3}$$

Reagieren die Edukte A, B, ... unter Bildung von Produkten X, Y, ..., dann wird der stöchiometrische Zusammenhang durch den Ausdruck (1.4) beschrieben:

$$\nu_A A + \nu_B B + \ldots \rightarrow \nu_X X + \nu_Y Y + \ldots \tag{1.4}$$

ν_A, ν_B, ν_X, ν_Y, ... sind die stöchiometrischen Faktoren der Molzahlen n_A, n_B, n_X, n_Y, ... Die verbrauchten Stoffe A und B werden mit negativem und die gebildeten Produkte X bzw. Y mit positivem Vorzeichen in Rechnungen berücksichtigt.

Läuft die Reaktion von A mit B nach der Gleichung (1.4) stöchiometrisch irreversibel ab, dann ist der Reaktions- oder Formelumsatz durch die Formelmenge $\xi = 1$ gegeben.

Da die Änderungen der Molzahlen n_i pro Zeiteinheit nicht immer gleich sein müssen, ist eine differentielle Änderung zu betrachten.

$$\frac{dn_i}{\nu_i} = d\xi \tag{1.5}$$

Diese Gleichung gilt sowohl für chemische und biochemische Reaktionen als auch für technologische Prozesse wie Konzentrierungs-, Verdünnungsvorgänge oder Phasenumwandlungen.

1.3.2
Wasseraktivität

Häufig wird die vorliegende Wasserkonzentration in einem Lebensmittel als absoluter Wassergehalt (in %, bezogen auf die Gesamtmasse) angeben. Damit sind jedoch nicht die praktisch entscheidenden funktionellen Eigenschaften des Was-

[4] Teilchen- und Stoffmengen sowie Molzahlen können als Begriff „Objektmenge“ zusammengefaßt werden. Ein Mol entspricht der Objektmenge der Kohlenstoffatome von genau 12 g des reinen Isotops ^{12}C.

sers im Lebensmittel z. B. beim Trocknungs- und Lagerungsprozeß erfaßt. Eine entsprechende Korrelation zwischen der Wasserfunktionalität und dem Wassergehalt wird erst erreicht, wenn man anstelle des absoluten Wassergehaltes die Gleichgewichtsfeuchte in Lebensmitteln zu den funktionellen Eigenschaften des Wassers in einen Zusammenhang bringt. Die Gleichgewichtsfeuchte entspricht jener Gutsfeuchte, die sich bei einem isothermen Vorgang, nämlich der Einstellung des Wasserdampfdruckes im Lebensmittel zu seiner Umgebung mit einer bestimmten relativen Luftfeuchtigkeit als Gleichgewichtzustand herausbildet. Unter diesen thermodynamischen Voraussetzungen wird die „agierende" Wassermenge einer Gutsfeuchte als Wasseraktivität a_W charakterisiert.

Der a_W-Wert ist gemäß Gleichung (1.6) der Quotient des Wasserdampfdruckes (p) über dem Lebensmittel zum Dampfdruck über der reinen Wasserphase gleicher Masse unter den gleichen Bedingungen (p_0).

$$a_W = \frac{p}{p_0} \tag{1.6}$$

Allgemein hängt die Wasseraktivität von solchen Faktoren ab, die eine Wasseraufnahme mitbestimmen, wie z. B. die Wasserstoffbrückenbindungen der Lebensmittelinhaltsstoffe, ihre hydrophilen Wechselwirkungen sowie die Kapillarkräfte im Lebensmittelsystem bzw. die in den Raum gerichteten Kräfte (long range power). Derartige Wechselwirkungen spielen offenkundig in Gelen, Solen und Suspensionen eine bedeutende Rolle.

Bei der Auftragung des absoluten Wassergehaltes gegen die a_W-Werte liefert die Probe bei geringer bis mittlerer Feuchtigkeit eine charakteristische Modell-Desorptionskurve I sowie für die Wasseraufnahme eine typische Adsorptionsisotherme II (Abb. 1.1.). Die sigmoiden Kurven I und II schließen eine Hysterese ein. Folgen wir der Adsorptionsisotherme II, so beginnt mit ihrem konvexen Teil die Wasseraufnahme durch das Lebensmittel. Dabei kann das polare Wassermolekül mit polaren oder ionogenen Bezirken des Substrates reagieren und/oder über aktive Wasserstoffatome an der Lebensmitteloberfläche wechselwirken (Chemisorption bzw. Adsorption).

Der erste, nahezu lineare Teil des konvexen Kurvenzuges kennzeichnet die Herausbildung der monomolekularen Bedeckung der Oberfläche. Diese ist beim sogenannten a_1- bzw. BET-Punkt erreicht. Er läßt sich quantitativ durch die bekannte Langmuir-Gleichung beschreiben. Eine lineare Funktion der Adsorptionskurve erreicht man in der Regel gemäß der BET-Gleichung (Brunauer, Emmett, Teller) durch eine Auftragung von lg c_{H_2O} gegen a_W. Zur Beschreibung der Sorptionsisotherme kann auch das G.A.B.-Modell (Guggenheim, Anderson, De Boer) herangezogen werden.

Die „monomolekulare Bedeckung" der Oberfläche ist als Sättigung der vorhandenen polaren Gruppen mit Wasser im stöchiometrischen Verhältnis 1 : 1 zu verstehen. Aus Tabelle 1.1 gehen die Wassergehalte ausgewählter Lebensmittel am a_1-Punkt hervor.

Der konvexen Kurve folgt ein nahezu linearer Teil, der eine mehrfache Bedeckung der Lebensmitteloberfläche mit Wasser darstellt. Dieser Kurventeil ist um so steiler, je leichter das Gut Wasser aufnimmt, d. h. je hygroskopischer es ist. Der dritte, konkave Teil der Adsorptionsisotherme resultiert aus der Wirkung von

Tabelle 1.1. Wassergehalt einiger Lebensmittel am a_I-Punkt (nach Belitz und Grosch, 1987)

Lebensmittel	Wassergehalt [Masse-%]	Lebensmittel	Wassergehalt [Masse-%]
Stärke	11	Kartoffeln (in Stücken)	6
Gelatine	11		
Laktose (amorph)	6	Magermilchpulver	3
Dextran	9	Rindfleisch (gefriergetrocknet)	4
Saccharose (kristallin)	0,4		

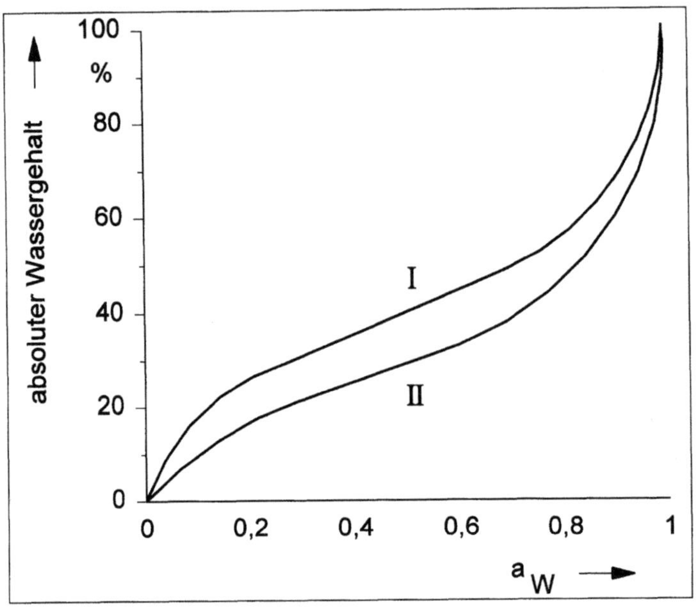

Abb. 1.1. Allgemeine Form einer Sorptionsisotherme

Adhäsionskräften in den Kapillaren der Lebensmittel auf Wasser und der Kondensation von Wasserdampf in den Kapillaren (Kapillarkondensation). Wie Abb. 1.1 verallgemeinert zeigt, fallen die Adsorptions- und Desorptionsisotherme für Lebensmittel nicht zusammen. Der Befund resultiert aus unterschiedlichen Energieinhalten beider Vorgänge. Während bei der Adsorption Wärmeenergie freigesetzt wird (Getreidelager können sich in feuchter Luft entzünden), muß für die Trocknung (Desorption) Wärmeenergie aufgewendet werden.

Deshalb ist auch der absolute Wassergehalt nicht als funktionale Größe zur allgemeinen Erfassung der erwähnten Lebensmittelprozesse geeignet. Zudem zeigen die folgenden Abbildungen (1.2) bis (1.5) den spezifischen Einfluß der Lebensmittelinhaltsstoffe auf den Verlauf der Sorptionsisthermen.

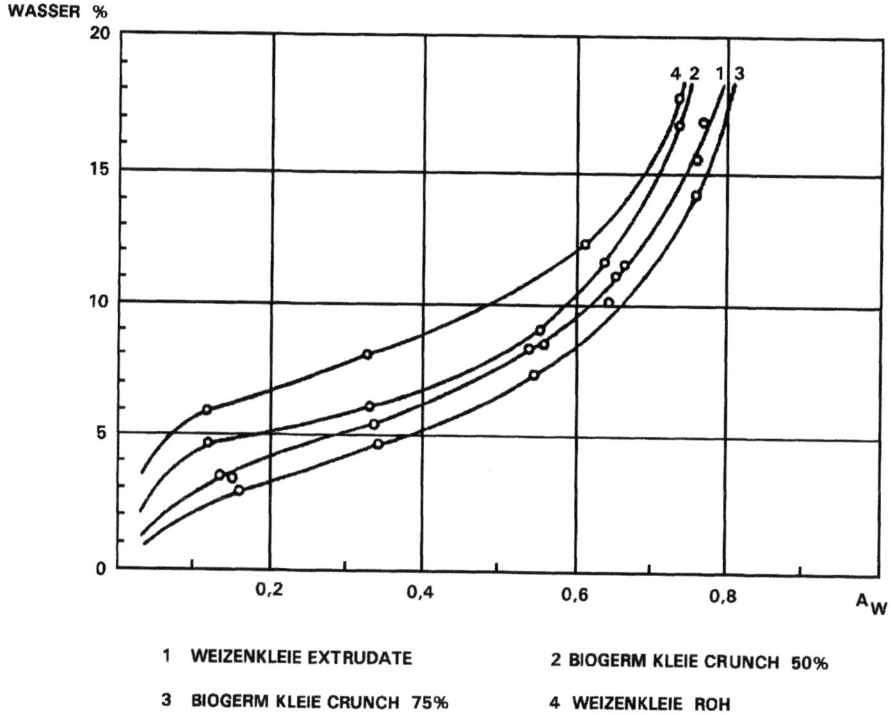

Abb. 1.2. Sorptionsisothermen von Weizenkleieextrudaten bei 25 °C (nach Appelt, 1988)

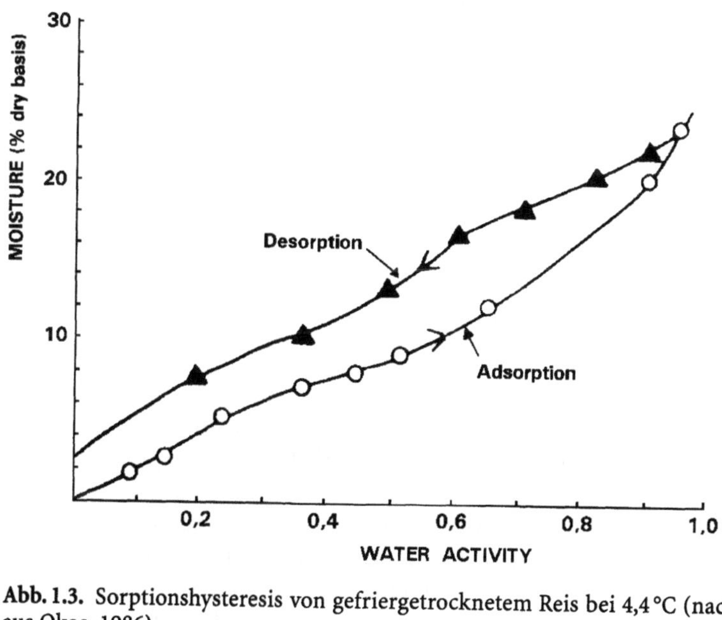

Abb. 1.3. Sorptionshysteresis von gefriergetrocknetem Reis bei 4,4 °C (nach Wolf u.a., 1972; aus Okos, 1986)

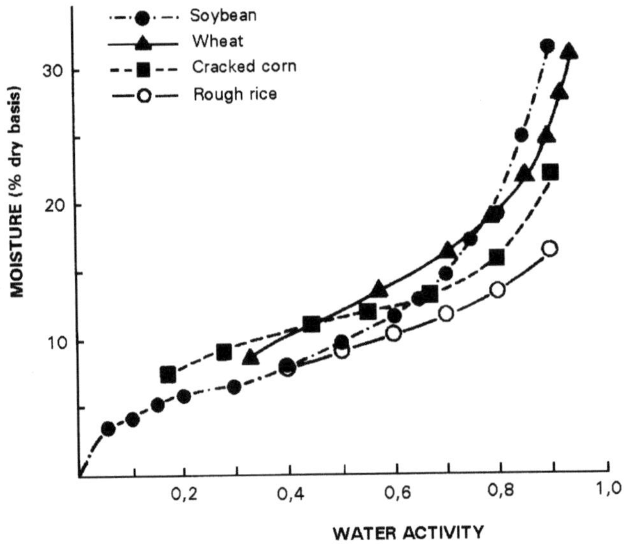

Abb. 1.4. Adsorptionsisothermen verschiedener pflanzlicher Rohstoffe (nach Okamura, 1973; aus Okos, 1986)

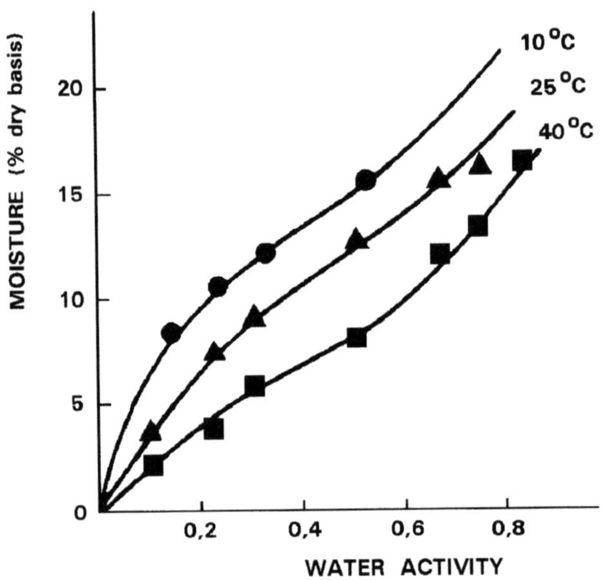

Abb. 1.5. Temperatureinfluß auf die Desorptionsisotherme von Kartoffelstückchen (nach Mazza, 1980; aus Okos, 1986)

Das an der Lebensmitteloberfläche und/oder von den Lebensmittelinhaltsstoffen gebundene Wasser zeigt auch infolge der unterschiedlichen Bindungsenergien verschiedene Eigenschaften. Der Gefrierpunkt des in Kapillaren locker gebundenen Wassers ($a_W > 0{,}8$) wird kaum erniedrigt. Dagegen wird der Schmelzpunkt des gefrorenen Wassers in Lebensmitteln mit mittlerer Feuchtigkeit ($0{,}3 \leq a_W \leq 0{,}8$) deutlich erniedrigt. In diesem Zusammenhang spricht man von intergranulär isotrop beweglichem Wasser. Infolge der Gefrierpunktserniedrigung des Wassers

Tabelle 1.2. Wasseraktivität ausgewählter Lebensmittel (nach Okos, 1986)

Produktgruppen	a_W
Cerealien	
Cornflakes	0,09
Kuchen, Kekse	0,30
Reis	0,56
Weizen	0,70
Sonnenblumensamen	0,75
Brot	0,92–0,97
Milchprodukte	
Trockenmilch	0,2
Milchpulver	0,75
Parmesankäse	0,76
Weißkäse	0,89
Fleischprodukte	
Speck (gekocht)	0,64
Salami (hart)	0,79–0,84
Frischfleisch	0,98–0,99
Beefsteak	0,63–0,68
Naturstoffprodukte	
Instanttee	0,13–0,27
Kartoffelchips	0,30
Eipulver	0,40
Margarine	0,88
Vanillepudding	0,97–0,99
Konfektionierte Produkte	
Flachschokolade	0,31
Milchschokolade	0,60
Melasse	0,76
Sahnebonbon	0,83
Cheddarkäse	0,94–0,96

an der Lebensmitteloberfläche ($a_W < 0{,}3$) ändert sich der Aggregatzustand des Wassers nicht. In Bezug auf die Stärke dieser Erscheinung spricht man von interhelical anisotrop beweglichem Wasser. Die a_W-Werte in Tabelle 1.2 sind ein Ausdruck der beschriebenen energetischen Bindungszustände, was Rückschlüsse auf das physikalische Verhalten des Wassers in solchen Systemen gestattet.

Die Gutsfeuchte beeinflußt maßgeblich die Lagerungsstabilität der Lebensmittel. In Tabelle 1.3. sind die absoluten Wasserkonzentrationen (in %) und Wasseraktivitäten ausgewählter Lebensmittel zusammengestellt.

Vergleicht man die Zahlenfolge in den Spalten der Tabelle 1.3, dann sind die Zusammenhänge zwischen den a_W-Werten und dem absoluten Wassergehalt eindeutig nur durch lebensmittelspezifische Strukturmerkmale zu erklären.

Aus Tabelle 1.4. geht hervor, wie stark der absolute Wassergehalt von Lebensmitteln bzw. Lebensmittelbestandteilen bei einem a_W-Wert von 0,80 differieren kann (nach Belitz und Grosch, 1987).

Tabelle 1.3. Absoluter Wassergehalt und a_W-Wert ausgewählter Lebensmittel (nach Belitz und Grosch, 1987)

absoluter Wassergehalt [%]	Lebensmittel	a_W-Wert
95	frisches Obst	0,97
65–75	Fleisch, Eier	0,97
40	Käse	0,96
30	Marmeladen, Sirupe, IMF[a]	0,82–0,94
67	Sorbit	0,80
56	Saccharose	0,80
20	Kartoffelstärke	0,80
20	Trockenfrüchte, Honig	0,72–0,80
16	Erbsen	0,80
10	Dauerbackwaren	0,10
1,5	Schokolade	0,10

[a] IMF = intermediate moisture foods.

Tabelle 1.4. Absoluter Wassergehalt ausgewählter Lebensmittel bei einem a_W-Wert von 0,80

Lebensmittel, -bestandteile	Wassergehalt [%]
Erbsen	13,8
Casein	15,9
Stärke (Kartoffeln)	16,7
Glycerol	51,9
Sorbitol	40,1
Saccharose	35,4
Kochsalz	76,9

Der a_W-Wert von Lebensmitteln, z. B. von Fleisch-und Wurstwaren, kann über den Salzgehalt eingestellt werden. Experimentell erreicht man bestimmte Gutsfeuchten, wenn die Lebensmittel in einem geschlossenen System in der Atmosphäre gesättigter Salzlösungen aufbewahrt werden (Tabelle 1.5; vgl. Roa und de Daza, 1991).

Naturgemäß hängt der a_W-Wert bei Salzlösungen auch von der Konzentration des Salzes ab.

Die Lagerfähigkeit von Lebensmitteln läßt sich, wie die Erfahrungen zeigen, besser mit der Wasseraktivität als mit der Wasserkonzentration verbinden (Abb. 1.7.). Versuche, andere Parameter des Lösungsmittels mit den funktionellen Eigenschaften von Lebensmittelsystemen zu verbinden, sind kritisch bewertet worden (Chirife und del Pilar Buera, 1994).

Tabelle 1.5. Relative Feuchtigkeiten über ausgewählten gesättigten Salzlösungen bei 30 °C

Salz	a_W-Wert	Salz	a_W-Wert
Lithiumchlorid	0,013	Natriumchlorid	0,751
Kaliumacetat	0,216	Ammoniumsulfat	0,806
Magnesiumchlorid	0,324	Kaliumchlorid	0,836
Kaliumcarbonat	0,432	Bariumchlorid	0,890
Magnesiumnitrat	0,516	Kaliumnitrat	0,923
Natriumbromid	0,560	Kaliumsulfat	0,970
Kaliumjodid	0,679		

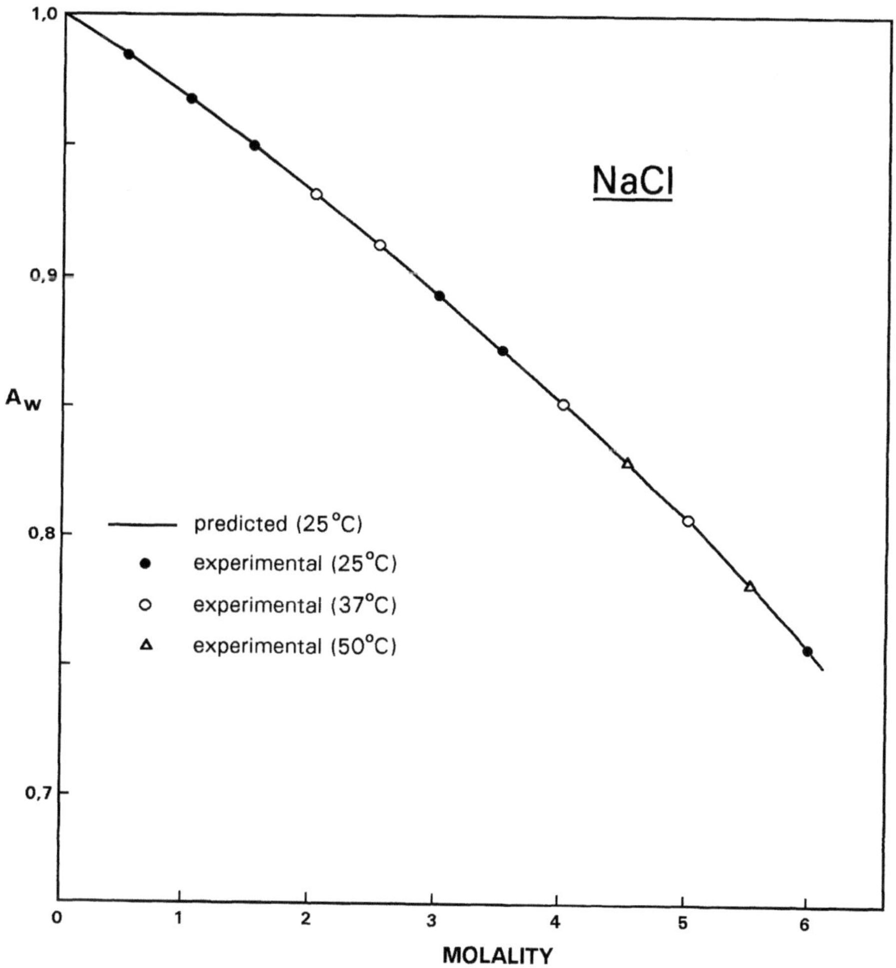

Abb. 1.6. Abhängigkeit der a_W-Werte von der Konzentration der Kochsalzlösungen (nach Chirife, 1987)

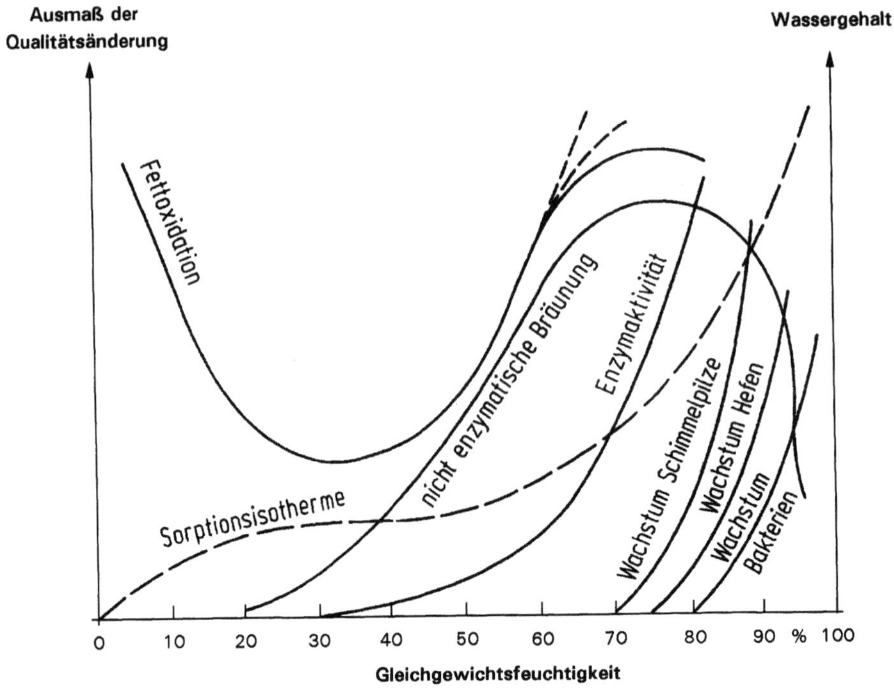

Abb. 1.7. Intensität des unterschiedlich verursachten Lebensmittelverderbs in Abhängigkeit vom Wassergehalt unter isothermen Bedingungen (nach Heiss und Eichner, 1990)

Während bei niedrigen a_W-Werten nichtenzymatische Reaktionen vorherrschen, laufen bei höheren Wasseraktivitäten enzymatisch katalysierte Vorgänge ab und schließlich liegen für das Wachstum und die Vermehrung von Mikroorganismen noch bessere Bedingungen vor.

Lipidoxidationen sind für Lebensmittel mit einem hohen Fettgehalt, die unsachgemäß gelagert wurden, typisch. Die Autoxidationen der Lipide führen zum Verderb der betreffenden Erzeugnisse, die besonders durch Metallionen der Nebengruppenelemente katalysiert werden. Nichtenzymatische Bräunungsreaktionen zwischen mono- und/oder oligomeren Kohlenhydraten und Aminosäuren bzw. Peptiden oder Proteinen (Maillard-Reaktion) können ab a_W-Werten von 0,1 ablaufen[5]. Die Braunfärbung der Lebensmittel und die Bildung von Aromastoffen sind ein äußeres Zeichen.

Die Wirksamkeit lebensmitteltypischer Enzyme ist an a_W-Werte ab ca. 0,7 gebunden. Bei Wasseraktivitäten über 0,8 werden die Verderbsreaktionen an Lebensmitteln infolge des Wachstums und der Vermehrung von Mikroorganismen möglich.

Aus dem oben gezeigten Bild ist abzulesen, daß Lebensmittel mit a_W-Werten zwischen $0{,}3 \leq a_W \leq 0{,}6$ sich durch eine gute Haltbarkeit auszeichnen. So eingestellte Produkte (im besonderen IMF – intermediate moisture foods- und SSP – shelf stable products) sind längere Zeit lagerfähig.

---

[5] Auch in trockenen Lebensmitteln können nichtenzymatische Bräunungsreaktionen ablaufen (Shigematsu-Reaktion).

1.3.3 Ionenstärke

Die nichtbindenden Wechselwirkungen von Lebensmittelinhaltsstoffen sowie deren Reaktionen werden maßgeblich durch den Gehalt an Salzen bzw. ihren Ionen oder durch polare Substanzen beeinflußt. Die Wirkung der verschiedenen Salze kommt in ihrer Aktivität a_i zum Ausdruck, die eine Funktion der Konzentration c_i der Teilchen i ist (Gleichung (1.7)).

$$a_i = f_i \cdot c_i \tag{1.7}$$

Wie groß allerdings der Proportionalitätsfaktor f_i ausfällt, hängt von der Ladungszahl z_i der Ionen sowie ihrer gegenseitigen Wechselwirkung im System ab. In verdünnten Lösungen ist f_i gemäß Gleichung (1.8) nach Debye und Hückel proportional der Ionenstärke I des Mediums sowie dem Quadrat der Ladungszahl Z. Der Proportionalitätsfaktor A kennzeichnet das dielektrische Verhalten des Lösungsmittels (für Wasser bei 25 °C, 298 K, beträgt $A = 0{,}509$ $(l \cdot \text{mol}^{-1})^{1/2}$).

$$\lg f_i = - Z_i^2 \cdot A \cdot I^{1/2} \tag{1.8}$$

$$I = \frac{1}{2} \sum_m c_m \cdot Z_m^2 \tag{1.9}$$

Über die Gleichung (1.9) erhält man die Ionenstärke I als die halbe Summe der Produkte aller Konzentrationen c_m mit dem Quadrat der zugehörigen Ionenladung Z_m. Sie wurde eingeführt, um die Konzentrationabhängigkeit des Aktivitätskoeffizienten auszudrücken.

Der Einfluß von Salzen bzw. deren Ionen auf die Geschwindigkeit von Lebensmittelveränderungen ist also eine Funktion der Aktivitätskoeffizienten (primärer Salzeffekt). Dabei führt ein Zusatz von gleichsinnig geladenen Teilchen l zur reagierenden Spezies i des Lebensmittels gemäß Gleichung (1.10) zur Erhöhung der Reaktionsgeschwindigkeit im Vergleich zu der des unbeeinflußten Lebensmittelsystems, ausgedrückt durch die Reaktionsgeschwindigkeitskonstanten k bzw. k_0.

$$\lg \frac{k}{k_0} = 2 \cdot a \cdot a_i \cdot a_l \cdot I^{1/2} \tag{1.10}$$

Der Zusatz nichtgleichsinnig geladener Ionen führt nach der Gleichung (1.10) zur Erniedrigung von k.

Verändert sich ein völlig neutraler Lebensmittelinhaltsstoff, dann haben ionogene oder polare Zusätze darauf in der Regel keinen Einfluß.

Bei der Beurteilung des Einflusses der Ionenstärke auf die Geschwindigkeit der Lebensmittelveränderung ist zu berücksichtigen, daß mit der Variation von I auch der pH-Wert verändert wird. Setzt man Serumalbumin z. B. Natriumsalze zu, so erhöht sich der pH-Wert einer isoionischen Lösung deutlich (Abb. 1.8.).

In Lösungen von Phosphatpuffern gleicher Ionenstärke kann man bei unterschiedlichen Mischungsverhältnissen zwischen primären und sekundären Phosphaten pH-Werte von 5,9 bis 7,9 messen (Abb. 1.9).

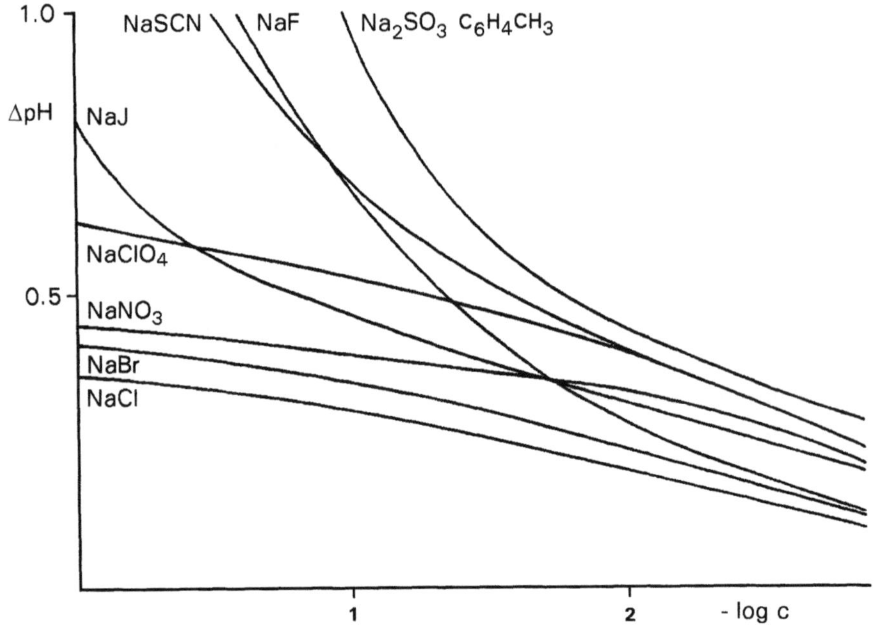

Abb. 1.8. Verschiebung des pH-Wertes einer isoionischen Lösung von Serumalbumin nach Zusatz von Natriumsalzen (nach Belitz und Grosch, 1987)

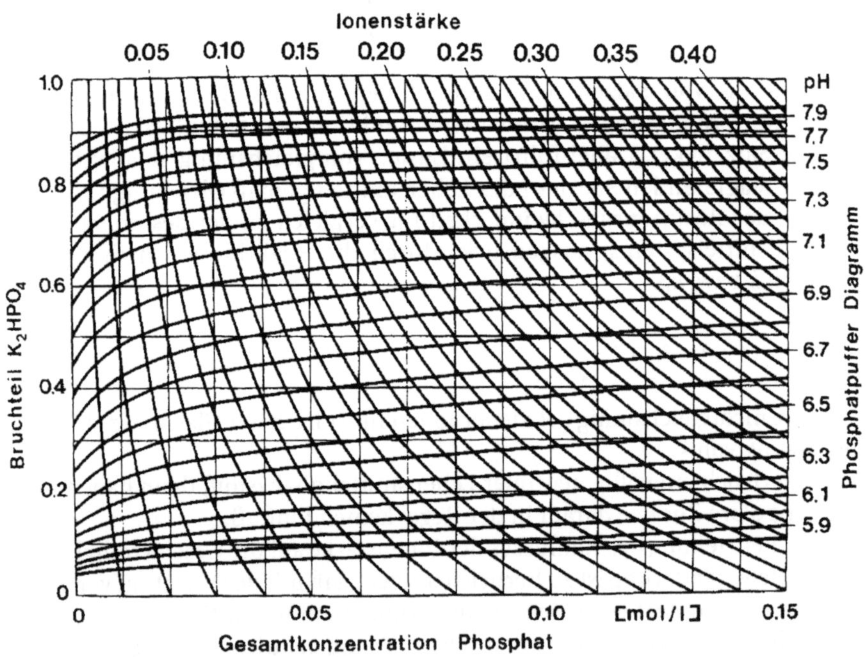

Abb. 1.9. Zusammenhang zwischen Ionenstärke und pH-Wert in Abhängigkeit vom Mischungsverhältnis primäres Phosphat (als Teil der Gesamtphosphatkonzentration)/sekundäres Phosphat (nach Ackermann, 1992)

In diesem Zusammenhang darf vermutet werden, daß der Einfluß von Pufferlösungen auf ein sich veränderndes System sowohl über den damit fixierten pH-Wert als auch über die Ionenstärke gesteuert wird. Dafür spricht u.a., daß die nichtenzymatische Bräunung infolge Maillard-Reaktion durch Pufferlösungen gleichen pH-Wertes, aber unterschiedlicher Zusammensetzung, verschieden beeinflußt wird. Schließlich ist bekannt, daß die Löslichkeit von Biopolymeren sowohl vom pH-Wert als auch von der Ionenstärke abhängt. So drängen die zugesetzten Neutralsalze im pH-Bereich 5,2–5,4 die Wechselwirkung Protein/Protein nachgewiesenermaßen am β-Lactoglobulin zurück – die Löslichkeit wird erhöht („Einsalzeffekt"). Bei höherer Salzkonzentration binden die Ionen vermehrt Wasser (verstärkte Hydratation), die Löslichkeit des Proteins nimmt ab („Aussalzeffekt"). In der Hofmeister'schen Reihe sind Kationen und Anionen hinsichtlich ihres Aussalzeffektes zusammengestellt (nach Belitz und Grosch):

- Kationen: K > Rb > Na > Cs > Li > NH_4 > zweiwertige Ionen
- Anionen : SO_4 > Citrat > Tartrat > Acetat > Cl > NO_3 >Br > J > CNS

1.3.4 Wasserstoffionenkonzentration

Lebensmittelinhaltsstoffe pflanzlichen Ursprungs reagieren im allgemeinen neutral. Die erwünschte Essigsäure- oder Milchsäuregärung und/oder die meist unerwünschte Propionsäure- oder Buttersäuregärung führen zu deutlichen pH-Absenkungen. Solche Säuren wirken in geeigneter Konzentration über ihre Dissoziation biocid oder konservierend. Dagegen entfalten Aromasäuren ihre sensorische Wirkung in undissoziierter Form; oft liegen solche Säuren auch als Lactone vor (wie in Pfirsichen und Aprikosen).

Lebensmittel aus tierischen Rohstoffen erweisen sich meist als schwach sauer (Fleisch: pH = 5,2–5,8) oder schwach basisch (Blut: pH = 7,4).

Von der Norm abweichende pH-Werte treten meist als Folge unsachgemäßer Tierhaltung oder Schlachtung sowie Behandlung post mortem auf.

Will man Lebensmittel oder Lebensmittelkomponenten mikrobiologischen Ursprungs herstellen oder die Bildung unerwünschter Produkte solcher Herkunft unterdrücken, dann spielen die Kontrolle und möglicherweise die Einstellung des aktivitätsfördernden und -vermindernden pH-Wertes eine wesentliche Rolle. So wachsen und vermehren sich (z.B. in Verbindung mit dem Substrat Milch) Schimmelpilze im pH-Bereich von 2,5–3 mit großer Intensität, die Hefen bei einem pH-Wert von etwa 5 und die Bakterien bei einem solchen von 6,5–7,5.

Bei der Verarbeitung von Lebensmitteln bevorzugt man allgemein ein schwach saures Milieu, selten basische Bedingungen (wie Laugenschälen von Kartoffeln oder Auflösung bestimmter Proteine), weil pH-Werte über 7 die Lebensmittelinhaltsstoffe meist irreversibel schädigen. Bekannt sind die Fett- und Proteinhydrolysen und die Karamelisierungen von Kohlenhydraten.

Aus Sicht der Praxis differenziert man zwischen der potentiellen Acidität, der Summe der im Lebensmittel enthaltenen Säuren, die durch Basen titriert werden können (deshalb auch Titrationsacidität) und der aktuellen Acidität, die dem Anteil der dissoziierten Säure entspricht. Der gemessene pH-Wert entspricht damit im wesentlichen der aktuellen Acidität.

Mischungen aus schwachen Säuren und ihren Salzen bilden Puffersysteme, bekannt ist z. B. der Blutpuffer Kohlensäure/Hydrogencarbonat. Der pH-Wert solcher Puffersysteme ergibt sich nach Henderson und Hasselbalch durch die Gleichung (1.11)

$$pH = pK - \lg \frac{c_{\text{Säure}}}{c_{\text{Salz}}} \tag{1.11}$$

Bei gegebener Dissoziationskonstante *K* der Säure hängt der pH-Wert vom Konzentrationsverhältnis Säure/Salz ab.

1.3.5 Redoxpotential

In Lebensmitteln vorkommende Ascorbinsäure und Tocopherole wirken ebenso reduzierend wie Monosaccharide. Fettsäureperoxide sind z. B. Oxidationsmittel. Produkte der Maillard-Reaktion wirken wiederum reduzierend, z. T. auch oxidierend (nach Aufnahme von Sauerstoff). Redoxreaktionen werden durch die Coenzyme der Oxidoreduktasen gesteuert. Neben den gewünschten Dehydrierungen (Atmungskette) katalysieren sie allerdings auch nachteilige Veränderungen der Lebensmittel (Lichtgeschmack des Bieres). In Gegenwart von Cytochrom-b_5-Reduktase wird das Metmyoglobin des Fleisches reduziert.

Die Reaktionsgeschwindigkeit *r* von oxidativen Lebensmittelveränderungen – hier eine Folgereaktion mit den Geschwindigkeitskonstanten k_1 und k_2 – kann durch die Gleichung (1.12) beschrieben werden (vgl. Abschnitt 4.3.3).

$$r = \frac{c_{O_2}}{(k_1 + k_2 \cdot c_{O_2})} \tag{1.12}$$

Bei kleinen Reaktionsgeschwindigkeitskonstanten ist *r* im wesentlichen durch die Sauerstoffkonzentration gegeben.

Ist $k_2 \cdot c_{O_2}$ groß gegenüber k_1, dann ist *r* unabhängig von der Sauerstoffkonzentration (Saguy und Karel, 1980).

Die reduzierenden und oxidierenden Eigenschaften eines Lebensmittelsystems oder einer Komponente lassen sich durch den Clark'schen Exponenten charakterisieren:

$$rH = -\lg p_{H_2} \tag{1.13}$$

Der rH-Wert wird in Analogie zum pH-Wert durch den negativen dekadischen Logarithmus des Wasserstoffpartialdruckes charakterisiert, unter dem eine Platinelektrode stehen müßte, um einen mit dem untersuchten Lebensmittel vergleichbaren Redoxeffekt zu erreichen. Die oxidative Eigenschaft von Lebensmittelkomponenten kann u. a. durch den Übergang von NAD^+ in NADH, verbunden mit einer zu registrierenden UV-Adsorption bei $\lambda = 340$ nm bestimmt werden (Dehydrierung). Wird Sauerstoff bei der Veränderung von Lebensmitteln verbraucht, kann man diese Abnahme direkt durch Messungen mit der Sauerstoffelektrode ermitteln.

Die Skala der rH-Werte wird in den Grenzen von 0 bis 42 angegeben. Der untere Extremwert (0) liegt vor, wenn Wasserstoff mit einem Druck von 0,1 MPa an einer

Platinelektrode aktiviert wird, also kräftig reduzierend wirkt. Ein rH-Wert > 15 kennzeichnet schon eine schwache Oxidationswirkung, die schließlich ihr Maximum bei 42 erreicht. In biologischen Systemen liegen die rH-Werte zwischen 15 und 30, wobei die niedrigeren Werte eine höhere biologische Aktivität kennzeichnen.

Der rH-Wert ist gemäß Gleichung (1.14) direkt mit dem pH-Wert und dem Redoxpotential E_h verknüpft.

$$\mathrm{rH} = \frac{E_h + \delta \cdot \mathrm{pH}}{\delta/2} \tag{1.14}$$

Dabei stellt δ einen temperaturabhängigen Faktor dar, in den die Anzahl der im Verlaufe der Redoxreaktion übertragenen Elektronen n, die Faraday-Konstante F und die allgemeine Gaskonstante R eingehen.

$$\delta = \frac{2{,}3 \cdot R \cdot T}{n \cdot F} \tag{1.15}$$

Der δ-Faktor ist zugleich Teil der bekannten Petersschen Potentialgleichung (1.16).

$$E_h = E_0 + \frac{2{,}3 \cdot R \cdot T}{n \cdot F} \cdot \lg \frac{c_{ox}}{c_{red}} \tag{1.16}$$

Danach bezieht sich die gemessene Potentialdifferenz E_h auf das Standard-Redoxpotential $E_0 (n = 1,\ \mathrm{pH} = 7,\ T = 298\ K)$; die Bedingungen des vorliegenden realen Systems gehen in den zweiten Summanden der Gleichung (1.16) ein, dabei ist neben der Temperatur der Quotient aus der Konzentration des „Elektronenakzeptors" c_{ox} (Oxidationsmittel) und des „Elektronendonators" c_{red} (Reduktionsmittel) als experimentelle Größe anzusehen. Für die Konzentrationen c_{ox} und c_{red} können z. B. die Konzentration von Oxidoreduktasen in der oxidierten und reduzierten Form stehen.

Der rH-Wert eines Lebensmittelsystems setzt sich aus den Beiträgen für die einzelnen Lebensmittelkomponenten zusammen. Aus Tabelle 1.6. sind die Redox-

Tabelle 1.6. Redoxspannungen von Zuckerlösungen (in mV, bezogen auf Standardwasserstoffelektrode) und deren Einfluß auf die Hitzestabilität der Oxidoreduktasen Meerrettich-Peroxidase (MP), Lactatperoxidase (LP) und Lipoxigenase aus Sojabohnen (LO) (nach Pechner, 1989)

Zucker Zuckeralkohol	Konz. [mol/l]	Redoxspannung E [mV][a]	Einfluß auf die Hitzestabilität		
			MP	LP	LO
Saccharose	1	288 + 241	+++	+++	+++
Trehalose	1	223 + 241	+++	+++	+++
Maltose	1	211 + 241	–	–	– –
Lactose	0,3	213 + 241	– – –	0	0
Glucose	1	189 → 130 + 241	– – –	– – –	– – –
Xylitol	1	194 + 241	0	+	

+ stabilisierender Effekt; – destabilisierende Wirkung; 0 kein Einfluß.
[a] + 241 mV entspricht der gesättigten Kalomel-Bezugelektrode.

potentiale verschiedener Zucker und vergleichend eines Zuckeralkohols zusammengestellt. Ebenso wird über diese Tabelle der Einfluß des Zuckers auf die Hitzestabilität von Oxidoreduktasen mitgeteilt. Er steigt, wie man ablesen kann, mit dem E_h-Wert des Kohlenhydrates.

1.3.6
Temperatur

Die während eines lebensmitteltechnologischen Prozesses durch Energiezufuhr oder -abfuhr sich einstellende Temperatur zählt nach dem heutigen Stand unseres Wissens zu den entscheidenden Parametern, die ein Lebensmittel verändern. Die mit der Temperaturerhöhung übertragene Energie macht sich positiv bemerkbar, wenn wir an Gärungs- und Reifungsprozesse, an die Bildung von Aromastoffen, an die Abtötung von Mikroorganismen oder an die Enzyminaktivierung denken. Letztere kann aber auch, betrachtet man die Eiweißdenaturierung, allgemein unerwünscht sein. Zu den negativen Effekten sind der Abbau von Vitaminen, Farbstoffen und die Bildung toxischer Stoffe zu zählen. Die Wahl und die Einhaltung eines bestimmten Temperaturregimes ist bei einem technologischen Prozeß (Pasteurisierung, Sterilisierung, HTST-Verfahren, Transport-, Umschlag- und Lagerungsprozesse – TUL) eine entscheidene Größe.

Mit Bezug auf das Substrat Milch sind von Kessler (1988) alle relevanten Lagerungs- und Erhitzungsbedingungen in einem Diagramm zusammengestellt worden (Abb. 1.10.).

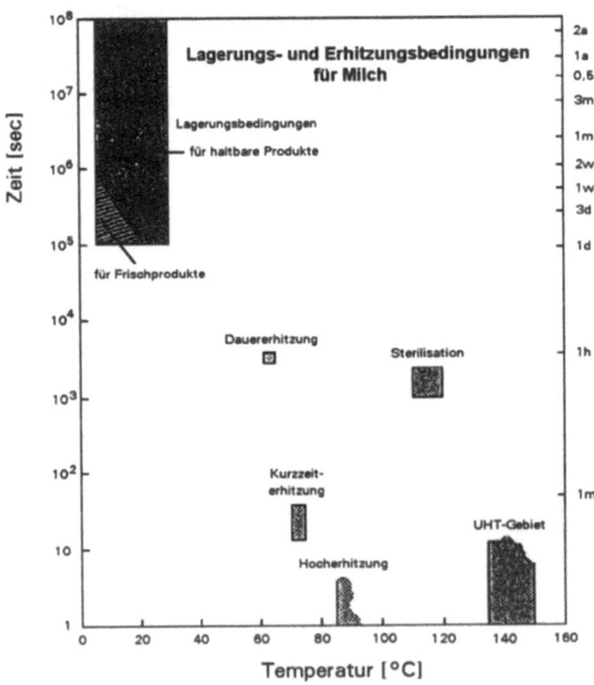

Abb. 1.10. Zeit-Temperatur-Bedingungen für die Lagerung und die Erhitzung von Milch (nach Kessler, 1988)

Aus der abgebildeten Zeit-Temperatur-Fläche wird sichtbar, daß nur relativ kleine Bereiche für eine Qualitäts- und Prozeßoptimierung genutzt werden können.

Die mit der Temperatursteigerung verbundene Geschwindigkeitserhöhung der Lebensmittelveränderung kann durch die van't Hoff'sche RGT-Regel abgeschätzt werden, wenn chemische Prozesse dominieren. Danach ist bei einer Temperaturerhöhung um 10 K mit einer Verdopplung der Reaktionsgeschwindigkeit zu rechnen. Die Verallgemeinerung dieses Zusammenhanges von Temperatur und Reaktionsgeschwindigkeit führt zur Arrhenius-Beziehung (Kapitel 5.2.1).

1.3.7 Druck

Im Vergleich zu anderen Milieuparametern ist dem Einfluß des äußeren Druckes auf die Herstellung von Nahrungs- und Genußmitteln bzw. auf Lebensmittelveränderungen erst in letzter Zeit qualitativ und quantitativ eine stärkere Aufmerksamkeit geschenkt worden. Viele technologischen Prozesse laufen gewöhnlich unter Normaldruck ab. Die Anwendung von Unterdruck wird im Zusammenhang mit Konzentrierungsprozessen bzw. mit der Vakuum- oder Gefriertrocknung praktiziert. Ebenso kann zur Entfernung unerwünschter Geruchsstoffe bei der aseptischen Konservierung mit einem verminderten Druck gearbeitet werden. Überdruck wendet man in der Getränkeindustrie (Abfüllung, Eintrag von Kohlensäure) an. Bei hydrothermischen Verfahren führt Wasserdampfhochdruck zur beabsichtigten Schädigung von Samenschalen der Leguminosen oder ausgewählten Cerealien, so daß nachfolgende Garprozesse deutlich verkürzt werden können (Kurzkochprodukte, Kuko). Sterilkonservierungen werden beispielsweise im Dampfautoklaven vorgenommen. Extrusionen von landwirtschaftlichen Rohstoffen führen zu trockenen gepufften Produkten (Puffreis, -mais). Hochdruckhomogenisierungen können Zellstrukturen aufschließen und zu Denaturierungen z.B. von Proteinen, Enzymen oder Mikroorganismen führen. Seit etwa 5 Jahren liegen Ergebnisse systematischer Untersuchungen über die kurzzeitige Anwendung eines hohen Druckes (bis 400 Mpa) bei 25 bis 40 °C vor (Butz u.a., 1994; Tauscher, 1994; Eshtiaghi u.a., 1994). Bei der Beurteilung des Druckeinflusses auf Lebensmittel ist zu berücksichtigen, daß Druckveränderungen meist mit Temperaturänderungen einhergehen. Die Druckabhängigkeit von Lebensmittelveränderungen bedarf deshalb noch einer gründlicheren Untersuchung.

Aus theoretischer Sicht wollen wir auf bekannte Erfahrungen und Gesetzmäßigkeiten aus der Chemie hinweisen, wie die Gasgesetze, das Verteilungsgesetz von Nernst, die Druckabhängigkeit von Gleichgewichts- und Reaktionsgeschwindigkeitskonstanten u.a.m. Ihre Anwendung auf das komplexe System Lebensmittel ist bisher kaum durchgängig gelungen.

1.3.8 Energieformen

Die Wahl der Energieform(en) in den verschiedenen Industriezweigen richtet sich nach den beabsichtigten Veränderungen am Lebensmittel, solche können sein:

Abtötung von Mikroorganismen, Denaturierung von Eiweißen (Enzymaktivierung) und chemische Reaktionen. In jedem Falle werden in Abhängigkeit von der aufgewendeten Energiemenge Bindungen der Moleküle gedehnt, umgruppiert, heterolytisch oder homolytisch gespalten (Heterolyse: Bildung von Ionen; Homolyse: Bildung von Radikalen). Die Änderung der Bindungsverhältnisse läuft in der Regel über angeregte Zustände der Moleküle von Inhaltsstoffen ab. Die aufzuwendende Energie (Aktivierungsenergie E_A) liegt dabei in der Größenordnung von 10 bis 450 kJ/mol. Sie kann auf verschiedene Weise übertragen werden. Kleinere Aktivierungsenergien sind auf einem mechanischen Weg (Mahlprozesse, Ultraschall) zu erfüllen, während größere Aktivierungsenergien von Lebensmittelprozessen schon den Einsatz von UV-Licht mittlerer Wellenlänge erfordern. Thermisch werden gewöhnlich nur mittlere Energiemengen von 180 bis 200 kJ/mol zur Verfügung gestellt. Sehr kurzwellige Bestrahlung (kosmische, Röntgenstrahlung) überschreitet dagegen die obere Grenze der notwendigen Energiemenge beträchtlich, weshalb sie häufig zu irreversiblen Veränderungen nativer Moleküle führt. In diesem Zusammenhang sei auf den gezielten Einsatz von elektromagnetischer Energie hingewiesen, wonach über die freie Wahl der Wellenlänge des Anregungslichtes die erwünschte Veränderung von Lebensmitteln leicht dosiert werden kann. Ähnliche Effekte sind auch bei der Anwendung von chemischer oder elektrochemischer Energie gegenüber den thermischen Verfahren als Vorteil zu erwähnen.

1.3.9 Wirkungen verschiedener Parameter des Reaktionsmilieus

Die im Kapitel 1.3 skizzierten Einflußgrößen gehen in Abhängigkeit vom betreffenden Lebensmittel entsprechend seiner spezifischen Inhaltsstoffe mit unterschiedlichem Gewicht in die erzielbaren Veränderungen ein. Die jeweils ermittelten Wirkungen verschiedener Parameter differieren häufig in den Industrieanwendungen gegenüber den Laborergebnissen, was bei der Überführung zu modifizieren ist.

Aus der im wesentlichen qualitativen Betrachtung des Einflusses eines Reaktionsmilieus auf Lebensmittelveränderungen im Zusammenwirken mit den inneren Parametern resultiert die Notwendigkeit, bei Angabe der Reaktionsparameter zugleich das „dazugehörende Reaktionsmilieu" zu beschreiben. Will man so gekennzeichnete, verschiedenartige Veränderungen an Lebensmitteln vergleichen, sollte man am besten ein definiertes „Bezugsreaktionsmilieu" (RM_b) nutzen. Methodisch ist dieser Weg mit der in der physikalischen Chemie üblichen Einführung von definierten „Standardbedingungen" (Temperatur, Druck, Molzahl bzw. Konzentration usw.) vergleichbar. Die mit RM_b gegebenen Bezugsbedingungen gestatten einen einheitlichen Ausgangspunkt für die Abschätzung der Lebensmittelveränderungen bei beliebigen Bedingungen (RM). Die hier dargestellten Zusammenhänge bilden eine Grundlage für Prozeßberechnungen.

Zustandsgrößen und Zustandsänderungen von Lebensmitteln

Die Veränderung eines Lebensmittels wurde bisher im wesentlichen durch seine qualitativen und quantitativen stofflichen Parameter charakterisiert. An dieser Stelle sollen aber auch die thermodynamischen Aspekte der Lebensmittelveränderungen erwähnt werden. Im Vergleich zum Wissenschaftsgebiet der chemischen Thermodynamik werden hier die theoretischen Grundlagen aus pragmatischen Gründen sehr knapp dargestellt[1]. Dem Titel diese Buches folgend besprechen wir hier vor allem Zustandsänderungen des Systems Lebensmittel.

2.1 Zustandsgrößen, Zustandsfunktionen und Zustandsvariable

Aus thermodynamischer Sicht versteht man unter dem Zustand eines Systems alle makroskopischen Eigenschaften, die für das Verhalten des Systems und die Wechselwirkung seiner Inhaltsstoffe von Bedeutung sind.

Der Zustand z des Systems Lebensmittel wird durch die Gesamtheit der meßbaren physikalischen, chemischen, biochemischen sowie sensorischen Eigenschaften in einer mathematischen Form erfaßt, die ihrerseits die Qualität und Quantität der Stoffe in Verbindung mit den Milieubedingungen ausdrückt.

Damit kann z durch die Beziehung (2.1) beschrieben werden.

$$z = f(T, p, n_\mathrm{i}, \ldots) \tag{2.1}$$

Mit Symbolen unabhängiger Variablen heißt dieser funktionelle Zusammenhang dann:

$$z = f(y_1, y_2, y_3, \ldots y_\mathrm{m}) \tag{2.2}$$

Der Systemzustand kann durch entscheidende Zustandsgrößen charakterisiert werden. Zustandsgrößen sind dabei alle diejenigen *RM*-Parameter, Zustandsvariablen und -funktionen, die für den jeweiligen ausgezeichneten Zustand des Systems einen einzigen meßbaren Wert besitzen.

Jede Zustandsgröße beschreibt eine von der Vorgeschichte des Lebensmittels unabhängige makroskopische Eigenschaft; das Gleichgewicht im System wird dann durch die Gesamtheit der Zustandsgrößen gekennzeichnet. Die Zeit tritt nicht als Zustandsgröße auf. Zur eindeutigen Charakterisierung des zu untersuchenden Systems ist immer nur die Angabe von ausgewählten (bestimmten)

[1] Die auf das System Lebensmittel bezogenen thermodynamischen Betrachtungen sind als Anwendungen der „Chemischen Thermodynamik" (Möbius und Dürselen, 1973) und der „Technischen Thermodynamik I" (Fleischer und Picht, 1976) anzusehen. Die angeführten theoretischen Grundlagen sollen dem Verständnis kinetischer Aspekte dienen.

Zustandsgrößen erforderlich, deren Werte „eingestellten" Zustandsvariablen entsprechen. Andere Zustandsgrößen ergeben sich dann als von den Zustandsvariablen abhängige Zustandsfunktionen. Die Differenzierung zwischen Zustandsvariablen und -funktionen ist für das jeweilige System typisch und wird in diesem Zusammenhang pragmatisch festgelegt.

Den Bereich der Zustandsgrößen gliedert man zweckmäßig in die extensiven Zustandsgrößen y und die intensiven Größen.

2.1.1 Extensive Zustandsgrößen

Extensive Größen sind massenabhängig, deren Wert sich zur Massenänderung proportional verhält. Extensive Zustandsgrößen sind: Masse (m), Objektmenge (n), Formelmenge (ξ), Volumen (v)[2]; innere Energie (u), Enthalpie (h), Entropie (s), freie Energie (f), freie Enthalpie (h), chemisches Potential (μ)[3].

2.1.2 Intensive Zustandsgrößen

Intensive Größen sind massenunabhängige Größen. Solche Zustandsgrößen sind z.B. die Temperatur und der Druck, die Viskosität und der Brechungsindex[4]. Bedeutsam für die Lebensmittel sind die intensiven Zusammensetzungsvariablen (Möbius und Dürselen, 1973). Diese ergeben sich als Quotienten aus den extensiven Zustandsgrößen der einzelnen Komponenten und denen des gesamten Systems; bekannte Größen sind der Molen- und Massenbruch[5].

In Mischungen kennzeichnet die Summe aller Objektmengen n_m bzw. Massen m_m die chemische Zusammensetzung des Lebensmittels aus den Komponenten; vgl. die Beziehungen (2.3) und (2.4).

$$\text{Molenbruch} = \frac{\text{Objektmenge der Komponente } i}{\text{Objektmenge aller Komponenten } m} \tag{2.3}$$

$$X_i = \frac{n_i}{\sum_m n_m}$$

$$\text{Massenbruch} = \frac{\text{Masse der Komponente } i}{\text{Masse aller Komponenten } m} \tag{2.4}$$

$$w = \frac{m_i}{\sum_m m_m}$$

In der technischen Thermodynamik ist folgende Nomenklatur üblich:

[2] zugleich thermische Zustandsgrößen.

[3] zugleich energetische Zustandsgrößen.

[4] zugleich echte intensive Zustandsgrößen oder Zustandsgrößen 1. Art.

[5] zugleich unechte Zustandsgrößen oder Zustandsgrößen 2. Art.

Bei den intensiven Stoffgrößen handelt es sich im besonderen um molare und spezifische Größen:

$$\text{molare Größe} = \frac{\text{extensive Größe } y}{\text{Objektmenge } n_\mathrm{i}} \tag{2.5}$$

$$Y_\mathrm{i} = \frac{y}{n_\mathrm{i}}$$

$$\text{spezifische Größe} = \frac{\text{extensive Größe } y}{\text{Masse } m} \tag{2.6}$$

$$Y_\mathrm{sp} = \frac{y}{m}$$

In Mischphasen werden die Y mit dem Blick auf die Zustandsänderungen des Systems Lebensmittel besser durch partielle molare Größen ersetzt. Für die Komponente i gilt mit Gleichung (2.7):

$$Y_\mathrm{i} = \left(\frac{\partial y}{\partial n_\mathrm{i}}\right)_{\mathrm{T, p, n_j}} \tag{2.7}$$

Für die partielle molare Größe Y_i sind alle Parameter mit Ausnahme von n_i konstant; T, p und n_j können auch Bezugsgrößen (RM_b) sein. Repräsentiert Y_i das Molvolumen V_i, also den Quotienten aus v_i und n_i, dann wird dessen Zahlenwert durch die Art der Teilchen in diesem Volumen bestimmt.

Chemische Wechselwirkungen kann man z.B. durch die molare Reaktionsenthalpie in (2.8) charakterisieren, hier sind dann die Molzahlen der reagierenden Stoffe variabel.

$$\Delta_\mathrm{R} H = \left(\frac{\partial h}{\partial \xi}\right)_{\mathrm{T, p}} \tag{2.8}$$

Im folgenden werden wesentliche, vor allem energetische Zustandsgrößen beschrieben.

2.1.3 Wärmeenergie

Die Zustandsgröße Wärmeenergie q charakterisiert den energetischen Zustand des Systems.

$$q = f(T, v, p) \tag{2.9}$$

Da die absolute Größe q experimentell nicht bestimmbar ist, sondern nur ihre Änderung, ist die Funktion (2.9) wie folgt zu formulieren:

$$\Delta q = \Delta u + p \cdot \Delta v \tag{2.10}$$

Danach ist Δq die Summe aus der Änderung der inneren Energie Δu und der Volumenarbeit $p \cdot \Delta v$.

Tabelle 2.1. Spezifische Wärmekapazitäten C_p ausgewählter Lebensmittel bzw. -inhaltsstoffe (nach Dickerson, jr., 1981, aus OKOS, 1986)

Lebensmittel/Komponente	Wassergehalt [%]	Temperaturbereich [°C]	C_p [kJ/kg · °C]
Wasser	100	0 - 60	4,225 – 4,179
Kochsalz	80	10 - 80	3,627 – 3,663
Saccharose	50; 95	0 - 26	3,182; 4,061
Honig	60; 90	2 - 71	2,973; 3,785
Apfelsaft	87,2	15,5	3,85
Tomatensaft	40; 95,2	30	3,185; 4,052
	60	60 - 150	4,079 – 4,245
Butter	13,6; 14,2	30 - 60	2,403; 2,881
Lactosepulver	0	18 - 30	1,256
Milch	90	40 - 70	3,962 – 3,980
Milch (entrahmt)	90	40 - 70	3,986 – 4,007
Sojaöl	0	20 - 140	1,918 – 2,223
Erdnußöl	0	27,2 – 52,2	2,102 – 2,146
Erdnußöl (hydriert)	0	47,2 – 77,2	2,203 – 2,349

Variiert im System nur die Temperatur, dann ist die Änderung von q durch den Ausdruck (2.11) beschrieben:

$$\Delta q = c \cdot \Delta T \tag{2.11}$$

Die Wärmekapzität c kennzeichnet als Proportionalitätsfaktor die Wärmemenge (in J/Mol), die zur Erwärmung eines Systems um 1 K benötigt wird. Bei der Wärmekapazität hat man also zwischen c_v und c_p zu unterscheiden.

$$C_v = \left(\frac{\partial U}{\partial T}\right)_{v,\, n_m} \tag{2.12}$$

$$C_p = \left(\frac{\partial H}{\partial T}\right)_{p,\, n_m} \tag{2.13}$$

Die Gleichungen (2.9 – 2.13) stehen miteinander in enger Beziehung.

Für Lebensmittel sind Veränderungen bei konstantem Druck typisch. Experimentell ermittelte Werte sind aus Tabelle 2.1. abzulesen, wobei entweder ein linearer Zusammenhang zwischen c_p und T besteht oder c_p im angegebenen Temperaturbereich als konstant zu betrachten ist.

Weitere Werte sind der Originalliteratur insbesondere unter Berücksichtigung eines größeren a_W-Bereiches zu entnehmen.

2.1.4 Innere Energie

Die innere Energie eines Systems setzt sich aus verschiedenen Energieanteilen eines Systems zusammen, z. B. der Kern-, intra- und intermolekularen Bindungsenergie sowie der thermischen Energie der Teilchen. Diese energetische Zustandsfunktion des Lebensmittelsystems wird häufig durch Wärme- und Stoffzufuhr verändert.

$$u = f(T, p, n_i) \tag{2.14}$$

Dabei wird die Änderung der innere Energie durch die Variablen gemäß der Beziehung (2.15) bestimmt:

$$\Delta u = \Delta q - p \cdot \Delta v \tag{2.15}$$

Das negative Vorzeichen in (2.15) symbolisiert den Energieverlust des Systems durch Verrichtung von Volumenarbeit. Prozesse in Lebensmitteln verlaufen gewöhnlich unter einer vernachlässigbaren Volumenänderung, wobei dann die Änderung der inneren Energie dem Wärmeaustausch entspricht.

Die differentielle Änderung der Zustandsfunktion *du* ist durch das totale Differential zu beschreiben:

$$du = dq + dw + \sum_i \mu_i \, dn_i \tag{2.16}$$

Ändert sich beim Stoffaustausch und/oder der Energieübertragung der Ordnungszustand des Lebensmittelsystems (vgl. Abschnitt 2.1.6), z.B. die Struktur der Inhaltsstoffe, dann gilt:

$$du = T \cdot ds - p \cdot dv + \sum_i \mu_i \, dn_i \tag{2.17}$$

Das chemische Potential μ_i erfaßt die Stoffänderung von einem Mol des Stoffes *i* im System.

2.1.5 Enthalpie

Die Enthalpie *h* ist eine Zustandsfunktion. Die eben für *u* beschriebenen Zusammenhänge gelten prinzipiell auch für die Enthalpie.

$$h = f(T, v, n_i) \tag{2.18}$$

Bei isobaren Vorgängen ($dp = 0$) entspricht die Aufnahme der Wärmeenergie einer Änderung der Enthalpie.

$$\Delta h = \Delta q = \Delta u + p \cdot \Delta v \tag{2.19}$$

Damit ist die Enthalpieänderung von endoenergetischen oder exoenergetischen Reaktionen gleich der zu- oder abgeführten Wärmemenge bei konstantem Druck. Die Gültigkeit aller Zustandsfunktionen ist auf alle Prozesse in der Natur anwendbar (Phasenumwandlungen; Änderungen von Modifikationen; Mischungs-, Lösungs- oder Verdünnungsprozesse).

Die Temperaturabhängigkeit von Δh wird durch experimentelle Werte in Tabelle 2.2. belegt.

Tabelle 2.1. Spezifische Enthalpiewerte für ausgewählte gefrostete, pflanzliche Produkte im Temperaturbereich von – 2 bis – 40 °C (nach Dickerson jr, 1969; aus OKOS, 1986)

Lebensmittel	Δh [kJ/kg]
Süßkirschen	$296{,}5\ e^{0{,}08\,T}$
Erdbeeren	$170\ e^{0{,}07\,T}$
Birnen	$233{,}7\ e^{0{,}08\,T}$
Pfirsiche	$227{,}9\ e^{0{,}08\,T}$
Blaubeeren	$189\ e^{0{,}08\,T}$
Pflaumen	$287{,}3\ e^{0{,}08\,T}$
Apfelmus	$236\ e^{0{,}08\,T}$

In offenen Systemen ist die Änderung von h bei der Temperatur T gegeben durch:

$$dh = T \cdot ds + v \cdot dp + \sum_{i} \mu_i \cdot dn_i \tag{2.20}$$

2.1.6 Entropie

Die Entropie s ist für das jeweilige System eine weitere charakteristische Zustandsgröße. Als Zustandsfunktion ist sie wie folgt zu beschreiben:

$$s = f(p, T, n_i) \tag{2.21}$$

Die Entropieänderung für reversible Vorgänge ist durch die ausgetauschte differentielle Wärmemenge dq_{rev} definiert.

$$ds = \frac{dq_{rev}}{T} \tag{2.22}$$

Sie gilt nicht für irreversible Vorgänge, bei denen der Wärmeaustausch infolge eines Temperaturgefälles vor sich geht.

Für geschlossene oder offene Systeme ist die allgemeine Beziehung (2.23) anwendbar:

$$ds = \delta_i s + \delta_e s \tag{2.23}$$

Danach setzt sich die Zustandsgröße ds aus den auf das System bezogenen Termen „Erzeugung" ($\delta_i s$) und „Zuführung" ($\delta_e s$) zusammen[6].

In Verbindung mit den Wärme- und Stoffströmen in die Umgebung aus dem Lebensmittel (Entropieströmung) kann die Entropieänderung auch kleiner oder größer Null sein. So führen Aggregats- oder Phasenzustandsänderungen zu Entropieänderungen des Lebensmittelsystems.

[6] Die Entropie gibt zugleich an, in welcher Richtung Veränderungen am System ablaufen (Entropie als Prozeßindikator).

Finden Aggregats- oder Phasenzustandsänderungen bei der Umwandlungtemperatur T_P statt, d.h. in einem Gleichgewichtszustand, bei dem $\Delta G = 0$ ist, so entspricht die Entropieänderung des Systems der aufgenommenen oder abgegebenen Wärmemenge $\Delta_P H$ bei konstantem äußeren Druck.

$$\Delta_P S = \frac{\Delta_P H}{T_p} \tag{2.24}$$

Diese Abhängigkeiten gelten allgemein.

Will man die Entropieänderung von Lebensmitteln oder deren Rohstoffen bei der häufig auftretenden Adsorption von Wasserdampf berechnen, dann müssen die Werte für ΔH und ΔG bekannt sein (vgl. Gleichung (2.25)).

$$\Delta S = \frac{\Delta H - \Delta G}{T} \tag{2.25}$$

Zum Beispiel ergibt sich für die Wasserdampfadsorption an Amylomais bei 25 °C ein ΔS-Wert von - 118,9 kJ/Mol (ΔH = - 43,96 kJ/Mol und ΔG = - 8,62 kJ/Mol). Die genannten Werte sind von der Produktfeuchte abhängig, wie Abb. 2.1. zeigt.

Die Entropie ist als thermodynamische Wahrscheinlichkeit zu verstehen, mit der ein System seinen energetisch günstigsten (energieärmsten) Zustand anstrebt. Ob allerdings nach den gegebenen thermodynamischen Voraussetzungen sich ein Lebensmittelsystem verändert, entscheiden letztendlich noch die kinetischen Bedingungen. Liegt z.B. eine kinetisch bedingte Hemmung für einen Prozeß vor, passiert trotz bester energetischer Voraussetzungen für den Ablauf einer erstrebenswerten Veränderung im Lebensmittelsystem nichts. Deshalb sind die kinetischen Parameter für eine erwünschte Veränderung von eminenter Bedeutung. In Verbindung mit den thermodynamischen Kriterien sind stets die kinetischen

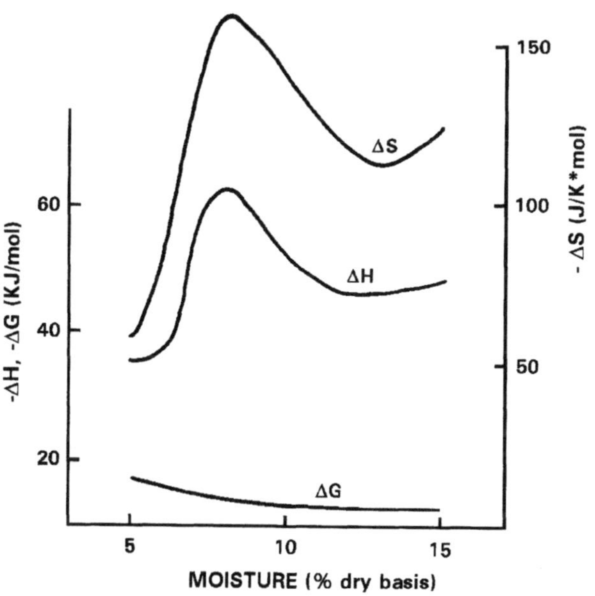

Abb. 2.1. Veränderungen der Zustandsfunktionen ΔH, ΔS und ΔG bei der Adsorption von Wasserdampf an Amylomais in Abhängigkeit von der Gutsfeuchte (nach Morsi, 1967; aus OKOS, 1986)

Verhältnisse aufzuklären bzw. nach Möglichkeiten zu suchen, unerwünschte Prozesse durch äußere oder innere Parameter zu hemmen oder durch Zusatzstoffe in einen erwünschten Verlauf zu dirigieren.

Die Entropie kann man zugleich als ein Ausdruck für den Ordnungszustand eines Systems interpretieren. Je größer die Entropie eines Systems ist, desto größer ist die Unordnung in einem System. Da sich bekanntlich Unordnung leichter schaffen läßt als Ordnung, ist der Übergang eines Systems in einen Zustand größerer Wahrscheinlichkeit immer mit der Zunahme der Unordnung verbunden.

2.1.7 Freie Enthalpie und freie Energie

Die freie Enthalpie g als energetische Zustandsfunktion verknüpft in isotherm-isobaren Vorgängen die Größen h und s gemäß Gleichung (2.26) miteinander, analog wird die freie Energie f in isotherm-isochoren Prozessen durch Gleichung (2.27) definiert:

$$dg = dh - T \cdot ds \tag{2.26}$$

$$df = du - T \cdot ds \tag{2.27}$$

In beiden Gleichungen stellt sich $T \cdot s$ als die bei T „gebundene“ Energie dar. Der erste Summand drückt den Teil der Energie eines Systems aus, der bei einem reversiblen Vorgang mit der Umgebung ausgetauscht wird und das zweite Glied den Energiebetrag, der bei konstanter Temperatur einem System nicht entzogen werden kann, weil kein System ohne einen Mindestenergiebetrag existent ist. Treten bei einem Vorgang keine nennenswerten Druck- und Volumenänderungen auf, was für Lebensmittel typisch ist ($dh \approx du$), sind nach Gleichung (2.26) und (2.27) die Beträge der thermodynamischen Zustandsfunktionen: $dg \approx df$.

Der Betrag der freien Enthalpie und sein Vorzeichen gibt darüber Auskunft, ob Lebensmittelveränderungen unter konstantem Druck ablaufen bzw. nach einer Berechnung zu erwarten sind und in welche Richtung die Veränderungen bei kinetisch ungehemmter Lage (Hin- oder Rückreaktion aus einer Gleichgewichtslage des Systems) tendieren. Ein Gleichgewichtszustand ist bei $dg = df = 0$ gegeben. Betrachten wir die Gleichung (2.26), so kann man von einer „Enthalpie-Entropie-Kompensation“ sprechen. Ist diese Kompensation nicht erfüllt, wechselwirken die Systembestandteile immer mit zwei Tendenzen, nämlich dem Streben nach minimaler Energie und maximaler Entropie.

2.1.8 Chemisches Potential

Der Betrag des chemischen Potentials μ hängt in den chemischen Reaktionen von p, T und n_i der Komponente i ab und ist mit der partiellen molaren freien Enthalpie gleichzusetzen.

$$\mu_i = \left(\frac{\partial g}{\partial n_i}\right)_{T,\,p,\,n_j} = G_i \tag{2.28}$$

Damit entscheidet $\Delta\mu$ (wie ΔG) darüber, ob eine chemische Veränderung am Lebensmittel stattfindet (vgl. Gleichung 2.26). Mit der Beziehung (2.26) existieren dann auch folgende Gleichsetzungen:

$$\mu_i = \left(\frac{\partial u}{\partial n_i}\right)_{s,n_j} = \left(\frac{\partial h}{\partial n_i}\right)_{s,n_j} = \left(\frac{\partial f}{\partial n_i}\right)_{T,n_j} = -T\left(\frac{\partial s}{\partial n_i}\right)_{T,n_j} \tag{2.29}$$

2.2 Zustandsänderungen

Zustandsänderungen Δz treten als Folge von Prozessen[7] auf, bei denen sich physikalische und chemische Qualitäten (Strukturen) bzw. Quantitäten ändern. Verändert sich ein Lebensmittel, dann entspricht Δz allgemein den energetischen Differenzen zwischen den Zuständen z_2 und z_1, wobei z_2 den Endzustand und z_1 den Anfangszustand des Systems darstellen.

$$\Delta z = z_2 - z_1 \tag{2.30}$$

Zustandsänderungen können sowohl Phasenänderungen $\Delta_p z$ (z. B. Verdampfen, Kondensieren, Kristallisieren) als auch lebensmitteltypische Reaktionen $\Delta_R z$ von originären oder zugesetzten Lebensmittelinhaltsstoffen sein (intra- und intermolekulare Isomerisierungen; Redoxprozesse; enzymkatalysierte Reaktionen; Fermentations-, Reifungs- und Verderbsprozesse sowie nichtenzymatische Bräunungsreaktionen).

Chemische Reaktionen in Lebensmitteln laufen unter Änderung der Enthalphie und Entropie des Reaktionssystems ab. Ihre Beträge werden in der Reaktionsenthalpie bzw. -entropie erfaßt. Die molare Reaktionsenthalpie kann aus den Bildungsenthalpien $\Delta_B H$ der miteinander wechselwirkenden Komponenten j berechnet werden.

$$\Delta_R H = \sum_j \nu_j \cdot \Delta_B H \tag{2.31}$$

Die molare Reaktionsentropie $\Delta_R S$ ist durch die Gleichung (2.32) gegeben, dabei werden Arbeitsleistungen des Systems vernachlässigt (vgl. auch 2.24).

$$\Delta_R S = \frac{\Delta_R H}{T}. \tag{2.32}$$

Bei nichtlinearen Zustandsänderungen von Systemen ist Δz durch das Differential bzw. seine Lösung, das Integral in (2.33) zu ersetzen.

$$\Delta z = z_2 - z_1 \quad \Rightarrow \int_1^2 dz \tag{2.33}$$

Zustandsänderungen des Systems können als Resultat der Variation von Zustandsvariablen (T, p, n_m) und/oder wegunabhängigen Zustandsfunktionen (u, h, g, f, μ) auftreten.

[7] Eine vollständige Prozeßcharakterisierung umschließt Angaben über die Anfangs- und Endbedingungen, die Art des Ablaufes (wie reversibel, irreversibel) sowie die thermodynamischen Bedingungen (u. a. isotherm, adiabatisch u. a. m.).

Die Änderung der extensiven Zustandsgröße y kann dann z.B. durch die allgemeine Gleichung (2.34) wiedergegeben werden.

$$dy = \left(\frac{\partial y}{\partial T}\right)_{p,n_m} \cdot dT + \left(\frac{\partial y}{\partial p}\right)_{T,n_m} \cdot dp + \sum_m \left(\frac{\partial y}{\partial n_m}\right)_{T,p} \cdot dn_m \tag{2.34}$$

Mit Gleichung (2.3) folgt dann aus (2.34):

$$\sum_m \left(\frac{\partial y}{\partial n_m}\right)_{T,p} \cdot dn_m = \sum_m Y_m \cdot dn_m \tag{2.35}$$

In Einstoffsystemen kann die Volumenänderung – hier aus Gründen der Anschaulichkeit ausgewählt – als Funktion von T, p und n_i dargestellt werden.

$$dv = \left(\frac{\partial v}{\partial T}\right)_{p,n_i} \cdot dT + \left(\frac{\partial v}{\partial p}\right)_{T,n_i} \cdot dp + \left(\frac{\partial v}{\partial n_i}\right)_{T,p} \cdot dn_i \tag{2.36}$$

Die auch als thermische Zustandsgleichung eines Einstoffsystems bezeichnete Gleichung (2.36) bringt die Abhängigkeit der Volumenänderung dv von den partiellen Änderungen der Temperatur, des Druckes und der Teilchenzahl (Molzahl n_i) zum Ausdruck. Dabei wird die differentielle Änderung einer Zustandsgröße durch den zugehörigen partiellen Differentialquotienten und das Differential einer Zustandsvariablen charakterisiert. Da die partiellen Differentialquotienten der Zustandsgröße ihr „Gewicht" an der Gesamtänderung angeben, bezeichnet man sie auch als Koeffizienten. Der Temperaturkoeffizient $(\partial v/\partial T)_{p,n_i}$ kennzeichnet in (2.36) also den Einfluß der Temperatur auf dv unter ansonsten konstanten Bedingungen, hier Bezugsbedingungen (RM_b).

Betrachten wir die Volumenänderung als Beispiel einer allgemeinen Zustandsänderung dy, dann vereinfacht sich das totale Differential erheblich, wenn einzelne Zustandsvariable als konstant betrachtet werden können. Bekanntlich sind für Lebensmittelveränderungen, z.B. enzymkatalysierte, isobar-isochore Prozesse typisch ($dp = 0$, $dv = 0$). Wird außerdem die Temperatur konstant (isotherm) gehalten, dann reduziert sich die Gleichung (2.34) zu (2.37).

$$dy = \left(\frac{\partial y}{\partial n_A}\right)_{n_B,\ldots} \cdot dn_A + \left(\frac{\partial y}{\partial n_B}\right)_{n_A,\ldots} \cdot dn_B + \ldots \tag{2.37}$$

Über Gleichung (2.37) wird die Änderung des Systems Lebensmittel durch Stoffwandlung(en) beschrieben (vgl. 2.34). Dabei kennzeichnet der Objektmengenkoeffizient $\partial y/\partial n_m$ die partielle molare Zustandsgröße Y_m.

Mit Bezug auf die Gleichung (2.34) kann man die Lebensmittelveränderungen als Funktion verschiedener Zustandsvariablen darstellen und auf dieser Basis systematisieren.

Lebensmittelveränderungen als Funktion der Zustandsvariablen T, p, v und n_m

Gruppe 1: $RM_b(dT, dp, dv, dn, \ldots = d\mathrm{RM} = 0)$; Bezugsbedingungen
Beispiel: Lagerung verpackter Lebensmittel bei RM_b

Gruppe 2: $RM_{b(T)}\,(dp, dv, dn, \ldots = 0, dT \neq 0)$; Bezugsbedingungen, aber T variabel
Beispiel: thermische Behandlungen von Lebensmitteln wie Schmelzen und Pasteurisieren.

Gruppe 3: $RM_T\,(dp, dv, dn, \ldots \neq 0, dT = 0)$; nur T ist konstant
Beispiel: Lagerung unverpackter Lebensmittel bei konstanter Temperatur.

Gruppe 4: $RM\,(dT, dp, dv, dn, \ldots = dRM = 0)$; variable Bedingungen
Beispiel: Konzentrieren, Trocknen, Verdünnen von Lebensmitteln.

Die Lebensmittelveränderungen gemäß dieser Übersicht geben zugleich die energetischen Randbedingungen an, die durch die freie Enthalpie charakterisiert werden:

$$dg = \left(\frac{\partial g}{\partial T}\right)_{p,\,n_m} \cdot dT + \left(\frac{\partial g}{\partial p}\right)_{T,\,n_m} \cdot dp + \sum_i \left(\frac{\partial g}{\partial n_i}\right)_{T,\,p,\,n_j} \cdot dn_i \tag{2.38}$$

Die Wirkungskoeffizienten $\partial g/\partial T$ und $\partial g/\partial p$ stellen das „Gewicht" des Temperatur- und Druckeinflusses auf dg dar.

Durch Koeffizientenvergleich von (2.38) mit Gleichung (2.39):

$$dg = -s \cdot dT + v \cdot dp + \sum_i \mu_i \cdot dn_i \tag{2.39}$$

erhält man: $\left(\frac{\partial g}{\partial T}\right)_{p,\,n_m} = -s\,;\quad \left(\frac{\partial g}{\partial p}\right)_{T,\,n_m} = v\,;\quad \left(\frac{\partial g}{\partial n_i}\right)_{T,\,p,\,n_j} = \mu_i$

Die Gleichung (2.39) bringt den Zusammenhang sowohl zwischen der freien Enthalpie und dem chemischen Potential (vgl. Gleichung (2.28)) als auch zwischen der freien Enthalpie und der Stoffwandlung zum Ausdruck.

Energetische und reaktionskinetische Merkmale von Lebensmittelveränderungen

3.1 Energetische Bilanz chemischer und biochemischer Lebensmittelveränderungen

Die energetische Bilanz einer chemischen, biochemischen oder mikrobiologischen Lebensmittelveränderung gibt Auskunft darüber, ob sie freiwillig abläuft oder sich das System unter den gegebenen Bedingungen in einem thermodynamischen Gleichgewicht befindet. Da die Bilanz aus der Differenz der Energiebeträge des Systems im Endzustand und im Anfangszustand errechnet wird, sind folglich weder Betrachtungen über den Weg der Prozesse, ihre Schrittfolge von dem einen Zustand zum anderen noch Informationen über den zeitlichen Ablauf einzelner Teilschritte in die Berechnung eingegangen bzw. zu erwarten.

Die Frage, ob eine Lebensmittelveränderung ablaufen kann, wird durch die Affinität A der betreffenden Reaktanden in den chemischen oder biochemischen Reaktionen beantwortet. Die Größe A wird häufig im Zusammenhang mit der thermodynamischen Betrachtung enzymatischer Reaktionen verwendet. Die Affinität schließt die Gesamtheit der physikalischen, chemischen, biochemischen und mikrobiologischen Bedingungen ein.

Die Affinität der Stoffwandlungsprozesse, bezogen auf die Reaktionslaufzahl ξ, ist in geschlossenen Systemen durch den Differentialquotienten (3.1) charakterisiert.

$$-A = \left(\frac{\partial u}{\partial \xi}\right)_{s,v} = \left(\frac{\partial h}{\partial \xi}\right)_{s,p} = \left(\frac{\partial f}{\partial \xi}\right)_{T,v} = \left(\frac{\partial g}{\partial \xi}\right)_{T,p} \tag{3.1}$$

Damit kann ΔA auch über die Gleichung (3.2) ausgedrückt werden.

$$\Delta A = -\sum_i \nu_i \cdot \mu_i = \Delta_R G = \Delta_R F \tag{3.2}$$

Ebenso gilt:

$$-\Delta A \, d\xi = \sum_i \mu_i \cdot dn_i \tag{3.3}$$

und mit (3.1) folgt:

$$\sum_i \mu_i \cdot dn_i = (du)_{s,v} = (dh)_{s,p} = (df)_{T,v} = (dg)_{T,p} \tag{3.4}$$

Mit den Beziehungen (3.1) bis (3.4) können die Gibbs'schen Fundamentalgleichungen (3.5) formuliert werden.

$$\begin{aligned}\sum_i \mu_i \cdot dn_i &= du + p \cdot dv - T \cdot ds \\ &= dh - v \cdot dp - T \cdot ds \\ &= df + p \cdot dv + s \cdot dT \\ &= dg - v \cdot dp + s \cdot dT\end{aligned} \tag{3.5}$$

Unter Standardbedingungen ist in diesen Gleichungen das chemische Potential auf das Potential bei einer Temperatur von $T = 25\,°C$ bzw. 298 K und dem Druck von $p = 1$ Atm = 0,1 Mpa zu beziehen.

$$\mu_i = \mu_i^o + R \cdot T \ln a_i \tag{3.6}$$

Unter speziellen Bedingungen ist das chemische Potential des Wassers seiner Aktivität a_W proportional. Die Änderung des chemischen Potentials stellt sich in Analogie zu (2.30) als Differenz dar:

$$\Delta\mu_i = \mu_{i(2)} - \mu_{i(1)} \tag{3.7}$$

Wie in (2.30) und (2.33) kann $\mu_{i(2)}$ den Endzustand und $\mu_{i(1)}$ den Anfangszustand des reagierenden Systems repräsentieren.

Ebenso wie das chemische Potential setzt sich die freie Reaktionsenthalpie $\Delta_R G$ aus dem Standardpotential $\Delta_R G^0$ und dem Überführungsglied $R \cdot T \cdot \ln a$ bzw. $R \cdot T \cdot \ln c$ zusammen.

Für die Reaktion: $A + B \rightarrow X + Y$ ist die freie Reaktionsenthalpie zu formulieren

$$\Delta_R G = \Delta_R G^0 + R \cdot T \cdot \ln \frac{c_X \cdot c_Y}{c_A \cdot c_B} \tag{3.8}$$

und bei Gleichgewichtsbedingungen gilt unter Berücksichtigung des Massenwirkungsgesetzes:

$$\Delta_R G = \Delta_R G^0 + R \cdot T \cdot \ln K \tag{3.9}$$

Dieser Zusammenhang gilt z. B. für die Hydrolyse von Lebensmittelinhaltsstoffen als auch für die Startreaktionen von nichtenzymatischen Bräunungsreaktionen (Maillard-Reaktion).

Für Gleichgewichte resultiert aus (3.9) mit $\Delta_R G = 0$:

$$\Delta_R G^0 = - R \cdot T \cdot \ln K \tag{3.10}$$

Die Gleichgewichtskonstante K ist der Quotient der Geschwindigkeitskonstanten der Hinreaktion und der Rückreaktion:

$$K = k_1 / k_{-1} \tag{3.11}$$

Über Gleichung (3.10) und (3.11) sind die thermodynamischen und kinetischen Größen verknüpft. Da der Zerfall eines Stoffes die Umkehrreaktion zur Bildung eines Stoffes darstellt, gilt der reziproke Wert $1/K$ für die Zerfallsreaktion, z. B.

Tabelle 3.1. Energetische Bedingungen für chemische, biochemische und/oder mikrobiologische Lebensmittelveränderungen

Molare Zustandsfunktion	freiwillig (exoenergetisch)	Gleichgewicht	erzwungen (endoenergetisch)
ΔG^{a} [J/mol]	< 0 (exergonisch)	0	> 0 (endergonisch)
ΔH [J/mol]	< 0 (exotherm)	0	> 0 (endotherm)
$-\Delta S^{b}$ [J/mol · K]	< 0 (exotrop)	0	> 0 (endotrop)

[a] $\Delta G \approx \Delta F$,
[b] gemäß Gleichung (3.12).

für die Dissoziation eines Enzym-Substratkomplexes als Michaelis-Menten-Konstante.

Das molare thermodynamische Potential ist nach Gibbs und Helmholtz

für isobare Prozesse: $$\Delta G = \Delta H - T \cdot \Delta S \quad (3.12)$$

für isochore Prozesse: $$\Delta F = \Delta U - T \cdot \Delta S \quad (3.13)$$

Veränderungen in Systemen laufen dann gemäß der berücksichtigten Reaktionsgleichung von links nach rechts freiwillig ab, wenn ΔG negativ ist (siehe auch Tabelle 3.1.). Ansonsten müssen sie in der zitierten Richtung erzwungen werden. Spielen sterische Faktoren eine dominierende Rolle, dann wird entsprechend der Beziehung (3.12) mit $\Delta S > 0$ der Betrag der freien Enthalpie auch $\Delta G < 0$ ausfallen. Die skizzierten theoretischen Möglichkeiten lassen sich aus dem Bereich typischer Lebensmittelveränderungen durch Beispiele belegen.

Tabelle 3.2. verdeutlicht, daß Lebensmittelveränderungen im wesentlichen deshalb freiwillig ablaufen können, weil exotherme Vorgänge vorliegen; hier sei exemplarisch die „Glucoseverbrennung" genannt. Gleichgewichtsreaktionen liefern kleinere Werte für ΔG (Denaturierung, Phosphorylierung). Das thermodynamische Potential kann nun auch negativ sein, wenn $T \cdot \Delta S$ einen „genügend großen Wert" liefert. Solche Vorgänge werden beobachtet, wenn sterisch anspruchsvolle Prozesse, wie z.B. die Denaturierung des Biopolymers Trypsin, mit einer Abnahme des Ordnungszustandes des nativen Systems verbunden ist. In dem Entropiewert ΔS kommen im besonderen die sterischen Verhältnisse bei der Bildung von Enzym-Substrat-Komplexen zum Ausdruck. In der Tabelle 3.2. zeigt das letzte Beispiel, wie man Bruttoreaktionen in einzelne Teilschritte zerlegen kann.

Tabelle 3.2. Lebensmittelveränderungen als Funktion von G^a, H und S (Dimensionen vgl. Tabelle 3.1.)

Reaktion (bei 298 K)	ΔG	ΔH	ΔS	K^e
Saccharoseinversion	$-12{,}6\ (-23)^f$	–	–	–
Glucoseoxidation	$-2905\ (-2871{,}6)^f$	-2820	$+0{,}285$	–
Glucosegärung	$-228\ (236{,}4)^f$	$-71{,}3$	$+0{,}532$	10^4
Trypsindenaturierung	$-5{,}5^b$	$+283{,}2$	$+0{,}832$	7,3
Glucose + H_3PO_4[c] $\rightleftarrows$	$+16{,}8\ (+13{,}8)^f$	–	–	–
Glucose-6-(P)[d]	$-32{,}7$	–	–	–
ATP + H_2O $\rightleftarrows$ ADP + H_3PO_4				
Glucose + ATP $\rightleftarrows$ Glucose-6-(P) + ADP	$-15{,}9$			

[a] Weitere ΔG-Werte siehe Anhang 1 und 2.
[b] Bei Denaturierungstemperatur (333 K);
[c] oder PO_4^{3-};
[d] (P) = Phosphatrest ($-O-P(=O)(OH)_2$);
[e] Gleichgewichtskonstante der Reaktion;
[f] nach Ackermann (1992).

3.2 Reaktionskinetische Merkmale von Lebensmittelveränderungen

Die thermodynamische Betrachtung eines Systems erlaubt, wie oben erläutert, die Aussage, ob aus energetischer Sicht prinzipiell erwünschte oder unerwünschte Effekte durch die Änderung der Reaktionsbedingungen auftreten können. Letztendlich entscheiden aber über den Ablauf eines Vorganges neben den thermodynamischen auch die kinetischen Voraussetzungen.

Negative freie Enthalpien kennzeichnen die freiwillig ablaufenden Reaktionen, sofern keine kinetischen Hemmungen vorliegen.

Aus kinetischer Sicht muß also offenkundig ein Widerstand überwunden werden (Abb. 3.1.), der in den strukturellen Gegebenheiten der zu verändernden Moleküle („Grundzustand“: E_1) liegt. Sollen die Teilchen reagieren, dann muß die sie charakterisierende Elektronenanordnung des Grundzustandes (potentielle Energie: Bindungs-, ungebundene Elektronen) durch Aufnahme von Energie, z.B. kinetischer Energie infolge einer Temperaturerhöhung und/oder durch Komplexbildung mit Katalysatoren (Enzyme) in einen „angeregten oder aktivierten Zustand“ (E_2) übergeführt werden.

Die in Abb. 3.1. für die Anregung von reagierenden Stoffen (Zustand E_1 zur Zeit $t_1 = 0$) angegebene Aktivierungsenergie E_A entspricht ungefähr der Aktivierungsenthalpie ΔH_{akt} ($E_A \approx \Delta H_{akt} + RT$). Der Zustand mit dem größten Energieinhalt zur Zeit t_2 kann sich als angeregter Zustand, als aktivierter Komplex oder als Zwischenprodukt (metastabil, reaktiv) dokumentieren. Intermediate können Ionen, freie Radikale, polare Verbindungen, Übergangskomplexe oder isolierbare Verbindungen sein.

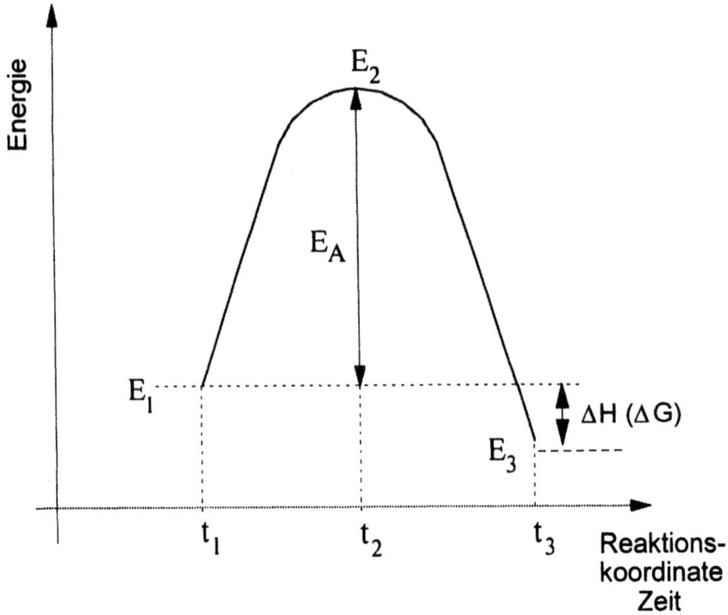

Abb. 3.1. Energieprofil für exoenergetische Prozesse

Tabelle 3.3. Bereiche der Aktivierungsenergie für ausgewählte Lebensmittelinhaltsstoffe (nach Villota und Hawkes, 1992)

Lebensmittel/Komponente	E_A [kJ/mol]
Enzymatische Reaktionen	(0)– 33
Chlorophyll[a]	21–113
Ascorbinsäure[a]	21–167
Anthocyanin(e)[a]	29–125
α-Tocopherol[a]	38– 54
Retinol[a]	38–131
Betalain[a]	38–121
Nichtenzymat. Bräunungen	38–167
Disaccharid-Hydrolyse	42– 63
Carotinoide[a]	42– 92
Lipidoxidationen	42–105
Sporen-Abtötung	251–334
Abtötung veg. Zellen	209–627
Proteindenaturierung	334–502

[a] Abbau-Reaktionen.

Aus E_2 kann bis zur Zeit t_3 der (vorläufige) Endzustand E_3 (Produkte) direkt erreicht werden. Treten bei t_2 Zwischenprodukte auf, z. B. Glucoside bei der Maillard-Reaktion von Glucose mit Aminosäuren, dann bedürfen diese beim Übergang in E_3 meist weiterer Aktivierungschritte.

Der in Abb. 3.1. wiedergegebene Sachverhalt läßt sich auf alle exoenergetischen Reaktionen anwenden. Endoenergetische Prozesse sind durch eine positive freie Enthalpie gekennzeichnet.

Allgemein wird der Kurvenverlauf wesentlich durch die Größe E_A bestimmt. Dabei charakterisieren Aktivierungsenergien nicht nur die jeweilige Lebensmittelveränderung, sondern sie sind auch ein wesentliches Merkmal für die Qualitäts- und Prozeßoptimierung von Lebensmitteln. Aus Tabelle 3.3. gehen die Aktivierungsenergien ausgewählter Lebensmittelveränderungen hervor.

Aus Tabelle 3.3. ist abzulesen, daß enzymatisch katalysierte Reaktionen erwartungsgemäß eine niedrige Aktivierungsenergie benötigen. Es folgen Energie-

Tabelle 3.4. Aktivierungsenergien für Veränderungen typischer Lebensmittelinhaltsstoffe (nach Villota und Hawkes 1992)

Lebensmittel/Inhaltsstoffe	Temperatur [°C]	pH/a_W	E_A [kJ/mol]
Proteindenaturierungen			
Albumine/Globuline	60–70	pH: 5 –8	319–565
	25–37	1,3 –2	156–205
	15–60	6,1 –6,1	171–356
Enzyme	43–110	4 –5,2	36–465
Lysin (Teigwaren)	25–126	a_W: 0,33–0,79	53–105
Caseineinlabung	13–40		34–162
Vitaminabbau			
Ascorbinsäure	4–85	pH: 3,5 –6,6	14–33
	4–70	a_W: 0,75–0,90	34–188
Retinol/Carotene	10–37	0,01–0,40	45–79
Folsäure	50–75		73
Pantothensäure	10–100	pH: 3,7 –4	80
Riboflavin	25–55	a_W: 0,32–0,44	16–18
Thiamin	110–120	pH: 3,5 –7	27–120
Tocopherole	4–25	a_W: 0,11–0,33	41–44
Farbstoffe			
Chlorophylle	88–138	pH: 5,9	22–67
	32–57	a_W: 0,11–0,75	41–259
Anthocyanine	20–120	pH: 2,5–4,5	47–116
Betalaine	62–116	4,8–5,8	36–69
Mikroorganismen-Abtötung			
Milch/Molke/Käse	0–160	pH: 5,5–8	62–544
Eiprodukte	56–61	6	165–496
Fleisch (Schwein)	60	4,5–9	219–242
Gemüse	110–138	3,8	275–494
Pflaumen	55–80	a_W: 0,98	177

beträge für Abbaureaktionen einzelner Lebensmittelinhaltsstoffe, meist von Minorkomponenten. Dabei ist eine Differenzierung zwischen thermischen und photochemischen Reaktionen nicht möglich. Den höchsten Energiebedarf haben solche Lebensmittelveränderungen, die mit Denaturierungen der Inhaltsstoffe einhergehen. Dazu zählen die Inaktivierungen von Enzymen sowie die Abtötung von Mikroorganismen.

Schließlich sei erwähnt, daß man aus den experimentell bestimmten Aktivierungsenergien einen Hinweis über den Typ der vorliegenden Lebensmittelveränderung erhalten kann.

Aus Tabelle 3.4. geht besonders hervor, daß die Aktivierungsenergien für Reaktionen typischer strukturgebundener Lebensmittelkomponenten von verschiedenen Parametern, wie z.B. der Temperatur, dem pH-Wert und/oder der Feuchtigkeit abhängen (siehe auch 3. Anhang).

Zeitgesetze

Bei den Lebensmittelveränderungen nehmen die Konzentrationen sich bildender Produkte auf Kosten der reagierenden Lebensmittelinhaltsstoffe und der Komponenten aus der Umgebung (z.B. Sauerstoff, Kontaminanten) zu.

Die Konzentrationsänderung eines oder mehrerer Ausgangsstoffe eines Reaktionssystems:

$$\nu_A A + \nu_B B + \ldots \rightarrow \nu_X X + \nu_Y Y$$

ist durch die Geschwindigkeit r zur Zeit t unter den allgemeinen Reaktionsbedingungen $RM_{b(c)}$ definiert:

$$r = -\frac{1}{\nu_A} \cdot \frac{dc_A}{dt} = -\frac{1}{\nu_B} \cdot \frac{dc_B}{dt} = \ldots = \frac{1}{\nu_X} \cdot \frac{dc_X}{dt} = \frac{1}{\nu_Y} \cdot \frac{dc_Y}{dt} = \ldots \tag{4.1}$$

Das negative Vorzeichen der stöchiometrischen Faktoren ν_i berücksichtigt die Konzentrationsabnahme für Ausgangsstoffe eines Reaktionssystems, da die Geschwindigkeit nur positive Werte annehmen kann. Für langlebige Zwischenprodukte oder Endprodukte werden entsprechend ihrer Zunahme positive stöchiometrische Faktoren in der Geschwindigkeitsgleichung (4.1) in Rechnung gestellt.

Allgemein gilt die Geschwindigkeitsgleichung[1]:

$$r = -\frac{dc}{dt} = k \cdot c^n \tag{4.2}$$

wobei k die Geschwindigkeitskonstante der Reaktion und n die Reaktionsordnung ist.

Die Abhängigkeit der Reaktionsgeschwindigkeit von der Konzentration der Ausgangsstoffe A und B drückt sich in der folgenden Geschwindigkeitsgleichung (4.3) aus, in der wir zur Vereinfachung annehmen wollen, daß $n_A = n_B = 1$ ist.

$$r = -\frac{dc_A}{dt} = k \cdot c_A^{n_A} \cdot c_B^{n_B} \tag{4.3}$$

Der Proportionalitätsfaktor k ist als Konstante der Reaktionsgeschwindigkeit r für die Einheitskonzentrationen der Reaktanten definiert, wobei das Produkt der Konzentrationen c_A von A und c_B von B als Korrekturfaktor zum Einheitsmaßstab auftritt.

Die Summe der in einer Geschwindigkeitsgleichung auftretenden Exponenten (für A: $n_A = 1$ und für B: $n_B = 1$; d.h. $n = n_A + n_B = 2$) bezeichnet man als Reak-

[1] Wie man aus dem Vergleich von Gleichung (4.1) und (4.2) erkennt, werden die stöchiometrischen Koeffizienten ν_i in die Geschwindigkeitskonstante k einbezogen.

tionsordnung. Somit erhält man die Ordnung n einer Reaktion durch Addition der Teilordnungen ihrer Reaktionspartner, präziser gesagt: ihrer geschwindigkeitsbestimmenden Reaktionspartner. Denn nicht jeder Reaktionspartner bestimmt das Zeitgesetz mit (denkt man nur an solche Reaktionsteilnehmer, deren Konzentration sich nicht wesentlich ändert). Außerdem müssen die stöchiometrischen Faktoren in der Reaktionsgleichung als Größen der Reaktionsmolekularität nicht unbedingt mit den Teilordnungen übereinstimmen, da die Reaktionsordnung auch von dem Charakter des Prozesses abhängt, in den die Konzentrationen von Reaktionsteilnehmern eingehen (siehe gebrochene Reaktionsordnung).

Neben Angaben zur Aktivierungsenergie (E_A) oder den Geschwindigkeitskonstanten (k) muß die Kinetik einer Reaktion auch Aussagen zum Mechanismus eines Vorganges aus chemischer und biochemischer Sicht treffen. Will man erwünschte Reaktionen von Lebensmitteln fördern oder deren Verderb hemmen, dann ist die Kenntnis des Reaktionsmechanismus unumgänglich. Die Aufklärung eines Reaktionsmechanismuses ist nicht allein mit der Zeitgesetz-Analyse zu realisieren. Der Mechanismus einer Reaktion wird durch die Art und Anzahl von Elementarreaktionen, deren zeitliche Folge und wechselseitige Verknüpfung sowie durch das Auftreten eventueller Zwischenprodukte gekennzeichnet. Dabei sind Elementarreaktionen die einzelnen Teilschritte einer Gesamtreaktion. Die Zahl der in einem Elementarschritt wechselwirkenden Teilchen findet in der Molekularität der Reaktion ihren Ausdruck (mono-, bi-, trimolekular). Nicht jede Elementarreaktion muß aber die Geschwindigkeit einer Bruttoreaktion mitbestimmen. Sie wird immer durch den oder die langsamsten Teilschritt(e) einer Reaktion geprägt. Deshalb ist die Reaktionsordnung n in (4.3) als Exponent der Konzentrationen nur von den Teilnehmern im Zeitgesetz präsent, die sich in einer Reaktion als langlebende Teilchen herausstellen. Aus dieser Gegebenheit folgt auch die Tatsache, daß mit der kinetischen Untersuchung von Reaktionen über die Ermittlung von Zeitgesetzen nicht zwangsläufig der Mechanismus einer Bruttoreaktion zu klären ist. Für den Ablauf einer Elementarreaktion ist dagegen die Molekularität und Ordnung stets identisch.

Die Reaktionsgeschwindigkeit r von Lebensmittelveränderungen ist unter definierten Bedingungen durch die zeitabhängige Abnahme von Objektmengen (Abschnitt 1.3.1) gegeben.

Grundsätzlich wollen wir zwischen einfachen und komplexen Zeitgesetzen unterscheiden. Von einfachen Zeitgesetzen wollen wir nur dann sprechen, wenn allein ein geschwindigkeitsbestimmender Schritt nachweisbar ist und sich die Veränderungen im Lebensmittel durch die Geschwindigkeitsgleichung (4.2) beschreiben lassen.

Obwohl streng genommen nur Elementarreaktionen in einfache Geschwindigkeitsansätze gefaßt werden können, sind selbst komplizierte Reaktionen von Lebensmittelveränderungen infolge der sehr unterschiedlichen Geschwindigkeiten einzelner Teilreaktionen und ihrer Entartung durch nichtstöchiometrische Konzentrationsverhältnisse entsprechend ihrer Pseudoordnung oft durch einfache mathematische Ansätze hinreichend genau zu beschreiben. Die meisten bisher beobachteten Reaktionen in Lebensmitteln gehorchen offensichtlich nach Literaturangaben einem Zeitgesetz 0. oder 1. Ordnung (Anhang 4).

4.1 Einfache Zeitgesetze

Kann man Lebensmittelveränderungen durch einfache Zeitgesetze beschreiben, dann wird häufig von einfachen Reaktionen gesprochen. Jedoch sind durchaus Lebensmittelveränderungen mit kompliziertem Reaktionsmechanismus bekannt, die ebenso einfache Zeitgesetze erfüllen. Dazu zählen u.a. solche chemisch, biochemisch oder mikrobiologisch verursachten Reaktionen, bei denen Katalysatoren mitwirken oder bei denen sich die Konzentrationen der Lebensmittelkomponenten praktisch nicht ändern (Pseudo-Ordnung). Treten mehrere geschwindigkeitsbestimmende Teilreaktionen auf (Umkehr-, Folge-, Parallel-Reaktionen), deren Geschwindigkeit gegenüber anderen Elementarreakionen deutlich geringer ist, dann erfaßt man die Brutto-Reaktionsgeschwindigkeit (r_B). Für Lebensmittelveränderungen sind solche Reaktionen typisch.

Einfache Zeitgesetze, im besonderen mit $n = 1$, kann man dann anwenden, wenn die Änderung des Lebensmittelsystems der Konzentrationsänderung einer Lebensmittelkomponente proportional ist.

Pragmatisch wird häufig die zeitabhängige Konzentrationsänderung nur einer Lebensmittelkomponente (dann stellvertretend für das gesamte System) verfolgt. In solchen Fällen bewertet man die ausgewählte, gut meßbare Komponente als Indikatorsubstanz.

4.1.1 Reaktionen erster Ordnung

Durch Zeitgesetze dieser Art wird eine Vielzahl von Lebensmittelveränderungen qualitativ und quantitativ erfaßt (siehe OKOS,1986, und Anhang 4). Dazu zählen irreversible Abbau- und Zerfallsreaktionen von Enzymen (Peters, 1985), Vitaminen und Farbstoffen ebenso wie Alterungsvorgänge von landwirtschaftlichen Rohstoffen, die Bildung biogener Amine, von Konjuen- aus den Isolenfettsäuren und die Isomerisierung von Carotenen sowie die Desaktivierung aktivierter Zustände und Strukturen (u.a. lichtinduzierte Bildung der D-Vitamine aus den entsprechenden Provitaminen), von Enzym-Substrat-Komplexen und Mikroorganismen (Labuza und Kreisman, 1978). Die aufgezählten Beispiele wollen wir nach der Stöchiometrie verallgemeinern:

$$A \rightarrow X$$

Diese Reaktionen lassen sich durch das Zeitgesetz in der Differentialform beschreiben:

$$r = -\frac{dc_A}{dt} = \frac{dc_X}{dt} = k \cdot c_A \qquad (4.4)$$

Bezogen auf t, erfaßt die Gleichung (4.4) die momentane Geschwindigkeit der betreffenden Lebensmittelveränderung. Für die Abtötung der Mikroorganismen ersetzt man die Konzentration durch die proportionale Zahl N der Mikroorganismen.

Aus Gründen einer höheren Fehleranfälligkeit differentieller Zeitgesetze gegenüber integralen Lösungsfunktionen wählt man zur Auswertung der experimentellen Daten die Integralform:

$$-\int_{c_A^0}^{c_A} \frac{dc_A}{c_A} = \int_{t=0}^{t} k \cdot dt \tag{4.5}$$

Nach Trennung der Variablen c und t wird in den Grenzen $t = 0$ bis $t = t$ und die dazu gehörigen Konzentrationen c_A^0 und c_A integriert[2].

$$-(\ln c_A - \ln c_A^0) = k \cdot t \tag{4.6}$$

$$\ln \frac{c_A}{c_A^0} = 2{,}3 \lg \frac{c_A}{c_A^0} = -k \cdot t$$

Die Entlogarithmierung von Gleichung (4.6) liefert dann die Gleichung (4.7).

$$c_A = c_A^0 \cdot e^{-k \cdot t} \tag{4.7}$$

Der Umsatz „U" einer Reaktion 1. Ordnung, die im speziellen Fall eine monomolekulare Reaktion sein kann, läßt sich gemäß Gleichung (4.8) definieren:

$$U = \frac{c_A^0 - c_A}{c_A^0} = 1 - \frac{c_A}{c_A^0} \tag{4.8}$$

Da für die Konzentration von X der Zusammenhang gilt: $c_X = c_A^0 - c_A$, folgt aus (4.7) und (4.8) die Beziehung (4.9):

$$c_X = c_A^0 - c_A = c_A^0 - c_A^0 \cdot e^{-k \cdot t} = c_A^0 \cdot (1 - e^{-k \cdot t}) \tag{4.9}$$

Der formulierte Zusammenhang (4.9) sagt aus, daß zu jedem Zeitpunkt t der Reaktion eine bestimmte Konzentration von A und X vorliegt. Trägt man c_A und c_X gegen t auf, so erhält man die folgenden Abbildungen. Die Darstellung 4.1. ist augenscheinlich von Nachteil, weil daraus nicht die Gültigkeit des unterstellten Zeitgesetzes erkennbar ist. Zudem benötigt man auch zur Ermittlung der praktisch bedeutsamen Halbwertszeit $t_{1/2} = \tau$ (diejenige Zeit einer Reaktion, nach der die Anfangskonzentration eines Reaktionsteilnehmers auf die Hälfte seines Anfangswertes abgesunken ist) über die grafische Methode die beiden Wertepaar-Reihen c_A/t und c_X/t.

Über die Gleichung (4.6) sind systematische Abweichungen der Meßwerte von der linearen Beziehung einer Reaktion 1. Ordnung möglich und damit die Ungültigkeit des unterstellten Zeitgesetzes erfaßbar.

---

[2] Mit dem ersten Meßpunkt wird oft die Reaktionszeit $t = 0$ festgelegt, was nicht berücksichtigt, daß schon Lebensmittelveränderungen stattfanden. Bei der Auswertung der gemessenen Konzentrations-Zeit-Wertepaare führt dies zu einem systematischen Fehler der Geschwindigkeitskonstante k, der unter Umständen nicht mehr als vernachlässigbar gelten kann.

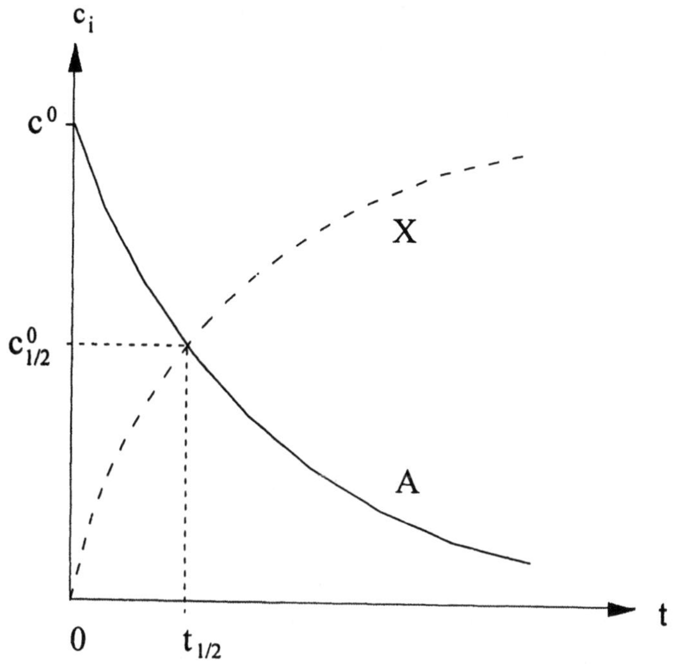

Abb. 4.1. Konzentrationsänderung für eine Reaktion 1. Ordnung

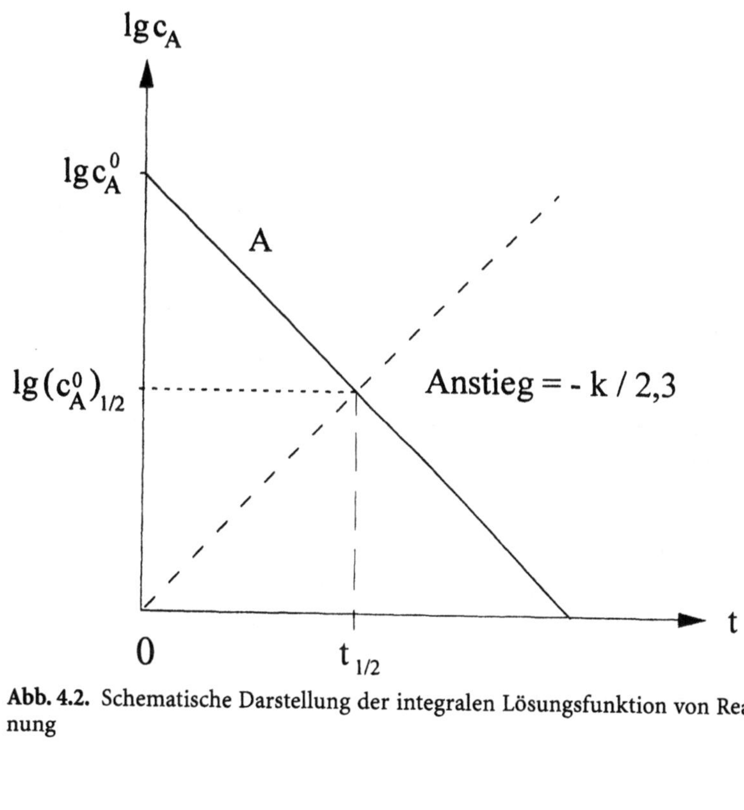

Abb. 4.2. Schematische Darstellung der integralen Lösungsfunktion von Reaktionen 1. Ordnung

Der Anstieg der Geraden $\Delta \lg c_A / \Delta t$ spiegelt die Geschwindigkeitskonstante k wider. Aus (4.6) geht hervor, daß die Reaktionsgeschwindigkeitskonstante k die reziproke Dimension von t trägt.

Nach diesen allgemeinen Betrachtungen sollen einige Beispiele für Reaktionen 1. Ordnung vorgestellt werden.

4.1.1.1
Abbau von Vitaminen

Die in der Literatur beschriebenen Verluste von Vitaminen in Lebensmitteln oder deren Rohstoffe werden häufig zur Abschätzung der unterschiedlichen technologisch bedingten Belastungen solcher Produkte herangezogen. Ebenso kann der Vitaminabbau zur Beurteilung der Lebensmittelqualität ausgewählt werden. Bei der Nutzung von Vitaminen als Indikatorsubstanzen, auch als Steuergröße für Prozesse, ist zu bedenken, daß Vitaminverluste häufig auch als Auslaugungsanteile auftreten und so die experimentellen Befunde verfälschen können.

Der substratgebundene und *RM*-abhängige Abbau von Vitaminen wird, wie allgemein üblich, durch die Geschwindigkeitskonstante k charakterisiert.

Der Abbau von *Ascorbinsäure* – meist als identisch mit Vitamin C angesehen – ist im besonderen abhängig von der Temperatur, der Wasseraktivität, dem pH-Wert und dem Gehalt an Sauerstoff sowie Schwermetallionen (Hsieh und Harris, 1993).

Während hochreine Vitamin C-Präparate im sichtbaren Licht stabil sind, wird das Vitamin in wässrigen Lebensmittelsystemen besonders in Gegenwart von Sensibilitoren durch das Licht dieser Wellenlängen abgebaut. So konnten Sahbaz und Somer (1993) nachweisen, daß Ascorbinsäure in Gegenwart von Riboflavin in An- oder Abwesenheit von Sauerstoff und bei steigenden pH-Werten – untersucht wurde der Bereich 2,5 bis 6 – über einen radikalischen Mechanismus nahezu quantitativ oxidiert wird. Als Nebenprodukt entsteht dabei Wasserstoffperoxid.

In Lösungen wird die Ascorbinsäureoxidation durch Cu^+-Ionen gefördert, durch Glutaminsäure deutlich gehemmt[3], und zwar beim pH-Wert von 3,5 stärker als beim pH-Wert von 4,6 (Kikova u. a., 1981). Nach Villota und Karel (1980) tritt der Vitamin C-Verlust besonders bei hohen a_W-Werten und höheren Temperaturen auf. Rassis und Saguy (1995) berichten über den Einfluß von Sauerstoff und Kupfergluconat auf den Vitamin C-Abbau und die nichtenzymatische Bräunung in Citrussäften.

Das Eindampfen von Orangensaft führt bei Temperaturen von 42–86 °C in Gegenwart von Sauerstoff bei Haltezeiten von 80–10 s zu Reaktionsgeschwindigkeitskonstanten für den Ascorbinsäure-Abbau von $2 \cdot 10^{-3}$ bis $4{,}1 \cdot 10^{-2}\,s^{-1}$. Diese Abbaurate ist allerdings sehr klein (Braddock und Sadler, 1989).

Bei konstantem Sauerstoffpartialdruck wandelt sich die Ascorbinsäure zunächst mit $n = 0$ in ein Intermediat um (Monodehydro-Ascorbinsäure), aus dem schließlich mit $n = 1$ die Dehydro-Ascorbinsäure gebildet wird. Die logarithmische

[3] Aminosäuren und Proteine bilden mit Vitamin C nichtenzymatische Bräunungsprodukte (Löschner u. a., 1991).

Tabelle 4.1. Geschwindigkeitskonstanten k für den Vitaminabbau in Lebensmitteln und Modellsystemen (nach Okos, 1986)[a]

Vitamine/Lebensmittel	Temperatur [°C]	andere Bedingungen	k [min^{-1}]
Ascorbinsäure			
Erbsen	115,6–132,2	in Konserven	0,0014 –0,009
Grapefruit	60 – 96	Juice/11,2–31,2 °Bx	0,0013 –0,0027
		/62,5 °Bx (Feststoffgehalt)	0,003 –0,011
Thiamin			
Karotten, grüne	68 – 96	Püree	0,0049 –0,1744
Bohnen, Erbsen	109 –149		
Erbsen	104,4–132,2	Lake	0,0058 –0,0351
Leber, Herz (Rind) Lammfleisch	109 –149	Püree	0,0062 –0,2326
Riboflavin			
Makkaroni	25 – 55	$a_W = 0{,}32–0{,}44$	1,32–1,56 [d^{-1}]
Pyridoxin, -oxal, -oxamin			
Blumenkohl	105,9–137,7	Püree	0,00265–0,01145
Folsäure			
Äpfel	100 –140	Juice (pH = 3,4)	0,00105–0,0137
Tomaten	100 –140	(pH = 4,3)	0,00933–0,01205
Carotene			
Süßkartoffeln, Gelbkorn	60 – 80		0,00023–0,00135
Leber (Rind), als t-Retinol	102,9–126,7	Püree	0,01074–0,09738

[a] Weitere Konstanten sind im Anhang 5 und 6 aufgeführt.

Auftragung der abnehmenden Vitamin C-Konzentration gegen die Zeit, wie allgemein in Abb. 4.2. gezeigt, bestätigt für den Ascorbinsäure-Abbau eine Reaktionsordnung von $n = 1$ (siehe Sakai u.a., 1987). Ein ähnlicher Mechanismus wird für den oxidativen Carotenabbau postuliert. Auch in verschlossenen Behältnissen und in Trockenfrüchten wird die Ascorbinsäure nach einem Zeitgesetz 1. Ordnung abgebaut (Rao u.a., 1981; Singh u.a., 1983). Beispiele für den *RM*-abhängigen Abbau des Vitamin C sind aus Tabelle 4.1. an der Geschwindigkeitskonstante abzulesen.

Der zeitabhängige, im alkalischen Milieu besonders auffällige Abbau von *Thiamin* (Vitamin B_1) ist vor allem an die Temperatur (u.a. Labuza und Kreisman, 1978), Lichtenergie sowie an den Gehalt von Sauerstoff, Wasser, Salzen und katalytisch wirkenden Schwermetallionen gebunden (siehe Bauernfeind und Pinkert, 1970). Bei niedrigen und mittleren a_W-Werten (0,12–0,65) ist Vitamin B_1 bis 37 °C stabil (Dennison u.a., 1977). Dagegen steht die Feststellung, daß die Vitamin B_1-Verluste in Nahrungsmitteln nach achtmonatiger Lagerung bei niedrigen a_W-Werten beträchtlich sind.

In Modelluntersuchungen wurde für den Thiamin-Verlust grundsätzlich eine Reaktionsordnung von $n = 1$ ermittelt. Dieses experimentelle Ergebnis wurde erhalten, wenn Vitamin B_1 in Wasser für etwa 6,5 h bei 26,4–30,6 °C bzw. für ca. 6 h bei 42,4–43,8 °C erwärmt wird. Die Geschwindigkeitskonstante wird dann zu $k = 0{,}0067\ \text{min}^{-1}$ ermittelt. Die Abbaugeschwindigkeit wird kaum durch die Gegenwart anderer Vitamine und von Melanoidinen aus Glucose und Glycin (Ramaswamy u. a., 1990) beeinflußt. Variiert man den a_W-Wert (0,90–0,95), den pH-Wert (5,5–7,0) und die Temperatur (35–55 °C), dann ist der Wassergehalt für den Thiamin-Abbau weniger von Bedeutung (Mauri u. a.,1987).

Die Reaktionsordnung $n = 1$ ermittelte man für Fleisch und Gemüse in Pufferlösungen bei Variation der Temperatur (35–138 °C), des pH-Wertes (4–7), des a_W-Wertes (0,9–0,99), des Sauerstoffgehaltes sowie der Salz- und Saccharose-Konzentration. Dabei wirken Cu^{+}- und Fe^{3+}-Ionen katalytisch.

Mit diesen *RM*-Bedingungen werden folgende technologische Prozeßabschnitte modelliert:

- Reinigen, Schälen, Putzen, Schneiden, Mahlen, mechanische Förderung von Rohstoffen.
- Extrahieren, Fermentieren, Reifen und andere Veredlungen der Lebensmittel.
- Sterilisieren, Trocknen und andere Haltbarmachungsverfahren.

und so in die kinetischen Untersuchungen einbezogen (Mauri u. a., 1989).

Arabshahi und Lund (1988) fanden bei der Untersuchung des Einflusses von Temperatur, Sauerstoffgehalt, a_W-Wert und anderer Lebensmittelinhaltsstoffe auf den Thiamin-Abbau ebenfalls eine Reaktionsordnung $n = 1$.

Beim pH-Wert von 6 und einem a_W-Wert von 0,95 wird der B_1-Abbau durch die Salze in der Reihenfolge $NaCl > KCl > Na_2SO_4$ gefördert (Fernandez u. a., 1986). In Modellsystemen hoher Wasseraktivität a_W(0,90–0,95) mit fixierten pH-Werten von 4 und 5,5 (Phosphatpuffer) nimmt der Thiaminhydrochlorid-Gehalt bei 80, 90 und 100 °C nach einer Reaktion 1. Ordnung ab (Mauri u. a., 1989).

Thiamin-Verluste treten auf bei Vorbehandlungen von Fleisch, beim Einmaischen, Blanchieren und Konditionieren von pflanzlichen Rohstoffen. Unterschiedliche Vitamin B_1-Verluste in der Krume und in der Kruste von Brot kennzeichnen die jeweilige Temperaturbelastung der Teiganteile beim Backen. Über experimenetelle Abbau-Konstanten gibt Tabelle 4.1. Auskunft. Schon hier sei erwähnt, daß für den Thiamin-Abbau auch eine Reaktionsordnung von $n = 2$ ermittelt wurde (siehe Abschnitt 4.1.2.1).

Das *Riboflavin* (Vitamin B_2) ist im basischen Bereich bei Werten von pH > 7 instabil. Gegenüber Sauerstoff und thermischer Belastung ist Vitamin B_2 relativ stabil. Es wird jedoch schnell durch UV-Bestrahlung abgebaut. Dabei wird in flüssigen Systemen (Pufferlösungen, entrahmte Milch) die Reaktionsordnung $n = 1$ ermittelt. In trockenen Systemen (Makkaroni, entfettete Trockenmilch) wird ein Zweiphasen-Mechanismus beobachtet. Bestrahlungen mit diffusem Licht führen generell zu einem Einphasen-Mechanismus (Furuja u. a., 1984). Ist das Riboflavin an eine Proteinmatrix gebunden, wird eine verbesserte Stabilität des Vitamins verzeichnet (Goldschmidt u. a., 1983).

Pyridoxin, die typische Vitamin B_6-Komponente im Obst, in den Leguminosen, Nüssen, Samen und Cerealien, und *Pyridoxal* sowie *Pyridoxamin*, vor allem in Fleisch, Fisch, Milch und Milchprodukten auftretend, werden besonders bei thermischer Belastung abgebaut.

Auf den Vitamin B_6-Verlust nehmen ebenso der pH-Wert und die Lichtintensität der Bestrahlung signifikanten Einfluß. Die freie Base des Vitamins (pH = 7,5) zeigt einen wesentlich schnelleren Abbau als die Salze (pH = 4,5 und pH = 6). Generell wird der Abbau durch Belichtung beschleunigt. In UHT-Milch wird Pyridoxin praktisch quantitativ abgebaut; beim Sterilisieren kann der Abbau über 50% liegen, beim Blanchieren (95 °C) findet man kleine Abbauraten (Yonker, 1984). In Pufferlösungen (pH = 4 – 7) sind besonders Pyridoxamin- und Pyridoxal-Verluste zu verzeichnen. In trockenen Produkten wird der Pyridoxal-Abbau signifikant durch die Temperatur und die Lichtenergie beeinflußt (Saidi und Warthesen, 1983). Schon mechanische Energieeinträge bei Mahlprozessen führen zu Vitamin B_6-Verlusten von 15 – 18% (siehe auch Tab. 4.1.).

Cobalamine (Vitamine B_{12}) werden vor allem bei höheren Temperaturen, z.B. beim Sterilisieren und in stark saurer oder alkalischer Lösung abgebaut. Komplexbildende Schwermetallionen stabilisieren diese Vitamine, reduzierende Substanzen wirken demgegenüber destabilisierend.

Folsäure reagiert besonders sensibel auf länger andauernde Erhitzung. Bekannt sind Abbau-Prozesse beim Garen von Möhren und Blumenkohl, bei der Herstellung von UHT-Milch sowie beim Brotbacken. Die ermittelte Reaktionsordnung von $n = 1$ wird vor allem bei einem Sauerstoffüberschuß gefunden (Karlin u.a., 1969).

Niacin (Nicotinsäure und -amid), Teil des Vitamin B-Komplexes, zählt zu den stabilen wasserlöslichen Vertretern. Das betrifft die Wirkung der *RM*-Parameter Temperatur, Belichtung, Sauerstoff und pH-Wert gleichermaßen. Ein Abbau wird reproduzierbar beim Backen von Brot ermittelt (Tabekhia und D'Appolonia, 1979).

Eine dem Niacin vergleichbare Stabilität ist vom *Biotin* bekannt; hervorgehoben wird außerdem dessen Prozeßstabilität.

Demgenüber wird die *Pantothensäure* bei der thermischen Belastung z.B. von Reis, Pilzen, Fleisch oder von Pufferlösungen in Abhängigkeit vom pH-Wert nach einer Reaktion 1. Ordnung abgebaut (Pyun u.a., 1981).

Carotene und *Vitamin A* liegen allgemein in der bioaktiven all-trans-Form vor. Isomerisierungen treten sowohl bei thermischen Prozessen (Frosten, Garen, Trocknen) als auch bei UV-Bestrahlung auf (Pesek und Warthesen, 1990). In wässrigen Modellsystemen treten bei den Carotenen neben den trans-cis-Isomerisierungen in Abhängigkeit von der Temperatur (– 15, 6, 28 °C) und der Strahlungsintensität deutliche Abbauverluste auf (Pesek und Warthesen, 1988). Eine Reaktionsordnung von $n = 1$ wird beobachtet, wenn β-Caroten im Modellsystem an der Luft auf 60 – 80 °C erhitzt wird (Sakai u.a., 1987). Dieses Verhalten zeigt das Provitamin auch in verschiedenen Lebensmitteln. In Gegenwart von Sauerstoff und Lipidperoxiden erfolgt der oxidative Abbau der Carotene, besonders in Gegenwart von Cu^{2+}-Ionen. Auch dieser Abbau wird durch UV-Bestrahlung (Pesek, 1989) und höhere Temperaturen sowie niedrige Wasseraktivitäten beschleunigt. In Abhängigkeit von der Sauerstoffkonzentration wird β-Caroten nach einer Reaktionsordnung von $n = 1$ abgebaut. Die Radikalrekombinationen sollen jedoch nach einer Reaktionsordnung von $n = 1{,}5$ verlaufen (Gloria, 1988). Antioxidantien wie Ascorbinsäure oder Tocopherol wirken erwartungsgemäß stabilisierend auf diese Terpene. Den stabilisierenden Effekt erklärt man mit dem Vermögen der Antioxidantien, die während der Induktionsperiode der Autoxidation gebildeten Caroten-Radikale abfangen zu können; liegen solche Inhibitoren nicht oder nur in geringer Konzentration vor, kann die Autoxidation durch Caroten-Peroxidbildung voranschreiten. Obwohl es sich offensichtlich um Folge- und Ketten-Reaktionen handelt, wird die Brutto-Reaktion der Caroten-Autoxidation durch eine Reaktionsordnung von $n = 1$ beschrieben. Eine solche Reaktionsordnung wurde experimentell für den Vitamin A-Verlust beim Garen von Gemüse und Leber ermittelt (Björk und Asp, 1983 – siehe Tabelle 4.1.).

Der meist oxidative Abbau von *Tocopherolen*, Vitamine der E-Reihe, z. B. in Obst und Gemüse, speziell in pflanzlichen Ölen, ist abhängig vom Sauerstoffgehalt und der Gutsfeuchte der Lebensmittel sowie von der Temperatur (Widicus u. a., 1980).

Die *K-Vitamine* mit der bekannten benzochinoiden Struktur reagieren besonders sensibel auf die Bestrahlung der Lebensmittel mit UV-Licht (Okos, 1986).

Für die Umwandlung der Provitamine D in die *Calciferole* (D-Vitamine) ist gerade die Energie des UV-Lichtes notwendig.

4.1.1.2
Abbau von Farbstoffen

Farbstoffe in Lebensmitteln werden auf Grund ihrer Sensibilität gegenüber verschiedenen *RM*-Parametern sowie ihrer (meist) schnellen und sicheren Meßbarkeit häufig als Indikatoren für die sich ändernde Lebensmittelqualität genutzt (Jen, 1989).

Die für Pflanzen typischen Farbstoffe *Chlorphyll* a und b werden sowohl bei Lagerungs- als auch Erhitzungsprozessen zum bräunlichen Phäophytin abgebaut. Das belegen experimentelle Befunde aus den Untersuchungen bei Kühl- oder Raumtemperatur, beim Blanchieren, Kochen, Konservieren und Sprühtrocknen. Die Bildung der genannten braunen Farbstoffe, Teil einer Folgereaktion und beeinflußt durch Wärme- und Lichtenergie, den pH-Wert, die Ionenstärke und die Wasseraktivität, wird durch die Reaktionsordnung $n = 1$ charakterisiert (u. a. Schwartz und Elbe, 1983). Die vermutete Pseudo-Reaktionsordnung von $n = 1$ wird experimentell in saurer Lösung bestätigt. Linke u. a. (1994) berichten über die Bildung und den thermischen Abbau des Chlorophyll-Zn-Komplexes. Die Struktur des Chlorophylls bedingt dessen Anfälligkeit gegenüber Hydrolasen und Oxidoreduktasen (Chlorophyllase, Lipasen, Lipoxigenasen, Peroxidasen). Die Inaktivierung der Chlorophyllase wird als Indikator-Reaktion für Erhitzungsprozessen genutzt. Die Geschwindigkeitskonstanten des Chlorophyllabbaus gehen aus Tabelle 4.2. hervor (Kearsley und Katsaboxakis, 1980).

Die etwa 240 verschiedenfarbigen Vertreter der *Anthocyanidine* vor allem pflanzlichen Ursprungs werden in Lagerungs- und Erhitungsprozessen in Abhängigkeit von der Temperatur: 20, 100, 121,1 °C, von dem pH-Wert und dem Sauerstoffpartialdruck abgebaut. Besonders in basischer Lösung entstehen mit Sauerstoff unter Öffnung des Pyranringes analytisch erfaßbare Carbonylverbindungen. Auch der Abbau der Anthocyanidine kann durch eine Reaktionsordnung $n = 1$ beschrieben werden (siehe Tab. 4.2.).

In reifen Oliven erfolgt an der Luft besonders unter alkalischen Bedingungen eine Oxidation von *Polyphenolen* (Aglykone in den Anthocyanen), siehe Garcia u. a. (1992).

Tabelle 4.2. Reaktionsgeschwindigkeitskonstanten für den thermisch bedingten Farbstoff-Abbau (nach Okos, 1986)

Vitamine/Lebensmittel	Temperatur [°C]	andere Bedingungen	k [min^{-1}]
Chlorophyll a			
Spinat	116 -126	Püree, eingedost	0,1100 -0,2666
	126,7-148,9	ebenso, pH = 6,5	0,2365 -0,6580
Chlorophyll b			
Spinat	116 -126	Püree, eingedost	0,0537 -0,1195
	126,7-148,9	pH = 5,5	0,1828 -0,3024
Chlorophyll			
Erbsen	115,6-137,6	blanchiert, eingedost 2%ige Lake	0,115 -0,382
	115,6-137,6	nicht blanchiert	0,115 -0,312
grüne Bohnen	87,8-100	blanchiert	0,03847-0,04872
Rosenkohl	87,8-100	blanchiert	0,03113-0,05639
Anthocyanidine			
Brombeeren	24 -70	Juice	0,000078-0,001478
Früchte	78 -108	Juice	0,001561-0,01925
Himbeeren	78 -108	Juice, pH = 3,2-3,4	0,001050-0,02040
Pflaumen	78 -108	pH = 2,5-4,5	0,000996-0,03000
Betalaine			
Rote Beete	61,5-100	pH = 4,8-5,8	0,0045 -0,1130
Betanine			
Rote Beete	100	pH = 3-7	0,079 -0,135
Carotinoide			
Blaukrebse	76,6-100	in Wasser gekocht	0,5377 -3,470
Melanoidine			
Grapefruit	60 -96	Feststoffgehalt: 11,2-62,5 °Bx	0,001461-0,1643

Die gelb- bis rotgefärbten *Betalaine* treten in vielen Strukturvarianten (Betanine, Betacyanine, Betaxanthine) auf. Schon bei Raumtemperatur beobachtet man einen sauerstoff- und lichtenergieabhängigen Abbau dieser Farbstoffe. Simon u.a. (1993) stellten fest, daß der Betanin-Abbau 1. Ordnung in Abhängigkeit vom a_W-Wert durch einen nucleophilen Angriff am Methylen-Kohlenstoffatom der Brücke zwischen dem Pyridin- und Benzopyrrol-Kern eingeleitet wird. In Erhitungsprozessen wie der thermischen Trocknung tritt bei vorgegebener Zusammensetzung des Rohstoffes die Abhängigkeit des Farbstoffabbaus von der Temperatur und dem pH-Wert deutlich hervor. Mit dem Bezug auf die Bildung von braunen Farbstoffen ermittelt man eine Reaktionsordnung von $n = 1$ (siehe Tab. 4.2.).

Die zusammen mit dem Vitamin A und seinen Provitaminen in zahlreichen Varietäten vorkommenden gelb- bis rotgefärbten pflanzlichen und tierischen Carotinoide – häufig als Lebensmittelfarbstoffe eingesetzt (Margarine, Butter, Eiscreme, Fleisch, Suppe, Soße etc.) – werden meist in Abhängigkeit von der Temperatur, vom a_W-Wert und von der Konzentration an Ascorbat und Cu^{2+}-Ionen oxidativ abgebaut.

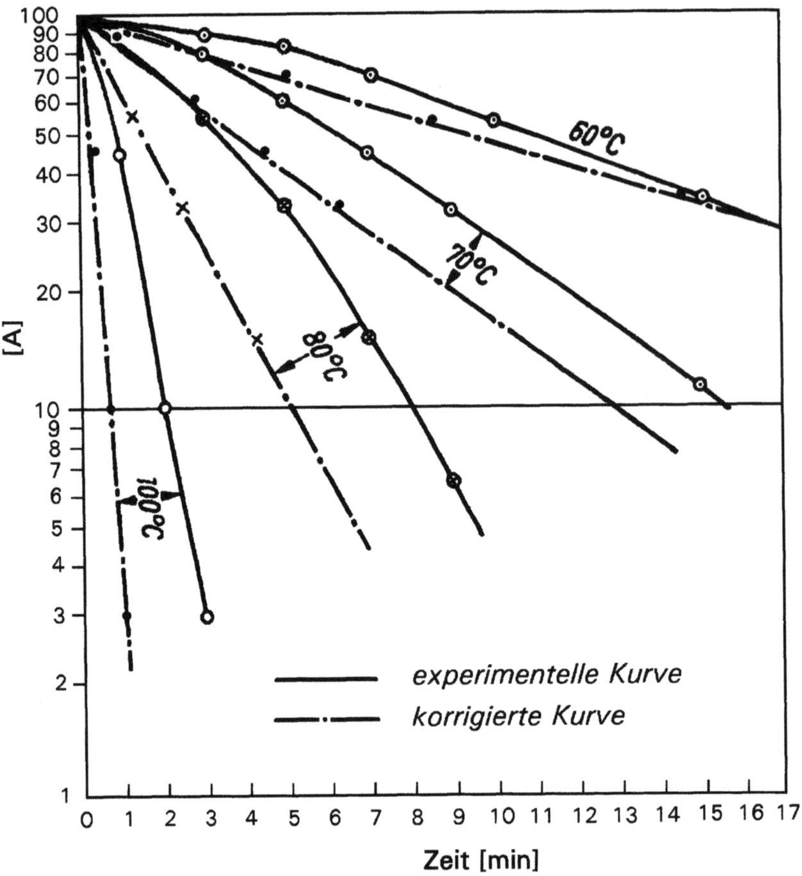

Abb. 4.3. Myoglobin-Abbau von eingedostem Rindfleisch in Abhängigkeit von der Temperatur (Herrmann, 1976)

Myoglobin, der bekannte Fleischfarbstoff, ist durch das Chromophor Häm rot gefärbt (Absorptionsbereich: 500–600 nm). Das Myoglobin fungiert als meßbarer Qualitätsindikator für Fleisch und Fleischprodukte. Es bindet wie das Hämoglobin des Bluts im lebenden Organismus Luftsauerstoff, erkennbar an der Farbaufhellung. Fleisch, post mortem, reagiert sensibel auf Sauerstoff, auf Licht- und Wärmeeinwirkung, auf Ionen von Übergangsmetallen und Enzyme sowie Säuren. Lagerndes Fleisch färbt sich braun (Metmyoglobin), was durch steigende Temperaturen beschleunigt wird. Der Myoglobin-Abbau geht aus Abb. 4.3. hervor. Die korrigierten Kurven ergeben sich aus der Auftragung der Myoglobin-Abbauraten über die prozeßberechneten Zeiten (siehe Abschnitt 6.3), die den Temperaturgradienten im Gut berücksichtigen.

Mikkelsen und Skibsted (1992) vergleichen die enzymatische Reduktion von Metmyoglobin in Fleischprodukten mit den oxidativen Abbau-Reaktionen. Die Pökelung des Rohstoffes überführt das Myoglobin bzw. Metmyoglobin in die entsprechenden pökelroten Nitrosoverbindungen.

4.1.1.3
Bildung brauner Farbpigmente

In Lebensmitteln auftretende Braunfärbungen und braune Pigmentierungen sind auf verschiedene Ursachen zurückzuführen. Bekannt sind die enzymatisch und/oder chemisch verursachte Bildung solcher Farbstoffe. Weiter oben wurde schon der Abbau von Myoglobin, von chinoiden Verbindungen, von Chlorophyll, Carotenen, Betalainen und Flavanoiden angesprochen. Durch Oxigenasen initiiert, wird Phenylalanin über Dopamin in Farbstoffe übergeführt. Oxidationsreaktionen und Reaktionen von Carbonyl- bzw. Enol-Verbindungen (wie reduzierende Zucker, Ascorbinsäure etc.) führen neben der Bildung von braunen Pigmenten zu Flavor- und off-Flavorverbindungen, häufig begleitet durch Texturveränderungen und Verluste an biologischem Wert von Lebensmitteln. Die vor allem thermisch induzierten Karamelisierungen von Kohlenhydraten untereinander und die Maillard-Reaktionen[4] von Aminosäuren bzw. Proteinen mit Zuckern sind bekannte Ursachen für die Bildung polymerer brauner Farbstoffe und häufig qualitätsgebender Aromastoffe[5]. Zu den auffällig negativen Effekten zählt vor allem die Blockierung von basischen Aminosäuren in den Eiweißen.

Die Brutto-Reaktionen für nichtenzymatische Bräunungen in Lebensmitteln werden häufig durch eine Reaktionsordnung von $n = 1$ beschrieben, was offenkundig für Umsätze unter 50% gilt. Das Zeitgesetz (4.11) von der Reaktion pseudo-1.-Ordnung geht aus der Gleichung (4.10) hervor.

$$r = -\frac{dc_{As}}{dt} = -\frac{dc_{KH}}{dt} = k \cdot c_{As} \cdot c_{KH} \tag{4.10}$$

$$r_B = k_B \cdot c_{As} \quad \text{oder} \quad r_B = k_B \cdot c_{KH} \tag{4.11}$$

Die letzten Gleichungen tragen der Tatsache Rechnung, daß in den Lebensmitteln entweder die Konzentration der reduzierenden Kohlenhydrate (KH) die Protein-Konzentration (As = Aminosäuren) weit übersteigt (meist in Lebensmitteln pflanzlicher Herkunft) oder umgekehrt (Lebensmittel tierischer Herkunft). Im ersten Falle ist die quasi konstante Konzentration an Zuckern in dem k_B-Wert enthalten und im zweiten Falle die etwa konstante Konzentration an Proteinen in k (siehe Abschnitt 4.1.4).

Die Reaktionsordnung $n = 1$ wird auch für viele nichtenzymatische Bräunungen in Modellsystemen aus Aminosäuren und Mono- oder Disacchariden gefunden. Yaylayan und Forage (1992) verbinden diese Reaktionsordnung an den Modellen Glucose/Tryptophan bzw. Mannose/Tryptophan mit der Bildung und den Folgereaktionen von Amadori-Verbindungen bei 110 °C bzw. 140 °C. In Über-

[4] Über den Mechanismus der Maillard-Reaktion und deren Bedeutung für die Lebensmittel-Qualität ist vielfach berichtet worden (siehe Anlage 7).

[5] Die nichtenzymatischen Bräunungsreaktionen werden durch Messung der optischen Dichte oder Bräunungsrate (meist bei 420 – 430 nm) bzw. der Fluoreszenz oder der Konzentrationen der Edukte und der Zwischenprodukte verfolgt. Gelegentlich verfolgt man auch die Bildung der Aromastoffe (head speace). Sind Proteine an nichtenzymatischen Bräunungsreaktionen beteiligt, dann wird auch die Konzentration der essentiellen Aminosäuren (als Maß für die biologische Wertigkeit des Proteins) verfolgt.

einstimmung mit dieser Aussage wurde ebenfalls die Reaktionsordnung $n = 1$, z.B. für die Blockierung des Lysins in Milch und Fleisch (Kessler, 1988), für den Lysin-Abbau in Eiernudeln (Labuza u.a., 1982) und für den Casein-Abbau im System Casein/ Glucose in der Startphase (Warmbier u.a., 1976) bestimmt.

In gepufferten Lösungen wurden der Lysinverlust und die Bildung der Amadori-Verbindung (Fructosyl-Lysin) im Lysin-Glucose-Modell bei pH = 4,25 einer Pseudo-Reaktion 1. Ordnung unterstellt. Beim pH = 6 ändern sich offensichtlich die Geschwindigkeitsverhältnisse der Teilreaktionen im Bräunungsmechanismus. Mit steigender Temperatur nimmt die pH-Abhängigkeit der Geschwindigkeitskonstanten ab (Lee u.a., 1984).

Die Reaktionsordnung $n = 1$ wird für Reaktionszeiten von 1,5 bis 370 h nicht geändert, wenn die Modellmischung Glucose-Lysin, auf Cellulose aufgetragen, bis auf a_W-Werte von 0,19 – 0,21 befeuchtet und bei 40, 50 bzw. 60 °C erwärmt wird. Ebenso reagieren Glucose-Arginin-Lösungen bei 60 – 120 °C in einem Zeitraum bis zu 7 h (Kim u.a., 1982; über weitere Modell-Systeme berichteten Labuza und Baiser, 1992).

Werden kohlenhydrathaltige Säfte thermisch belastet, dann wird mit Bezug auf diesen Inhaltsstoff die Reaktionsordnung $n = 1$ gefunden. Als Beispiel sei hier die Konzentrierung von Säften aus Grapefruit (Saguy u.a., 1978) oder Äpfeln (Toribio und Lozano, 1984; Herrmann, 1976) genannt.

Abweichend von der Reaktionsordnung $n = 1$ werden für Maillard-Reaktionen auch solche von 0, 2, 3 bzw. mit gebrochener Ordnung gefunden, was den Gedanken nahelegt, daß in nichtenzymatischen Bräunungsreaktionen je nach den vorliegenden Untersuchungsbedingungen bei dem komplizierten Reaktionsmechanismus verschiedene, geschwindigkeitsbestimmende Teilreaktionen dominieren und experimentell zu erfassen sind. Anderseits liegt aber auch der Verdacht nahe, daß über ungültige integrale Lösungsfunktionen bei der formalen Unterstellung ihrer Gültigkeit fehlerhafte Auswertungsergebnisse vorliegen, die im Rahmen der Meßwertegenauigkeit nicht erkannt wurden.

So wird $n = 0$ beobachtet, wenn die Startreaktionen z.B. von aminosäurereichen Lebensmitteln verfolgt werden, deren Konzentration dann praktisch konstant bleibt. Herrmanns Definition des H-Wertes für die Prozeßzeit eines 10 %igen Umsatzes ist von der praktischen Erfahrung getragen, daß jede Reaktion in der Anfangsphase nach dem Zeitgesetz 0. Ordnung abläuft.

Schließlich findet man mit Bezug auf die Bildung von Melanoidinen (Mel) eine Reaktionsordnung von $n = 3$:

$$\frac{dc_{\text{Mel}}}{dt} = k_{\text{Mel}} \cdot c_{\text{As}}^2 \cdot c_{\text{KH}} \tag{4.12}$$

Reaktionen mit gebrochener Ordnung ermittelten Dworschak und Örsi (1977).

4.1.1.4
Bildung und Abbau von Aromastoffen

Aromastoffe, allgemeiner Flavorstoffe, sind für die durch den Verbraucher akzeptierte Lebensmittelqualität von entscheidender Bedeutung. Art und Menge der meist in geringer Konzentration auftretenden Flavor- oder off-Flavorstoffe werden im allgemeinen mit sensorisch geschulten Prüfergruppen bestimmt. Die isothermen Änderungen der Flavor-Komponenten S können, betrachtet man deren Anreicherung oder Bildung, durch den Ansatz (4.13) erfaßt werden.

$$r = \frac{dc_{\mathrm{S}}}{dt} = k \cdot c_{\mathrm{S}}^{\mathrm{n}} \tag{4.13}$$

Experimentell bestimmt man die Reaktionsordnung n meist zu 1, gelegentlich zu 0. Bezieht man in die obige Gleichung die sensorisch bestimmbaren Empfindungsgrößen n_{e} ($n_{\mathrm{e}} = 1, 2, 3, 4, 5$) als konzentrationsanaloge Größe für die Aromastoffe ein, dann ist z.B. deren Verminderung durch Abbau-Reaktionen und/oder technologisch bedingte Verluste gegeben:

$$r = -\frac{dc_{\mathrm{S(n_e)}}}{dt} = -\frac{dc_{\mathrm{S(1)}}}{dt} \cdot \sqrt[\mathrm{x}]{n_{\mathrm{e}}} \tag{4.14}$$

Dabei ist (siehe auch Abschnitt 7.1.3.3.):

$$n_{\mathrm{e}} = \left(\frac{c_{\mathrm{S(n_e)}}}{c_{\mathrm{S(1)}}}\right)^{\mathrm{x}} \tag{4.15}$$

bzw.

$$\lg n_{\mathrm{e}} = x \cdot \lg \frac{c_{\mathrm{S(n_e)}}}{c_{\mathrm{S(1)}}} \tag{4.16}$$

Nach der von Herrmann eingeführten Methode SGO (Subjektive Gustometrie und Olfaktometrie) kann man mit Hilfe der Gleichungen (4.14) bis (4.16) über die Empfindungsgröße $n_{\mathrm{e}} = 1$ die wertgebende Konzentration des signifikanten Aromastoffes bestimmen. Sie entspricht einer sensorisch ermittelten Empfindungsgröße unter Berücksichtigung der Schwellenwert-Konzentration eines Aromastoffes. In Gleichung (4.16) ist x ein analytischer Koeffizient des Zusammenhanges zwischen der Empfindungsgröße und der tatsächlichen Substratkonzentration (siehe Abb. 7.3.).

Nach dieser Methode können Flavorstoffe kinetisch analysiert werden, zu denen neben den natürlichen und naturidentischen Vertretern, die einem enzymatischen oder/und chemischen Abbau unterliegen, auch die durch nichtenzymatische Bräunung entstandenen Komponenten (vor allem Carbonyl- und heterocyclische Verbindungen) zählen. Die Maillard-Reaktionen führen zu erwünschten oder unerwünschten Produkten. Das technologisch begründete Temperatur-Regime bedingt nicht nur die Bildung von Flavor-, gelegentlich off-Flavorstoffen, sondern auch deren Abbau und Verlust (in Verbindung mit deren Flüchtigkeit). Dabei wird im besonderen der Zerfall der Aromastoffe durch eine Reaktion 1. Ordnung charakterisiert. Die Reaktionsgeschwindigkeit ermittelt man, wie oben gezeigt (Gleichungen (4.13) und (4.14)), über die sensorischen Empfindungsgrößen n_{e}. Es sind vielfältige Versuche unternommen worden, die sensorischen Methoden durch instrumentelle Verfahren zu ersetzen. Zu einem gewissen Erfolg hat dabei die Anwendung der Gaschromatographie geführt. Verallgemeinert man die Peakflächen als physikalische (konzentrationsproportionale) Größe P, dann sind beide Größen, n_e und P, über die folgende Beziehung miteinander verbunden:

$$n_e = f_e \cdot (P - P_0)^x \tag{4.17}$$

In dieser Gleichung stellen $(P - P_0)$ die Differenz der Meßwerte zu den Zeiten t und t_0 und f_e der Korrelationskoeffizient zwischen der sensorischen Empfindungsgröße n_e und den Meßwerten dar, wobei x die oben genannte Bedeutung besitzt (Moskowitz und Chandler, 1977).

Die Beziehung (4.17) ist auch wesensgleich mit den Modellen von Weber-Fechner und Stevens (Rothe, 1988).

4.1.1.5
Abbau und Texturveränderungen strukturgebender Lebensmittelinhaltsstoffe

Werden Früchte oder Gemüse belichtet oder bestrahlt, blanchiert oder getrocknet, erweichen oder verfestigen sich die pflanzlichen Gewebe in Abhängigkeit von der Temperatur, vom pH-Wert und von der Ionenstärke. Auch Gefrieren und Frosten pflanzlicher Gewebe führt meist zu Texturveränderungen. Bekannt ist der Texturabbau infolge enzymatischer Prozesse (Mazerisierungen). Der zeitabhängige Texturabbau, im besonderen auch eine Funktion des Reifegrades und der vorher gewählten Lagerungsbedingungen, geht einher mit Abbau-Reaktionen vor allem von Polysacchariden (Stärke, Pectine). Gekoppelt damit werden Denaturierungen, Aggregierungen, Retrogradationen (Stärke) und Kristallisationen (Cellulose) beobachtet. Der sogenannte Bruchverlust verschiedener Früchte und Gemüse wird durch eine Reaktion 1. Ordnung charakterisiert. Der gleichen Ordnung folgt der Abbau von β-Glucanen in Gegenwart von Glucanasen (Carbonell u.a., 1990). Dem Abbau der Zellwände folgen Verluste an Vitaminen und Farbstoffen.

Die thermische Belastung von Proteinen führt bei der für die jeweilige Rohstoffspezies typischen Temperatur zur Denaturierung, die allgemein durch eine Reaktionsordnung von $n = 1$ beschrieben wird, so für das α-Lactalbumin in der Magermilch (Dannenberg, 1986). Es wird jedoch auch über gebrochene und höhere Reaktionsordnungen berichtet (Kessler, 1988). Aus Abb. 4.4. kann die temperaturabhängige Geschwindigkeitskonstante der Denaturierung des α-Lactalbumins abgelesen werden.

Für die meist nachteiligen Veränderungen von Fetten sind vor allem hydrolytische und oxidative Prozesse verantwortlich. Die Lipidoxidation in Trockenmilch, verfolgt über die Bildung von Hexanal, verläuft in Anwesenheit von Luft und ohne die Gegenwart von Antioxidantien nach einer Reaktion 1. Ordnung, unter Stickstoff dagegen mit $n = 0$ (Hall, 1984). Über umfangreiche und vergleichbare Untersuchungen an Eipulvern berichteten Katusin-Razem u.a. (1992). In Polyethylen verpacktes Rindfleisch verändert sich wie vakuumverpacktes nach einer Reaktion 1. Ordnung, beeinflußt vor allem durch den Fettgehalt und die Verpackungsbedingungen (Belilacqua und Zaritzky, 1986). Erhitzt man Fleisch und Fisch, z.B., um Mikroorganismen abzutöten und Enzyme zu desaktivieren, dann erzielt man zugleich die erwünschte Saftigkeit und Schneidfähigkeit der Rohstoffe. Letztere werden vor allem durch enzymatisch katalysierte Hydrolysen und Protein-Protein-Wechselwirkungen erreicht.

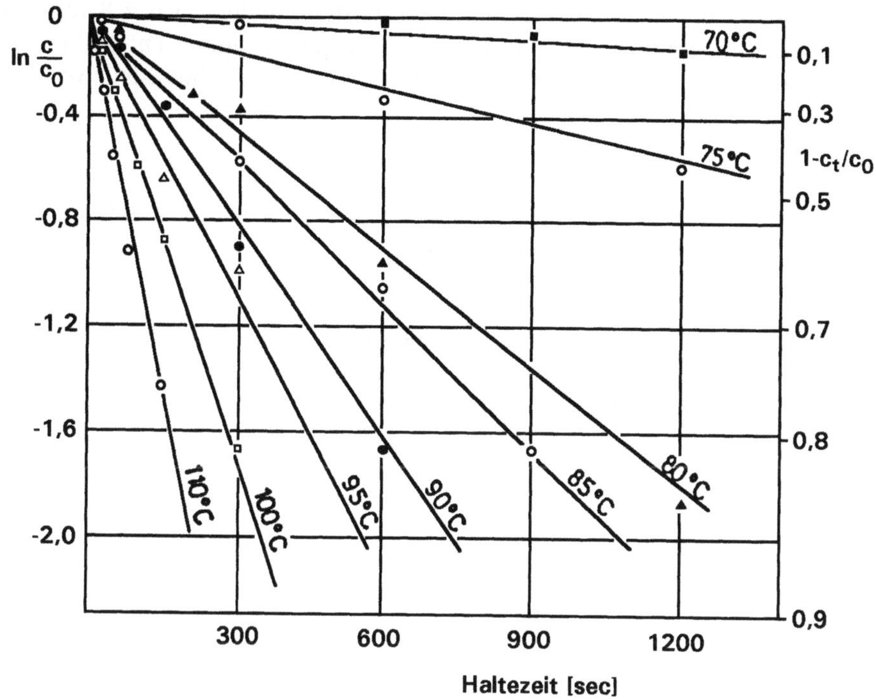

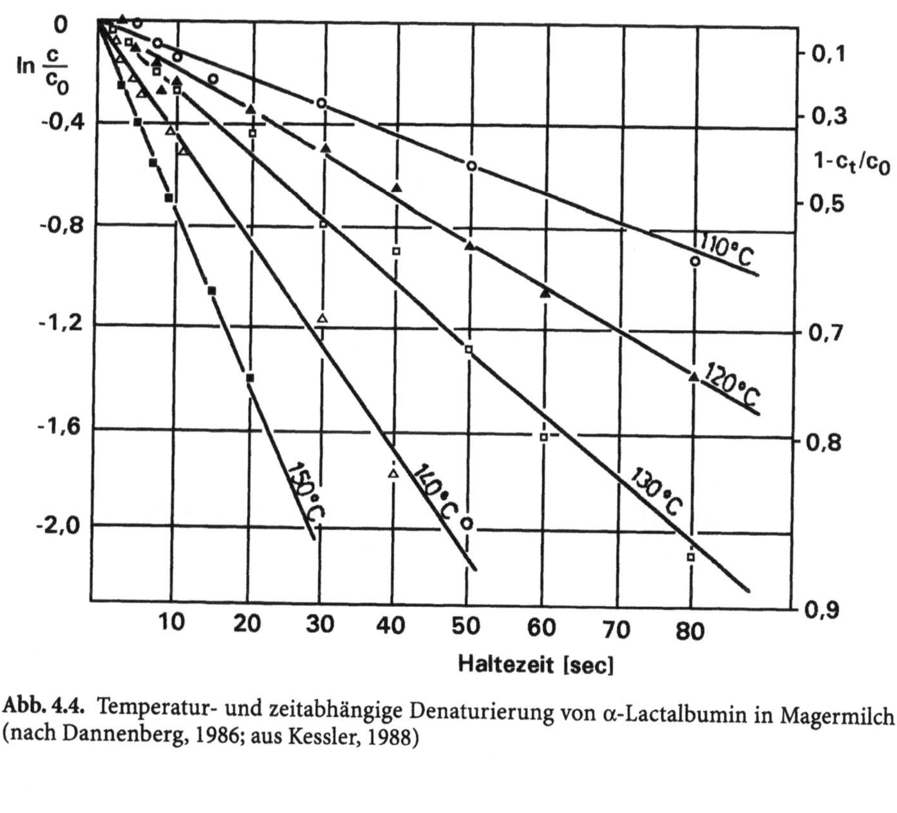

Abb. 4.4. Temperatur- und zeitabhängige Denaturierung von α-Lactalbumin in Magermilch (nach Dannenberg, 1986; aus Kessler, 1988)

In Abhängigkeit von der Zeit können Lebensmittelveränderungen, z. B. makroskopische Texturveränderungen, durch damit gekoppelte (äquivalente) physikalische und/oder chemische Kennwerte P (siehe Abschnitt 8.1.1) dargestellt werden:

$$\frac{dP}{dt} = -k \cdot P^{n} \tag{4.18}$$

Die Integralform der AVRAMI-Gleichung erfaßt als speziellen Fall von Gleichung (4.18) die Kristallisation von Biopolymeren:

$$\ln P = -k \cdot t^{av} \tag{4.19}$$

Der AVRAMI-Exponent av beträgt für die Stärke-Retrogradation je nach Herkunft des Rohstoffes: $av = 0-1{,}15$. Mit Bezug auf die Gelbildung von Stärken kann P durch den Viskositätskoeffizienten beschrieben werden[6]:

$$P = \frac{\eta - \eta_0}{\eta_{gl} - \eta}$$

Führt man diesen Zusammenhang in (4.18) ein, so erhält man:

$$\frac{dP}{dt} = k \cdot (1 - P) \tag{4.20}$$

Über P können auch andere Meßgrößen in (4.20) aufgenommen werden. Genannt seien die optische Drehung, die Photoemission, die Leitfähigkeit, der pH-Wert u. a. Parameter (siehe Kap. 7).

4.1.1.6
Enzymatisch und mikrobiologisch verursachte Lebensmittelveränderungen

Die Reaktionsgeschwindigkeit von enzymatisch katalysierten Einsubstrat-Reaktionen:

$$S + E \underset{k_{-1}}{\overset{k_1}{\rightleftharpoons}} ES \longrightarrow E + P$$

kann durch die klassische Michaelis-Menten-Gleichung ermittelt werden.

$$r = \frac{r_{max} \cdot c_S}{K_m + c_S} \tag{4.21}$$

Trägt man r gegen c_S auf, so erhält man Abb. 4.5.

Für die Anfangsgeschwindigkeit der enzymatisch katalysierten Reaktion einer Lebensmittelkomponente ist dann die Michaelis-Menten-Konstante $K_m \gg c_S$, damit geht aus (4.21) die Gleichung (4.22) hervor.

$$r = \frac{r_{max} \cdot c_S}{K_m} \tag{4.22}$$

---

[6] η ist die Viskosität zur Zeit t, η_0 die Anfangsviskosität zur Zeit $t = 0$, η_{gl} die Gleichgewichtsviskosität nach Erzielung des Gelzustandes.

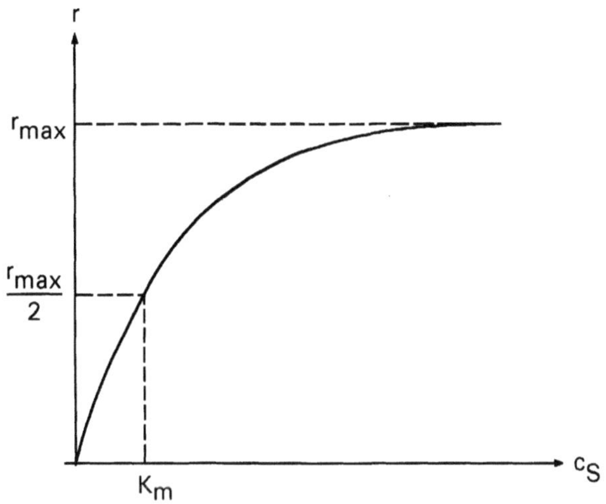

Abb. 4.5. Abhängigkeit der Geschwindigkeit enzymatischer Reaktionen von der Substratkonzentration (Michaelis-Menten-Darstellung)

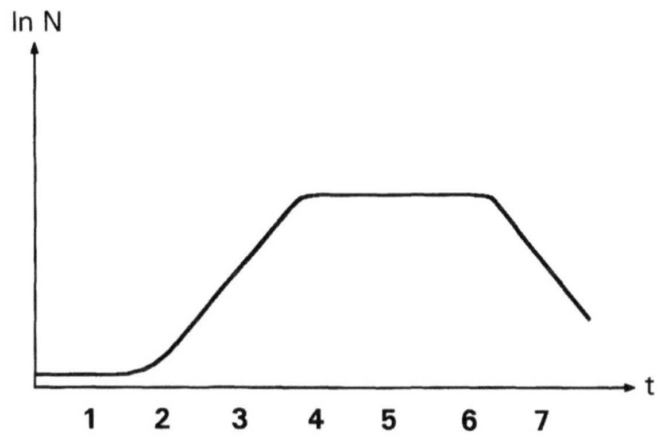

1 = Lag-Phase
2 = Akzelerationsphase
3 = exponentielle Phase
4 = Verzögerungsphase
5 = stationäre Phase
6 = beginnende Absterbephase
7 = Absterbephase

Abb. 4.6. Wachstumskurve der Keimzahl *N* für Mikroorganismen (nach Kunz, 1988)

Da die Maximalgeschwindigkeit und die Michaelis-Menten-Konstante[7] unter isothermen Bedingungen als konstant angesehen werden können, stellt die Beziehung (4.22) eine Reaktion 1. Ordnung dar.

Wachsen Mikroorganismen auf oder in Lebensmitteln, dann können solche Prozesse, meist Verderbsreaktionen, durch die Modell-Kurve 4.6. beschrieben werden.

Die Zellwachstumskinetik nach Monod entspricht prinzipiell der Michaelis-Menten-Beziehung.

---

[7] K_m liegt im allgemeinen im Bereich 10^{-2} bis 10^{-5} mol/l.

Die Geschwindigkeitskonstante μ des Mikroorganismenwachstums (in h^{-1}) entspricht der Steigung der exponentiellen Wachstumsrate, berechenbar über die Gleichung (4.23).

$$\mu = \frac{dX(\mathrm{Mo})}{dt} \cdot \frac{1}{X(\mathrm{Mo})} \tag{4.23}$$

$X(Mo)$ stellt dabei die Zelldichte der Mikroorganismen bzw. den Trockensubstanzgehalt der durch diese gebildeten Biomasse dar. Die Integration der Gleichung (4.23) liefert in den Zeitgrenzen von $\Delta t = t_2 - t_1$ den Ausdruck:

$$\mu = \frac{\ln X_2(\mathrm{Mo}) - \ln X_1(\mathrm{Mo})}{t_2 - t_1} \tag{4.24}$$

Die Zunahme der Teilchenzahl N wird durch die spezifische Teilungsgeschwindigkeitskonstante (Teilungsrate) ν charakterisiert:

$$\nu = \frac{1}{N} \cdot \frac{dN}{dt} \tag{4.25}$$

Ist das Zellwachstum mit der Bildung eines spezifischen Produktes oder Metaboliten verbunden, dann ist dessen Bildungsrate (z.B. Holmström und Ricia, 1967):

$$\pi = \frac{\Delta c(\mathrm{Prod})}{\Delta X(\mathrm{Mo})} \cdot \frac{1}{\Delta t} \tag{4.26}$$

$$\pi = \frac{dc(\mathrm{Prod})}{dt} \cdot \frac{1}{X(\mathrm{Mo})} \tag{4.27}$$

Mit der Biomasse- bzw. Produktbildung ist der Verbrauch von Substraten verbunden, was die Verbrauchgeschwindigkeitskonstante (Rate) σ ausdrückt.

$$\sigma = \frac{dc_S}{dt} \cdot \frac{1}{X(\mathrm{Mo})} \tag{4.28}$$

Das Verhältnis von Zelldichte und Substratverbrauch ergibt den Ertragskoeffizienten $Y_{X/S}$.

$$Y_{X/S} = \frac{\Delta X(\mathrm{Mo})}{\Delta c_S} \tag{4.29}$$

Die mathematischen Modelle zur Beschreibung des mikrobiellen Wachstums (siehe Abb. 4.6.) umfassen sowohl relativ einfache Aussagen des Verhältnisses zum Wachstum und kein Wachstum bis zu komplexen Formen, bei denen jede Phase des Wachstumszyklus quantitativ beschrieben wird. Ein Beispiel dafür wurde von Meyer u.a. (1989) zur Bestimmung der Wirkung von pH und Wasseraktivität auf das Wachstum von unerwünschten Hefen in verschiedene Gruppen von Lebensmitteln veröffentlicht.

Das am häufigsten verwendete Modell zur Beschreibung des Mikroorganismenwachstums ist die Gompertz-Gleichung (Gibson u.a.,1987; Gibson und

Roberts, 1986). Diese 4 Parameter enthaltende asymmetrische sigmoidale Gleichung in logarithmischer Form lautet:

$$\ln N = \ln C + \ln e^{B(M-t)} \tag{4.30}$$

mit:

C = Differenz zwischen der Anfangs- und der Endzahl der Mikroorganismen in der stationären Phase.
B = Anstieg der Wachstumsgeraden im Wendepunkt.
M = Die Zeit im Wendepunkt.

Die den Mikrobiologen geläufigeren Parameter (Wachstumstumsrate, Zeit der lag-Phase, Generationszeit, maximale Populationsdichte) können über den Modellansatz (4.30) berechnet werden (siehe Zwietering u.a., 1990; Baranyi u.a., 1993; Jones und Walker, 1993; Whiting und Cygnarowicz-Provost, 1992).

Das unerwünschte Wachstum von Hefen, Pilzen und/oder Bakterien in Lebensmittelsystemen wird durch verschiedene Haltbarmachungsverfahren zurückgedrängt oder verhindert. Neben den klassischen thermischen Verfahren (Pasteurisieren, Kochen, Sterilisieren, Trocknen) sind Bestrahlungsverfahren (kurzwelliges UV-Licht, radioaktive Strahlen) und der Einsatz von natürlichen, naturidentischen und synthetischen Konservierungsmitteln bekannt. In den letzten Jahren sind Kombinationen der genannten Methoden und die Hochdruckbehandlung von Lebensmitteln dazu gekommen. Durch die Anwendung der Haltbarmachungsverfahren wird der experimentell ermittelte Anfangskeimgehalt N_0 (zur Zeit t_0) auf den erforderlichen Wert N reduziert.

Über die integrale Abtötungsgleichung:

$$\ln \frac{N}{N_0} = -k \cdot t \tag{4.31}$$

ist die Keimzahl für jede Prozeßzeit t berechenbar. Die Geschwindigkeitskonstante hat die Bedeutung einer Abtötungsrate (vgl. die spezifische Teilungsrate v gemäß Gleichung (4.25)).

Führt man in Gleichung (4.31) den D-Wert (siehe Gleichung (4.80)) ein, so erhält man die praktisch nützliche Beziehung (4.32).

$$N = N_0 \cdot e^{\frac{D}{2.3} \cdot t} \tag{4.32}$$

Es muß natürlich demgegenüber erwähnt werden, daß das Wachstum der Mikroorganismen und die Produktbildung durchaus wünschenswerte Aspekte beinhalten kann (Fermentationen, Bildung von Aromastoffen und strukturgebenden Substanzen, partielle Hydrolysen u.a.m.).

4.1.2
Reaktionen zweiter Ordnung

Reaktionen zweiter Ordnung, im besonderen bimolekulare Reaktionen, liegen im allgemeinen bei den durch Katalysatoren hervorgerufenen Veränderungen von Lebensmittelkomponenten vor. Zu nennen wären sauer katalysierte Hydrolysen von Lebensmittelinhaltsstoffen und die Maillard-Reaktion (vgl. Gleichung (4.13)) von reduzierenden Kohlenhydraten und Aminosäuren sowie die Bildung von Enzym-Substrat-Komplexen. Auch die Startreaktionen von Ketten-Reaktionen, etwa die Reaktion von Fettsäureradikalen mit Sauerstoff, können unter bestimmten Bedingungen mit einer Reaktionsordnung $n = 2$ ablaufen. Weiterhin ist für den Zerfall von Hydroperoxiden ungesättigter Fettsäuren bei Sauerstoffüberschuß eine Reaktion 2. Ordnung beobachtet worden (Karel, 1992).

Allgemein lassen sich solche Lebensmittelveränderungen durch die Stöchiometrie:

$$A + B \rightarrow X$$

beschreiben. Auf dieser Basis wird das Zeitgesetz in der Differentialform formuliert:

$$r = -\frac{dc_A}{dt} = -\frac{dc_B}{dt} = \frac{dc_X}{dt} = k \cdot c_A \cdot c_B$$

Bezieht sich die Reaktionsgeschwindigkeit auf die Änderung der Produktkonzentration, dann lautet die Gleichung:

$$\frac{dc_X}{dt} = k \cdot c_A \cdot c_B = k \cdot (c_A^0 - c_X) \cdot (c_B^0 - c_X) \tag{4.34}$$

Für die Zeit t_0 bis t resultiert daraus die integrale Beziehung (4.35):

$$\int_0^{c_X} \frac{dc_X}{(c_A^0 - c_X) \cdot (c_B^0 - c_X)} = \int_0^t k \cdot dt \tag{4.35}$$

Nach der Partialbruchzerlegung und Integration erhält man die Beziehung:

$$\frac{1}{c_A^0 - c_B^0} \left[\int_0^{c_X} \frac{dc_X}{c_B^0 - c_X} - \int_0^{c_X} \frac{dc_X}{c_A^0 - c_X} \right] = k \cdot t \tag{4.36}$$

$$\ln \frac{c_A \cdot c_B^0}{c_A^0 \cdot c_B} = (c_A^0 - c_B^0) \cdot k \cdot t$$

Zur grafischen Darstellung der Meßwerte wird die Gleichung (4.36) in die explizite integrale Lösungsfunktion (4.37) umgewandelt (Abb. 4.7.):

$$\lg \frac{c_A}{c_B} = \frac{c_A^0 - c_B^0}{2{,}3} \cdot k \cdot t + \lg \frac{c_A^0}{c_B^0} \tag{4.37}$$

Sind die Konzentrationen von A und B übereinstimmend, dann gilt für die bimolekulare Reaktion die Beziehung:

$$r = -\frac{dc_A}{dt} = -\frac{dc_B}{dt} = k \cdot c_A^2 \tag{4.38}$$

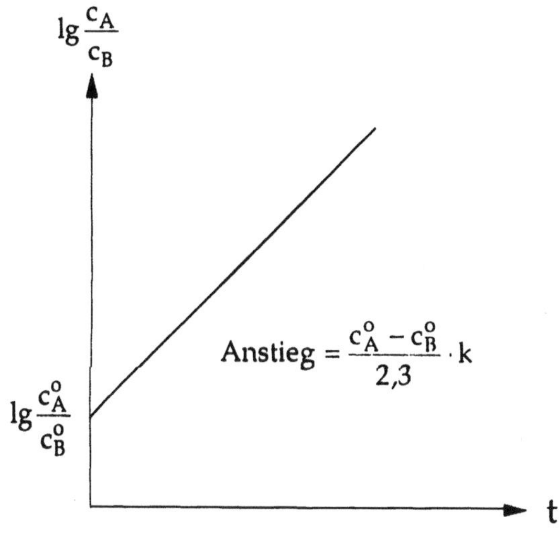

Abb. 4.7. Zeitabhängige Konzentrationsänderung von Reaktionen 2. Ordnung

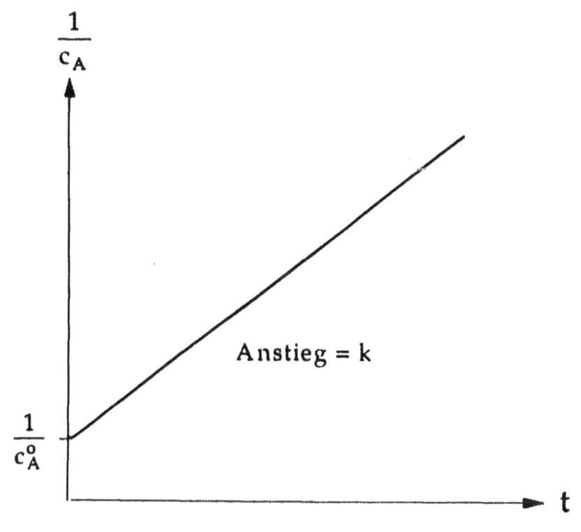

Abb. 4.8. Zeitabhängige Konzentrationsänderung einer Reaktionsordnung $n = 2$ unter der Voraussetzung: $c_A^0 = c_B^0$

Solche Vereinfachungen sind für Lebensmittelveränderungen mit dieser Reaktionsordnung durchaus nicht untypisch. Nach Integration von (4.38) erhält man den Ausdruck (4.39):

$$-\int_{c_A^0}^{c_A} \frac{dc_A}{c_A^2} = \int_{t=0}^{t} k \cdot dt = -\left(\frac{1}{c_A^0} - \frac{1}{c_A}\right) = \left(\frac{1}{c_A} - \frac{1}{c_A^0}\right) = k \cdot t \qquad (4.39)$$

Die grafische Darstellung der umgeformten Lösungsfunktion (4.39) zeigt die Abb. 4.8.

Aus der Abb. 4.8. ist c_A^0 als Ordinatenabschnitt und k aus dem Anstieg der Geraden abzulesen, wenn eine exakte Reaktionszeitmessung vorlag (was praktisch aus verschiedenen Gründen oft nur annähernd erfüllt sein dürfte - siehe dazu Kapitel 7).

An dieser Stelle seien wiederum erst einmal einige Beispiele aus der Literatur zitiert.

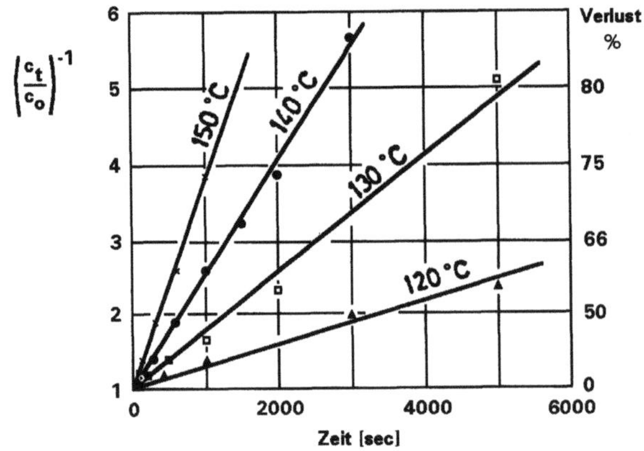

Abb. 4.9. Thiamin-Abbau in Rohmilch in Abhängigkeit von den Sterilisationstemperaturen (nach Horak, 1980; aus Kessler, 1988)

4.1.2.1
Abbau von Vitaminen

Der Vitamin-Abbau wird allgemein, wie wir im Kapitel 4.1.1 besprochen haben, durch eine Reaktion 1. Ordnung beschrieben, wobei es sich offensichtlich um den ersten geschwindigkeitbestimmenden Teilschritt handelt. Verfolgt man die stofflichen Veränderungen bei höheren Temperaturen und einem größeren Umsatzbereich, ermittelt man die Reaktionsordnung $n = 2$. Hier ist eine Folgereaktion mit einer Teilreaktion 1. Ordnung und einem zweiten Teilschritt 2. Ordnung anzunehmen. So wird für den *Thiamin*-Verlust in Rohmilch von über 50 % über einen weiten Temperaturbereich die Reaktionsordnung $n = 2$ bestimmt (Abb. 4.9.).

Für den Abbau von *Folsäure* wird in Gegenwart von überschüssigem Sauerstoff eine Pseudo-Reaktionsordnung $n = 1$ gefunden und bei Sauerstoff-Limitierung ist $n = 2$ (Ruddik u. a., 1980). Auch die Oxidation von Ascorbinsäure in Lösung folgt durch den darin gelösten Sauerstoff diesem Zeitgesetz (Hui, 1991):

$$r = k \cdot c_{\text{Asc}} \cdot c_{\text{O}_2} \tag{4.40}$$

Die lichtinduzierte Bildung von *Caroten*-Radikalen folgt formal[8] dem Zeitgesetz 1. Ordnung, die Kettenreaktion mit eingeschlossener Rekombination solcher Radikale jedoch 2. Ordnung (Finkel'shstein u. a., 1973, 1974). Experimentell ermittelte man die Reaktionsgeschwindigkeit nach Gleichung (4.41).

$$-\frac{dc_{\text{A}}}{dt} = k_{\text{B}} \cdot c_{\text{A}} \cdot [k_{\text{A}} \cdot c_{\text{A}} + k_{\text{P}} \cdot (c_{\text{A}}^0 - c_{\text{A}})] \tag{4.41}$$

In die Abbau-Geschwindigkeit des β-Carotens gehen die komplexe Reaktionsgeschwindigkeitskonstante k_{B}, die Konstanten für die Anfangsgeschwindigkeit des Caroten-Abbaus k_{A} und für die Produktbildung k_{P} sowie die Konzentration des Carotens vor und während der Kettenreaktion ein (Villota und Hawkes, 1992).

---

[8] In Photoreaktionen verliert die Definition der Reaktionsordnung ihren Sinn (H. Mauser, 1967).

4.1.2.2
Abbau von natürlichen Farbstoffen

Auch der Abbau von natürlichen Farbstoffen in Lebensmitteln wird meistens mit einer Reaktion 1. Ordnung beschrieben. Für den *Chlorophyll*-Abbau gemäß folgender Stöchiometrie:

$$\text{Chlorophyll} + 2\,H^{+} \xrightarrow{h \cdot \nu (-Mg^{2+})} \text{Phäophytin}$$

ermittelt man jedoch eine temperatur- und pH-abhängige Reaktion 2. Ordnung.

4.1.2.3
Hydrolyse von Saccharose

In verdünnten wässrigen Lösungen von Kohlenhydraten erfolgt die saure Hydrolyse im allgemeinen nach einer Pseudo-Reaktionsordnung $n = 1$ gemäß dem Zeitgesetz (4.4). Die Reaktionsordnung wird bestätigt, wenn Saccharose in saurer Lösung in Gegenwart von Zeolithen gespalten wird (Buttersack und Laketic, 1994). In konzentrierten Lösungen geht jedoch die Wasserkonzentration in die Reaktionsordnung ein, wie vielfach bei der Saccharose-Hydrolyse nachgewiesen wurde.

$$r = k \cdot c_{\text{Sac}} \cdot c_{H_2O} \tag{4.42}$$

Bei der Saccharose-Konzentration bis zu 90% ermittelte Vukov (1963) im pH-Bereich von pH = 1 - 6,5 und im Temperaturbereich von $T = 20 - 130\,°C$ eine pH-abhängige Geschwindigkeitskonstante zu:

$$\lg k = 16{,}91 + \lg\,(d_{\text{Sac}} - c_{\text{Sac}}) - \frac{5670}{T} - \text{pH} \tag{4.43}$$

In der Gleichung (4.43) erscheint neben der Saccharosekonzentration auch die Dichte der Saccharose-Lösung (d_{Sac}).

Führt man die Hydrolyse des Disaccharids in verdünnter Salzsäure (0,001 – 1,0 N) aus, dann gilt für die Geschwindigkeitskonstante (Hydrolysenrate) folgende Beziehung (Szejtli u.a., 1970):

$$\lg k = 16{,}754 + 1{,}038 \cdot \text{pH} - 0{,}4343\,\frac{25684}{1.987\,T} \tag{4.44}$$

Auf die enzymatische Saccharosehydrolyse wird in Abschnitt 5.3.3 eingegangen.

4.1.2.4
Enzymatische Lebensmittelveränderungen und deren irreversible Hemmung

Wie schon am Beispiel der enzymatisch katalysierten Einsubstrat-Reaktion gezeigt (Abschnitt 4.1.1.6), wird die Beladung des Enzyms mit dem Substrat – sie nimmt etwa 0,1 s in Anspruch – durch die Geschwindigkeitsgleichung (4.45) mit $n = 2$ beschrieben.

$$r_1 = \frac{dc_{\text{ES}}}{dt} = k_1 \cdot c_{\text{E}} \cdot c_{\text{S}} \tag{4.45}$$

Auch die Folgeschritte einer Zwei-Substrat-Reaktion mit geordnetem Mechanismus können, wie am Beispiel der Ethanoloxidation in Gegenwart von Alkoholdehydrogenase demonstriert, durch die Reaktionsordnung $n = 2$ beschrieben werden.

$$E + NAD^+ \xrightarrow{k_1} E - NAD^+$$

$$E - NAD^+ + C_2H_5OH \xrightarrow{k_2} C_2H_5OH - E - NAD^+$$

$$C_2H_5OH - E - NAD^+ \xrightarrow{k_3} (CH_3CHO) + E - NADH^+, H^+ \xrightarrow{k_4} E + NADH^+, H^+$$

Aus der Stöchiometrie der ersten beiden Teilschritte folgen die Zeitgesetze:

$$r_1 = k_1 \cdot c_E \cdot c_{NAD^+} \tag{4.46}$$

$$r_2 = k_2 \cdot c_{E-NAD^+} \cdot c_{C_2H_5OH} \tag{4.47}$$

Enzymatische Reaktionen werden durch Inhibitoren wie Chloressigsäure irreversibel gehemmt. Dabei reagiert der Inhibitor mit dem Enzym *E* ebenfalls nach einem Zeitgesetz 2. Ordnung.

4.1.3 Reaktionen 0. Ordnung

Die Beziehungen (4.48) und (4.49) sind die kinetischen Ansätze für eine Reaktion 0. Ordnung.

$$r = -\frac{dc_A}{dt} = k \tag{4.48}$$

$$c_A^0 - c_A = c_X = k \cdot t \tag{4.49}$$

Die grafische Auftragung der integralen Lösungsfunktion (4.49) entspricht der schematischen Darstellung in Abb. 4.10.

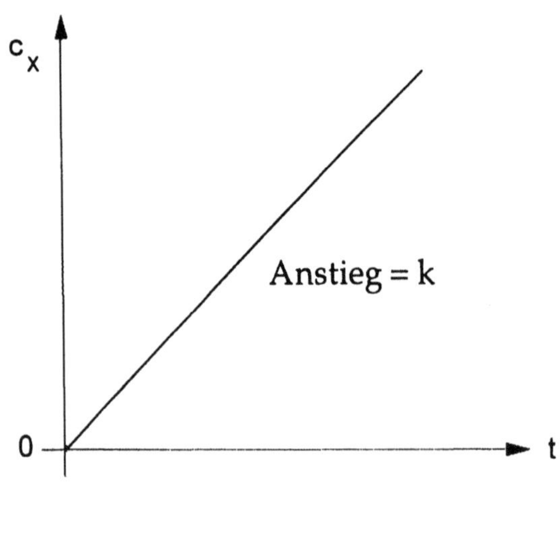

Abb. 4.10. Zeitabhängige Konzentrationsänderung für Reaktionen 0. Ordnung

Für enzymkatalysierte Einsubstrat-Reaktionen wird nach Gleichung (4.21) die Ordnung $n = 0$ dann erreicht, wenn $K_m \ll c_S$ ist. Für die Gleichung (4.21) selbst ist aber der Begriff „Reaktionsordnung" nicht anwendbar. So können komplizierte Reaktionen nur durch die kinetische Entartung der Bruttoreaktion einfachen Zeitgesetzen insbesondere 0. Ordnung folgen. Dazu zählen u.a. verschiedene qualitätsmindernde Reaktionen von Lebensmittelkomponenten, so der Abbau von Carotenen während der Bestrahlung und der Dunkelreaktion bei 15 bis 45 °C in organischen Lösungsmitteln (Minguez-Mosquera und Jaren-Galan, 1995), das Ranzigwerden von Fetten (Labuza, 1971), sensorische Veränderungen gefrosteter Lebensmittel (Van Arsdel, 1957, 1959) und der enzymatische Verderb frischer Früchte (Labuza und Kreisman, 1978) sowie die Bildung von Hydroxymethylfurfural (HMF) im Apfelsaft (Herrmann, 1976). Auch bei der Hitzebehandlung von Milch wird HMF nach einer Ordnung $n = 0$ gebildet (Fink, 1984). Morales u.a. (1994) bestätigen diese Befunde für Milch und relevante Modellsysteme. Für den Lysin-Abbau findet man dagegen die Reaktion 2. Ordnung (vgl. Abschnitt 4.1.2).

Als Ursache für die Bildung des HMF kann die Maillard-Reaktion angesehen werden; auch für diese wird unter bestimmten Bedingungen eine Reaktionsordnung $n = 0$ ermittelt (Labuza u.a., 1977, 1982, 1978; Singh u.a., 1983). Schließlich wurde auch für Vitamin C-Abbaureaktionen eine Reaktion 0. Ordnung gefunden

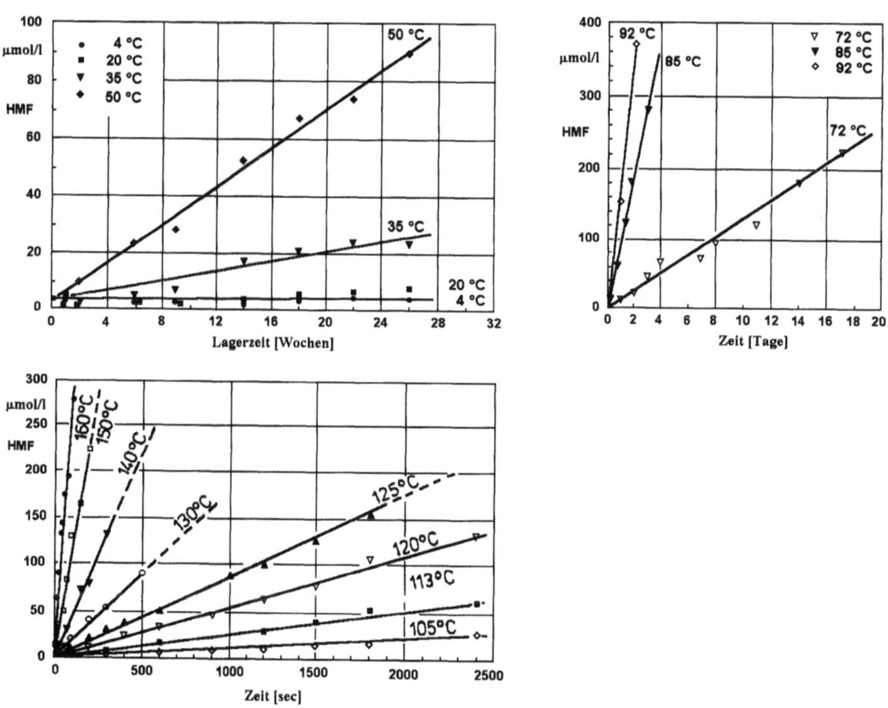

Abb. 4.11. HMF-Bildungsraten bei der Hitzebehandlung von Milch (nach Fink, 1984 aus Kessler, 1988)

und zwar in Abhängigkeit von der Temperatur und dem pH-Wert (Liu, 1987; Pino und Torricella, 1985) sowie bei der Lagerung von Zitronensaft infolge nichtenzymatischer Bräunung (Robertson und Samiego, 1986).

Das Zeitgesetz 0. Ordnung wurde ebenfalls für die Gelatinierung der Stärke bei verschiedenen Temperaturen und a_W-Werten des Systems gefunden (Hui, 1991).

4.1.4 Reaktionen mit Pseudo-Ordnung

Bei der Besprechung der Reaktionsordnungen mit $n = 0$ und $n = 1$ wurde schon auf mögliche Pseudoordnungen hingewiesen.

Allgemein resultieren Zeitgesetze mit einer Pseudo-Reaktionsordnung bei Prozessen unter Meßbedingungen, bei denen

- eine oder mehrere Komponenten in einem großen Überschuß vorliegen (etwa ≥100fach gegenüber Reaktionspartnern in geschwindigkeitsbestimmenden Teilreaktionen),
- ein Reaktionsprodukt in einer vorgelagerten, geschwindigkeitsbestimmenden Teilreaktion als Reaktant auftritt,
- Katalysatoren als Reaktionsteilnehmer auftreten.

So kann die protonenkatalysierte Fetthydrolyse:

$$\text{Triglycerid} + H_2O \xrightarrow{(H^{\oplus})} \text{Diglycerid}$$

durch das Zeitgesetz (4.50) beschrieben werden:

$$r = k \cdot c_{\text{Triglycerid}} \cdot c_{H_2O} \cdot c_{H^{\oplus}} \tag{4.50}$$

Da nun aber in der Praxis die Bedingung $c_{H_2O} > c_{H^{\oplus}} \gg c_{\text{Triglycerid}}$ gilt, kann die Fettspaltung quantitativ durch die Gleichung (4.51) erfaßt werden:

$$r = k' \cdot c_{\text{Triglycerid}} \tag{4.51}$$

Die als konstant zu betrachtende Konzentration an Wasser und $H^{\oplus}$-Ionen sind in k' enthalten und damit die Reaktionsordnung auf die Pseudoreaktionsordnung von $n = 1$ erniedrigt.

4.1.5 Allgemeine Form der Zeitgesetze

Für die Reaktionen des allgemeinen Typs:

$$A + B + C + \ldots \to X$$

resultiert mit äquimolaren Konzentrationen der Reaktanden, im besonderen $c_A^0 = c_B^0 = c_C^0$ der Differentialansatz (4.52).

$$r = -\frac{dc_A}{dt} = k \cdot c_A^n \tag{4.52}$$

Tabelle 4.3. Zeitgesetze in Abhängigkeit von der Reaktionsordnung n

n	differentielles Zeitgesetz	integrale Lösungsfunktion	Gültigkeitsbedingung
0	$-\frac{dc_A}{dt} = k$	$c_A = -k \cdot t + c_A^0$	
1	$-\frac{dc_A}{dt} = k \cdot c_A$	$c_A = c_A^0 \cdot e^{-k \cdot t}$	
2	$-\frac{dc_A}{dt} = k \cdot c_A^2$	$\frac{1}{c_A} - \frac{1}{c_A^0} = k \cdot t$	$c_A^0 = c_B^0$
	$-\frac{dc_A}{dt} = k \cdot c_A \cdot c_B$	$\frac{c_A}{c_B} = \frac{c_A^0}{c_B^0} \cdot e^{(c_A^0 - c_B^0) \cdot k \cdot t}$	$c_A^0 \neq c_B^0$
n	$-\frac{dc_A}{dt} = k \cdot c^n$	$\frac{1}{c_A^{(n-1)}} - \frac{1}{c_A^{0(n-1)}} = (n-1) \cdot k \cdot t$	$c_A^0 = c_B^0 = c_C^0$

Die Integration des Ansatzes (4.52) liefert die Lösung (4.53). Sie gilt nur für $n \neq 1$.

$$-\int_{c_A^0}^{c_A} \frac{dc_A}{c_A^n} = \int_0^t k \cdot dt$$

$$-\frac{1}{1-n} \cdot \left(\frac{1}{c_A^{(1-n)}} - \frac{1}{c_A^{0\,(1-n)}} \right) = \frac{1}{n-1} \cdot \left(\frac{1}{c_A^{(n-1)}} - \frac{1}{c_A^{0\,(n-1)}} \right) = k \cdot t$$

$$\frac{1}{c_A^{(n-1)}} - \frac{1}{c_A^{0\,(n-1)}} = (n-1) \cdot k \cdot t \tag{4.53}$$

Mit Gleichung (4.53) besitzt k die Dimension $c^{-(n-1)} \cdot t^{-1}$. Für Reaktionen 1. Ordnung ist sie dagegen konzentrationsunabhängig.

Die oben angeführten Zeitgesetze sind als differentielle und integrale Lösungsfunktionen in der Tabelle 4.3. zusammengestellt.

Für die Lebensmittelveränderungen sind vor allem die Reaktionen 0. und 1. Ordnung mit einem geschwindigkeitsbestimmenden Schritt charakteristisch, obwohl es sich wahrscheinlich dabei immer um komplizierte Reaktionen handelt.

4.1.6 Reaktionsgeschwindigkeit als Funktion relativer Konzentrationen

Vor allem aus Gründen einer leichteren Auswertbarkeit von reaktionskinetischen Daten sowie der anschaulichen Darstellung der Meßergebnisse sollen in den vorher besprochenen Zeitgesetzen die Reaktionsgeschwindigkeit, die Reaktionsgeschwindigkeitskonstante und die Variablen durch relative Größen ersetzt werden. Die relative Konzentration[9] wird auf die Ausgangskonzentration einer

[9] Entsprechend dem Charakter als reduzierte Größen werden die relativen Konzentrationen in der Literatur auch als „reduzierte“ Konzentrationen bezeichnet.

reagierenden Komponente bezogen – in der Regel auf die Komponente mit der höchsten Ausgangskonzentration.

Angewendet auf die Konzentration ergeben sich für eine bimolekulare Reaktion: $A + B \rightarrow X$ die dimensionslosen relativen Konzentrationen a, b und x (in den Grenzen von 0 bis 1) gemäß Gleichung (4.54).

$$\frac{c_A}{c_A^0} = a \, ; \quad \frac{c_B}{c_A^0} = b \, ; \quad \frac{c_X}{c_A^0} = x \tag{4.54}$$

Der Umsatz U (vgl. Beziehung (4.8)) errechnet sich dann in einfacher Weise aus:

$$1 - a = x \tag{4.55}$$

Für Reaktionen n. Ordnung resultiert aus Gleichung (4.52) dann die Form (4.56).

$$\frac{r}{c_A^0 \cdot (c_A^0)^{(n-1)}} = \frac{k \cdot (c_A)^n}{(c_A^0)^n} \tag{4.56}$$

und

$$\frac{r}{c_A^0} = k \cdot (c_A^0)^{(n-1)} \cdot \frac{(c_A)^n}{(c_A^0)^n} \tag{4.57}$$

oder

$$r' = k' \cdot a^n \tag{4.58}$$

aus

$$r' = \frac{da}{dt} \tag{4.59}$$

Durch den Bezug auf c_A^0 wird also die „relative Reaktionsgeschwindigkeit" r' durch das Produkt k' (relative Reaktionsgeschwindigkeitskonstante) mit der relativen Konzentration a unter Berücksichtigung der Reaktionsordnung n ausgedrückt. Die Integralform des Zeitgesetzes (4.61) kann leicht aus der differentiellen Form abgeleitet werden:

$$-\frac{da}{dt} = k' \cdot a^n \tag{4.60}$$

$$-\int_1^a \frac{da}{a^n} = k' \cdot dt \tag{4.61}$$

Die Lösung lautet ($n \neq 1$):

$$\frac{1}{n-1} \cdot \left[\frac{1}{a^{(n-1)}} - 1\right] = k' \cdot t = f_n \tag{4.62}$$

Über die Gleichung (4.62) ist die Konzentrationsvariable a mit dem Produkt $k' \cdot t$ verbunden. Da k' in jedem Falle von n die Dimension t^{-1} trägt, stellt das Produkt $k' \cdot t$ den dimensionslosen Zeitparameter f_n dar. Die Beziehung (4.62) gilt mit Ausnahme von $n = 1$ für jede Reaktionsordnung.

Für die 1. Ordnung gilt die Beziehung:

$$-\ln a = k' \cdot t = f_1 \tag{4.63}$$

Für die Reaktionen 1. Ordnung, d.h. $n = 1$, ist mit: $k' = k \cdot c_A^{0(n-1)} = k$ auch die analoge Form zu verwenden:

$$-\ln a = k \cdot t \tag{4.64}$$

Die Gleichungen (4.62) und (4.63) beschreiben Abbau- oder Umwandlungsreaktionen der Komponente *A* (oder anderer Edukte).

In Abhängigkeit von der Reaktionsordnung *n* gilt dann (Herrmann, 1976; Kessler, 1988):

für $n = 0$:

$$a = 1 - k' \cdot t \tag{4.65}$$

für $n = 1$:

$$\ln a = -k' \cdot t \tag{4.66}$$

für $n = 2$:

$$\frac{1}{a} - 1 = k' \cdot t \tag{4.67}$$

Trägt man die Änderungen der relativen Konzentration *a* von *A* gegen *t* auf, dann erhält man in Abhängigkeit von der Reaktionsordnung Konzentrations-Zeit-Kurven der Abbildung 4.12.:

Daraus ist abzulesen, daß kleine Abbauraten von A (Bereich $0{,}9 \le a \le 1$) unabhängig von der Reaktionsordnung (und vom Reaktionsmechanismus) durch $n = 0$

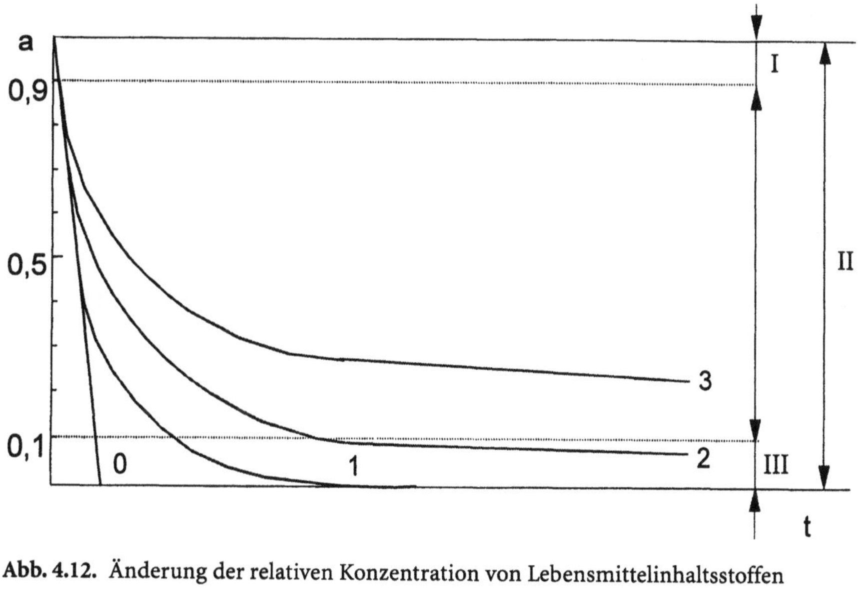

Abb. 4.12. Änderung der relativen Konzentration von Lebensmittelinhaltsstoffen

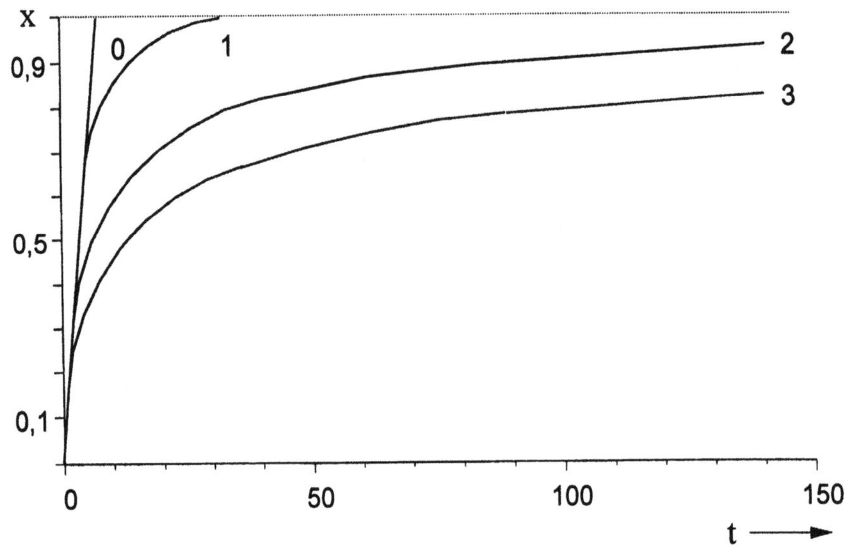

Abb. 4.13. Änderung der relativen Konzentration von gebildeten Lebensmittelkomponenten

oder $n = 1$ modelliert werden können. Damit sind zugleich Möglichkeiten und Grenzen der Nutzung von Anfangsgeschwindigkeiten für die Ermittlung von reaktionskinetischen Kennwerten aufgezeigt (Bereich I). Viele Abbau- und Umwandlungsreaktionen z.B. von Vitaminen, Aroma- und Farbstoffen erstrecken sich prozeßbedingt über den ganzen Bereich II ($0 \leq a \leq 1$). Schließlich muß der Bereich III ($0 \leq a \leq 0{,}1$) erreicht werden, will man Enzyme inaktivieren und/oder Mikroorganismen abtöten.

Der Abbau, die Isomerisierungen und Reaktionen der Lebensmittelinhaltsstoffe führen im allgemeinen zu neuen erwünschten oder unerwünschten Produkten. Dabei ist deren Bildung durch die Abb. 4.13. spiegelbildlich zu 4.12. dargestellt.

Die Form der Umsatz-Zeit-Kurven in Abb. 4.13. ist wiederum abhängig von der Reaktionsordnung. Hier fällt z.B. in den Bereich I ($0 \leq x \leq 0{,}1$) die Bildung von off-Flavorstoffen, die meist schon in geringer Konzentration sensorisch erfaßt werden. Durch den Bereich II ($0 \leq x \leq 1$) wird beispielsweise die Bildung von Maillard-Produkten gekennzeichnet. Im Bereich III treten u.a. Denaturierungsprodukte von Biopolymeren auf.

Aus den Gleichungen (4.65) bis (4.67) ergeben sich die integralen Zeitgesetze für die Bildung von Lebensmittelkomponenten:

für $n = 0$:

$$x = k' \cdot t \tag{4.68}$$

für $n = 1$:

$$x = 1 - e^{-k' \cdot t} = 1 - e^{-k \cdot t} \tag{4.69}$$

für $n = 2$:

$$x = 1 - \frac{1}{(1 + k' \cdot t)} \tag{4.70}$$

für $n > 2$:

$$x = 1 - \frac{1}{1 + (n - 1) \cdot k' \cdot t} \tag{4.71}$$

4.2
Zeitparameter und Prozeßzeiten

Die Zeitgesetze beschreiben in Abhängigkeit von der Reaktionsordnung den funktionalen Zusammenhang zwischen der aktuellen Konzentration der Reaktanten und der Zeit. Die im Lebensmittel ablaufende Veränderungen lassen sich häufig durch die Angabe der betreffenden Zeiten, den Prozeßzeiten, charakterisieren. Der direkte Zusammenhang zwischen dem Umsatz x und der Reaktionszeit t geht aus den Gleichungen (4.68) bis (4.71) hervor.

Die Zeitparameter geben auf wichtige Fragen der Qualitäts- und Prozeßführung von Lebensmitteln eine Antwort, wie zum Beispiel:

- Wie lange darf ein Gut gelagert werden?
- Welche Zeit muß für den Backprozeß aufgewendet werden?
- Wie lange muß eine Konserve sterilisiert werden?

Die Zeitparameter sind immer mit einem bestimmten Umsatz der Lebensmittelveränderung verbunden. Von allgemeiner Bedeutung sind daher die praxisrelevanten Prozeßzeiten t_x für den Umsatz von 10% ($x = 0{,}1$; H-Wert) bzw. von 90% ($x = 0{,}9$; D-Wert) sowie von 50% ($x = 0{,}5$; τ-Wert), die der Halbwertszeit aus der Chemie, aus praktischen Gesichtpunkten eingeführt, entspricht. Da viele Vorgänge in Lebensmitteln nach dem Zeitgesetz 1. Ordnung ablaufen, sind die Prozeßzeiten nach den Gleichungen (4.66) bzw. (4.69) berechenbar.

4.2.1
Zeiten für den 10%igen Umsatz (H-Wert)

Mit $a = 0{,}9$ bzw. $x = 0{,}1$ erhält man mit der Gleichung (4.66) für die Reaktion 1. Ordnung die Beziehung (4.72):

$$- \ln a = - \ln 0{,}9 = k' \cdot t_{0,1}$$

$$\ln 10/9 = 2{,}3 \cdot \lg 10/9 = k' \cdot H_1$$

$$2{,}3 \cdot 0{,}0453 = k' \cdot H_1$$

$$0{,}1 \approx k' \cdot H_1 \tag{4.72}$$

Für $t_{0,1}$, d.h. für den 10%igen Umsatz, wurde von Herrmann (1976) der H_n-Wert eingeführt. Er ergibt sich in Abhängigkeit von der Reaktionsordnung n aus der

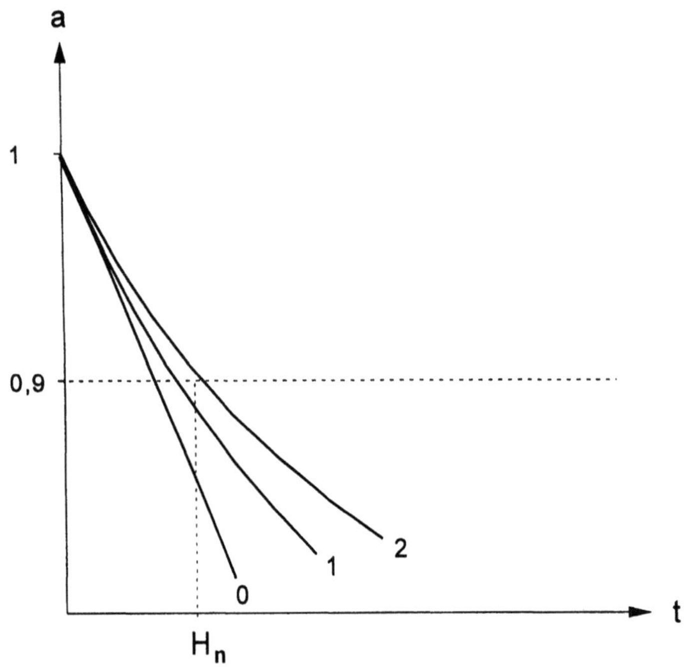

Abb. 4.14. Graphische Ermittlung von H_n-Werten

grafischen Darstellung der relativen Konzentration a gegen t bei $a = 0{,}9$ (siehe Abb. 4.12).

In Übereinstimmung mit den schon getroffenen Feststellungen sind die Zeiten für den 10%igen Umsatz nahezu unabhängig von n, d.h. $H = H_0 \approx H_1 \approx H_2 \approx H_n$ gilt hinreichend. Mit Gleichung (4.62) und (4.63) erhält man die folgenden Beziehungen (4.73) bis (4.77).

für n. Ordnung:

$$f_n = k' \cdot t = \frac{0{,}1}{H_n} \cdot t = \frac{t}{10 \cdot H_n} \tag{4.73}$$

$$f_{Hn} = 10 \cdot f_n = \frac{t}{H_n} \tag{4.74}$$

für 1. Ordnung:

$$-\ln a = -2{,}3 \cdot \lg a = k' \cdot t = f_1 \tag{4.75}$$

$$-\lg a = \frac{f_1}{2{,}3} = \frac{f_{H_1}}{23} \tag{4.76}$$

$$-23 \cdot \lg a = f_{H_1} \tag{4.77}$$

4.2.2
Zeiten für den 50%igen Umsatz (Halbwertszeit τ)

Ist die relative Konzentration einer Ausgangskomponente A im Lebensmittel auf den Wert von $a = 0{,}5$ abgefallen, dann kann man Gleichung (4.63) wie folgt formulieren:

$$-\ln a = -\ln 0{,}5 = k' \cdot t_{1/2}$$

$$\ln 2 = k' \cdot \tau$$

$$\tau = \frac{\ln 2}{k'} \tag{4.78}$$

Wie aus (4.78) hervorgeht, ist die Halbwertszeit τ für eine Reaktion 1. Ordnung konzentrationsunabhängig.

In Tabelle 4.4. sind die Halbwertzeiten für solche Lebensmittelinhaltsstoffe aufgeführt, die als Qualitätsindikator für Lebensmittel gelten können.

Tabelle 4.4. Halbwertzeiten für den Zerfall ausgewählter Vitamine (nach Villota und Hawkes, 1992)

Vitamin	τ [min]
C	$2 \cdot 10^3 - 1{,}4 \cdot 10^7$
B_1	$1{,}05 - 5 \cdot 10^5$
B_2	$0{,}4 - 0{,}55$
B_6	$1{,}40 - 3{,}3 \cdot 10^2$
A	$7{,}10 - 5{,}87 \cdot 10^4$
E	$1{,}11 - 1{,}8 \cdot 10^5$

4.2.3
Zeiten für den 90%igen Umsatz (D-Wert)

Die „decimal reduction time" (D) ist die Zeit, in der eine vorgebenene Anzahl von Mikroorganismen gemäß einer Reaktion 1. Ordnung auf $^1/_{10}$ (10%) reduziert wird.

Allgemein gilt dann für D die Gleichung (4.79):

$$-\ln a = -\ln 0{,}1 = k' \cdot t_{0,9} = k' \cdot D \tag{4.79}$$

$$2{,}3 \cdot \lg 10 = k' \cdot D$$

$$2{,}3 = k' \cdot D \tag{4.80}$$

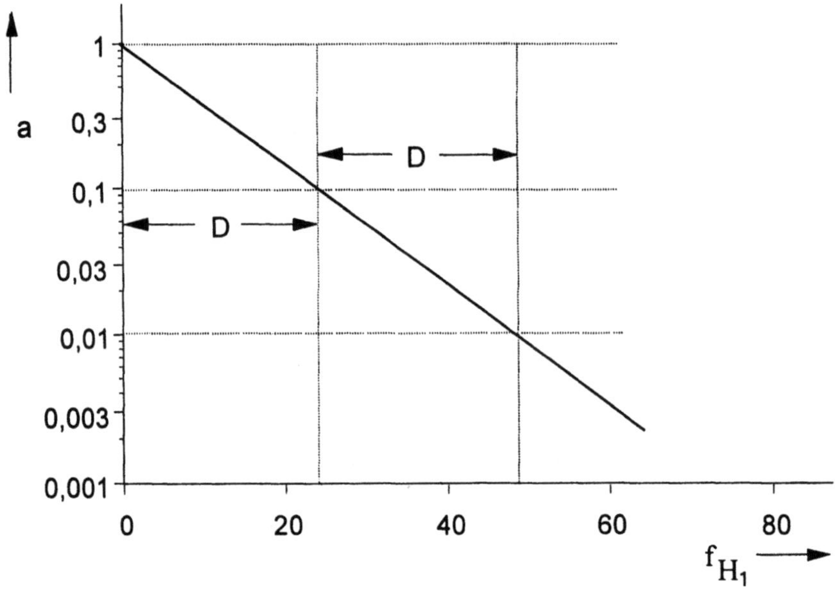

Abb. 4.15. Graphische Ermittlung von *D*-Werten

Verknüpft man für die Reaktionen 1. Ordnung entweder f_1 oder die relative Konzentration a mit dem D-Wert, so erhalten wir die Beziehungen (4.81) und (4.82):

$$f_1 = k' \cdot t = \frac{2{,}3}{D} \cdot t$$

$$\frac{f_1}{2{,}3} = \frac{t}{D} \tag{4.81}$$

$$-\ln a = 2{,}3 \cdot \lg a = \frac{2{,}3}{D} \cdot t$$

$$\lg a = \frac{t}{D} = f_D \tag{4.82}$$

Analog zum H_1-Wert ist auch hier die Ermittlung des D-Wertes in Abb. 4.15. schematisch dargestellt.

Der Zusammenhang (4.82) gilt für Lebensmittelveränderungen mikrobiologischer Natur, bei denen offenkundig nur das Zeitgesetz 1. Ordnung auftritt. In der Tabelle 4.5. kennzeichnen die D-Werte die Hitzewiderstandsfähigkeit von Vitaminen und Farbstoffen im Sterilisationsprozeß.

Die D-Werte für die Keimabtötung im Sterilisationsprozeß ermittelt man häufig grafisch (gemäß der Abb. 4.15.), indem der Logarithmus der Keimzahl N bzw. des relativen Wertes ($\lg N/N_0 = \lg a$) gegen die Zeit aufgetragen wird.

Ermittelt man experimentell einen Keimgehalt von 10^3/g Lebensmittel, dann würde die Sterilisation über eine Zeit von 3 D zur praktischen Sterilität des Produktes führen. Liegt der Anfangskeimgehalt beispielsweise bei 10^4/g Lebensmittel,

Tabelle 4.5. *D*-Werte für den Abbau von Vitaminen und Farbstoffen in ausgewählten Lebensmitteln (nach Villota und Hawkes, 1986; aus Okos, 1986)

Vitamin/Farbstoff im Lebensmittel	*D*-Wert [min]
Vitamin C	
Erbsen (Konserve)	1003
Grapefruit (Saft, 55 °Bx FS[a])	198
Vitamin B_1	
Karotten (Püree)	157
grüne Bohnen (Püree)	153
Erbsen (Püree)	174
Spinat (Püree)	125
Schweinefleisch (Püree)	147
Rindfleisch (Püree)	257
Vitamin B_6	
Blumenkohl (Püree)	413
Folsäure	
Apfelsaft	524
Tomatensaft	636
Vitamin A (Carotene)	
Süßkartoffeln	448
Gelbkorn	112
Chlorophyll	
Spinat	13,2/28,1
Erbsen	13,2
Erbsen (Püree)	113
Rosenkohl	14,5/15,6
Anthocyanidine	
Granatapfelsaft	125
Erdbeersaft	110,3
Himbeersaft	45

[a] Feststoff

Tabelle 4.6. *D*-Werte einiger milchtypischer Bakterienstämme (aus Kessler,1988)

Bakterienstamm	*D*-Wert [s]	Temperatur [°C]
Erwinia carotovora	0,72	69
Alcaligenes eutrophus	0,15	68,1
Pseudomonas/Pseudomonadei	0,52	73,3
Enterobacter aerogenes	0,45	61,8
Enterobacter liquefaciens	0,56	73,9
Aeromonas hydrophila	0,31	74,8
Pseudomonas caryophylli	0,44	73,7
Brevibacterium linens	0,125	70,3

dann würde das gleiche Sterilisationsregime nicht zur Sterilität des Produktes führen – es überlebt eine bestimmte Anzahl von Mikroorganismen, insbesondere Sporen, die dann zeitabhängig zum Verderb z. B. der Konserve führen würde. Die Keimzahl-Zeit-Kurve wird deshalb auch anschaulich als Überlebenskurve von Mikroorganismen bezeichnet (Cheftel und Thomas, 1967).

Aus Tabelle 4.6. geht der Einfluß der Mikroorganismenarten auf die D-Werte hervor.

4.2.4 Beziehungen zwischen Prozeßzeiten und Geschwindigkeitskonstanten

Aus den Beziehungen (4.72) und (4.80):

$$k' \approx \frac{0{,}1}{H_1} \quad \text{und} \quad k' = \frac{2{,}3}{D}$$

resultiert der Zusammenhang (4.83):

$$D \approx 23 \cdot H_1 \tag{4.83}$$

Die Gleichungen (4.74) und (4.82) weisen die f_{H_1}-Werte bzw. den f_D-Wert als dimensionslose Zeitparameter aus. Letzterer sagt aus, wie oft der D-Wert zu durchlaufen ist, um einen erwünschten als auch gegebenfalls unerwünschten Effekt am Lebensmittel nachzuweisen bzw. zu erreichen.

Alle formulierten Zeitgesetze lassen erkennen, daß Prozeßzeiten und Reaktionsgeschwindigkeitskonstanten umgekehrt proportionale Größen sind. Die Beziehungen zwischen t_x und k' sind in Abhängigkeit von der Reaktionsordnung in Tabelle 4.7. zusammengestellt.

Die H_n-, D- und t-Werte der Tabelle 4.7. sind zu berechnen, wenn wir in den Geschwindigkeitsgleichungen die jeweiligen Prozeßzeiten mit den relativen Konzentrationen verknüpften. Aus Gleichung (4.62) resultiert z. B. für eine Reaktion 0. Ordnung der H_0-Wert mit $a = 0{,}9$:

$$(-1) \cdot \left[\frac{1}{\left(\frac{9}{10}\right)} - 1 \right] = (-1) \cdot \left(\frac{9}{10} - 1 \right) = (-1) \cdot \left(-\frac{1}{10} \right) = 0{,}1 = k' \cdot H_0 \tag{4.84}$$

Wie die Tabelle 4.7. anschaulich belegt, kann der H-Wert, wie oben erläutert, als nahezu unabhängig von n betrachtet werden. Dagegen ist der D-Wert infolge seiner n-Abhängigkeit nur für $n = 1$ definiert.

Ebenso hatten wir bereits erwähnt, daß bestimmte Reaktionszeiten zugleich entsprechende Umsätze charakterisieren. Der Zusammenhang zwischen beiden Größen wird in Abhängigkeit von der Reaktionsordnung in der Tabelle 4.8. veranschaulicht.

Aus Tabelle 4.8. geht hervor, daß bestimmte Werte für a bzw. x den äquivalenten dimensionslosen Zeitparametern entsprechen, was in der Tabelle 4.9. zum Ausdruck kommt.

Die f_{H_n}-Tabelle 4.9. gestattet eine breite praktische Anwendung für kinetische Berechnungen zur Abschätzung der Lebensmittelveränderungen.

Tabelle 4.7. Beziehungen zwischen den Zeitparametern t_x und Geschwindigkeitskonstanten k'

n	$t_{0,1}$ (H_n-Wert)	$t_{0,5}(\tau)$	$t_{0,9}$
0	$0{,}1/k'$ (H-Wert)	$0{,}5/k'$	$0{,}9/k'$
1	$0{,}105/k'$	$0{,}693/k'$	$2{,}303/k'$ (D-Wert)
2	$0{,}111/k'$	$1/k'$	$9/k'$
3	$0{,}117/k'$	$1{,}5/k'$	$49{,}5/k'$

Tabelle 4.8. Beziehung zwischen dimensionslosen Parametern und der relativen Konzentration a (gemäß dem Umsatz x)

n	$f_n = \frac{1}{n-1}\left(\frac{1}{a^{(n-1)}} - 1\right)$		f_{D_n}	$f_{H_n} = 10 f_n$	
0	$1 - a = x$	(f_0)	–	$10\,(1-a) = 10\,x$	(f_{H_0})
1	$-2{,}3\lg a$	(f_1)	$-\lg a$ (f_D)	$-23\lg a$	(f_{H_1})
2	$\frac{1}{a} - 1$	(f_2)	–	$10\left(\frac{1}{a} - 1\right)$	(f_{H_2})
3	$\frac{1}{2}\left(\frac{1}{a^2} - 1\right)$	(f_3)	–	$5\left(\frac{1}{a^2} - 1\right)$	(f_{H_3})

4.2.5 Zeitparameter für erwünschte und unerwünschte Lebensmittelveränderungen

Bei den bisher behandelten Prozeßzeiten für isotherme Reaktionen an Lebensmitteln wurde nicht zwischen den erwünschten und unerwünschten Effekten differenziert. Im allgemeinen werden aber mit t_x die Reaktionszeiten von Vorgängen negativer Art an Lebensmitteln bezeichnet. Demgegenüber sollen die Veränderungen positiver Art durch Z symbolisiert werden. Einige praxisrelevante Zeiten sind in Tabelle 4.10. zusammengestellt.

Um die technologisch bedeutsamen Sterilisier- (W) und Lagerungswerte (G) berechnen zu können, muß man zunächst unter Einbeziehung der betrieblichen Gegebenheiten die Z- bzw. t_x-Prozeßzeiten ermitteln. Stimmen bei den gegebenen Betriebsbedingungen die Probewerte mit den Werten aus der Literatur überein, dann darf man auch die umfangreicheren Tabellenwerte verwenden. Die mit einer Prozeßzeit t verbundenen technologischen Effekte können aus den dimensionslosen Quotienten (4.85) und (4.86) abgelesen werden. Ist der erwünschte oder unerwünschte Effekt unterschritten, dann sind $W < 1$ bzw. $G < 1$. Eine Überschreitung wird durch den Wert > 1 angezeigt. Der angestebte Effekt wird mit einem Wert von 1 erzielt.

Tabelle 4.9. Dimensionslose Zeitparameter (Herrmann, 1976) (Auszug aus einer größeren Tabelle, in der sowohl die Werte weitreichender untergliedert als auch gebrochene Werte der Größe *n* enthalten sind)

x	f_{H_0}	f_{H_1}	f_{D_1}	f_{H_2}	a	f_{H_3}
0	0	0	0	0	1,0	0
0,0001	0,001	0,001	0,00004	0,001	0,9999	0,001
0,001	0,01	0,010	0,0004	0,010	0,999	0,010
0,01	0,1	0,100	0,004	0,101	0,99	0,100
0,02	0,2	0,202	0,009	0,204	0,98	0,206
0,04	0,4	0,408	0,018	0,417	0,96	0,425
0,06	0,6	0,619	0,027	0,638	0,94	0,659
0,08	0,8	0,83	0,036	0,870	0,92	0,907
0,10	1,0	1,05	0,046	1,111	0,90	1,173
0,12	1,2	1,279	0,056	1,364	0,88	1,406
0,18	1,8	1,985	0,086	2,195	0,82	2,436
0,20	2,0	2,252	0,097	2,500	0,80	2,813
0,30	3,0	3,567	0,155	4,285	0,70	5,204
0,40	4,0	6,933	0,222	6,667	0,60	8,889
0,50	5,0	5,109	0,301	10,00	0,50	15,00
0,60	6,0	9,164	0,398	15,00	0,40	26,25
0,70	7,0	12,04	0,523	23,33	0,30	50,56
0,72	7,2	12,73	0,553	25,71	0,28	58,7
0,74	7,4	13,47	0,585	28,46	0,26	68,9
0,76	7,6	14,27	0,620	31,67	0,24	81,81
0,78	7,8	15,14	0,658	35,45	0,22	98,31
0,80	8,0	16,10	0,699	40,00	0,20	120,0
0,82	8,2	17,15	0,745	45,56	0,18	149,3
0,84	8,4	18,33	0,796	52,50	0,16	190,3
0,86	8,6	19,66	0,854	61,43	0,14	250,1
0,88	8,8	21,21	0,921	73,33	0,12	342,2
0,90	0,90	23,03	1,000	90,00	0,10	495,0
0,92	9,2	25,26	1,097	115,00	0,08	776,3
0,94	9,4	28,14	1,222	156,00	0,06	1384
0,96	9,6	32,19	1,398	240,00	0,04	3120
0,98	9,8	39,13	1,699	490,00	0,02	12495
0,99	9,9	46,06	2,000	990,00	0,01	$5 \cdot 10^4$
0,999	9,99	69,09	3,000	9990,00	0,001	$5 \cdot 10^6$
1	10,0	∞	∞	∞	0	∞

Tabelle 4.10. Zeitsymbole für erwünschte und unerwünschte Lebensmittelveränderungen

Z (Zeit für erwünschten Effekt)	t_x (Zeit mit einem unerwünschten Effekt)
Z_m (Mikroorganismenabtötung)	t_{erl} (Auftreten erster, noch erlaubter Mängel)
Z_e (Enzyminaktivierung)	t_{zul} (Auftreten gerade noch zulässiger Mängel)
Z_s (sensorischer Effekt)	$t_{x(\%)}$ (chemische Veränderungen negativer Art in %)
Z_c (chemischer Effekt)	
Z_g (Garzeit)	

So erhalten wir den Sterilisierwert W und den Lagerungswert G über die Gleichungen (4.85) bzw. (4.86):

$$W = \frac{t}{Z_m} \tag{4.85}$$

$$G = \frac{t}{t_{zul}} \tag{4.86}$$

Wenden wir diese Erkenntnisse im Interesse des Verbrauchers auf den Sterilisierprozeß an, so ist zu fordern, daß der thermische Prozeß die praktische Sterilität durch Abtötung der pathogenen als auch der resistenten Keime innerhalb einer definierten Wahrscheinlichkeit garantiert (siehe Kapitel 5). Als Bezugs-Mikroorganismen-Stamm dient *Clostridium botulinum*[10], weil die im Gefolge von *Botulismus*-Befall auftretenden Toxinvergiftungen häufig zum Tode führen. Es ist bekannt, daß die Sporen noch bis + 3 °C vermehrungsfähig sind und die Toxine bis + 100 °C ihre Stabilität behalten. Aus Sicherheitsgründen nimmt man an, daß 1 g Lebensmittel 10^{12} Keime besitzt. Diese Zahl muß über die Sterilisierung auf 10^0 (d.h. 1 Keim) reduziert werden. Experimentell ist der D-Wert bei 121,1 °C ($T = 394{,}1$ K) zu $D = 0{,}2$ min ermittelt worden. Die relative Mikroorganismenzahl beträgt dann:

$$\frac{N_{Z_m}}{N_{t=0}} = \frac{1}{10^{12}} = 10^{-12}$$

Damit ergibt sich aus Gleichung (4.77):

$$-\lg a = \frac{t}{D} = \frac{Z_m}{D}$$

$$-\lg 10^{-12} = 12 \cdot \lg 10 = 12 = \frac{Z_m}{0{,}2}$$

$$Z_m = 2{,}4 \text{ min}.$$

Der berechnete Z_m-Wert besagt, daß der D-Wert 12 mal durchlaufen werden muß, um den gewünschten Sterilisiereffekt zu erreichen. (D_{12}-Konzept: lebensmittelhygienisches Minimum). Natürlich kann der Z_m-Wert auch grafisch ermittelt werden. Auf die grafische Ermittlung der D-Werte wurde schon hingewiesen (Kapitel 4.2.3).

4.3 Komplexe Zeitgesetze – komplizierte Reaktionen

Schon bei den zitierten Literaturergebnissen wurde berichtet, daß Veränderungen der Inhaltsstoffe in Lebensmitteln nach einfachen Zeitgesetzen ablaufen.

---

[10] Ebenso PA 3679 (*Putrefactic anaerobe*)

Ebenso sind die Geschwindigkeiten von Bruttoreaktionen über einfache Zeitgesetze zu berechnen, wenn kleinere Umsätze – bis zu etwa 10% (vgl. Abschnitt 4.2.1) – in Betracht gezogen werden. Selbst in komplizierten Reaktionsmechanismen lassen sich, wie im Kapitel 4.1 besprochen, einzelne Reaktionsschritte durch einfache Geschwindigkeitsgleichungen beschreiben. Dennoch ist die Bestimmung der kinetischen Daten einzelner Teilreaktionen oft sehr problematisch.

Bei dem Ablauf einer Bruttoreaktion sind verschiedene Reaktionstypen zu unterscheiden:

1. Reversible bzw. umkehrbare Reaktionen (Gleichgewichtsreaktionen),
2. Parallel-, Neben-, Konkurrenz- oder Simultan-Reaktionen,
3. Folgereaktionen mit irreversiblen Teilschritten,
4. Konkurrierende Folgereaktionen,
5. Geschlossene Folgereaktionen oder Kettenreaktionen,
6. Folgereaktionen mit reversiblen Schritten.

In der Praxis gehen die einzelnen Reaktionstypen ineinander über. Die Zeitgesetze von komplizierten Reaktionen sind häufig leicht von ihrer mathematischen Formulierung abzulesen. In die Reaktionsgeschwindigkeit solcher Lebensmittelveränderungen gehen die Konzentrationen der Reaktanten und bei Folgereaktionen auch die der Zwischenprodukte als Summen oder Potenzen mit gebrochenen Exponenten ein.

4.3.1 Reversible Reaktionen

Umkehrbare Vorgänge sind besonders typisch für Lebensmittelveränderungen enzymatischer Art. Als Beispiele seien die Reaktionsfolgen im Glykolysemechanismus, in der Atmungskette oder im Citronensäurecyclus genannt. Aber auch sauer katalysierte Esterhydrolysen und Isomerisierungen sind in diesen Reaktionstyp einzuordnen. Wir wollen solche Vorgänge allgemein mit der Reaktionsgleichung beschreiben:

$$A \underset{k_{-1}}{\overset{k_1}{\rightleftarrows}} X$$

Für die Hin- und Rückreaktion gelten dann die Zeitgesetze 1. Ordnung.

$$r_{\text{Hin}} = -\frac{dc_A}{dt} = k_1 \cdot c_A \tag{4.87}$$

$$r_{\text{Rück}} = -\frac{dc_X}{dt} = k_{-1} \cdot c_X \tag{4.88}$$

Zur Zeit t gilt für diese Bruttoreaktion:

$$r = k_1 \cdot c_A - k_{-1} \cdot c_X \tag{4.89}$$

Die Gleichung (4.89) liefert dann die schematisierte Darstellung 4.16.

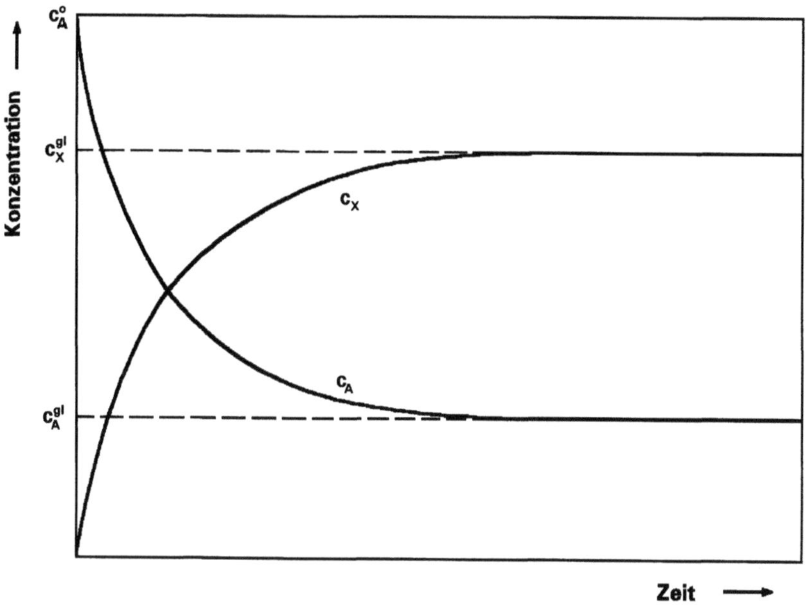

Abb. 4.16. Konzentrations-Zeit-Funktion einer Gleichgewichtsreaktion

Im Gleichgewichtszustand ist $r = 0$ und unter Berücksichtigung von (4.87) und (4.88) folgt:

$$k_1 \cdot c_A^{gl} = k_{-1} \cdot c_X^{gl} \tag{4.90}$$

Aus der Gleichung (4.90) resultiert für die Gleichgewichtskonstante K_c der Zusammenhang:

$$\frac{k_1}{k_{-1}} = \frac{c_X^{gl}}{c_A^{gl}} = K_c \tag{4.91}$$

Treten mehrere reversible Elementarschritte in einer Reaktion auf, so stellt die Gleichgewichtskonstante K_c der Bruttoreaktion das Produkt der Quotienten von Geschwindigkeitskonstanten jeweils einer Hin- und Rückreaktionen der Teilreaktionen dar.

$$K_c = \frac{k_1}{k_{-1}} \cdot \frac{k_2}{k_{-2}} \cdot \frac{k_3}{k_{-3}} \ldots = K_1 \cdot K_2 \cdot K_3 \,. \tag{4.92}$$

Aus (4.89) erhält man dann mit: $c_X = c_A^0 - c_A$ die integrale Lösungsfunktion:

$$-\int_{c_A^0}^{c_A} \frac{dc_A}{(k_1 + k_{-1}) \cdot c_A - k_{-1} \cdot c_A^0} = \int_{t=0}^{t} dt \tag{4.93}$$

Die Integration führt zu:

$$\ln \frac{(k_1 + k_{-1}) \cdot c_A^0 - k_{-1} \cdot c_A^0}{(k_1 + k_{-1}) \cdot c_A - k_{-1} \cdot c_A^0} = (k_1 + k_{-1}) \cdot t \tag{4.94}$$

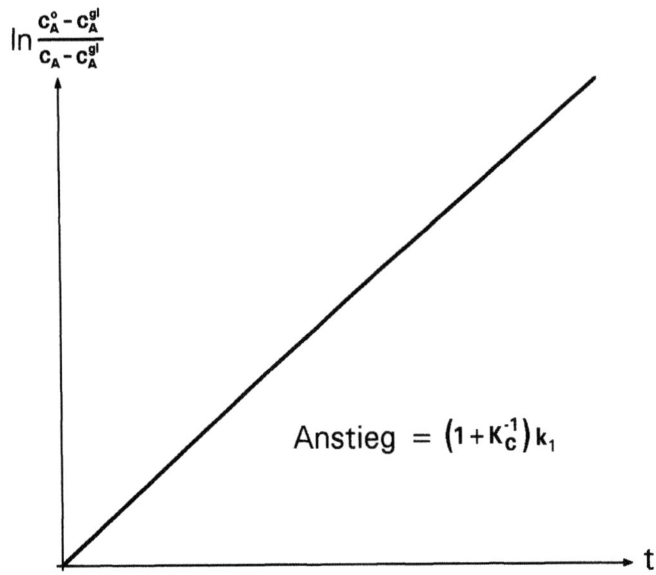

Abb. 4.17. Integrale Konzentrationsänderung einer Gleichgewichtsreaktion

Führt man in die Gleichung (4.94) die Gleichgewichtskonzentrationen ein:

$$c_A^{gl} \text{ und } c_X^{gl} \quad \text{bzw.} \quad c_A^{gl} \text{ und } \left(c_A^0 - c_A^{gl}\right)$$

ein, so geht letztere über in (Schwetlick u. a., 1973):

$$\ln \frac{c_A^0 - c_A^{gl}}{c_A - c_A^{gl}} = (k_1 + k_{-1}) \cdot t = \left(1 + \frac{1}{K_c}\right) \cdot k_1 \cdot t \tag{4.95}$$

Daraus gehen die zur Zeit t aktuellen Konzentrationen für die Komponenten A und X hervor:

$$c_A = c_A^{gl} + \left(c_A^0 - c_A^{gl}\right) \cdot e^{-(k_1 + k_{-1}) \cdot t} \tag{4.96}$$

$$c_X = \left(c_A^0 - c_A^{gl}\right) \cdot \left[1 - e^{-(k_1 + k_{-1}) \cdot t}\right] \tag{4.97}$$

Die logarithmische Funktion (4.95) zeigt dann einen linearen Zusammenhang zwischen der Prozeßzeit und der zugehörigen Konzentration (Abb. 4.17.). Aus dem Anstieg der Geraden kann k_{-1} mit (4.91) berechnet werden.

Für Lebensmittelsysteme sind auch Gleichgewichtsteilreaktionen unterschiedlicher Ordnung typisch:

$$A \rightleftarrows X + Y$$

Zu nennen sind die sensorisch wirksamen Dissoziationen von Genuß- und Aromasäuren.

4.3.2 Parallelreaktionen

Parallelreaktionen können einheitlich, unabhängig voneinander und in Konkurrenz zueinander auftreten (Mauser, 1974).

Von den möglichen Parallelreaktionen wählen wir die allgemeine Form aus:

$$X \xleftarrow{k_1} A \xrightarrow{k_2} Y$$

Dieser Reaktionstyp liegt als Teilreaktion z.B. bei der kompetitiven, nichtkompetitiven und unkompetitiven Hemmung enzymatischer Reaktionen vor. Zu nennen sind ebenso konkurrierende Reaktionen von Aminosäuren mit reduzierenden Zuckern (Maillard-Reaktion). Die Bruttogeschwindigkeit eines solchen Vorganges kann durch die Gleichung (4.98) mathematisch formuliert werden:

$$r = -\frac{dc_A}{dt} = (k_1 + k_2) \cdot c_A = k_B \cdot c_A \tag{4.98}$$

Trägt man nun die Konzentationsänderungen der Stoffe A, X und Y gegen die Reaktionszeit t auf, so erhalten wir eine Kurvenschar wie in Abb. 4.18, wobei das Verhältnis der Konzentrationen gebildeter Produkte $X{:}Y$ von dem Verhältnis der Geschwindigkeitskonstanten k_1/k_2 der Teilreaktionen abhängt.

Die Bildungsgeschwindigkeiten für X und Y sind dann in der differentiellen Form:

$$\frac{dc_X}{dt} = k_1 \cdot c_A = k_1 \cdot c_A^0 \cdot e^{-k_B \cdot t} \tag{4.99}$$

$$\frac{dc_Y}{dt} = k_2 \cdot c_A = k_2 \cdot c_A^0 \cdot e^{-k_B \cdot t} \tag{4.100}$$

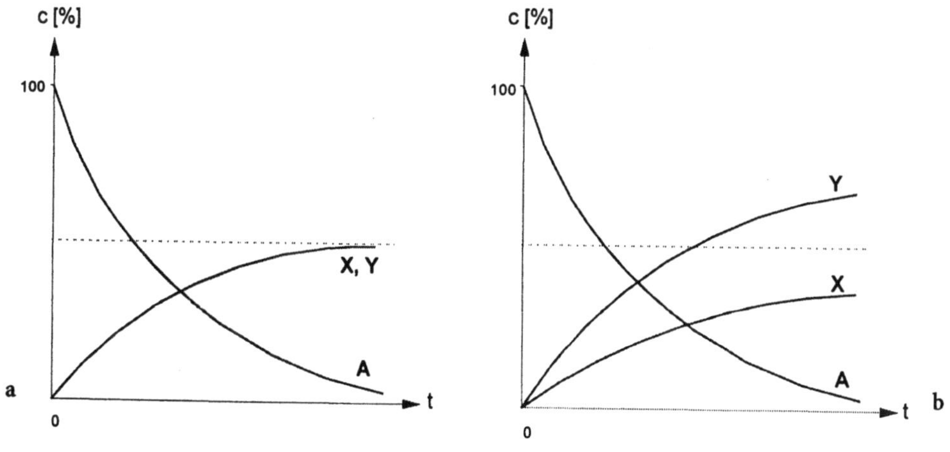

Abb. 4.18 a, b. Konzentrationsänderungen bei Parallelreaktionen in Abhängigkeit vom Verhältnis k_1/k_2 (Bild **a:** $k_1 = k_2$; Bild **b:** $k_2 > k_1$)

Über die Integration beider Gleichungen (für $t = 0$ gilt: $c_X^0 = c_Y^0 = 0$) erhält man die zeitabhängigen Konzentrationen der Produkte:

$$c_X = c_X^0 + \frac{k_1}{k_B} \cdot c_A^0 \cdot (1 - e^{-k_B \cdot t}) \tag{4.101}$$

$$c_Y = c_Y^0 + \frac{k_2}{k_B} \cdot c_A^0 \cdot (1 - e^{-k_B \cdot t}) \tag{4.102}$$

Das Verhältnis der Geschwindigkeitskonstanten und damit der Produkte *X* und *Y* wird u.a. durch die Temperatur, die Ionenstärke und die Art des Lösungsmittels beeinflußt. Einerseits können durch Enzyme auf Grund ihrer Spezifität Konkurrenzreaktionen unterdrückt und andererseits auch solche bevorzugte Reaktionen durch Inhibitoren quantitativ gehemmt werden. Für die schon genannten Hemmtypen gelten in Verbindung mit der jeweiligen Stöchiometrie dann folgende Zeitgesetze (darin bedeuten: E = Enzym, S = Substrat, I = Inhibitor, P = Produkt):

Kompetitive Hemmung:

$$ES \underset{k_{-1}}{\overset{+S(k_1)}{\rightleftarrows}} E \overset{+I(k_1)}{\rightleftarrows} EI$$

$$-\frac{dc_E}{dt} = k_1 \cdot c_E \cdot c_S + k_2 \cdot c_E \cdot c_I \tag{4.103}$$

$$-\frac{dc_E}{dt} = (k_1 \cdot c_S + k_2 \cdot c_I) \cdot c_E \tag{4.104}$$

Nichtkompetitive Hemmung:

$$ESI \overset{+I(k_3)}{\rightleftarrows} ES \overset{+S(k_1)}{\rightleftarrows} E \overset{+I(k_2)}{\rightleftarrows} EI$$

$$-\frac{dc_E}{dt} = (k_1 \cdot c_S \cdot c_E - k_3 \cdot c_{ES}) + k_2 \cdot c_I \cdot c_E \tag{4.105}$$

Unkompetitive Hemmung:

$$ESI \overset{+I(k_3)}{\rightleftarrows} ES \overset{(k_4)}{\rightleftarrows} E + P$$

$$-\frac{dc_{ES}}{dt} = k_4 \cdot c_{ES} + k_3 \cdot c_{ES} = (k_3 + k_4) \cdot c_{ES} \tag{4.106}$$

In die Geschwindigkeitsgleichung der nichtkompetitiven Hemmung gehen sowohl die Bildung des Enzymkomplexes mit dem Ausdruck $k_1 \cdot c_S \cdot c_E$ als auch seine *ES*-verbrauchende Folgereaktion mit $k_3 \cdot c_{ES}$ ein. Aus den Zeitgesetzen (4.103)–(4.106) ist abzulesen, daß keine Rückreaktionen berücksichtigt wurden.

4.3.3 Folgereaktionen

Lebensmittelveränderungen sind häufig durch Folgereaktionen mit irreversiblen Schritten 1. Ordnung gekennzeichnet. Beispielhaft seien die stufenweise Hydrolyse von Dicarbonsäureestern oder Fetten, autokatalytische Reaktionen sowie die Aktivierung und nachfolgende Inaktivierung von Enzymen oder Mikroorganismen genannt. Verallgemeinern wollen wir die Folgereaktion durch das Reaktionsschema:

$$A \xrightarrow{k_1} B \xrightarrow{k_2} X$$

Zur Zeit t ist dann die Konzentrationsänderung für A durch die Gleichung (4.107) bzw. die aktuelle Konzentration von A durch Gleichung (4.108) gegeben.

$$-\frac{dc_A}{dt} = k_1 \cdot c_A \tag{4.107}$$

$$c_A = c_A^0 \cdot e^{-k_1 \cdot t} \tag{4.108}$$

Auf das Zwischenprodukt B bezogen – seine Bildung und seinen Zerfall – ergeben sich die Gleichungen (4.109) und (4.110) als differentielles bzw. integrales Zeitgesetz:

$$\frac{dc_B}{dt} = k_1 \cdot c_A - k_2 \cdot c_B = k_1 \cdot c_A^0 \cdot e^{-k_1 \cdot t} - k_2 \cdot c_B \tag{4.109}$$

$$c_B = \frac{k_1}{k_2 - k_1} \cdot c_A^0 \cdot (e^{-k_1 \cdot t} - e^{-k_2 \cdot t}) \tag{4.110}$$

Das Endprodukt X bildet sich gemäß Gleichung (4.111) mit der Geschwindigkeit:

$$\frac{dc_X}{dt} = k_2 \cdot c_B \tag{4.111}$$

Die aktuelle Konzentration an X ist zur Zeit t: $c_X = c_A^0 - c_A - c_B$. Unter Berücksichtigung der Gleichungen (4.108) und (4.110) erhält man Gleichung (4.112), wonach mit der Aufnahme von Konzentrations-Zeitfunktionen des Endproduktes X auch ohne Kenntnis der aktuellen Konzentration von A und B die Geschwindigkeitskonstanten der Folgereaktion bestimmbar sind.

$$c_X = c_A^0 \cdot \left[1 + \frac{1}{k_1 - k_2} \cdot (k_2 \cdot e^{-k_1 \cdot t} - k_1 \cdot e^{-k_2 \cdot t})\right] \tag{4.112}$$

Ist nun $k_1 \gg k_2 (k_1 > 10\,k_2)$, dann wird B schneller nachgebildet als es durch seine Umwandlung in das Produkt X verschwindet (vorgelagerte Reaktion). Abbildung 4.19. veranschaulicht diesen Sachverhalt in der gestrichelten Kurve, d.h. k_2 bestimmt als langsamste Teilreaktion die Geschwindigkeit der Bruttoreaktion.

Nach Gleichung (4.113) kann mit $k_1 \gg k_2$ näherungsweise die Konzentration an X zur Zeit t berechnet werden, die aus (4.112) nach einer Grenzwertbetrachtung ableitbar ist:

$$c_X = c_A^0 \cdot (1 - e^{-k_2 \cdot t}) \tag{4.113}$$

Gleichung (4.109) besitzt ihre Gültigkeit bei $k_2 \gg k_1$ (nachgelagerte Reaktion).

$$c_X = c_A^0 \cdot (1 - e^{-k_1 \cdot t}) \tag{4.114}$$

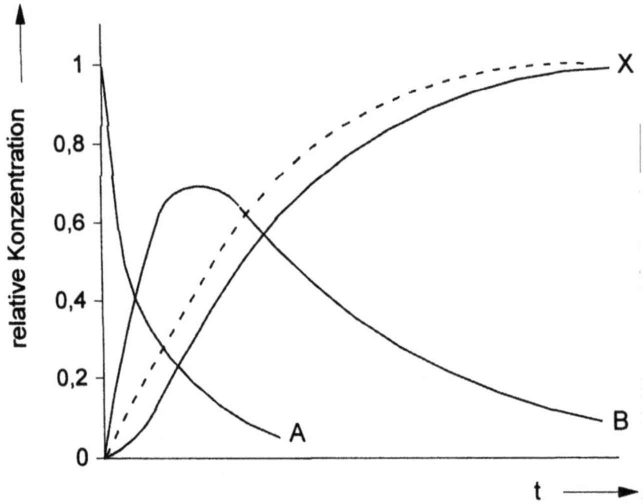

Abb. 4.19. Folgereaktion mit zwei geschwindigkeitsbestimmenden Teilreaktionen

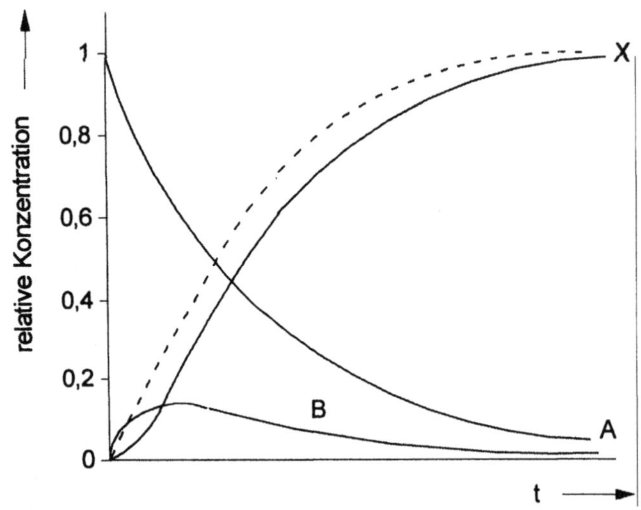

Abb. 4.20. Folgereaktion mit geschwindigkeitsbestimmendem Primärschritt (nachgelagerte Reaktion)

Die gestrichelte Kurve in Abb. 4.20. gibt den Sachverhalt wieder. Unter diesen Bedingungen ist das Zwischenprodukt *B* infolge seiner raschen Umwandlung zu *X* nur kurzlebig.

Die Konzentrations-Zeit-Kurve *B* charakterisiert die Kurzlebigkeit des Zwischenproduktes *B*. Nach einer kurzen Startphase der Folgereaktion (Induktionsperiode) bleibt die Konzentration des Intermediates *B* über eine längere Dauer konstant, d.h. $dc_B/dt = 0$ (Stationaritätsprinzip nach Bodenstein). Damit folgt aus Gleichung (4.109) die Beziehung (4.115).

$$k_1 \cdot c_A = k_2 \cdot c_B \tag{4.115}$$

und das differentielle Zeitgesetz (4.116) läßt sich so auch aus Gleichung (4.111) unter Berücksichtigung von (4.108) und (4.110) herleiten.

$$\frac{dc_X}{dt} = k_1 \cdot c_A \tag{4.116}$$

Gleichung (4.116) verdeutlicht also den speziellen Typ der Folgereaktion mit einer nachgelagerten Reaktion.

Die dargestellten Gesetzmäßigkeiten der chemischen Kinetik sollen, wie eingangs begründet wurde, auf die Veränderungen von Lebensmitteln angewendet werden. Viele Schritte der Maillard-Reaktion stellen Folgereaktionen dar, die selbst als Prozeß der nichtenzymatischen Bräunung eine dominierende Rolle spielt. Auch die Hitzeaktivierung und -abtötung von *Bac. stearothermophilus* ist eine kinetische Folgereaktion.

$$N^0 \xrightarrow{k_1} N_{akt} \xrightarrow{k_2} N^-$$

Neben den vorhandenen lebenden Mikroorganismen werden die ruhenden Keime (N^0) zunächst mit einer Aktivierungsgeschwindigkeitskonstante k_1 aktiviert (N_{akt}) und anschließend erst mit der Geschwindigkeitskonstante k_2 durch den Abtötungsvorgang vernichtet (N^-).

Allgemein spielen Aktivierungs- und nachfolgend Inaktivierungsvorgänge in vielen Fermentationsprozessen zur Herstellung und Veredlung von Lebensmitteln eine dominierende Rolle. Das Bierbrauen wird bekanntlich durch die Bereitung von Grünmalz und das Darren eingeleitet. Dabei soll durch die Keimung von Gerste die Aktivierung der Amylasen erreicht werden. Beim anschließenden Darren besteht die Gefahr einer Inaktivierung der Enzyme.

In diese allgemeine Reaktionsfolge sind schließlich auch die Aktivierungen der meisten Verdauungsenzyme einzuordnen, erinnert sei an die Überführung der Proenzyme oder Enzymogene in die eigentlichen aktiven Enzyme; deren Inaktivierung erfolgt dann häufig durch eine drastische pH-Wertänderung.

4.3.4
Folgereaktionen mit Gleichgewichtsteilreaktionen

Da die Enzymkinetik für einen solchen Reaktionstyp prägnant ist, wollen wir an ihrem Beispiel die allgemeinen Zusammenhänge erläutern.

Nach Michaelis und Menten ist die enzymatisch katalysierte Reaktion durch den Mechanismus zu beschreiben:

$$E + S \underset{k_{-1}}{\overset{k_1}{\rightleftharpoons}} ES \xrightarrow{k_2} P + E$$

Das Enzym E bildet mit dem Substrat S den aktivierten Komplex ES (k_1), der teilweise reversibel wieder in S und E zerfällt (k_{-1}) und in dem geschwindigkeitsbe-

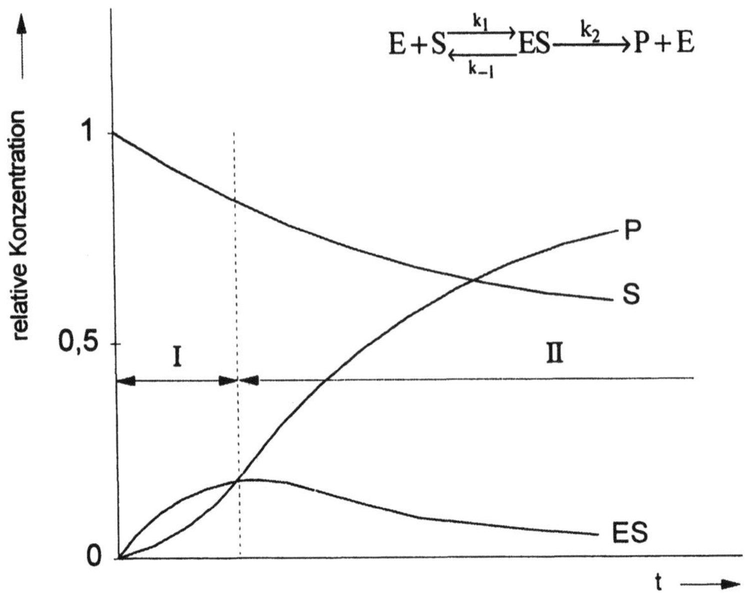

Abb. 4.21. Enzymatisch katalysierte Reaktion als Folgereaktion mit vorgelagerter Gleichgewichtsreaktion[11]

stimmenden Schritt irreversibel in P und E (k_2) gespalten wird. Der Enzym-Substrat-Komplex stellt ein sehr reaktives Zwischenprodukt dar, das in einer vorgelagerten Teilreaktion gebildet wird und zu einer erheblichen Verminderung der Aktivierungsenergie E_A für die Reak-tion $S \rightarrow P$ beiträgt (vgl. Abb. 3.1.).

Der oben formulierte Mechanismus wird in Abb. 4.21. gezeigt.

Abbildung 4.21. erinnert sehr an die Folgereaktion mit $k_2 \gg k_1$. Im Bereich I nehmen zunächst c_E und c_S zugunsten der Bildung von ES ab (Induktionsphase), im Bereich II (steady-state-Phase) bleibt c_{ES} über einen längeren Zeitraum nahezu konstant. Die Reaktionsgeschwindigkeit solcher Reaktionen wird durch Gleichung (4.21) wiedergegeben (siehe auch Abschnitt 4.1.1.6):

$$r = \frac{r_{max} \cdot c_S}{K_m + c_S}$$

Die maximale Reaktionsgeschwindigkeit r_{max} liegt vor, wenn das Enzym völlig mit dem Substrat gesättigt ist. Die Michaelis-Konstante stellt mit k_{-1}/k_1 eine Dissoziationskonstante (ES-Dissoziation) dar. Nach Briggs und Haldane wird K_m exakter durch das Verhältnis von $(k_{-1} + k_2)/k_1$ beschrieben.

[11] Der gesamte Verlauf der Bruttoreaktion läßt sich durch eine Bildfolge über die Induktions- und Steady-State-Phase veranschaulichen (Bisswanger, 1979), wobei aus dem Auftreten der Konzentrationsglieder im Zähler und Nenner des Zeitgesetzes (4.21) der definierte Begriff „Reaktionsordnung" seine Gültigkeit verliert.

Die Beziehung (4.21) gilt allgemein für vollständig ablaufende, enzymatisch katalysierte Reaktionen. Tatsächlich verlaufen jedoch viele solche Reaktionen reversibel, wonach auch in der Michaelis-Menten-Reaktion die Rückreaktion mit k_{-2} aufzunehmen wäre.

$$E + S \underset{k_{-1}}{\overset{k_1}{\rightleftharpoons}} ES \underset{k_{-2}}{\overset{k_2}{\rightleftharpoons}} E + P$$

Ohne an dieser Stelle die Gleichung für die Geschwindigkeit solcher reversiblen Reaktionen abzuleiten, wurde zur Auswertung der experimentellen Daten der Michaelis-Menten-Ansatz (4.117) angegeben (vgl. Bisswanger, 1979).

$$r = \frac{K_p \cdot r_{max(1)} + K_m \cdot r_{max(2)} \cdot c_p}{K_m \cdot K_p + c_S \cdot K_p + c_p \cdot K_m} \qquad (4.117)$$

In (4.117) treten die Maximalgeschwindigkeiten für den ersten reversiblen Schritt ($r_{max(1)}$: k_1/k_{-1}) und zweiten reversiblen Schritt ($r_{max(2)}$: k_2/k_{-2}) auf. In Analogie zu $K_m = (k_{-1} + k_2/k_1)$ ist $K_p = (k_{-1} + k_2/k_{-2})$.

4.3.5
Folgereaktionen mit reversiblen und konkurrierenden Teilreaktionen

Über die Komplexität der Maillard-Reaktion ist schon an anderer Stelle in diesem Buch berichtet worden (Abschnitt 4.1.1.3). Der exakte Mechanismus konnte aber bis heute noch nicht aufgeklärt werden. Letzte Vorstellungen wurden von Labuza und Baiser (1992) formuliert.

Teilreaktionen der MAILLARD-Bruttoreaktion:

$$A + B \underset{k_{-1}}{\overset{k_1}{\rightleftharpoons}} [B - A] \xrightarrow{k_2} [A - B] \xrightarrow{k_3} A^{akt} + B^{akt}$$

$$B^{akt} \xrightarrow{k_2} PM \xrightarrow{k_4} M_1$$

$$A^{akt} \xrightarrow{k_5} \text{Strecker-Produkt}$$

$$PM + B \xrightarrow{k_{BA}} M_2$$

Darin bedeuten:

A = Aminosäure, Peptid, Protein;
B = reduzierendes Saccharid
$A-B$ = Glykosid
A^{akt} = aktivierte Aminosäure
$B-A$ = umgelagertes Glykosid, wie Amadori-Verbindungen
B^{akt} = aktiviertes Saccharid, z. B. Desoxioson
PM = Prämelanoidin;
$M_{1,2}$ = Melanoidine

Mit Bezug auf die Melanoidinbildung formulierten Song u.a. (1966) auf Basis experimenteller Befunde den Geschwindigkeitsansatz (4.118):

$$\frac{dc_M}{dt} = \frac{k_B \cdot (k_1 + k_2 + k_3 + k_4) \cdot c_B}{(k_B \cdot c_{PM})^{1/2}} + k_{BA} \cdot (c_A^0 - c_M) \cdot (c_{PM} - c_M) \tag{4.118}$$

Ähnliche Vorstellungen entwickelte der Arbeitkreis um Labuza (1991, 1992).

In einem Folgeschritt 1. Ordnung einer nichteinheitlichen Parallelreaktion wird Chlorophyll während der Gewinnung von grünem Olivenöl abgebaut (Minguez – Mosquera u.a., 1994). Anderseits wurde die unkatalysierte oder jodkatalysierte Isomerisierung von Carotenen nach dem Reaktionsschema von Chen u.a. (1994) in einer einheitlichen Parallelreaktion mit mehreren reversiblen Teilreaktionen beobachtet.

4.3.6 Kettenreaktionen

Radikalisch verlaufende Ketten- oder geschlossene Folgereaktionen sind typische komplexe Mechanismen für Lebensmittelveränderungen bei niedrigen a_W-Werten und können thermisch, photochemisch bzw. durch vorhandene oder erzeugte Radikale ausgelöst werden, wobei Kationen von Übergangsmetallen und/oder spezifische Enzyme katalytisch wirken. Zu den über Jahrzehnte hinweg gut untersuchten Reaktionen zählen die Autoxidationen von ungesättigten Fettsäuren und Fetten, nicht nur verantwortlich für nachteilige Veränderungen des Flavors, der Farbe, der Textur und des Nährwertes von Lebensmitteln, sondern auch für die Bildung von toxischen und z.T. mutagenen Substanzen. Liegen in den Lebensmitteln zugleich Proteine oder deren Abbauprodukte vor, dann können z.B. über die Oxidationsprodukte (Carbonylverbindungen) der Fettsäuren oder Fette mit dem allgemeinen Symbol RH Verknüpfungen zur nichtenzymatischen Bräunung vom Typ der Maillard-Reaktion stattfinden, ebenso können verschiedene Spezies von Fettsäureradikalen $R\cdot$ die Maillard-Reaktion starten und dabei können schließlich Produkte der nichtenzymatischen Bräunung pro-, meist aber antioxidativ wirken. Der photochemische Abbau von Ascorbinsäure in Abhängigkeit von der Sauerstoff- und H^+-Ionen-Konzentration wird durch Riboflavin sensibilisiert.

Die Fettautoxidation soll jedoch im Vordergrund der kinetischen Betrachtung von Kettenreaktionen stehen. Die Autoxidation kann durch folgenden Mechanismus beschrieben werden (Karel, 1992):

1. Start-Reaktionen (Initiationen):

$$\mathrm{RH} \xrightarrow{k_{i,e}} \mathrm{R}\cdot^{12} + \mathrm{H}\cdot$$

$$\mathrm{ROOH} \xrightarrow{k_{i,1}} \mathrm{RO}\cdot + \mathrm{OH}\cdot$$

$$2\,\mathrm{ROOH} \xrightarrow{k_{i,2}} \mathrm{ROO} + \mathrm{RO}\cdot + \mathrm{H_2O}$$

[12] Dabei entstehen aus den Isolen- die Konjuensysteme.

Tabelle 4.11. Reaktionsgeschwindigkeitskonstanten für Fettsäureautoxidationen

Reaktionsphase	Reaktionsgeschwindigkeitskonstante
Start-Reaktionen	$k_{i,1} = 10^{-9} - 10^{-8}$ [s^{-1}]
	$k_{i,2} = 10^{-8} - 10^{-6}$ [$(mol/l)^{-1}\, s^{-1}$]
Folge-Reaktionen	$k_2 = 10^{-6} - 10^{8}$ [$(mol/l)^{-1}\, s^{-1}$]
	$k_3 = 10^{0} - 10^{2}$ [$(mol/l)^{-1}\, s^{-1}$]
Abbruch-Reaktionen	$k_4 \approx k_5 \approx k_6 = 10^{5} - 10^{8}$ [$(mol/l)^{-1}\, s^{-1}$]

2. Folge-Reaktionen:

$$R\cdot + O_2 \xrightarrow{k_2} RO_2\cdot$$

$$RO_2\cdot + RH \xrightarrow{k_3} ROOH + R\cdot$$

3. Abbruch-Reaktionen (Terminationen):

$$R\cdot + R\cdot \xrightarrow{k_4} P_1$$

$$RO_2\cdot + R\cdot \xrightarrow{k_5} P_2$$

$$RO_2\cdot + RO_2\cdot \xrightarrow{k_6} P_3$$

(P_1, P_2, P_3 sind nichtradikalische Produkte)

In Tabelle 4.11. sind Größenordnungen der Geschwindigkeitskonstanten einzelner Reaktionsschritte zusammengestellt (nach Karel).

Nach den oben angeführten mechanistischen Vorstellungen der Fettautoxidation sollen die Teilreaktionen in den folgenden Abschnitten kinetisch betrachtet werden.

4.3.6.1 Startreaktionen

Nach den stöchiometrischen Gleichungen der einzelnen Elementarreaktionen leiten sich nachstehende Zeitgesetze ab:

$$r_{i,1} = k_{i,1} \cdot c_{ROOH} \tag{4.119}$$

$$r_{i,2} = k_{i,2} \cdot c^2_{ROOH} \tag{4.120}$$

Den katalytischen Effekt von Metallionen (*Met*) in dieser Phase der Kettenreaktion erkennt man aus folgender Gleichung:

$$r_{i,Met} = k_{i,Met} \cdot c_{Met} \cdot c_{ROOH} \tag{4.121}$$

Unter Einbeziehung der „zugehörigen Folge- und Abbruchreaktion" wird die zeitabhängige Bildungsgeschwindigkeit von Fett(säure)peroxiden durch die Beziehung (4.122) beschrieben.

$$\frac{dc_{ROOH}}{dt} = (k_{i,2})^{1/2} \cdot k_3 \cdot (2 \cdot k_6)^{-1/2} \cdot c_{RH} \cdot c_{ROOH} \tag{4.122}$$

4.3.6.2
Ketten-Folgereaktionen

Die geschlossenen Folgereaktionen der Fettsäureoxidation werden durch die Geschwindigkeitskonstanten k_2 und k_3 charakterisiert.

$$r_2 = -\frac{dc_{O_2}}{dt} = k_2 \cdot c_{O_2} \tag{4.123}$$

$$r_3 = \frac{dc_{ROOH}}{dt} = k_3 \cdot c_{ROOH} \tag{4.124}$$

Die Radikalkonzentration ändert sich während der Kettenreaktion praktisch nicht, so daß das Stationaritätsprinzip von Bodenstein angewendet werden kann.

In r_2 geht die Sauerstoffkonzentration direkt ein. Auf die Größenordnung der Geschwindigkeit r_3 mit der Geschwindigkeitskonstante k_3 hat die Anzahl der Doppelbindungen in den Fettsäuren einen progressiven Einfluß. Daraus folgt, daß der Quotient k_2/k_3 bei einem gegebenen Fettmuster in starkem Maße durch den Sauerstoffpartialdruck im System geprägt wird (siehe Abb. 4.22.).

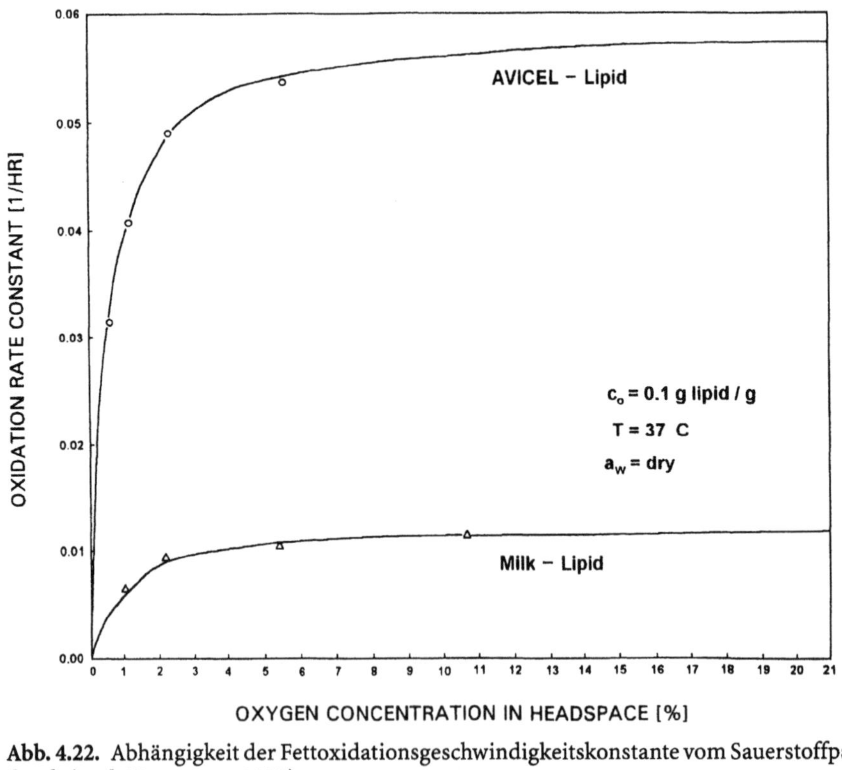

Abb. 4.22. Abhängigkeit der Fettoxidationsgeschwindigkeitskonstante vom Sauerstoffpartialdruck (nach Kacyn u. a., 1983)

4.3.6.3
Abbruchreaktionen

Die Bildung der nichtradikalischen Produkte P_1, P_2 und P_3 wird durch die Reaktionsgeschwindigkeitskonstanten k_4, k_5 und k_6 charakterisiert, die nach (4.125) miteinander verknüpft sind.

$$k_5 = (k_4 \cdot k_6)^{1/2} \tag{4.125}$$

Das Gewicht der jeweiligen Abbruch-Reaktionsgeschwindigkeit in dieser Phase der Kettenreaktionen läßt sich durch den Quotienten $k_5/(k_4 \cdot k_6)^{-1/2}$ ablesen, für den Wert 2,5 erkennt man die Zusammenhänge aus Abb. 4.23.

4.3.6.4
Verknüpfung der Start-, Folge- und Abbruchreaktionen

Für die gesamte Autoxidationsfolge der Fette formulierten Reich und Stivala die Brutto-Reaktionsgeschwindigkeit:

$$r_B = \frac{k_3 \cdot c_{RH} \cdot r_i^{1/2}}{k_6^{1/2}\left(1 + \dfrac{2 \cdot k_5 \cdot k_3 \cdot c_{RH}}{k_2 \cdot k_6^{-} \, p_{O_2}} + \dfrac{k_3^2 \cdot k_4 \cdot c_{RH}^2}{k_2^2 \cdot k_6 \cdot p_{O_2}^2}\right)} \tag{4.126}$$

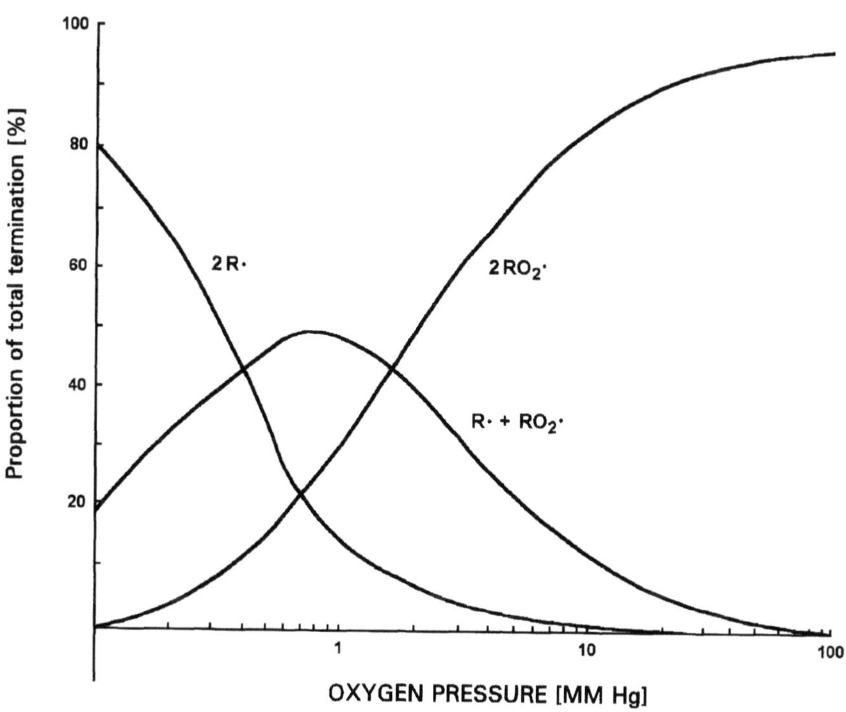

Abb. 4.23. Verteilung der Abbruch-Geschwindigkeiten der Kettenreaktion für $k_5/(k_4 \cdot k_6)^{-1/2} = 2{,}5$ (nach Reich und Stivala, 1969)

Trägt man die Kehrwerte von r_B gegen die Kehrwerte der Partialdrücke von Sauerstoff auf, so erhält man einen linearen Zusammenhang. Aus der obigen Gleichung kann man schließlich vereinfachte Geschwindigkeitsansätze für niedrige und hohe Partialdrücke ableiten.

Die Autoxidationsprozesse können bekanntlich durch Antioxidationsmittel (AOx) unter Bildung von nichtradikalischen Produkten P_4 gehemmt werden, was nach der Stöchiometrie erfolgt:

$$\mathrm{AOx} + R\cdot \xrightarrow{k_{\mathrm{AOx}}} P_4$$

Für die Bruttoreaktionsgeschwindigkeit ist das Zeitgesetz gültig:

$$r_{\mathrm{B(AOx)}} = \frac{k_3 \cdot c_{\mathrm{RH}} \cdot r_{\mathrm{i}}^{1/2}}{k_{\mathrm{AOx}} \cdot c_{\mathrm{AOx}}} \qquad (4.127)$$

Die allgemein anerkannte Feststellung, daß die Autoxidation von Fetten besonders an niedrige a_W-Werte gebunden sei, dürfte nicht für alle Lebensmittelsysteme zutreffend sein (Karel, 1992). So erfolgt in komplexen Systemen eine Verbrückung zwischen Fettoxidation und Maillard-Reaktion, letztere hängt aber sensibel vom a_W-Wert ab. Ebenso können im Lebensmittel durch Wasser katalytisch wirkende Metalle oder Enzyme in die Nähe der reaktiven Pentadiensequenzen der Fettsäuren vom Typ der Linolsäure transportiert werden.

Aus der Kinetik der Fettautoxidation sind qualitative Schlußfolgerungen für die Qualitäts- und Prozeßoptimierung solcher Substrate zu ziehen. Zu minimieren sind die Konzentrationen an Sauerstoff, oxidierten Spezies (z. B. Hydroperoxide von Carotenen) und Katalysatoren (Metallionen, Oxidasen). Für das jeweilige System Fett ist mit Blick auf dessen Stabilität der optimale a_W-Wert einzustellen. Schließlich kann der Einsatz von begründet ausgewählten Antioxidationsmitteln empfohlen werden.

Abhängigkeit der Stoffwandlung in Lebensmitteln von der Temperatur und von anderen Faktoren des Reaktionsmilieus

5.1 Die Bedeutung der Temperatur für die Stoffwandlung in Lebensmitteln

Die Temperatur ist ein außerordentlich wichtiger Faktor für die im Lebensmittel während seiner Gewinnung, Verarbeitung, Haltbarmachung, Lagerung und Zubereitung ablaufenden Prozesse. Wesentliche Verfahren der Lebensmittelverarbeitung beruhen auf einer gezielten Temperaturanwendung. Als Beispiele seien die Erhitzungsverfahren Blanchieren, Sterilisieren, Backen, Garen und Trocknen genannt. Zur Unterdrückung von unerwünschten Qualitätsänderungen sind u. a. das Gefrieren bzw. die Gefrier- sowie Kühllagerung der Lebensmittel bekannt. Aber auch die normale Umgebungstemperatur mit ihren Schwankungen kann z. B. bei der Lagerung und beim Vertrieb von Lebensmitteln einen entscheidenden Einfluß auf deren Qualität ausüben (vgl. Abschnitt 1.3.6).

Generell läßt sich feststellen, daß jedes Lebensmittel und jeder Verarbeitungsschritt spezifische Anforderungen an das Temperaturregime stellt. Für erhitzungsbedingte erwünschte Stoffwandlungen im Lebensmittel muß eine bestimmte Temperatur-Zeit-Belastung[1] gewährleistet sein, um das Ziel des betreffenden Prozesses mit ausreichender Sicherheit zu erreichen. Andererseits darf zur Vermeidung unerwünschter Veränderungen eine bestimmte Temperatur-Zeit-Belastung nicht überschritten werden. Auch die Haltbarkeit eines Lebensmittels wird wesentlich von der Temperatur bestimmt. Deshalb ist die genaue Kenntnis der Temperaturabhängigkeit jeder einzelnen qualitätsbeeinflussenden Reaktion in den Lebensmitteln ein wichtiger Bestandteil der auf wissenschaftlicher Grundlage beruhenden Prozeßführung zur gezielten Stoffumwandlung und zur Qualitätserhaltung. Die Reaktionskinetik ermöglicht nach der Erfassung der Temperaturabhängigkeit einzelner Teilprozesse die mathematische Beschreibung der eingetretenen oder zu erwartenden Qualitätsveränderungen.

Der Temperaturbereich, dem Lebensmittel während ihrer Verarbeitung oder Lagerung üblicherweise ausgesetzt sind, erstreckt sich von etwa – 50 °C (223 K) bis 250 °C (523 K) (siehe Abschnitt 1.3.6).

Wegen der großen Bedeutung der Temperatur für exotherme oder endotherme chemische und biologische Prozesse in Lebensmitteln liegen zur Temperaturabhängigkeit solcher Reaktionen umfangreiche Erfahrungen und Erkenntnisse vor.

Für die praktische Anwendung der Reaktionskinetik der Lebensmittel zur Berechnung von Qualitätsveränderungen und Prozeßführungen ist es zweckmäßig, den Ablauf eines Prozesses als Funktion der Zeit, der Temperatur und der übrigen äußeren Faktoren des Reaktionsmilieus (*RM*) zu betrachten.

---

[1] Erläuterung siehe Abschnitt 6.3.

Tabelle 5.1. Prozeßtypen und Berechnungsmethoden in Abhängigkeit von den Prozeßparametern

Prozeßtyp	RM	Prozeßparameter		Berechnungsschritte
		Temperatur	übrige Faktoren	
1.	RM_b	konstant	konstant	f_{H_n}-Tabelle oder Zeitgesetze
2.1	$RM_{b(T)}$	schlagartige Änderung	konstant	$Q_{\Delta T}$-Rechnung → f_{H_n}-Tabelle
2.2	$RM_{b(T)}$	variabel	konstant	$Q_{\Delta T}$ → Integration → f_{H_n}-Tabelle
3.	RM_T	konstant	variabel	$Q_{\Delta RM}$ → Integration → f_{H_n}-Tabelle
4.	RM	variabel	variabel	$Q_{\Delta T}$, $Q_{\Delta RM}$ → Integration → f_{H_n}-Tabelle

Hinsichtlich der Variabilität dieser Parameter lassen sich in Abhängigkeit von der Zeit t vier Prozeßtypen unterscheiden, die durch bestimmte Symbole gekennzeichnet werden können (siehe Abschnitt 2.2).

Der Index „b" steht für „Bezugsbedingungen des Reaktionsmilieus", die festzulegen sind und dann als konstante Parameter angesehen werden. „$b\,(T)$" symbolisiert ein Reaktionsmilieu, bei dem nur die Temperatur T als Variable gilt. Für die einzelnen Prozeßtypen sind daher zur Ermittlung des Umsatzes verschiedene Berechnungsverfahren anzuwenden (Tabelle 5.1.).

Die in Tabelle 5.1. skizzierten Berechnungsmethoden geben die Hauptschritte an, die zur Berechnung des Umsatzes einer Reaktion bei den verschiedenen Prozeßtypen notwendig sind. Für ein konstantes Reaktionsmilieu kann der Umsatz, wie im Kapitel 4 besprochen, über das Zeitgesetz berechnet oder über die f_{H_n}-Tabelle ermittelt werden. Die Berechnung des Umsatzes bei variablen Faktoren des Reaktionsmilieus ist Gegenstand des Kapitels 6. Dabei wird die Wirkung der RM-Faktoren auf ein bestimmtes Bezugsmilieu umgerechnet, um die Ermittlung des Umsatzes mit der f_{H_n}-Tabelle oder mit dem Zeitgesetz zu ermöglichen. In der Prozeßgruppe 3 kann das RM-Symbol z.B. für einen variierenden Wassergehalt auch mit $RM_{b(H_2O)}$ angegeben werden; analog verfährt man bei anderen Variablen.

Chemische Stoffumwandlungen weisen im allgemeinen einen positiven Temperaturkoeffizienten auf. Jedoch wurden auch (physikalische) Vorgänge mit einem negativen Temperaturkoeffizienten beobachtet. Bei Lebensmitteln trifft das besonders auf kristallisationsbedingte Veränderungen zu. Als Beispiel sei die Alterung von Backwaren genannt. Die Umlagerung der Stärkemoleküle in der durch das Backen z.T. verkleisterten Stärke zu kristallartigen Abschnitten erhöht sich bei einer Temperatursenkung von 10 °C auf 2 °C auf etwa den zweifachen Wert, was zu einer beschleunigten Krumenverfestigung bei einer niedrigen Lagerungstemperatur führt.

5.2 Grundlagen zur Charakterisierung der Temperaturabhängigkeit von Stoffwandlungen

In den vergangenen hundert Jahren wurden zahlreiche Ansätze zur Beschreibung der Temperaturabhängigkeit der Reaktionsgeschwindigkeit erarbeitet. Die wichtigsten Erkenntnisse stammen von dem bekannten schwedischen Forscher Svante Arrhenius und dem weniger bekannten tschechischen Hochschullehrer Jan Bělehrádek.

Die Arrhenius-Gleichung (Arrhenius, 1889; Stiller, 1989) wurde aus der Beschreibung der Temperaturabhängigkeit der Reaktionsgeschwindigkeit idealer Gase abgeleitet und beruht auf den Vorarbeiten von van't Hoff (1884). Später wurde sie erfolgreich auf einfache chemische Reaktionen übertragen. Arrhenius (1915) sah keinen Anlaß, Unterschiede zwischen biologischen Prozessen und chemischen Reaktionen zu machen. Viele Lebensvorgänge betrachtete er als Reaktionen 1. Ordnung mit eigenen scheinbaren Aktivierungsenergien. Abweichungen von der Geraden im Arrhenius-Diagramm konnten oft auf pH-Änderungen in ungenügend gepufferten Systemen zurückgeführt werden.

Bělehrádek (1926, 1935) wies nach, daß die scheinbare Aktivierungsenergie biologischer Systeme in systematischer Weise von der Temperatur abhängt. Er fand eine einfache Potenzfunktion als optimale Beschreibung des Temperatureinflusses auf biologische Systeme, deren Bedeutung besonders in den letzten Jahren hervorgehoben wurde (McMeekin u. a., 1993). Es sei aber an dieser Stelle nochmals darauf hingewiesen, daß nur jene ermittelten Werte der Geschwindigkeitskonstanten einer Bruttoreaktion die Arrhenius-Beziehung streng erfüllen können, wenn sie eine einzige geschwindigkeitsbestimmende Teilreaktion im berücksichtigten Temperaturbereich prägt. Die Charakterisierung der Temperaturabhängigkeit von Teilreaktionen im komplexen System Lebensmittel setzt die Kenntnis gesicherter Reaktionsgeschwindigkeitskonstanten voraus. Andernfalls sind die Anwendungsbedingungen für die Arrhenius-Beziehung zur Beurteilung des Mechanismuses der ablaufenden Bruttoreaktion verletzt.

In der modernen lebensmittelwissenschaftlichen Literatur werden nach unserer Meinung deshalb zur Beschreibung der Temperaturabhängigkeit von Stoffwandlungen drei kinetische Modelle verwendet:

1. Die Arrhenius-Gleichung mit ihren Abwandlungen liefert charakteristische Werte wie die Geschwindigkeitskonstanten oder Reaktionszeiten bzw. die Aktivierungsenergien. Vorteilhaft ist die Gültigkeit dieser Beziehungen für einen großen Temperaturbereich.
   Negativ zu werten ist ihre Einschränkung auf definierte Temperaturwerte und die Schwierigkeit ihrer Übertragbarkeit auf Temperaturfelder sowie zur Berechnung der Wirkung anderer Einflußfaktoren.
2. Das auf dem z-Wert und einer Reaktionszeit beruhende Modell mit der Veranschaulichung in Form von Erhitzungs- oder Lagerungsdiagrammen. Die Anschaulichkeit durch die Verwendung von Reaktionszeiten anstelle der Geschwindigkeitskonstanten und der Temperatur in °C haben zu seiner weiten Verbreitung beigetragen. Nachteilig ist seine Begrenzung auf Temperaturfelder mit einer Temperaturdifferenz kleiner als 30 K.

3. Das auf dem $Q_{\Delta T}$-Wert als Weiterentwicklung des Q_{10}-Wertes beruhende Modell mit den Vorteilen der Übertragbarkeit auf andere Faktoren des *RM*, der Anschaulichkeit und der Verwendung der Temperatur in °C. Als Nachteil ist wiederum seine Begrenzung auf Temperaturfelder mit einer Temperaturdifferenz kleiner als 30 K zu nennen.

Diese Modelle führen zu ähnlichen Ergebnissen, wenn die Einschränkung der letzten beiden Methoden auf Temperaturdifferenzen unter 30 °C berücksichtigt wird. Die Modelle 2 und 3 können auf die Arrhenius-Beziehung zurückgeführt werden. Die Äquivalenz der ersten beiden Modelle wurde von verschiedenen Autoren diskutiert (Jones, 1968; Jonsson u.a., 1977).

Weitere Modelle für die Temperaturabhängigkeit wichtiger Lebensmittelveränderungen werden im Abschnitt 5.3 besprochen.

5.2.1 Die Arrhenius-Gleichung

Der große Einfluß der Temperatur auf die Geschwindigkeit chemischer Reaktionen sowie auf andere qualitätsbestimmende Veränderungen in Lebensmitteln ist seit langem bekannt. Nach der *RGT*-Regel von van't Hoff (*R*eaktions-*G*eschwindigkeit als Funktion der *T*emperatur) steigt die Geschwindigkeit chemischer Reaktionen bei einer Temperaturerhöhung um 10 °C um den Faktor 2 bis 3. Dieser Erfahrungswert gilt auch für die meisten beobachteten Veränderungen in Lebensmitteln.

In der Abb. 5.1. wird der Abbau eines Stoffes *A* nach einer Reaktion 1. Ordnung als Logarithmus der relativen Konzentration *a* bei drei verschiedenen Temperaturen schematisch dargestellt. Es ist zu erkennen, daß mit steigender Temperatur die Konzentration des Ausgangsstoffes *A* schneller sinkt, d.h. die Geschwindigkeitskonstante *k* wird größer und die definierten Reaktionszeiten, wie z.B. der *H*-Wert, werden kleiner. Weiterhin geht aus Abb. 5.1. hervor, daß die Geschwindigkeitskonstante *k* tatsächlich nur dann konstant ist, wenn sich die äußeren Parameter des Reaktionsmileus nicht ändern.

Die empirischen Erkenntnisse über den Zusammenhang zwischen der Temperatur und der Reaktionsgeschwindigkeit beliebiger Reaktionsordnung ermöglichten dem Forscher Svante Arrhenius (1889) in Analogie zur thermodynamischen Gleichung für das chemische Gleichgewicht von van't Hoff (1884) die mathematische Formulierung der Beziehung:

$$\frac{d \ln k}{d T} = \frac{E_A}{R \cdot T} \tag{5.1}$$

mit:

k Geschwindigkeitskonstante;
R allgemeine Gaskonstante;
E_A Arrheniussche Aktivierungsenergie;
T Temperatur in K (Kelvin).

Die Änderung der Geschwindigkeitskonstanten einer Reaktion mit der Temperatur ist gemäß Gleichung (5.1) von der Aktivierungsenergie der Reaktion ab-

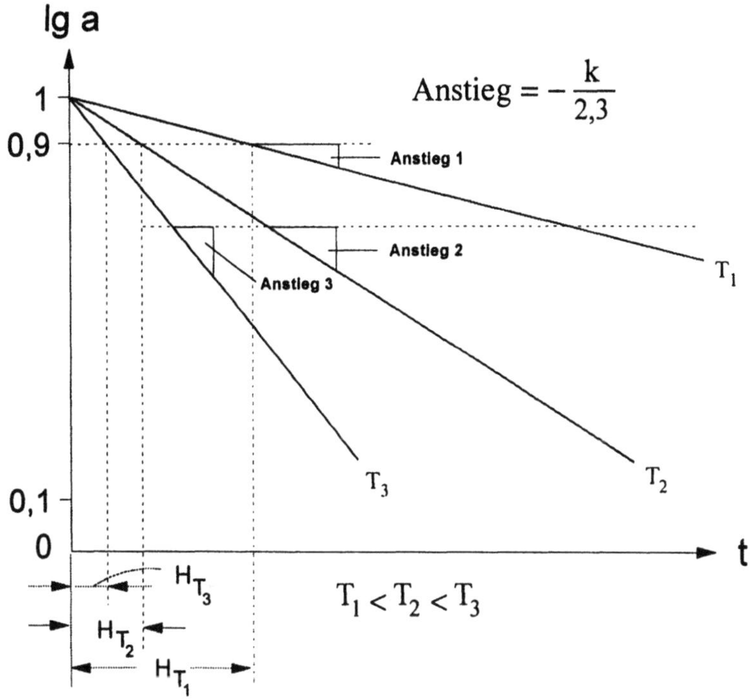

Abb. 5.1. Abnahme der Konzentration des Stoffes A in einer Reaktion 1. Ordnung bei verschiedenen Temperaturen

hängig. Die unbestimmte Integration der Arrhenius-Gleichung (5.1) führt zu der Gleichung (5.2), mit der der Wert der Reaktionsgeschwindigkeitskonstanten k für eine beliebige Temperatur T berechnet werden kann, wenn die Aktivierungsenergie dieser Reaktion und die Aktionskonstante A bzw. die Geschwindigkeitskonstante k_0 bekannt sind. Häufig sind jedoch weder die Aktionskonstante A noch der Wert der Geschwindigkeitskonstanten k_0 bekannt. Um mit der Gleichung (5.2) rechnen zu können, müssen dann wenigstens eine Geschwindigkeitskonstante bei einer Temperatur und die Aktivierungsenergie gegeben sein, um durch Einsetzen dieser Werte in die Gleichung zuerst den Wert von A oder k_0 zu berechnen.

$$k = A \cdot e^{-\frac{E_A}{R \cdot T}} \tag{5.2}$$

$$k = k_0 \cdot e^{-\frac{E_A}{R \cdot T}}$$

Die Kenntnis einer Geschwindigkeitskonstanten bei einer Temperatur und der Aktivierungsenergie ist hinreichend, um das Arrhenius-Diagramm zu zeichnen und bei der vorausgesetzten Annahme einer Gültigkeit für eine beliebige Temperatur die Geschwindigkeitskonstante k zu ermitteln.

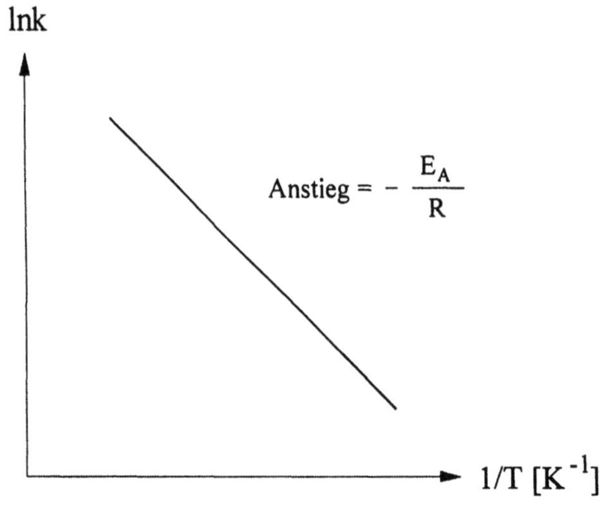

Abb. 5.2. Arrhenius-Diagramm

Die Auftragung von k gegen T ergibt eine anfangs exponentiell ansteigende Kurve, die bei sehr hohen Werten von T abbiegt und sich asymptotisch dem Wert A nähert. In der Auftragung von $\ln k$ gegen $1/T$ erhält man für kinetisch einfache Reaktionen bei $RM_{b(T)}$ einen linearen Zusammenhang, wonach aus dem Anstieg der Geraden die Aktivierungsenergie E_A ermittelt werden kann.

Der präexponentielle Faktor A entspricht der Reaktionsgeschwindigkeitskonstanten bei sehr hohen Temperaturen, d.h. wenn praktisch alle Reaktanten über die notwendige Aktivierungsenergie E_A verfügen und folglich alle Moleküle zur Reakion fähig wären. Deshalb wird in der Gleichung (5.2) häufig auch anstelle von A die Konstante k_0 verwendet. Der präexponentielle Faktor A besitzt dieselbe Dimension wie die Geschwindigkeitskonstante k und ändert sich im gewöhnlich betrachteten Temperaturbereich nur unwesentlich, weshalb man ihn gewöhnlich als Konstante betrachtet. Man bezeichnet ihn entsprechend der kinetischen Gastheorie auch als Aktionskonstante, Häufigkeits-, Stoß- oder Frequenzfaktor und drückt damit die Wahrscheinlichkeit für den Zusammenstoß zweier Teilchen unter Berücksichtigung des sterischen Faktors aus, der die Voraussetzung für das erfolgreiche Zustandekommen einer Reaktion ist (Laidler, 1969). Diese Vorstellungen sind sicher nicht befriedigend, wenn man an Chemisorptionsvorgänge oder andere Wechselwirkungen von molekularen Teilchen denkt, die ebenfalls den Charakter einer Reaktion besitzen und damit auch eine Aktivierungsenergie benötigen.

Nach der Theorie der absoluten Reaktionsgeschwindigkeit stellt die Aktivierungsenergie die Differenz der Standardenthalpie bei isobaren (bzw. der inneren Energie bei isochoren) Vorgängen zwischen dem aktivierten Komplex und den Ausgangssubstanzen dar (siehe Abschnitt 3.2). Sie hat demnach nichts mit der Reaktionswärme des eigentlichen chemischen Prozesses gemeinsam, die durch die Differenz der Enthalpien der Endprodukte zur Enthalpie der Ausgangsstoffe gegeben ist (Vodrazka, 1979).

Die Aktivierungsenergie E_A ist eine wichtige Größe zur Charakterisierung der Temperaturabhängigkeit einer Reaktion. Aktivierungsenergien bekannter Reaktionen sind in der Tabelle 3.3. enthalten.

Die Aktivierungsenergie ist eine molare Größe. Sie entspricht im wesentlichen der Aktivierungsenthalpie ΔH^0_{akt} nach der Gleichung (5.3):

$$\Delta H^0_{akt} = E_A - R \cdot T \tag{5.3}$$

Der Unterschied zwischen E_A und ΔH^0_{akt} ergibt sich aus der Temperatur. Bei 300 K (27 °C) beträgt er ca. 2,5 kJ · mol^{-1} (0,6 kcal · mol^{-1}) und bei 1000 K (727 °C) ca. 8,4 kJ · mol^{-1} (2,0 kcal · mol^{-1}).

Die sich aus experimentellen Untersuchungen ergebende Arrheniussche Aktivierungsenergie liegt in der gleichen Größenordnung wie die „klassische" Aktivierungsenergie. Sie ist aber nicht mit ihr identisch und kann aus Gründen der nicht bestimmbaren Nullpunktaktivierungsenergie keine Aussagen absoluter Art machen, weshalb man sie auch als „scheinbare" Aktivierungsenergie bezeichnet.

Der Ausdruck $e^{-\frac{E_A}{R \cdot T}}$ gibt nach dem Boltzmannschen Energieverteilungssatz den Anteil der Teilchen im Gesamtsystem an, der über einen Energiebetrag $E \geq E_A$ verfügt und somit zu einer Reaktion befähigt ist.

Die Arrhenius-Gleichung besagt, daß die Geschwindigkeit einer Reaktion von jenem Anteil aller Teilchen bestimmt wird, der mindestens eine Energie vom Betrag E_A besitzt. Die Zuführung thermischer Energie verschiebt entsprechend dem Boltzmannschen Energieverteilungssatz diesen Anteil zu einer höheren Zahl reaktionsbefähigter Teilchen, weshalb sie geschwindigkeitssteigernd wirkt.

Obwohl die Arrhenius-Gleichung auf empirischer Grundlage abgeleitet wurde, hat sie sich im Prinzip als richtig erwiesen und ist noch heute die Grundlage für die Beschreibung der Temperaturabhängigkeit chemischer Reaktionen. Ihre Gültigkeit trifft jedoch nur für Elementarreaktionen zu (Laidler, 1950), während es bei den häufig in Lebensmitteln und biologischen Systemen ablaufenden komplizierte Reaktionen zu Abweichungen kommen kann. Im Arrhenius-Diagramm wird dann keine lineare Beziehung zwischen den Reaktionsgeschwindigkeitskonstanten und der Temperatur erhalten. Einige Beispiele werden später gezeigt. In solchen Fällen konnte der Zusammenhang zwischen der Reaktionsgeschwindigkeit und der Temperatur mit anderen Gleichungen besser beschrieben werden (siehe Abschnitt 5.3). Eine genauere Bestimmung der Aktivierungsenergie soll durch die direkte Verwendung der Meßdaten unter Umgehung der Geschwindigkeitskonstanten möglich sein (Arabshahi und Lund, 1985; Cohen und Saguy, 1985).

Theoretische Ansätze zur Deutung der Reaktionsgeschwindigkeit und ihrer Temperaturabhängigkeit sowie zur Ableitung der charakteristischen Größen liegen in der „Stoßtheorie" und in der modernen „Theorie des Übergangszustandes" vor, die die Wechselwirkung der Reaktanten berücksichtigen und zu deren näherem Studium auf die ausführlichere Fachliteratur verwiesen werden muß (Bittrich u.a., 1973). Die Berechnung der Reaktionsgeschwindigkeit aus thermodynamischen Daten ist zwar versucht worden, aber bis heute noch nicht befriedigend gelöst, um sie praktisch anwenden zu können. Die Bedeutung der Arrhenius-Beziehung liegt vor allem in der einfachen Möglichkeit zur Bestimmung des präexponentiellen Faktors, der Aktivierungsenergie und der Aktivierungsenthalpie einer Reaktion.

Über die Gleichung (5.4) kann auch die Aktivierungsentropie in $cal \cdot mol^{-1} \cdot grad^{-1}$ aus diesen experimentellen Werten berechnet werden, wenn als Zeiteinheit die Sekunde und A mit der Konzentrationsmaßeinheit $mol \cdot l^{-1}$ verwendet werden (Schwetlick, 1971).

$$\Delta S_{akt} = 4{,}576 \cdot \lg \frac{A}{T} - 49{,}20 \tag{5.4}$$

Liegen für eine Reaktion bzw. Veränderung im Lebensmittel die ermittelten Geschwindigkeitskonstanten für verschiedene Temperaturen im Arrhenius-Diagramm auf einer Geraden, was sehr häufig festgestellt wird, dann bedeutet dies, daß die untersuchte Reaktion über den vermessenen Temperaturbereich kinetisch einheitlich abläuft, d.h. die Konzentration der geschwindigkeitsbestimmenden Reaktionsteilnehmer steht mit der Konzentration der Reaktionsprodukte in einem stöchiometrischen Zusammenhang. Findet man dagegen bei der Auftragung der ermittelten Geschwindigkeitskonstanten in Abhängigkeit von der Temperatur im Arrhenius-Diagramm zwei lineare Teilfunktionen, dann lag die Bruttogeschwindigkeitskonstante einer komplizierte Reaktion mit zwei geschwindigkeitsbestimmenden Teilreaktionen vor, wobei über jeden einzelnen Temperaturbereich eine davon dominiert.

Als Beispiel sei die Sprühtrocknung von Bakteriensuspensionen in entrahmter Frischmilch genannt, bei der sich neben der Temperatur der Wassergehalt ändert. Teixeira u.a. (1995) erhielten in der Arrhenius-Auftragung zwei lineare Bereiche. Die Aktivierungsenergien der beiden Abschnitte betrugen bei Temperaturen über 70 °C $E_A = 33{,}47$ kJ/mol und $E_A = 85{,}77$ kJ/mol unter 70 °C. Ähnliches wurde auch von anderen Autoren beobachtet. Die Ursache für solche Arrhenius-Diagramme wird kontrovers diskutiert, wobei die Änderung der Aktivierungsenergie nach Peri (1976) sowie Peri und DeCesari (1974) dann eintritt, wenn die Restfeuchtigkeit den Wert der BET-Monolayer erreicht. Bei dieser Feuchtigkeit tritt ein scharfer Abfall sowohl der Trocknungsgeschwindigkeit als auch der Mikroorganismenabtötung ein.

Im Falle von Parallelreaktionen oder sich überlagernden Vorgängen findet man in der Arrhenius-Auftragung auch zwei lineare Teilfunktionen mit einem Übergangsbereich, die in der Verlängerung einen Schnittpunkt bilden. Dann wurden zwei verschiedene geschwindigkeitsbestimmende Teilreaktionen mit unterschiedlichen Geschwindigkeitskonstanten erfaßt, wie z.B. bei der Katalyse von Gasreaktionen an Festkörpern.

Die Arrhenius-Parameter der einzelnen Parallelreaktionen sind im allgemeinen nicht gleich. Bei tiefen Temperaturen wird die Teilreaktion mit der geringeren Aktivierungsenergie begünstigt. Mit steigender Temperatur nimmt die Reaktionsgeschwindigkeit der Teilreaktion mit der höheren Aktivierungsenergie schneller zu, so daß ihr Anteil am Gesamtprozeß wächst. In den linearen Abschnitten der Abb. 5.3. läuft praktisch nur noch eine Teilreaktion ab.

Anderseits wurden auch Arrhenius-Diagramme von Reaktionen mit zwei getrennten Geraden unterschiedlicher Neigung beobachtet, die keine gemeinsame Übergangszone ihrer linearen Teilfunktionen aufweisen, sondern bei einer bestimmten Temperatur sich abrupt ablösen („Temperatur-Bruch"). Als Beispiel sei die Bernsteinsäure-Oxidation in Rattenleber- oder in Gurken-Mitochondrien

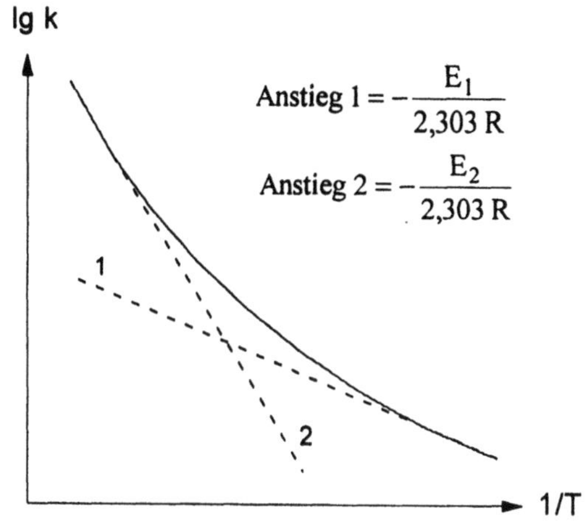

Abb. 5.3. Temperaturabhängigkeit der Geschwindigkeitskonstanten von Parallelreaktionen (Schwetlick u. a., 1973)

genannt, bei der die Bruchtemperatur 297 K (24 °C) bzw. 285 K (12 °C) beträgt. In den Gurken-Mitochondrien verlief die Reaktion über der Bruchtemperatur mit einer Aktivierungsenergie von 20,5 kJ · mol^{-1} (4,9 kcal · mol^{-1}), während unterhalb der Bruchtemperatur ein Wert von 43,5 kJ · mol^{-1} (10,4 kcal · mol^{-1}) ermittelt wurde (Kumamoto u.a., 1971). Als Ursache wurden Phasenänderungen diskutiert. Wird in der Arrhenius-Auftragung unter Ausschluß methodischer Fehler bei der Ermittlung erforderlicher Geschwindigkeitskonstanten in Abhängigkeit von der Temperatur keine Gerade gefunden, so liegen Bruttogeschwindigkeitskonstanten einer komplizierten Reaktion vor.

Beispielsweise liefern zahlreiche Bakterienkulturen im Arrhenius-Diagramm Kurven zwischen der minimalen und der optimalen Wachstumstemperatur (Ratkowsky u.a., 1982; Abb. 5.18.).

Die Darstellung der Temperaturabhängigkeit einer Bruttoreaktion ist zwar durch die formal linearisierte Arrhenius-Auftragung für praktische Zwecke im allgemeinen ausreichend, aber die Aktivierungsenergie E_A ist nicht völlig temperaturunabhängig. Die Gleichung (5.5) erfaßt diesen Fall (Schwetlick, 1971; Frost und Pearson, 1964).

$$k = B \cdot T^{C} \cdot e^{-\frac{E_A}{R \cdot T}} \tag{5.5}$$

B ist ein Proportionalitätsfaktor, *T* die Temperatur und *C* hängt von der Natur der untersuchten Bruttoreaktion ab, wobei *C* gewöhnlich negativ ist.

In dem bei der Lebensmittelverarbeitung angewendeten Temperaturbereich kann dennoch in guter Näherung mit einer konstanten Aktivierungsenergie bei der Ermittlung der Geschwindigkeitskonstanten für eine bestimmte Temperatur gerechnet werden. Die Aktivierungsenergie gilt aber stets nur für ein konstantes Reaktionsmilieu, in dem die Temperaturabhängigkeit untersucht wurde.

Ändert sich neben der Temperatur gleichzeitig ein anderer Faktor des Reaktionsmilieus, so wird die Geschwindigkeit der untersuchten Reaktion und somit auch die Geschwindigkeitskonstante mit verändert. Für verschiedene (konstante)

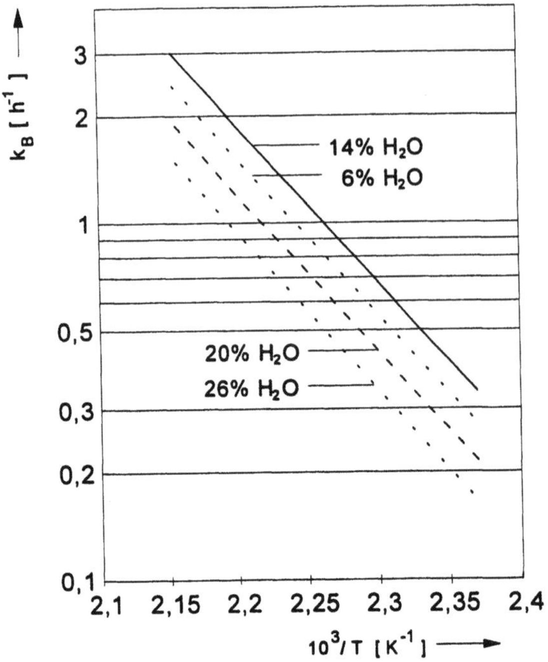

Abb. 5.4. Arrhenius-Diagramm der Bräunungsreaktion in einem Roggen-Weizen-Mischmehl bei verschiedenen Feuchtigkeitsgehalten (Thiede, 1978)

Werte des zweiten RM-Faktors beobachtet man Geraden mit einem unterschiedlichen Anstieg im Arrhenius-Diagramm. Dabei können grundsätzlich zwei Erscheinungen festgestellt werden:

1. parallel verschobene Geraden, d.h. alle Geraden besitzen den gleichen Anstieg und somit die gleiche Aktivierungsenergie (Abb. 5.4.).
   Als weiters Beispiel sei der thermische Abbau von Vitamin A in Leberpüree bei verschiedenen Wassergehalten genannt (Wilkinson u.a., 1982).
2. divergierende Geraden, d.h. die Geraden besitzen unterschiedliche Anstiege und Aktivierungsenergien in Abhängigkeit von den jeweils konstanten Werten des 2. Einflußfaktors des RM (Abb. 5.5.).

Blang und Hagratawata (1972) berichteten z.B. über die Oxidation von Ascorbinsäure im Temperaturbereich von 60–85 °C. Bei einem Anstieg des pH-Wertes von 3,52 auf 6,60 sank die Aktivierungsenergie von 51,1 auf 32,7 kJ/mol. In einem anderen System stieg die Aktivierungsenergie jedoch mit einem steigenden pH-Wert (Saguy, 1979).

Der parallele Verlauf der ermittelten Arrhenius-Geraden für verschiedene Probenfeuchtigkeiten zeigt, daß die Milieuänderung keinen Einfluß auf die Aktivierungsenergie ausübte, sondern lediglich die Bruttogeschwindigkeitskonstante k_B der Bräunungsreaktion einer Veränderung unterlag. Somit dürfte sich auch nicht der Mechanismus der Bräunungsreaktion geändert haben.

Die Aktivierungsenergie ist mitunter linear von dem 2. Einflußfaktor abhängig, was z.B. für die nichtenzymatische Bräunung in lagernden Äpfeln mittlerer Feuchtigkeit beobachtet wurde (Singh u.a., 1983).

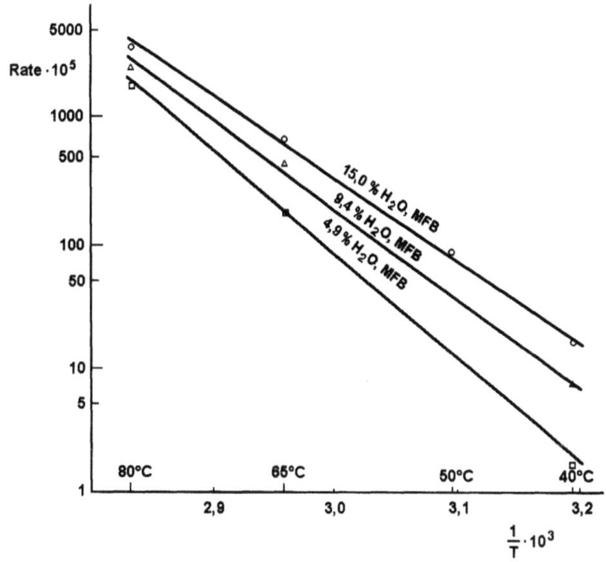

Abb. 5.5. Arrhenius-Diagramm mit divergierenden Geraden. Nichtenzymatische Bräunung beim Trocknen von Kartoffelwürfeln (Hendel u. a., 1955) *MFB*: moisture free basis, d. h. Wassergehalt, bezogen auf die Trockensubstanz

Häufig ist diese Abhängigkeit jedoch nicht linear. Beispielsweise ergibt sich für die nichtenzymatische Bräunung bei der Trocknung von Kartoffelscheiben im E_A/H_2O-Diagramm eine flach verlaufende Minimum-Kurve (Hendel u. a., 1955), während Guilbot u. a. (1972) bei der thermischen Inaktivierung von Weizenkeimen und bei der Inaktivierung von löslicher *RNA*-ase ausgeprägte Minimum-Kurven fanden.

Die behandelten und noch zu besprechenden Möglichkeiten zur Darstellung und Berechnung der Temperaturabhängigkeit von Reaktionsgeschwindigkeitskonstanten bzw. Reaktionszeiten liefern Aussagen für jeweils diskrete Temperaturen, ohne die Aufheiz- und Abkühlungszeiten des betrachteten Systems zu berücksichtigen. Trotzdem sind solche mathematischen Darstellungen bzw. Beschreibungen der Temperaturabhängigkeit von Stoffwandlungen in der Lebensmittelwissenschaft in vielfältiger Weise angewendet worden.

Arrhenius-Diagramme für die Temperaturabhängigkeit verschiedener Qualitätsveränderungen in Roten Rüben und in Erbsen zeigen die Abbildungen 5.16. und 5.17.

5.2.2
Umformungen der Arrhenius-Gleichung

Das Ergebnis der unbestimmten Integration der Arrhenius-Beziehung wurde bereits mit der Gleichung (5.2) gezeigt.

Die bestimmte Integration der Arrhenius-Gleichung führt nach einer Umformung zu dem Ausdruck:

$$E_A = \frac{R \cdot T_1 \cdot T_2}{T_2 - T_1} \cdot \ln \frac{k_2}{k_1} \tag{5.6}$$

Die Gleichung (5.6) gestattet es, die Aktivierungsenergie E_A einer Reaktion bei der Kenntnis von zwei Geschwindigkeitskonstanten der Temperaturen T_1 und T_2 zu berechnen, was voraussetzt, daß im berücksichtigten Temperaturbereich die Gültigkeit der Arrhenius-Beziehung nachgewiesen ist. Für eine erste Abschätzung sind Berechnungen mit Gleichung (5.6) nützlich. Dennoch ist zur Sicherheit des Ergebnisses unter den vorliegenden Bedingungen eine Bestimmung von mehreren Geschwindigkeitskonstanten nach dem unterstellten Zeitgesetz und die Prüfung der Gültigkeit der Arrhenius-Beziehung im interessierenden Temperaturbereich ratsam.

Sind anderseits die Aktivierungsenergie und eine Geschwindigkeitskonstante bei einer Temperatur bekannt, so kann bei unterstellter Gültigkeit von (5.6) über eine umgestellte Form die Geschwindigkeitskonstante für eine zweite Temperatur berechnet werden.

$$\ln k_2 = \frac{E_A}{R} \cdot \left(\frac{T_2 - T_1}{T_1 - T_2} \right) + \ln k_1 \tag{5.7}$$

Mit der gewählten Integrationsgrenze $k = 1$ und der entsprechenden Temperatur $T_{k=1}$ erhält man zur Gleichung (5.7) die allgemeinere Form (5.8), die eine wichtige Grundgleichung für die Qualitäts- und Prozeßberechnung in der Lebensmittelwissenschaft darstellt.

$$\ln k = \frac{E_A}{R} \cdot \left(\frac{1}{T_{k=1}} - \frac{1}{T} \right) \tag{5.8}$$

Solche Bezugswerte gestatten es, Änderungen als Differenzen darzustellen, die vom gleichen Ausgangspunkt gemessen und dadurch vergleichbar werden. Die Größe einer Stoffwandlung läßt sich so auf das äquivalente Ausmaß dieser Reaktion bei den Bezugsbedingungen umrechnen. Diese Bezugsbedingungen sind für jedes Reaktionssystem erneut festzulegen. Sie werden auch durch den Index „*b*" gekennzeichnet.

Die Bezugsgrößen können prinzipiell jeden beliebigen Wert annehmen, wobei Geschwindigkeitskonstanten oder Reaktionszeiten bevorzugt auf den Wert 1 oder auf Maximal- bzw. Minimalwerte normiert werden.

Um mit der Gleichung (5.8) die unbekannte Geschwindigkeitskonstante k einer Reaktion für eine beliebige Temperatur berechnen zu können, ist in einem ersten Rechengang aus der bekannten Aktivierungsenergie und der bei einer bestimmten Temperatur ermittelten Geschwindigkeitskonstanten der erste Summand in der Klammer von (5.8) $1/T_{k=1}$ zu berechnen. In einem zweiten Schritt wird mit dem Wert $1/T$ die gesuchte Geschwindigkeitskonstante berechnet. Aus dem Arrhenius-Diagramm kann die interessierende Geschwindigkeitskonstante direkt abgelesen werden.

Der Umsatz einer Reaktion kann über das Zeitgesetz oder die f_{H_n}-Faktoren in Verbindung mit einer Reaktionszeit berechnet werden (siehe Kapitel 4). Darin sind die Geschwindigkeitskonstante bzw. die Reaktionszeit die temperaturabhängigen Kennwerte. Nachdem der Wert dieser Größen mit Hilfe der Arrhenius-Gleichung für eine interessierende Temperatur berechnet oder aus einem Arrhenius-Diagramm abgelesen wurde, kann die Stoffwandlung für diese Temperatur über das Zeitgesetz berechnet werden.

Hierfür wurden auch Formeln vorgeschlagen, die eine Kombination von Zeitgesetz und Arrhenius-Gleichung darstellen (Kessler, 1988). Beispielsweise kann die relative Konzentration des Stoffes A bei einer beliebigen Temperatur mit den Gleichungen (5.9) oder (5.10) berechnet werden, wenn die Kennwerte der Arrhenius-Gleichung k_0 und E_A dieser Reaktion bekannt sind. In diesen Gleichungen ist k_0 die Aktionskonstante.

Für die Reaktionsordnungen n ($n \neq 1$) gilt:

$$a = \frac{c_A}{c_A^0} = \left[1 + (n-1) \cdot k_0 \cdot t \cdot \exp\left(-\frac{E_A}{RT}\right)\right]^{\frac{1}{n-1}} \tag{5.9}$$

Für die Reaktionsordnung $n = 1$ gilt:

$$a = \frac{c_A}{c_A^0} = \exp\left[-k_0 \cdot t \cdot \exp\left(-\frac{E_A}{RT}\right)\right] \tag{5.10}$$

Definierte Reaktionszeiten spielen in der Lebensmittelwissenschaft wegen ihrer Anschaulichkeit und praktischen Nützlichkeit eine große Rolle (siehe Abschnitt 4.2). Ihre Veränderung mit der Temperatur läßt sich mit entsprechenden Ausdrücken zur Arrhenius-Gleichung (5.8) berechnen. Dabei ist das umgekehrt proportionale Verhältnis zwischen der Geschwindigkeitskonstanten und den Reaktionszeiten zu berücksichtigen.

$$\ln H_n = \frac{E_A}{R} \cdot \left(\frac{1}{T} - \frac{1}{T_{H_n=1}}\right) \tag{5.11}$$

$$\ln D = \frac{E_A}{R} \cdot \left(\frac{1}{T} - \frac{1}{T_{D=1}}\right) \tag{5.12}$$

$$\ln Z = \frac{E_A}{R} \cdot \left(\frac{1}{T} - \frac{1}{T_{Z=1}}\right) \tag{5.13}$$

$$\ln t_{x\%} = \frac{E_A}{R} \cdot \left(\frac{1}{T} - \frac{1}{T_{t_{\%}=1}}\right) \tag{5.14}$$

$$\ln t_{erl} = \frac{E_A}{R} \cdot \left(\frac{1}{T} - \frac{1}{T_{t_{erl}=1}}\right) \tag{5.15}$$

$$\ln t_{zul} = \frac{E_A}{R} \cdot \left(\frac{1}{T} - \frac{1}{T_{t_{zul}=1}}\right) \tag{5.16}$$

$$\ln t_{n_e} = \frac{E_A}{R} \cdot \left(\frac{1}{T} - \frac{1}{T_{n_e=1}}\right) \tag{5.17}$$

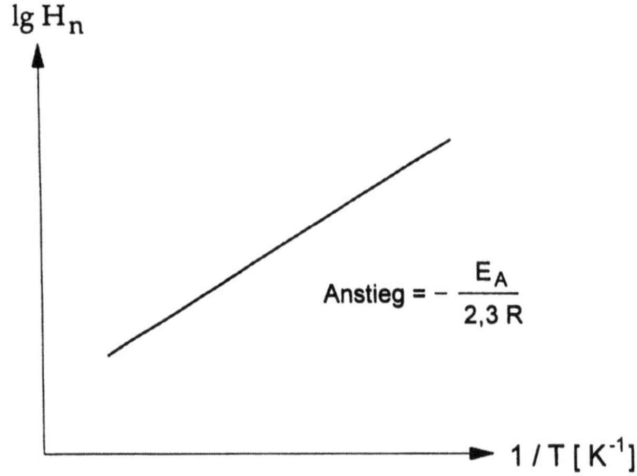

Abb. 5.6. Temperaturabhängigkeit der Reaktionszeiten H_n

Die Anwendung dieser Gleichungen beinhaltet die Umrechnung der jeweiligen Reaktionszeit von einer gegebenen Temperatur auf eine andere konstante Arbeitstemperatur.

Die grafische Darstellung der Gleichungen (5.11) bis (5.17) führt zu analogen Arrhenius-Diagrammen (Abb. 5.6.).

Anstelle des H_n-Wertes können in der Abb. 5.6. auch die Reaktionszeiten D, Z, $t_{x\%}$, t_{erl}, t_{zul} und t_{n_e} verwendet werden. Im Gegensatz zum Arrhenius-Diagramm fällt bei diesen Darstellungen die Gerade mit steigender Temperatur. Aus der Neigung der Geraden kann die Aktivierungsenergie der Reaktion ermittelt werden.

Grafische Darstellungen auf der Grundlage des Arrhenius-Diagrammes oder eines vereinfachten Arrhenius-Diagrammes, die parallele Geraden für verschiedene Stufen des Stoffabbaues oder der -bildung zeigen, sind als Erhitzungs- oder Lagerungsdiagramm bekannt. Sie sind besonders informativ, weil sie das Ausmaß der Stoffwandlung bei verschiedenen Temperaturen als Zeitfunktion verdeutlichen. In gleicher Weise können die f_{H_n}-Werte und Reaktionszeiten genutzt werden.

Das in Abb. 5.7. wiedergegebene Diagramm gestattet eine Information über das Ausmaß der Stoffzerstörung nach einer bestimmten Reaktionszeit t_x bei einer definierten Temperatur. Es zeigt, wie groß die Erhitzungszeit bei einer bestimmten Temperatur sein darf, um einen vorgegebenen Wert für den Stoffabbau nicht zu überschreiten.

Folgende Werte liegen den Funktionsdarstellungen zugrunde:

$$E_A = 133{,}225 \text{ kJ/mol } (31{,}82 \text{ kcal/mol})$$

und

$$H_n = 1 \text{ min bei } 373{,}2 \text{ K } (100\,°\text{C}).$$

Für den Stoffabbau über 10% ist die Abhängigkeit der f_{H_n}-Werte von der Reaktionsordnung zu berücksichtigen.

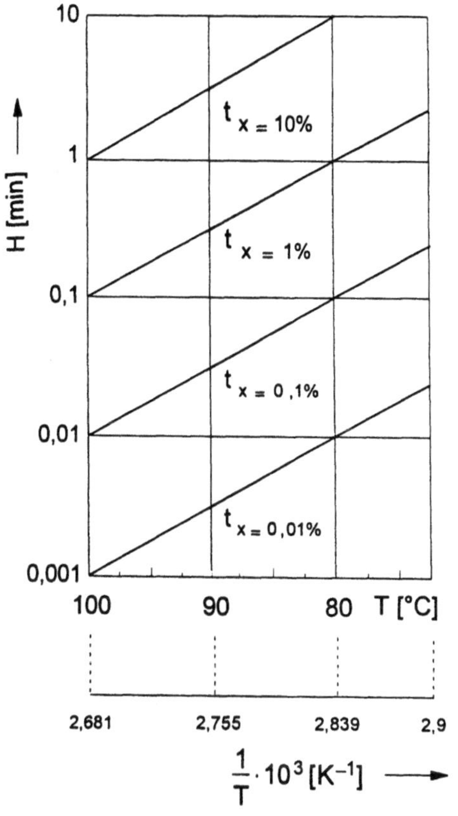

Abb. 5.7. Temperaturabhängigkeit der Reaktionszeit $t_{x\%}$, um x% eines Stoffes A im Bereich von $90\,\% \le c_A \le 100\,\%$ zu zerstören bzw. um x% eines Stoffes X im Bereich von $0 \le c_X \le 10\,\%$ neu zu bilden

Über die Beziehung (4.69): $t_x = H_n \cdot f_{H_n}$ und die modifizierte Arrhenius-Gleichung (5.11):

$$\lg H_n = \frac{E_A}{2{,}3 \cdot R} \cdot \left(\frac{1}{T} - \frac{1}{T_{H_n=1}}\right)$$

erhält man den Ausdruck:

$$\lg t_x = \frac{E_A}{2{,}303 \cdot R} \cdot \left(\frac{1}{T} - \frac{1}{T_{H_n=1}}\right) + \lg f_{H_n} \tag{5.18}$$

Bei Kenntnis der Aktivierungsenergie und des Bezugswertes $T_{H_n=1}$ der untersuchten Reaktion braucht der H_n-Wert nur nach Gleichung (5.11) auf eine andere Temperatur umgerechnet und mit dem f_{H_n} multipliziert zu werden, um die Reaktionszeit für den betreffenden Stoffabbau bei dieser Temperatur zu erhalten.

Das Arrhenius-Diagramm kann auch Auskunft geben, ob die untersuchte Reaktion unabhängig von der Änderung eines anderen Milieufaktors abläuft, was eine wesentliche Voraussetzung für die Anwendung der ermittelten Aktivierungsenergie für weitere Berechnungen ist (siehe Abb. 5.4.).

5.2.3
Das „vereinfachte" Arrhenius-Diagramm, der *z*-Wert

Das zweite kinetische Modell zur Beschreibung der Temperaturabhängigkeit von Stoffwandlungen beruht auf der Verwendung des *z*-Wertes. Er ist als jene Temperaturdifferenz definiert, die bewirkt, daß die Reaktionsgeschwindigkeitskonstante bzw. die Reaktionszeit um den Faktor 10 wächst oder auf 1/10 sinkt.

$$z = T_{10\,\mathrm{k}} - T_{\mathrm{k}} \tag{5.19}$$

$$z = T_{\mathrm{H_n}} - T_{10\,\mathrm{H_n}} \tag{5.20}$$

Der von Ball (1923) eingeführte *z*-Wert dient in der lebensmittelwissenschaftlichen Literatur neben der Aktivierungsenergie häufig zur Charakterisierung der Temperaturabhängigkeit von qualitätsbeeinflussenden Reaktionen (Tabelle 5.2.).

Tabelle 5.2. Temperaturempfindlichkeit einiger Abbaureaktionen in Lebensmitteln

Lebensmittel	Abbaureaktion	z (°C, K)	Autor
Kartoffeln	Ascorbinsäure	23,2	
grüne Erbsen		51,0	Rao u.a.(1981)
Erbspüree	Thiamin	26,0	
Schweinefleisch		26,0	
Rinderleber		26,1	
Milch		30,0	Heiss u. Eichner (1994)
versch.Gemüse	Chlorophyll	29–80	
Grünspargel		23,9	
grüne Bohnen		21,1	
grüne Bohnen (Chl. a)		87,8	
Erbsen		38,0	Rao u.a.(1981)
Erbsen		21,7	
Erbspüree		29,0	
Spinat		33,5	
Spinatpüree (Chl. a)		50,3	
Spinatpüree (Chl. b)		99,6	Lund (1975)
Früchte	Anthocyanin	23–33	Lund (1975)
	Betanin	30; 36	
Fleisch	Myoglobin	25,5	
Milch	Lysin	30,9; 36,0	Heiss u. Eichner (1994)
	allg. Kochschädigung	25,0;33,0	
Milch	Bildg. von HMF	23,7	
Kartoffeln	Abnahme sensor. Qual.	26,5	
Leberwurst		40,0	
grüneBohnen		11,1	
Mais		13,9	
Erbsen		10,6	
Wurzelgemüse, Kart.	Gewebeerweichung		
BohnenundErbsen		15,5–33,0	Lund (1975)
grüne Erbsen		37,0	Rao u.a.(1981)
Kartoffeln		42,0	

Tabelle 5.3. Aktivierungsenergien E_A und ihre auf 293 K (20 °C) bzw. 373 K (100 °C) bezogenen Q_{10}- und z-Werte für verschiedene Prozesse und Reaktionen (Gleichung (5.28) und (5.29))

Nr.	Art des Prozesses bzw. der Reaktion	E_A [kJ/mol]	E_A [kcal/mol]	Q_{10}	z [K]
				bei 293 K	
1.	Diffusion, Osmose	12–30	3–7	1,2–1,4	131–65,2
2.	Enzymatische Reaktionen	17–59	4–14	1,3–2,3 ausnahmsweise bis 7	98–28 bis 12
3.	Chem. Reaktionen	50–105	12–25	2,0–4,3	32,7–15,7
4.	MAILLARD-Reaktion	63–150	15–35	2,4–7,8	26,1–11,2
				bei 373 K	
5.	Eiweißdenaturation	50–420	12–100	1,5–38	53–6,4
6.	Mikroorganismenabtötung	167–440	40–105	4,7–44,6	15–6,1

Die Erfahrung hat gezeigt, daß sich die in Lebensmitteln auftretenden Veränderungen annähernd in 6 Gruppen mit einer charakteristischen Temperaturabhängigkeit einordnen lassen, die zu Überschlagsrechnungen herangezogen werden können (Tabelle 5.3.). Bei experimentellen Untersuchungen können die Angaben dieser Tabelle einerseits zur Abschätzung der zu erwartenden Werte für die Temperaturabhängigkeit verwendet werden und anderseits kann beim Vorliegen einer unbekannten qualitätsverändernden Reaktion aus der Kenntnis der Temperaturabhängigkeit unter Umständen auf den vorliegenden Reaktionstyp geschlossen werden.

Als pauschale Richtwerte werden für die Temperaturabhängigkeit der Mikroorganismenabtötung häufig auch $Q_{10} = 10$ und damit $z = 10$ K sowie bei chemischen Reaktionen $Q_{10} = 2$ und $z = 33$ K verwendet. Mit der zunehmenden Kenntnis der Eigenschaften unserer Lebensmittel wird es möglich sein, die pauschalen z-Werte durch exakte z-Werte einzelner Reaktionen zu ersetzen.

Die relativ hohen Aktivierungsenergien bei der Maillard-Reaktion, der Eiweißdenaturierung und der Mikroorganismenabtötung deuten auf einen komplexen Reaktionsmechanismus mit einer einzigen geschwindigkeitsbestimmenden Teilreaktion hin.

Der z-Wert entspricht dem Anstieg der Geraden in dem Diagramm lg k oder lg „Reaktionszeit" gegen T in °C, dem sogenannten „vereinfachten" Arrhenius-Diagramm (Abb. 5.8.).

Die entsprechende Geradengleichung lautet:

$$\lg k = \frac{1}{z} \cdot (T - T_{k=1}) \tag{5.21}$$

und mit der reziproken Proportionalität von k und H_n ist:

$$\lg H_n = \frac{1}{z} \cdot (T_{H_n=1} - T) \tag{5.22}$$

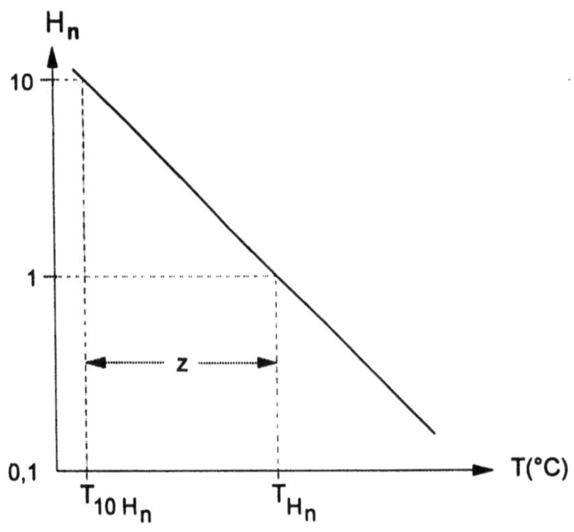

Abb. 5.8. Schematische Darstellung des *z*-Wertes einer Reaktion

Mit diesen Beziehungen können ebenfalls die Geschwindigkeitskonstante k oder Reaktionszeiten, hier H_n, für eine zweite Temperatur berechnet werden, wenn sie für eine erste Temperatur vorliegen und wenn der z-Wert der jeweiligen Reaktion bekannt ist.

Ein gut bekanntes Beispiel für ein vereinfachtes Arrhenius-Diagramm ist die Hitze-Abtötungszeit-Kurve (Thermal-Death-Time-Curve, TDT-Kurve), die für die Beurteilung der Mikroorganismenabtötung bei der Herstellung von Sterilkonserven entwickelt wurde (Abb. 5.9.). Die Ordinate stellt den dekadischen Logarithmus der Zeit Z_m dar, die für jede angegebene Temperatur eine Verminderung der Sporenzahl von 10^5 auf 10^0 je Milliliter sichert. Damit entspricht Z_m dem 5-fachen D-Wert. Die stärkere Wirksamkeit einer höheren Temperatur bei der Zerstörung der in einer Probe vorhandenen Keime, der Sporen und der vegetativen Formen wird deutlich sichtbar.

Die Beschreibung der Hitzewiderstandsfähigkeit eines Mikroorganismenstammes in einem bestimmten Medium bei jeder beliebigen Erhitzungstemperatur kann am einfachsten durch die Lage und die Steigung der Geraden in einem solchen TDT-Diagramm erfolgen.

Zur Zeichnung einer Abtötungs-Zeit-Kurve genügt die Kenntnis von zwei charakteristischen Werten:

1. der Abtötungszeit bei einer bestimmten Temperatur,
2. des z-Wertes.

Beispielsweise wird die TDT-Kurve für *Clostridium botulinum* gekennzeichnet durch $D_{121,1\,°C} = 0{,}21$ min und $z = 10$ K und die für *Clostridium sporogenes* (Stamm 3679) durch $D_{121,1\,°C} = 2$ min sowie $z = 10$ K.

Wegen der auf der Konservenrohware in der Regel vorhandenen Mischpopulation von Mikroorganismen, die außerdem je nach dem Reaktionsmilieu, der Artenzusammensetzung und der Keimzahl stark schwanken kann, wird in der Praxis der Sterilkonservierung häufig auch mit einer idealisierten repräsentativen

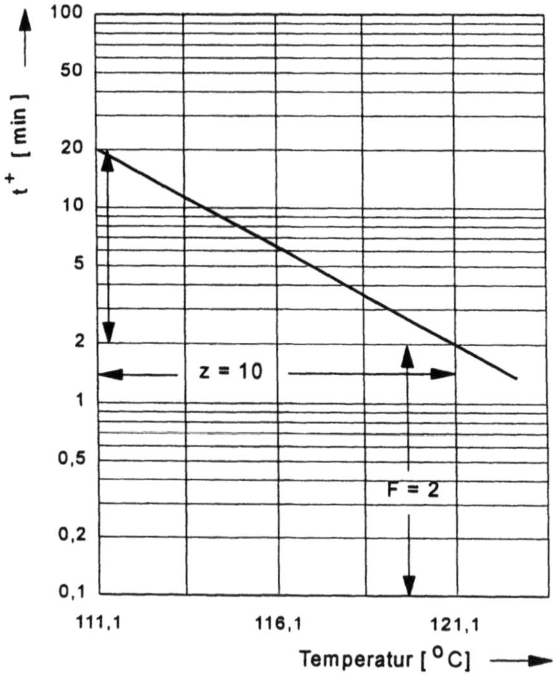

Abb. 5.9. Hitzezerstörung der Sporen des Mikroorganismenstammes P. A. 3679

TDT-Kurve, der sogenannten „Phantomkurve", gearbeitet; einer hypothetischen Abtötungskurve, die auf den Werten $D_{121,1\,°C} = 1$ min und $z = 10$ K beruht. Die Formel zu ihrer Berechnung lautet:

$$\lg D = 0{,}1 \cdot (121{,}1 - T) \tag{5.23}$$

Diese Gleichung entspricht der Beziehung (5.22) für das vereinfachte Arrhenius-Diagramm mit dem z-Wert 10 K und der Bezugstemperatur $T_b = 121{,}1$ °C (250 °F).

In Erweiterung der ursprünglichen Formulierung spricht man auch von TDT-Kurven, wenn andere Reaktionszeiten als Z_m auf die Ordinate aufgetragen werden. Unkorrekterweise wird die Bezeichnung der TDT-Kurve mitunter auch für solche vereinfachten Arrhenius-Diagramme verwendet, die die Enzyminaktivierung oder eine Stoffzerstörung darstellen.

Die Gerade im vereinfachten Arrhenius-Diagramm besagt, daß bei erwünschten thermischen Reaktionen alle Temperatur-Zeit-Kombinationen des Erhitzungsprozesses, die unterhalb der Geraden liegen, zur Erzielung des gewünschten Effektes nicht ausreichen, während durch die über der Geraden liegenden Temperatur-Zeit-Kombinationen die Abtötung der Mikroorganismen, die Inaktivierung eines Enzyms oder die Bildung eines Aromastoffes mit Sicherheit erreicht werdend. Beim Vorliegen unerwünschter Reaktionen (Farbstoffabbau, Vitaminzerstörung) sollten Temperatur-Zeit-Kombinationen nur unterhalb der als kritische Grenze anzusehenden Geraden gewählt werden. Für eine ökonomische und qualitätsschonende Prozeßführung ist der Erhitzungsprozeß bei einer auf der Geraden liegenden Temperatur-Zeit-Kombination zu führen. Der Geradenverlauf im vereinfachten Arrhenius-Diagramm macht – solange nur eine einzige Reaktion betrachtet wird – die Erfahrungstatsache deutlich, daß eine längere Erhitzung bei einer niederen Temperatur im allgemeinen zu dem gleichen Ergebnis wie eine kürzere Erhitzung bei einer höheren Temperatur führt.

Eine wesentliche Erhöhung der Aussagekraft eines vereinfachten Arrhenius-Diagramms kann durch das Eintragen der Geraden von mehreren Qualitätsveränderungen in ein Koordinatensystem erreicht werden. Bei der Herstellung von Sterilkonserven ist die Mikroorganismenabtötung die prozeßentscheidende Reaktion. Daneben laufen jedoch weitere Qualitätsveränderungen ab wie z. B. die Inaktivierung von Enzymen, Zerstörung von Farbstoffen, Vitaminen und anderen Inhaltsstoffen, die Gewebeerweichung (Garung) sowie Aromastoffveränderungen u. a., die bei einer umfassenden Qualitäts- und Prozeßoptimierung ebenfalls zu berücksichtigen sind. Dazu eröffnet die Erarbeitung eines vereinfachten Arrhenius-Diagramms eine erste Möglichkeit, indem für jedes als wichtig erkannte Qualitätsmerkmal die charakteristischen Parameter der Temperaturabhängigkeit zu ermitteln sind.

Die Abb. 5.10. zeigt hierfür ein Beispiel mit den Qualitätsmerkmalen Mikroorganismenabtötung, Peroxydaseinaktivierung und Kochgeschmacksentstehung, wobei für die Abtötung der Bakteriensporen ein Erhitzungsbereich zwischen den Grenzen von $2 \leq F \leq 10$ zugrunde gelegt wurde. Diese F-Werte (Sterilisierwerte) geben die Minuten schlagartiger Erhitzung bei der Temperatur von 394,1 K (121,1 °C) an und sind wichtige Größen zur Charakterisierung eines Sterilisationsprozesses. Der C_0-Wert stellt die Minuten schlagartiger Erhitzung bei 373 K (100 °C, Kochminuten) dar (siehe auch Abschnitt 6.4.2).

Wenn bei einem Sterilisationsprozeß sowohl die Mikroorganismenabtötung als auch die Peroxydaseinaktivierung erreicht werden sollen, sind solche Temperatur-Zeit-Kombinationen anzuwenden, die oberhalb der betreffenden Geraden liegen. Soll gleichzeitig die Entstehung eines unerwünschten Kochgeschmackes vermieden werden, dürfen nur Temperatur-Zeit-Kombinationen innerhalb des punktiert gezeichneten Abschnittes verwendet werden.

Die auf dem vereinfachten Arrhenius-Diagramm aufbauenden Erhitzungs- und Lagerungsdiagramme stellen den Zusammenhang zwischen der Erhitzungs-/Lagerungszeit, der Temperatur und der Stoffwandlung sehr anschaulich dar und erlauben Rückschlüsse auf optimale Behandlungsbedingungen.

Als Erhitzungsdiagramme werden solche Darstellungen bezeichnet, bei denen für eine bestimmte Qualitätsveränderung die Reaktionszeit für unterschiedliche Stoffwandlungsgrade über der Temperatur aufgetragen ist (Arrhenius-Diagramm, vereinfachtes Arrhenius-Diagramm), so daß das Ausmaß der Qualitätsveränderung bei einem Prozeß mit einer bestimmten Zeit-Temperatur-Kombination abgelesen werden kann. Diese Bezeichnung trifft besonders auf solche Darstellungen wie in Abb. 5.7. und 5.11. zu, aus denen unmittelbar unterschiedliche Abbauraten entnommen werden können.

Die Abb. 5.11. bezieht sich auf die Sterilisation von Rote-Rüben-Saft und zeigt sowohl die Gerade für die Abtötung von Mikroorganismen ($F = 1$ min, $z = 10$ K) als auch die für die Zerstörung des roten Farbstoffes Betanin ($H_{393} = 0{,}2$ min, $z = 30$ K). Aus ihr kann unmittelbar abgelesen werden, wie groß bei einem bestimmten Erhitzungsprozeß die prozentuale Farbstoffzerstörung ist und ob die Probe steri-

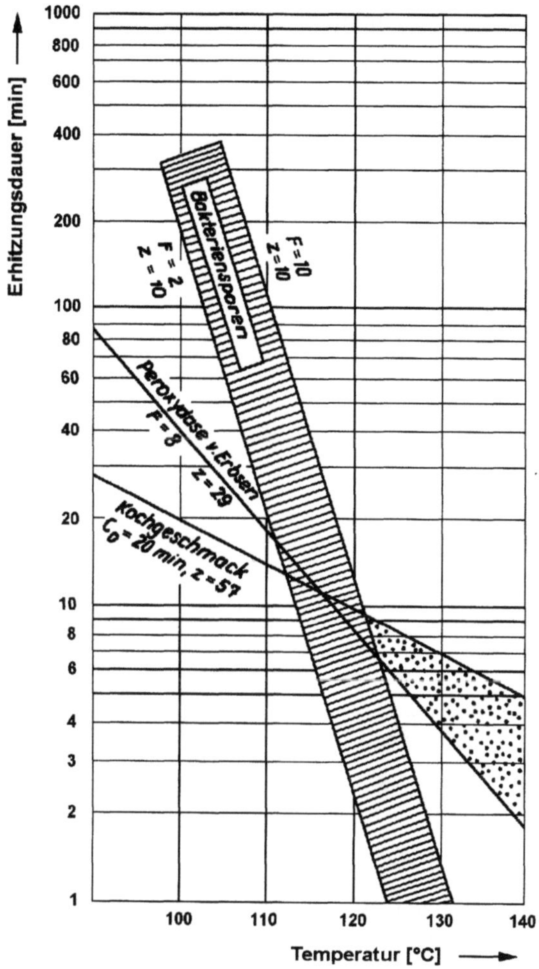

Abb. 5.10. Temperaturabhängigkeit der Abtötung von Bakteriensporen, der Peroxydaseinaktivierung und der Entstehung eines Kochgeschmackes (nach Nehring und Krause, 1969)

lisiert wurde. Ferner wird deutlich, daß die Farbstoffverluste durch die Anwendung höherer Temperaturen für kürzere Zeiten beträchlich vermindert werden können. Dieser Effekt beruht auf den unterschiedlichen z-Werten für die Mikroorganismenabtötung und die Farbstoffzerstörung. Auch viele weitere qualitätsbeeinflussende Reaktionen sind durch große z-Werte gekennzeichnet (siehe Tabelle 5.2.) und können deshalb bei Sterilisationsprozessen durch die Anwendung von höheren Temperaturen relativ vermindert werden.

Auf dieser Grundlage beruhen die modernen qualitätsschonenden Verfahren der Hochtemperatur-Kurzzeit-Erhitzung (*h*igh *t*emperature *s*hort *t*ime heating, HTST-Erhitzung) und der UHT-Prozesse (*U*ltra-*H*och*t*emperatur-Erhitzung), die besonders günstig bei flüssigen Lebensmitteln angewendet werden können.

Während die üblichen Sterilisationsprozesse bei einer Temperatur um 393 K (121 °C) durchgeführt werden, kommt bei einer HTST-Erhitzung eine Temperatur

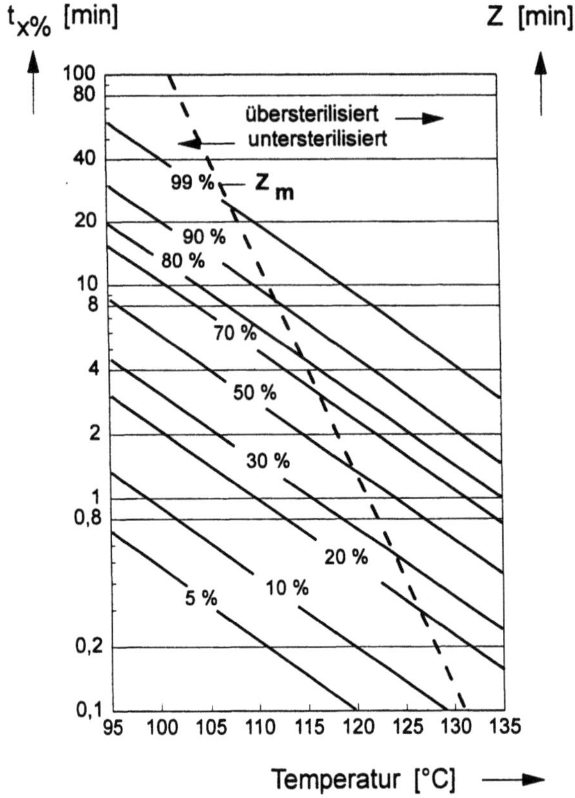

Abb. 5.11. Erhitzungsdiagramm für den Betaninabbau und die Mikroorganismenabtötung Z_m

zwischen ca. 403 K (130 °C) und 423 K (150 °C) mit Erhitzungszeiten in der Größenordnung von Sekunden zur Anwendung. Die HTST-Erhitzungsverfahren sind im allgemeinen nur anwendbar, wenn ein schneller Wärmedurchgang erreicht werden kann. Aus diesem Grunde werden diese Verfahren bisher im wesentlichen auf flüssige und halbflüssige Füllgüter angewendet. Man geht dabei so vor, daß das Füllgut schon vor der Abfüllung in die Dosen im Durchlaufverfahren sterilisiert wird. Diese Arbeitsweise erfordert ein keimfreies (aseptisches) Arbeiten beim Abfüllen und Verschließen der Behältnisse, um eine Nachinfektion während dieser Vorgänge zu vermeiden. Beispielsweise können die Arbeiten in einem keimfrei gemachten Raum durchgeführt werden, in dem ein leichter Überdruck herrscht, so daß von außen keine Keime gegen den entweichenden Luftstrom eindringen können. HTST-Verfahren werden in großem Umfang zur Pasteurisation z. B. von Bier und Milch angewendet.

Unter Ultrahocherhitzungsverfahren für Milch versteht man solche Prozesse, die zur Mikroorganismenabtötung und Enzyminaktivierung eine Momentanerhitzung der Milch auf 408 bis 423 K (135 bis 150 °C) ermöglichen. Die Heißhaltezeit liegt in der Größenordnung von Sekunden. Für den Temperaturgradienten in der Aufheiz- und in der Abkühlphase gibt es keine Vorschriften. Dadurch hat sich die Situation ergeben, daß die UHT-Anlagen der einzelnen Hersteller unter-

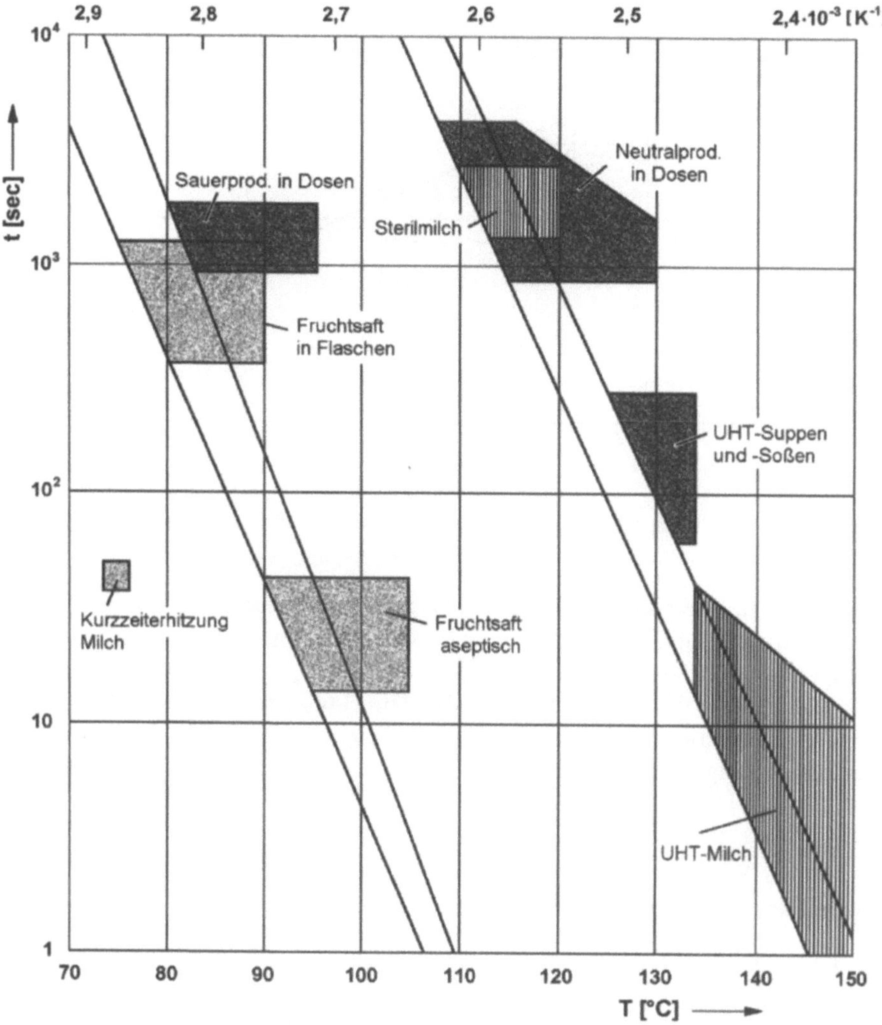

Abb. 5.12. Günstige Temperatur-Zeit Beziehungen für die Hitzebehandlung von Lebensmitteln (aus Heiss und Eichner, 1994).

schiedliche charakteristische Temperatur-Zeit-Kurven aufweisen und sich demzufolge erhebliche Differenzen in der erreichten Mikroorganismenabtötung und beim chemischen Abbau der Inhaltsstoffe ergeben (Reuter, 1980).

In einem vereinfachten Arrhenius-Diagramm können die Temperatur-Zeit-Felder der in der Lebensmitteltechnologie genutzten thermischen Verfahren und der Lagerungsbereiche gleichfalls übersichtlich dargestellt werden (Abb. 5.12.).

Als Beispiel für ein Lagerungsdiagramm sei die Haltbarkeit eines Lebensmittels in Abhängigkeit von der Lagerungstemperatur untersucht. Die qualitätsbegren-

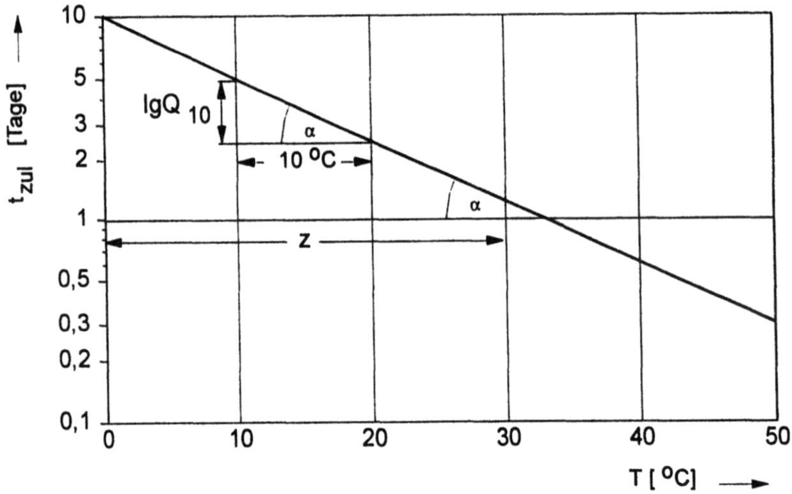

Abb. 5.13. Haltbarkeitsgrenze t_{zul} eines Lebensmittels in Abhängigkeit von der Lagerungstemperatur

zende Reaktion soll die Bildung eines unangenehmen Geschmacksstoffes sein, von der bekannt ist, daß die zulässige Grenzkonzentration nach einem Tag bei der Temperatur von 306 K (33 °C) erreicht wird, d.h. $t_{zul} = 1$ Tag bei 33 °C und der Q_{10}-Wert 2 bzw. der z-Wert 33 K beträgt. Die Haltbarkeit des Lebensmittels bei anderen Temperaturen läßt sich nach der Gleichung (5.24) für das vereinfachte Arrhenius-Diagramm berechnen:

$$\lg t_{zul} = \frac{1}{z} \cdot (T_{t_{zul}=1} - T) \tag{5.24}$$

die mit den gegebenen Daten die folgende Form annimmt:

$$\lg t_{zul} = 0{,}03 \cdot (33 - T) \tag{5.25}$$

Beispielsweise beträgt bei der Temperatur von 23 °C die Haltbarkeit 2 Tage, bei 13 °C schon 4 Tage, bei 3 °C 8 Tage und bei 0 °C 10 Tage, wie sich auch leicht über den Q_{10}-Wert ausrechnen läßt (Abb. 5.13.).

Der Abb. 5.13. kann ferner die Gleichwertigkeit der Charakterisierung der Temperaturabhängigkeit durch den Q_{10}-Wert und durch den z-Wert entnommen werden.

Bei der Anwendung des z-Wertes sind zwei Einschränkungen zu berücksichtigen:

1. Er erfaßt wie die Aktivierungsenergie nur schlagartige Temperaturänderungen.
2. Er ist selbst von der Temperatur abhängig, so daß nur bei einer hinreichend kleinen Temperaturdifferenz (empfohlen wird $\Delta T < 30$ °C) im vereinfachten Arrhenius-Diagramm ein linearer Verlauf vorausgesetzt werden kann.

Die Temperaturabhängigkeit des z-Wertes ergibt sich aus seiner Beziehung zum Q_{10}-Wert (5.28) und zur Arrhenius-Gleichung (5.29). Der z-Wert wächst mit steigender Temperatur.

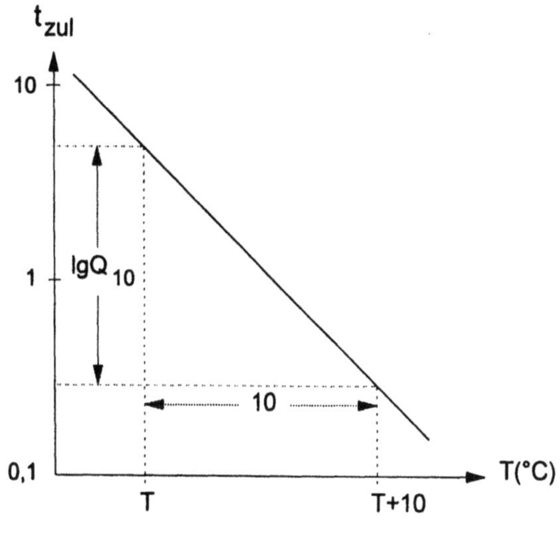

Abb. 5.14. Grafische Veranschaulichung des Q_{10}-Wertes einer Reaktion

5.2.4
Der $Q_{\Delta T}$-Wert

Der $Q_{\Delta T}$-Wert ist die Verallgemeinerung des Q_{10}-Wertes und gleichzeitig die auf die Temperatur angewendete Form eines allgemeineren Konzeptes zur Charakterisierung der Abhängigkeit reaktionskinetischer Kennwerte von den Faktoren des Reaktionsmilieus. Zur Erläuterung des $Q_{\Delta T}$-Wertes wird vom Q_{10}-Wert ausgegangen.

Der Q_{10}-Wert wird in der gleichen Weise wie der z-Wert zur Beschreibung der Temperaturabhängigkeit einer Reaktion verwendet. Er ist als Verhältnis zweier Reaktionsgeschwindigkeitskonstanten bzw. Reaktionszeiten bei zwei sich um 10 K unterscheidenden Temperaturen definiert. Der Q_{10}-Wert ist damit ein Faktor, der angibt, um welchen Betrag sich die Reaktionsgeschwindigkeit bei einer Temperaturerhöhung von 10 K vergrößert (Abb. 5.14.).

$$Q_{10} = \frac{k_{\mathrm{T+10}}}{k_{\mathrm{T}}} = \frac{k_{\mathrm{T_b}}}{k_{\mathrm{T}}} \tag{5.26}$$

$$Q_{10} = \frac{H_{\mathrm{T}}}{H_{\mathrm{T+10}}} = \frac{H_{\mathrm{T}}}{H_{\mathrm{T_b}}} \tag{5.27}$$

Über Q_{10}-Werte typischer Prozesse in Lebensmitteln informierte oben Tabelle 5.3.

Auch aus den anderen Reaktionszeiten D, Z, t_{n_e}, $t_{x\%}$, t_{erl} und t_{zul} läßt sich der Q_{10}-Wert einer Reaktion analog zur Gleichung (5.27) in einfacher Weise ermitteln.

Der Q_{10}-Wert ist mit dem z-Wert über die Gleichung (5.28) verbunden:

$$\frac{\lg Q_{10}}{10} = \frac{1}{z} \tag{5.28}$$

Aus der Aktivierungsenergie läßt sich der Q_{10}-Wert nach Gleichung (5.29) berechnen:

$$\lg Q_{10} = \lg \frac{k_{T+10}}{k_T} = \frac{E_A}{2{,}3 \cdot R}\left(\frac{10}{T_{k_T} \cdot T_{k_{T+10}}}\right) = \frac{E_A}{0{,}23 \cdot R \cdot T \cdot (T+10)} \tag{5.29}$$

$$\approx \frac{E_A}{0{,}23 \cdot R \cdot T^2}$$

Aus den bei zwei beliebigen Temperaturen ermittelten Geschwindigkeitskonstanten einer Reaktion kann der Q_{10}-Wert nach Gleichung (5.30) näherungsweise berechnet werden.

$$\lg Q_{10} \approx \frac{10}{T_2 - T_1} \cdot \lg \frac{k_2}{k_1} \tag{5.30}$$

Die Gleichung (5.29) zeigt, daß der Q_{10}-Wert bei konstanter Aktivierungsenergie mit steigender Temperatur kleiner wird. Bei einer höheren Aktivierungsenergie ist diese Temperaturabhängigkeit größer.

So sinkt der Q_{10}-Wert für verschiedene Aktivierungsenergien z. B. bei einer Temperaturänderung von 243 K auf 423 K folgendermaßen:

Tabelle 5.4. Abhängigkeit des Q_{10}-Wertes von der Aktivierungsenergie und der Temperatur

E_A [$kJ \cdot mol^{-1}$]	($kcal \cdot mol^{-1}$)	Q_{10}-Werte 243 K	Q_{10}-Werte 423 K	Änderung [%]
50,24	(12)	2,77	1,40	49,5
83,74	(20)	5,50	1,76	68,0
125,60	(30)	12,90	2,33	81,9

Die mit den Gleichungen (5.28) und (5.29) gegebenen Zusammenhänge von Q_{10}, z und E_A gehen aus Abb. 5.15. (Herrmann, 1969) hervor.

Aus Abb. 5.15. ist abzulesen, in welchem Temperaturbereich die Q_{10}- bzw. z-Werte praktisch als Konstanten zu betrachten sind. Bei höheren Aktivierungsenergien beobachtet man eine Temperaturabhängigkeit.

Um bei der Berechnung von Reaktionszeiten den Fehler durch die Temperaturabhängigkeit des Q_{10}-Wertes klein zu halten, gilt die Festlegung, den Q_{10}-Wert nur im Temperaturbereich von maximal 30 K anzuwenden. Die Berechnung von Reaktionen für größere Temperaturdifferenzen muß mit der Aktivierungsenergie und einer der Gleichungen (5.11) bis (5.17) erfolgen.

Eine Verringerung der Temperaturdifferenz bewirkt eine Verkleinerung der in der Gleichung (5.29) enthaltenen Ungenauigkeit des Q_{10}-Wertes. Deshalb wurde der Q_1-Wert zur Beschreibung der Temperaturabhängigkeit von Veränderungen vorgeschlagen (Plank, 1959; Herrmann, 1976). Er ist als Verhältnis zweier

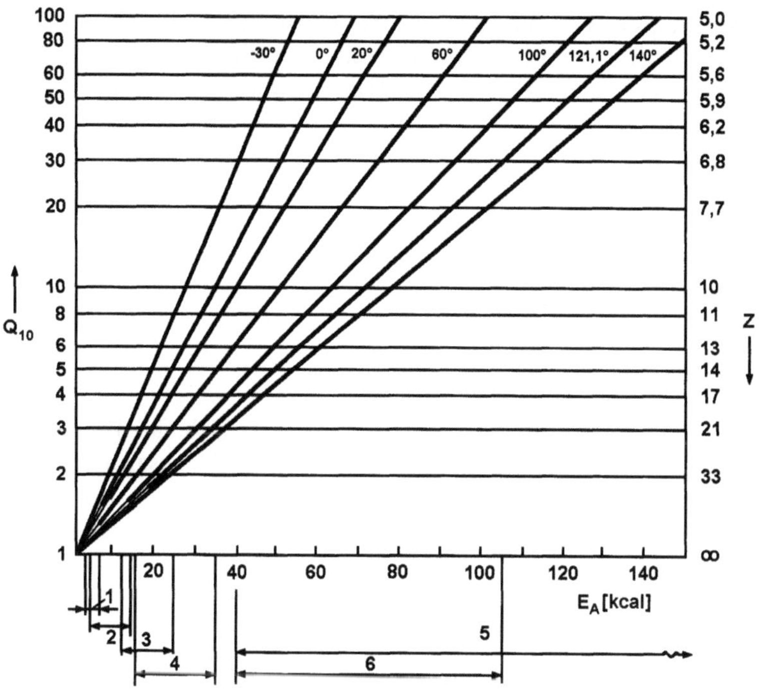

Bereich 1: E = 3 ... 6 kcal Diffusion
Bereich 2: E = 4 ... 14 kcal gilt für viele Enzymreaktionen
Bereich 3: E = 12 ... 25 kcal gilt für die meisten chemischen Reaktionen
Bereich 4: E = 15 ... 35 kcal Maillard-Reaktionen
Bereich 5: E = 40 ... 200 kcal Eiweißdenaturierung
Bereich 6: E = 40 ... 105 kcal Mikroorganismenabtötung

Abb. 5.15. Abhängigkeit der Q_{10}- und z-Werte von der Aktivierungsenergie E_A und der Temperatur

Reaktionsgeschwindigkeitskonstanten bzw. Reaktionszeiten definiert, die bei zwei sich nur um 1 K unterscheidenden Temperaturen bestimmt wurden.

$$Q_1 = \frac{k_{T+1}}{k_T} = \frac{H_T}{H_{T+1}} \tag{5.31}$$

bzw.

$$\lg Q_1 = \frac{E_A}{0{,}2303 \cdot R \cdot T \cdot (T+1)} \approx \frac{E_A}{0{,}2303 \cdot R \cdot T^2} \tag{5.32}$$

Zwischen Q_1, Q_{10} und z bestehen die folgenden Beziehungen:

$$Q_1^{10} = Q_{10}, \quad Q_1 = \sqrt[10]{Q_{10}}, \quad Q = 10^{\frac{1}{z}}$$

$$\lg Q_1 = \frac{\lg Q_{10}}{10} = \frac{1}{z}, \quad Q_{10} = 10^{\frac{10}{z}} \tag{5.33}$$

Nach der Darstellung des Q_{10}- und des Q_1-Wertes ist eine Verallgemeinerung naheliegend, die sich nicht an eine bestimmte Temperaturdifferenz bindet. Bereits van't Hoff (Riedel, 1960) formulierte den Quotienten zweier Reaktionsgeschwindigkeitskonstanten als:

$$Q_n(T) = \frac{k_{T+n}}{k_T} \tag{5.34}$$

während Herrmann (1976) für eine beliebige Temperaturdifferenz $\Delta T = T_2 - T_1$ den $Q_{\Delta T}$-Wert vorschlug.

$$Q_{\Delta T} = \frac{k_{T+\Delta T}}{k_T} = \frac{H_T}{H_{T+\Delta T}} = \frac{t_{zul\,T}}{t_{zul\,T+\Delta T}} = \dots \tag{5.35}$$

$T + \Delta T$ ist die höhere Temperatur gegenüber T, wobei es sich für die Prozeßberechnungen eingebürgert hat, die höhere Temperatur als Bezugsgröße zu verwenden.

Beispielsweise ist die Bezugstemperatur beim:

- Sterilisationsprozeß: 394,25 K = 121,1 °C = 250 °F (F-Wert).
- Kochprozeß: 373 K = 100 °C (C-Wert).

Die Gleichung (5.35) nimmt dann folgende Form an:

$$Q_{\Delta T} = \frac{k_{T_b}}{k_T} = \frac{H_T}{H_{T_b}} = \dots \tag{5.36}$$

Die Temperaturdifferenz $|\Delta T| = T_b - T$ ergibt dann den $Q_{|\Delta T|}$-Wert:

$$Q_{|\Delta T|} = Q_1^{|\Delta T|} = 10^{\frac{|\Delta T|}{z}} \tag{5.37}$$

Gelegentlich liegt die Bezugstemperatur T_b jedoch unterhalb der Meßtemperatur $T\,(T_b < T)$ und die Differenz wird negativ: $T_b - T = -|\Delta T|$. Dann gilt:

$$Q_{-|\Delta T|} = Q_1^{-|\Delta T|} = \frac{1}{Q_{|\Delta T|}} \tag{5.38}$$

Weil der $Q_{\Delta T}$-Wert analog zum Q_{10}-Wert gebildet wurde, sind die an den Q_{10}-Wert gebundenen Einschränkungen ebenso für den $Q_{\Delta T}$-Wert zu beachten, d.h. die Begrenzung auf eine Temperaturdifferenz kleiner als 30 K. Für Temperaturdifferenzen größer als 30 K sollte dieser Wert direkt nach der Arrhenius-Gleichung berechnet und durch das Symbol $Q_{\Delta T_A}$ gekennzeichnet werden.

$$\lg Q_{\Delta T_A} = \frac{E_A}{2{,}303 \cdot R} \cdot \left(\frac{1}{T} - \frac{1}{T_b}\right) \tag{5.39}$$

Aus der Gleichung (5.39) wird besonders deutlich, daß der $Q_{\Delta T}$-Wert zu der Arrhenius-Gleichung eine enge Beziehung besitzt.

5.2.5 Das Bělehrádek-Modell

Das von Bělehrádek (1930) vorgeschlagene Modell für die Temperaturabhängigkeit biologischer Vorgänge lautet in seiner allgemeinen Form:

$$y = \frac{a}{(T - \alpha)^{b}} \tag{5.40}$$

mit:

y = Entwicklungszeit; α = ein „biologischer" Null-Wert; T = Temperatur;
a, b = Anpassungsparameter.

In der klassischen Form der Geschwindigkeitkonstante werden die Modelle des Bělehrádek-Typs allgemein wie folgt formuliert:

$$k = a \cdot (T - T_0)^{d} \tag{5.41}$$

mit:

k = Reaktionsgeschwindigkeitskonstante; a, d und T_0 = Anpassungsparameter.

Der Term T_0 ist mathematisch der von Bělehrádek verwendeten Größe α äquivalent.

Während Bělehrádek (1930, 1935) α als jene Temperatur ansah, bei der und unter der kein Mikroorganismenwachstum mehr eintritt, ist α tatsächlich im mathematischen Modell der Schnittpunkt der auftretenden Geraden mit der Temperaturachse.

Oberhalb der Temperatur T_0 wächst die Geschwindigkeitskonstante k. Je größer der Wert von d ist, desto stärker nimmt k für eine gegebene Temperaturdifferenz zu. Die Größe des Paramters a hängt von den Einheiten der gewählten extensiven Eigenschaft des Systems ab, die zur Ableitung von k gewählt wurde. Mit der Bezugstemperatur T_b führen die Gleichungen vom Bělehrádek-Typ zur entsprechenden Geschwindigkeitskonstante k:

$$k = k_0 \left[\frac{T - T_0}{T_b - T_0}\right]^{d} \tag{5.42}$$

Danach kann die Geschwindigkeitskonstante für eine bestimmte Temperatur im Wachstumsbereich aus bekannten Werten von T_0, d und k_b ermittelt werden. Alternativ kann die Geschwindigkeitskonstante für jede Temperatur im Bereich bei Kenntnis von T_0, d und a berechnet werden.

Mit dem Exponenten $d = 2$ geht die Bělehrádek-Gleichung in die Quadratwurzel-Gleichung von Ratkowsky über (siehe Gleichung (5.45)), mit der die Temperaturabhängigkeit des Mikroorganismenwachstums von vielen Autoren ausgewertet werden konnte (McMeekin u.a., 1993).

5.3 Temperaturabhängigkeit qualitätsbestimmender Lebensmittelveränderungen

In diesem Kapitel wird die Temperaturabhängigkeit wichtiger qualitätsbestimmender Reaktionen in Lebensmitteln dargestellt, die am prägnantesten durch ihre reaktionskinetischen Kennwerte ausgedrückt werden kann. Diese Kennwerte gelten in der Regel für eine konstante Temperatur oder für einen Temperatursprung. Die kinetische Erfassung von Qualitätsänderungen bei einem Erhitzungsverlauf, wie er in der Realität die Regel ist, erfolgt nach speziellen Berechnungsmethoden (Kapitel 6).

Die Temperatur ist in der Lebensmittelwissenschaft und -technologie traditionell der wichtigste Einflußfaktor, weshalb zur Temperaturabhängigkeit von Qualitätsveränderungen umfangreiche Erkenntnisse vorliegen. Die Abhängigkeit der Stoffwandlung von anderen Einflußfaktoren wird deshalb vergleichsweise kurz behandelt.

Die für den Lebensmitteltechnologen wichtige Frage nach der Zerstörung oder Bildung eines Stoffes bei einer anderen konstanten Temperatur kann mit Hilfe der Arrhenius-Beziehung und der Zeitgesetze oder der f_{H_n}-Faktoren beantwortet werden. Die temperaturabhängigen reaktionskinetischen Kennwerte sind im Zeitgesetz die Reaktionsgeschwindigkeitskonstante und beim f_{H_n}-Faktor die zu seiner Berechnung verwendete Reaktionszeit. Nachdem mit Hilfe der Arrhenius-Gleichung ihr Wert für die interessierende Temperatur ermittelt wurde, kann mit dem Zeitgesetz oder dem f_{H_n}-Faktor die Stoffwandlung bei dieser Temperatur berechnet werden.

Mindestvoraussetzungen für die Arbeit mit der Arrhenius-Beziehung sind:

- Sicherheit über die Gültigkeit dieser Beziehung für die untersuchte Reaktion;
- Kenntnis einer Reaktionsgeschwindigkeitskonstanten oder einer Reaktionszeit bei einer Temperatur T_1;
- Kenntnis der Aktivierungsenergie dieser Reaktion oder eines anderen Kennwertes für die Temperaturabhängigkeit.

Diese Angaben reichen aus, um mit der Arrhenius-Gleichung oder einer ihrer Umformungen den Wert der Geschwindigkeitskonstanten bzw. der Reaktionszeit bei der Temperatur T_2 zu berechnen oder um ein Arrhenius-Diagramm zu zeichnen und anhand der Arrhenius-Geraden den Wert von k_2 abzulesen. Die Berechnung der Werte ist in der Regel die Grundlage für die grafische Darstellung.

Im Vergleich zur Berechnung hat das Arrhenius-Diagramm den Vorteil, daß die Geschwindigkeitskonstanten für beliebige Temperaturen unmittelbar abgelesen werden können. Zur Veranschaulichung lebensmittelwissenschaftlicher Zusammenhänge sind grafische Darstellungen weit verbreitet.

Eine umfassende Übersicht über die Temperaturabhängigkeit wichtiger qualitätsbestimmender Reaktionen in Lebensmitteln geben Villota und Hawkes (1986, 1992).

Aus der Vielzahl veröffentlichter Anwendungen der Arrhenius-Beziehung sollen nachfolgend nur einige typische und informative Beispiele kurz dargelegt werden.

Häufig konnte die Arrhenius-Beziehung erfolgreich zur Beschreibung der Temperaturabhängigkeit von Lebensmittelveränderungen angewendet werden. In einigen Fällen erwiesen sich andere Modelle jedoch als leistungsfähiger, weshalb diese nachfolgend mit dargestellt werden.

5.3.1
Chemische Reaktionen

Bei den chemisch verursachten Lebensmittelveränderungen handelt es sich einerseits um die meist gut untersuchten Abbaureaktionen von Vitaminen und damit von Coenzymen, essentiellen Aminosäuren, Aromastoffen und von Farbstoffen sowie andererseits um die Karamelisierung bzw. die Maillard-Reaktion. Die Temperaturabhängigkeit typischer chemischer Reaktionen wird über die z-Werte und mit den Gleichungen (5.24) und (5.25) oder über die Q_{10}-Werte charakterisiert. Eine Auswahl solcher Kennwerte ist in den Tabellen 5.2. und 5.3. zusammengestellt (vgl. Tabellen 3.3., 3.4.). Die chemischen Reaktionen führen zusammen mit den mikrobiologisch oder/und enzymatisch bedingten Stoffwandlungen zur Änderung der sensorischen Lebensmitteleigenschaften und der Textur von Lebensmitteln. Diese Reaktionen können in der Regel kinetisch gut charakterisiert werden. Ihre Darstellung im Arrhenius-Diagramm ergibt Geraden, wie die Abb. 5.16. und 5.17. für einige Reaktionen zeigen, und die dazu gehörenden Akti-

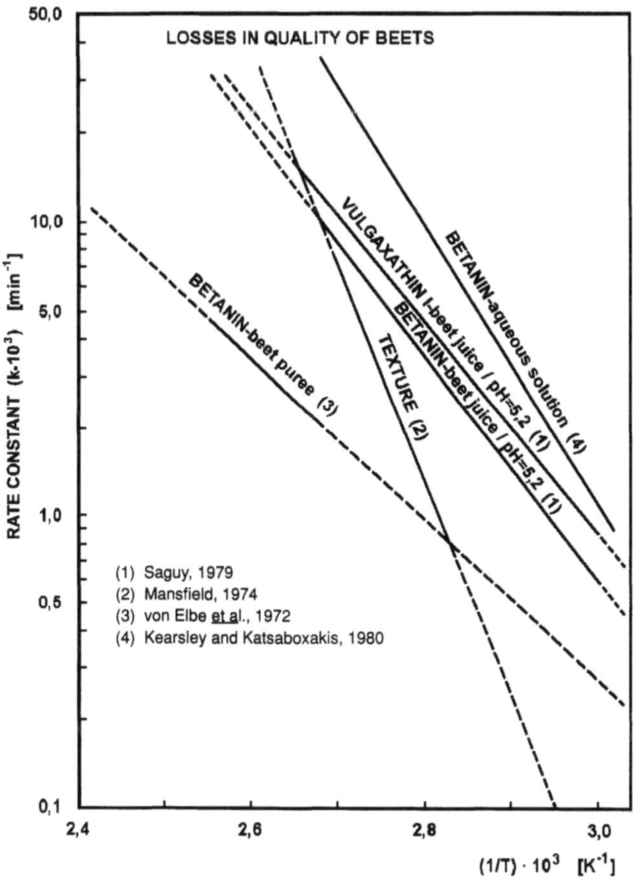

Abb. 5.16. Änderung wichtiger Qualitätsfaktoren in Roten Rüben bei der thermischen Behandlung (Villota und Hawkes, 1986)

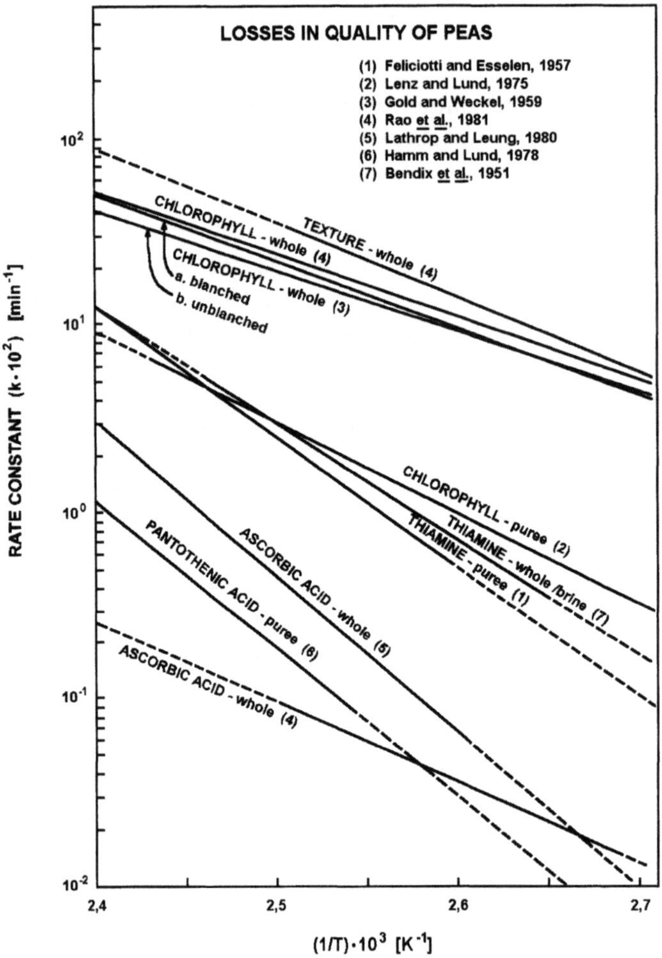

Abb. 5.17. Änderung wichtiger Qualitätsfaktoren in Erbsen bei der thermischen Behandlung (Villota und Hawkes, 1986)

vierungsenergien. Jedoch ist die Beschreibung der Temperaturabhängigkeit solcher Reaktionen durch ihre z-Werte weit verbreitet (Tabelle 5.2.)

Neben der tabellarischen Übersicht der reaktionskinetischen Kennwerte werden Arrhenius-Diagramme zur Veranschaulichung und zur Bestätigung des kinetischen Zusammenhanges eingesetzt. Als Beispiel sei auf die Temperaturabhängigkeit der Bräunungsreaktionen in einem Roggen-Weizen-Mischmehl (Abb. 5.4.) und in Kartoffelwürfeln (Abb. 5.5.) hingewiesen.

Villota und Hawkes (1986) haben nach den Angaben anderer Autoren die Arrhenius-Geraden verschiedener Stoffwandlungen in zwei Arrhenius-Diagrammen zusammengestellt (Abb. 5.16., 5.17.).

5.3.2 Wachstum und Abtötung von Mikroorganismen

Die Erfassung der Beziehungen zwischen Mikroorganismenpopulationen und der Temperatur ist bei der Lebensmittelverarbeitung von großer praktischer Bedeutung und hat in jüngerer Zeit eine besondere lebensmittelwissenschaftliche Aufmerksamkeit erhalten, vor allem wegen der Verbreitung von „frischen" und wenig bearbeiteten Lebensmitteln und wegen neuer Konzepte in der Prozeßkontrolle (Whiting und Buchanan, 1994). Entsprechende mathematische Modelle werden in großem Umfang zur Erarbeitung und Kontrolle konventioneller thermischer Haltbarmachungsverfahren (Ball und Olson, 1957; Stumbo, 1965; Teixeira, 1992) und in anderen industriellen Bereichen wie der Fermentation eingesetzt. Sie sind auch notwendig für das Verständnis der Mikrobiologie, die Bestandteil verschiedener Disziplinen wie Medizin, Landwirtschaft, Ökologie und Biotechnologie ist.

Traditionell lassen sich die mathematischen Modelle für die Temperaturabhängigkeit von Mikroorganismen zwei Hauptgruppen zuordnen: jenen für die Vermehrung und das Wachstum und jenen, die die thermische Inaktivierung beschreiben (Whiting und Buchanan, 1994). Erstere betreffen vor allem den Bereich niedriger Temperaturen und umfassen verschiedene Gleichungen. Sie wurden kürzlich ausführlich von McMeekin u.a. (1993) bewertet. Die zweite Gruppe betrifft den letalen Temperaturbereich und umfaßt im wesentlichen nur ein Modell, das als Standard und legislative Basis die Grundlage für die Berechnung der Wirksamkeit von thermischen Haltbarmachungsverfahren in der Lebensmittelindustrie darstellt (Teixeira, 1992).

Die vorhandenen Modelle der Mikroorganismenaktivität tragen zur Erfassung des mikrobiellen Wachstums oder des Überlebens bzw. der Inaktivierung, zur Verbesserung von Laborergebnissen durch das Auffinden kritischer Bereiche bei experimentellen Versuchsplänen von Beimpfungs-Studien bei und erleichtern die Ermittlung von kritischen Gefährdungs- und Kontrollpunkten (HACCP – Hazard Analysis and Critical Control Point).

Nachfolgend werden in Anlehnung an Whiting und Buchanan (1994) die am häufigsten genutzten Modelle der Mikroorganismenaktivität behandelt. Zusammenfassende Arbeiten wurden veröffentlicht zur frühen Modellierung (Farber, 1986), zur historischen Entwicklung von Modellen (Whiting, 1994), zur Modellierung der Haltbarkeit und Sicherheit von Lebensmitteln, verpackt in kontrollierter und modifizierter Atmosphäre bei gleichzeitiger Berücksichtigung der Temperatur (Labuza u.a., 1992), zur Modellierung von *Clostridium botulinum* (Baker und Genigeorgis, 1993), zur Modellierung des Wachstums (McMeekin u.a., 1993) und zur Entwicklung von Modellen und Software für das Wachstum von Pathogenen (Buchanan, 1993, 1992, 1991).

Für die Erfassung der Wirkung von Einflußfaktoren auf die Kennwerte der Überlebenskurve wurden multiple Regressions-Polynome, die Arrhenius-Beziehung und das Quadratwurzel-Modell (Bělehrádek) angewendet.

Die multiplen Regressions-Polynome wurden für die Prozeßoptimierung entwickelt. Sie enthalten typischerweise quadratische oder kubische Ausdrücke und gemischte Funktionen. Häufig wird ein Parameter zur Homogenisierung der Varianz logarithmiert. Gleichungen dieser Art sind deskriptiv und erfassen die mehrere Faktoren enthaltenden Daten ohne die Annahme einer Beziehung zwischen dem Faktor und dem Mikroorganismenwachstum. Verfeinerte Versionen schließen Terme für den pH-Wert und die Wasseraktivität ein (Davey, 1989, 1991), z. B.:

$$\ln k = C_0 + \frac{C_1}{T} + \frac{C_2}{T^2} + C_3 a_W + C_4 a_W^2 \tag{5.43}$$

mit:

T = Temperatur; C_0 bis C_4 = Parameter-Werte.

Ebenso wie zur Beschreibung der Temperaturabhängigkeit vieler einfacher und komplizierter chemischer Reaktionen konnte die Arrhenius-Gleichung auch zur Erfassung der Temperaturwirkung auf Mikroorganismen angewendet werden. Da das Wachstum von Mikroorganismen ein komplizierter Vorgang von enzymkatalysierten biochemischen Reaktionen ist, stellt die ermittelte Aktivierungsenergie eine Gesamt-Aktivierungsenergie dar. Sie charakterisiert das Wachstum, wenn alle anderen Milieufaktoren konstant gehalten werden und der verwendete Temperaturbereich klein ist.

Um die mikrobiologischen Besonderheiten zu berücksichtigen, wurde in der Arrhenius-Gleichung die Reaktionsgeschwindigkeitskonstante k durch die Wachstumsgeschwindigkeitskonstante r ersetzt, die unter Annahme eines exponentiellen Wachstumsmodells ermittelt wird und die gleichzeitig der Kehrwert der Generationszeit ist. Ebenso wurde die Aktivierungsenergie E_A durch die Größe μ ersetzt, die „Temperatur-Charakteristik" genannt wurde. Obwohl μ in der substituierten Arrhenius-Gleichung eine Konstante ist, ist es allgemein bekannt, daß sie tatsächlich mit steigender Temperatur sinkt.

Generell kann die Arrhenius-Beziehung bis einige Grade unter der Temperatur der maximalen Wachstumsgeschwindigkeit (T_{opt}) die Wirkung der Temperatur auf das Wachstum befriedigend modellieren. Die Erweiterung der Gleichung (4.31) um die Temperaturabhängigkeit der Reaktionsgeschwindigkeitskonstanten führt zu der Gleichung:

$$\ln \frac{N}{N_0} = k \cdot t = k_0 \cdot e^{-\frac{E_A}{R \cdot T}} \cdot t \tag{5.44}$$

Mit dieser Gleichung kann die Temperaturabhängigkeit des Wachstums in der exponentiellen Wachstumsphase erfaßt werden. Für das Wachstum von Mikroorganismen liegen die Aktivierungsenergien zwischen 60 und 120 kJ/mol (Mohr und Krawiec, 1980). Die Nutzung dieses Modells setzt im Arrhenius-Diagramm eine Gerade voraus. Dann kann wie für eine chemische Reaktion das Wachstum eines Mikroorganismstammes oder seine Inaktivierung bei einer anderen Temperatur berechnet werden. Verschiedene Abwandlungen der Arrhenius-Gleichung wurden von McMeekin u. a. (1993) besprochen.

Nach Fu u.a. (1991) kann die Arrhenius-Beziehung auch als Modell für die Temperaturabhängigkeit in der lag-Phase (siehe Abb. 4.6.) verwendet werden, was besonders wichtig für Voraussagen zur Haltbarkeit von Gütern mit niedriger Keimzahl (HACCP) bei variablen Lagerungstemperaturen ist. Beispiele hierzu sind die pasteurisierte Milch mit einer Anfangskeimzahl von ca. 10 Keimen/ml oder die lag-Zeit für die Entstehung von Botulinus-Toxin bei Fisch, verpackt in kontrollierter

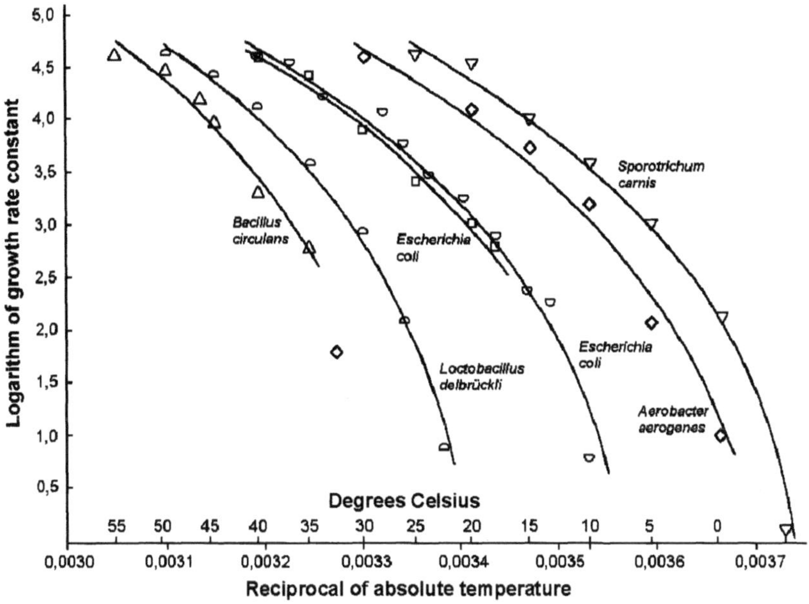

Abb. 5.18. Arrhenius-Diagramm für 6 umgezeichnete Datensätze (aus Johnson u. a. (1974))

oder modifizierter Atmosphäre. Die Reaktionsgeschwindigkeitskonstante in der lag-Phase kann als der Kehrwert der Dauer der lag-Phase ausgedrückt werden.

Die Temperaturabhängigkeit des Wachstums von bestimmten Bakterien, Hefen und Schimmelpilzen ergab im Arrhenius-Diagramm jedoch keine Geraden (Abb. 5.18.), was auf die komplexe Natur der Wachstumsvorgänge zurückgeführt wurde. Deshalb haben Ratkowsky u. a. (1982) eine empirische Gleichung (das Quadratwurzel-Modell) für die Temperaturabhängigkeit des Wachstums bis zur maximalen Wachstumstemperatur T_{opt} vorgeschlagen, bei dem die Quadratwurzel der Wachstumsgeschwindigkeit gegen die Temperatur aufgetragen wird. Die Gleichung lautet:

$$\sqrt{k} = b \cdot (T - T_{min}) \tag{5.45}$$

mit:

k = die spezifische Wachstumsgeschwindigkeitskonstante
b = Anstieg der Regressionsgeraden im Wachstumsbereich unter der Optimaltemperatur
T = Temperatur (in °C oder K)
T_{min} = Schnittpunkt der Regressionsgeraden mit der Temperaturachse ($\sqrt{k} = 0$; Abb. 5.19.).

T_{min} ist eine hypothetische Temperatur, die nicht mit der Temperatur übereinstimmen muß, bei der das Wachstum tatsächlich Null ist. Beispielsweise gaben Ingraham u. a. (1983) für *Escherichia coli* als T_{min} = 3,5 °C an, während die tatsächlich ermittelte Wachstumsgrenze 8 °C betrug.

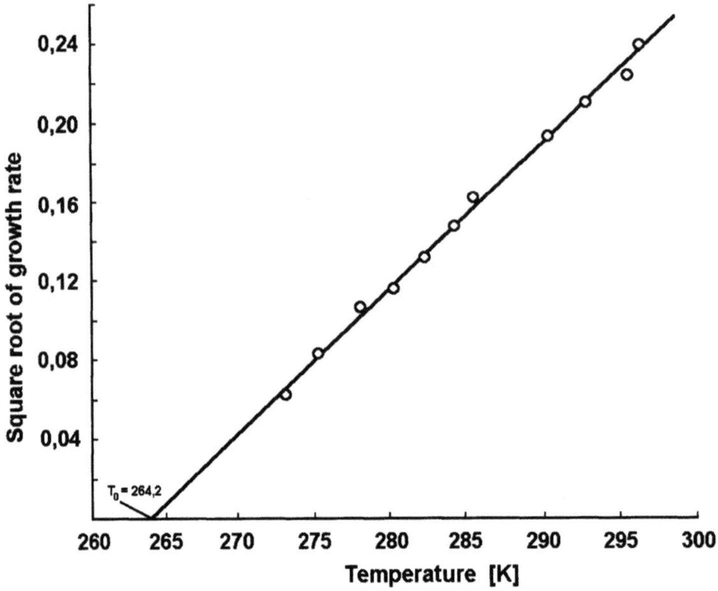

Abb. 5.19. Typische lineare Beziehung für Bakterien der *Pseudomonas*-Gruppe 1, Stamm 16L16, zwischen der Quadratwurzel der Wachstumsgeschwindigkeit und der Temperatur

Für 33 Bakterienstämme geben McMeekin u. a. (1993) den Temperaturbereich an: $T_{min} = 251 - 308$ K, $T_{opt} = 288 - 337$ K und $T_{max} = 293 - 349$ K.

Die ausgezogenen Kurven in Abb. 5.18. entsprechen der Gleichung (5.44) (Ratkowsky u. a., 1982).

Obwohl T und T_{min} in °C angegeben werden können, werden Temperaturangaben in Kelvin bevorzugt, um das Arbeiten mit negativen Temperaturen zu vermeiden.

Die Wachstumsgeschwindigkeit entspricht hier dem Kehrwert der Zeit für eine 25 %ige Trübung im optischen Test (Ratkowsky u. a., 1982).

Die Gleichung (5.45) wurde von Ratkowsky u. a. (1982; 1983) erfolgreich auf die von verschiedenen anderen Autoren mitgeteilten Wachstumsdaten angewendet. Diese Gleichung ist ein spezieller Fall des von Bělehrádek vorgeschlagenen Modells (McMeekin u. a., 1993).

Die Temperaturabhängigkeit des Mikroorganismenwachstums in der lag-Phase konnte gleichfalls mit dem Quadratwurzel-Modell erfolgreich beschrieben werden (Chandler und McMeekin, 1985; Griffith und Phillips, 1988; Smith, 1985).

Die mathematische Gleichsetzung der Differentialform der Arrhenius-Gleichung mit dem logarithmierten und differenzierten Bělehrádek-Modell führte McMeekin u. a. (1993) zu einem Ausdruck für die Temperaturabhängigkeit der Aktivierungsenergie:

$$\Delta E_{A,app} = \frac{2 \cdot R \cdot T^2}{(T - T_{min})} \tag{5.46}$$

Danach ist die Aktivierungsenergie der Tangens der Kurve im Arrhenius-Diagramm bei der jeweiligen Temperatur T. Sie ändert sich merklich mit der Temperatur (Abb. 5.18.). Zur Kennzeichnung dieser temperaturabhängigen scheinbaren Aktivierungsenergie wurde das Symbol $\Delta E_{A,app}$ gewählt (app = appearend, scheinbar). Für typische psychrophile, psychrotrophe, mesophile und thermophile Mikroorganismen führen die Autoren Werte für $\Delta E_{A,app}$ an, die mit T_{min} steigen und mit wachsender Differenz $(T - T_{min})$ fallen.

Die T_{min}-Werte erwiesen sich als unabhängig von dem Wachstumsmedium und von einer Belüftung, was zeigt, daß T_{min} eine innere Eigenschaft der Organismen ist, wenn bis auf die Temperatur alle Wachstumsfaktoren optimal sind. Die T_{min}-Werte für mesophile Bakterien lagen in einem mittleren Temperaturbereich von 270–280 K, zwischen dem der Psychrotrophen und dem der Thermophilen. Die beiden untersuchten thermophilen Mikroorganismen hatten T_{min}-Werte von 290 und 296 K. Demnach können die T_{min}-Werte zusätzlich zur optimalen Wachstumstemperatur eine nützliche Hilfe bei der Einstufung eines Mikroorganismenstammes als psychrophil, psychrotroph, mesophil oder thermophil sein. Die T_{min}-Werte der verschiedenen Mikroorganismenarten verteilen sich kontinuierlich über den Temperaturbereich.

Das Quadratwurzel-Modell kann auch in anderen lebensmittelwissenschaftlichen Bereichen nützlich sein, wie z.B. beim Verderb proteinreicher Lebensmittel. Der Abbau von Nucleotiden als Vorstufe eines Verderbs wies die Temperatur $T_{min} = 265$ K auf; ein Wert, der dem vieler Pseudomonaden ähnlich ist, den wichtigsten Verderbs-Organismen proteinreicher aerob und kühl gelagerter Lebensmittel.

Das Quadratwurzelmodell wurde erweitert, um gleichzeitig den Einfluß des pH-Wertes und der Wasseraktivität auf die Wachstumsgeschwindigkeit zu erfassen (McMeekin u. a.,1992):

$$\sqrt{k} = b \cdot [(a_W - (a_W)_{min})(\mathrm{pH} - \mathrm{pH}_{min})]^{0,5} \cdot (T - T_{min}) \tag{5.47}$$

mit k als der resultierenden Geschwindigkeitskonstanten; $(a_W)_{min}$, pH_{min} und T_{min} sind die entsprechenden Parameterwerte bei der auf Null extrapolierten Reaktionsgeschwindigkeit für die Einflußfaktoren a_W, pH und T.

Ratkowsky u. a. (1983) haben dieses Modell auf das Wachstum bei der optimalen und bei den darüber hinausgehenden Temperaturen erweitert (Gleichung (5.52)).

Die thermische Sterilkonservierung ist eines der am weitesten verbreiteten Haltbarmachungsverfahren des 20. Jahrhunderts und hat wesentlich zur ausgeglichenen Versorgung eines großen Teiles der Menschheit mit Nahrungsmitteln beigetragen. Sie besteht aus der Erhitzung von eingedosten Lebensmitteln in Überdruckgeräten bei speziellen Temperaturen und vorgeschriebenen Zeiten. Diese Prozeßzeiten werden auf Grund einer ausreichenden Mikroorganismeninaktivierung in jedem Behälter und in Abstimmung mit Gesundheitsvorschriften berechnet, um gesundheitliche Risiken auszuschließen und den Verderb auf ein Minimum zu senken (siehe Kapitel 6). Der genaue Mechanismus der thermischen Mikroorganismeninaktivierung ist noch nicht bekannt.

Die mathematische Modellierung des Verhaltens lebensmitteleigener Mikroorganismen begann in den Zwanziger Jahren mit den TDT-Berechnungen (Thermal-Death-Time, s. Kap. 5.2.3). D- und z-Werte wurden von der Sterilkonservenindustrie länger als ein halbes Jahrhundert erfolgreich angewendet, um eine

Gefährdung durch das Botulinus-Toxin auszuschließen. Eine hervorragende Zusammenstellung der Pionierarbeiten zur Entwicklung dieses Modells wurde von Goldblith u.a. (1961) herausgegeben. Dieses erste Modell beschreibt die Abnahme der logarithmierten Keimzahl mit der Erhitzungszeit bei einer konstanten Temperatur als eine einfache Reaktion 1. Ordnung. Bei Inaktivierungsstudien wurde dieses Modell nach wie vor angewendet (Fujikawa u.a.,1992; Mohr und Simon, 1992).

Die thermische Inaktivierung von Bakterien folgt generell dem Schema einer Reaktion 1. Ordnung und kann durch die logarithmische Abnahme der Konzentration an Bakteriensporen mit der Zeit für jede letale Temperatur dargestellt werden. Diese Tatsache wird oft als logarithmische Absterbeordnung bezeichnet. Solche Abbildungen sind als „Überlebenskurve" bekannt (vgl. Abb. 4.15.).

Die charakteristische Reduktionszeit ist der D-Wert als die Zeit in Minuten, die notwendig ist, um bei einer bestimmten Temperatur die Keimzahl um eine Zehnerpotenz zu senken (siehe Kap. 4.2.3.). Er ist temperaturabhängig. Die bei verschiedenen letalen Temperaturen bestimmten D-Werte ergeben im „vereinfachten Arrhenius-Diagramm" (TDT-Kurve) eine Gerade, deren Anstieg die Ablesung des z-Wertes als der charakteristischen Größe für die Temperaturwiderstandsfähigkeit des untersuchten Bakterienstammes erlaubt.

In Analogie zu einer chemischen Reaktion kann gemäß den Gleichungen (4.81) und (4.31) die Inaktivierungsgeschwindigkeit parallel zum D-Wert auch mit einer Geschwindigkeitskonstanten k beschrieben werden. Zur Kennzeichnung der Temperaturabhängigkeit dieser Geschwindigkeitskonstanten kann über das Arrhenius-Diagramm und den Anstieg der Arrhenius-Geraden die Aktivierungsenergie für die Inaktivierung der Bakteriensporen herangezogen werden. In der mikrobiologischen und lebensmittelwissenschaftlichen Literatur wird häufig jedoch der D-Wert zur Beschreibung der Temperaturwiderstandsfähigkeit eines Bakterienstammes angewendet (Teixeira, 1992). Die Tabellen 5.5. und 5.6. zeigen für verschiedene Mikroorganismenarten die charakteristischen Werte für die Temperturwiderstandsfähigkeit.

Tabelle 5.5. Temperaturempfindlichkeit einiger in schwach sauren Lebensmitteln vorkommender Bakterien (Ziemba, 1980)

Lebensmittel	Bakteriengruppe	D [min]	z [K]
		$D_{65,5}$	
Milch	*Bac. stearothermophilus*		10,75
	Mycobact. tuberculosis	0,20–0,30	4,44– 5,55
	Brucella sp.	0,10–0,20	4,44– 5,55
Milch	*Coxiella burnetti*	0,50–0,60	4,44– 5,55
	Shigella dysenteriae	0,05	4,66
Eimasse	*Salmonella sp.*	0,02–0,25	4,44– 5,55
	Salm. senftenberg	0,80–1,00	4,44– 6,66

Tabelle 5.5. (Fortsetzung)

Lebensmittel	Bakteriengruppe	*D* [min]	*z* [K]
Fleisch und Geflügel	*Staphylococcus aureus*	0,02–0,25	4,44– 6,66
	Staphylococcus pyogenes		
		$D_{71,1}$	
	Streptococcus faecium	0,6	5,00
	psychrophile Bakterien	$D_{82,2}$	
flüssige Lebensmittel	*Clostridium botulinum*		
	Typ E	0,10–3,00	5,00– 8,88
	mesophile Bakterien	$D_{121,1}$	
alle Lebensmittel	*Clostridium botulinum*		
	Typ A und B	0,10–0,20	7,77–10,00
	thermophile Bakterien		
Fleisch und Geflügel	*Clostr. perfringens*		
	NCTC 8797	0,04–0,76	12,00–24,00
	Clostr. perfringens		
	NCTC 8798	0,16	10,50
		$D_{87,8}$	
Obst und Gemüse	*Byssochlamis fulva*		4,75
Pauschalwert		10	8,9

Tabelle 5.6. Temperaturempfindlichkeit einiger in Lebensmitteln vorkommender Bakterien (Ziemba, 1980)

pH-Bereich	Bakteriengruppe		*D* [min]	*z* [K]
	thermophile		$D_{121,1}$	
schwach sauer	*Bac. stearothermophilus*		4,0–5,0	7,77–12,22
pH > 4,6	*Cl. thermosaccharolyticum*		3,0–4,0	8,88–12,22
	Cl. nigrificans		2,0–3,0	8,88–12,22
	mesophile		$D_{65,5}$	
	Cl. sporogenes		0,1– 1,5	7,77–10,00
	P.A. 3679			
	nichtsporenbildende Bakterien		0,5– 3,0	4,44– 6,66
	relat. thermophile			
sauer	*Bac. coagulans*	D_{100}	0,01–0,07	7,77–10,00
pH 4,6 bis 4,0	mesophile			
	Bac. polymyxa	$D_{121,1}$	0,10–0,50	6,66– 8,88
	Bac. macerans	$D_{121,1}$	0,10–0,50	6,66– 8,88
	Cl. pasteurianum	$D_{65,6}$	0,10–0,50	6,66– 8,88
	mesophile nichtsporenbild. Bakt.		$D_{121,1}$	
stark sauer	*Lactobacillus sp.*		0,51–1,00	4,44– 5,55
pH < 4,0	*Leuconostoc sp.*		0,51–1,00	4,44– 5,55

Die z-Werte liegen für Sporen und viele vegetative Mikroorganismen im Bereich von $z = 6$ bis 16 K. Heiss und Eichner (1994) führen die folgenden z-Werte an:

Sporen	z [K]
Bac. subtilis	6,8
Cl. saccharolyticum	7,2 bis 10
Cl. botulinum	8,3 bis 10
Cl. sporogenes	8,9 bis 11
B. stearothermophilus	9,6 bis 10,7
B. cereus und *Cl.*perfringens	9,7

Die vegetativen Formen von Bakterien weisen z-Werte bis 5 K auf.
Vergleichsweise betragen die z-Werte für die

Vitamin B_1-Inaktivierung: 21 bis 31,
chemischen Reaktionen: 21 bis 25,
Peroxidase-Inaktivierung: 26 bis 32.

In der Praxis geht man bei der Berechnung von Sterilisationsbedingungen für die nichtsauren Füllgüter (pH > 5,5) im allgemeinen von einem Wert $z = 10$ K aus, den Esty und Meyer (1922) für die Sporen von *Clostridium botulinum* ermittelt haben. Die z-Werte der Sporen werden mit kleinerem pH-Wert größer, weshalb es z.T. üblich ist, für schwach saure Füllgüter mit einem pH-Wert unter 5,5 wie z.B. Karotten, $z = 12$ K zu verwenden. Nichtsporenbildende Bakterien, darunter pathogene, haben $z = 6$ bis 10 K, meistens 7 bis 9 K; für Hefen und Schimmel kann man mit $z = 5$ bis 7 K rechnen.

Wie Cheftel und Thomas (1967) ausführten, hat die Erfahrung gezeigt, daß hinsichtlich der für die Sterilkonservierung notwendigen Keimabtötung ein genügend hoher Sicherheitskoeffizient vorhanden ist, wenn die Hitzebehandlung so ausgelegt wird, daß eine Verminderung der Sporenzahl des gefährlichen Toxinbildners *Clostridium botulinum* von 10^{12} auf 10^{0} je Milliliter stattfindet (D_{12}-Konzept, vgl. Abschnitt 4.2.5), und zwar von dem hitzewiderstandsfähigsten Stamm pathogener Keime, der bekannt ist und von Esty und Meyer (1922) isoliert wurde. Aus diesem Grunde wird die Temperaturempfindlichkeit dieses Stammes als Bezugspunkt für die Aufstellung von Sterilisationsnormen bei allen nichtsauren und schwachsauren Konserven (pH < 4,6) verwendet.

Es existieren Bakterienarten, die einen Hitzewiderstand besitzen, der weit höher als der von *Clostridium botulinum* ist. Ihre Entwicklung in einem konservierten Lebensmittel wird jedoch von merklichen Veränderungen begleitet (Bombage, Farbumschlag), ohne daß Toxine gebildet werden. Nach einer Hitzebehandlung, bei der *Clostridium botulinum* mit Sicherheit abgetötet wird, besteht keine Gefahr für die Gesundheit des Verbrauchers. Im schlimmsten Fall ist das Produkt ungenießbar und zu verwerfen.

Wegen der Gefährlichkeit der Arbeit mit Kulturen des *Clostridium botulinum* zieht man es vor, die experimentellen Untersuchungen zur Aufstellung von Sterilisationsnormen mit nichtpathogenen Keimen durchzuführen. Dabei kommen insbesondere zwei Stämme zur Anwendung, die von Cameron in den Laboratorien der amerikanischen National Canners Association isoliert wurden und unter den Bezeichnungen P.A. 3679 (Putrefactic Anaerobe: *Clostridium sporogenes*, Stamm Nr. 3679) und F.S. 1518 (Flat Sour: *Bac. stearothermophilus*, Donk) bekannt sind. Beide Arten besitzen Sporen, die eine höhere Hitzewiderstandsfähigkeit als die Sporen des *Clostridium botulinum* besitzen, und es ist festgestellt worden, daß eine Hitzebehandlung bei diesen Arten, die eine Sporenverminderung von 10^5 auf 10^0 je Milliliter bewirkt, derjenigen entspricht, die notwendig gewesen wäre, um die Sporenzahl von *Clostridium botulinum* von 10^{12} auf 10^0 herabzusetzen. Es existieren Tabellen, die für verschiedene Temperaturen die Abtötungszeiten dieser beiden Stämme angeben (vgl. Abschitt 4.2.5) (Cheftel u. Thomas, 1967).

Peleg (1995) hat darauf hingewiesen, daß die Aufteilung der kontinuierlichen Temperaturskala in einen letalen und einen nichtletalen Abschnitt eine Frage der Übereinkunft ist. Meistens überlappen sich diese Abschnitte nicht. Gelegentlich ist jedoch ein größerer Temperaturbereich oder die Übergangszone wichtig und kann praktische Folgen für die Sicherheit oder die Ausbeute haben. Als Beispiel seien nicht vollständig gekochte Lebensmittel angeführt. Während die auf der Oberfläche befindlichen Mikroorganismen durch das Kochen abgetötet werden, können sich die im Zentrum befindlichen vermehren. Bei vielen industriellen Fermentationsprozessen wird die Reaktortemperatur so hoch wie möglich eingestellt, um die Vermehrungsgeschwindigkeit und die Aktivität der Mikroorganismen zu steigern. Wird jedoch eine kritische Temperatur überschritten, können die Mikroorganismen geschwächt oder sogar abgetötet werden.

Der Übergang zwischen den beiden Bereichen kann scharf oder fließend sein; aber in jedem Fall gibt es einen Abschnitt, der von keinem der traditionellen Modelle erfaßt wird. Peleg (1995) hat ein empirisches mathematisches Modell entwickelt, mit dem die genannte Schwierigkeit überwunden werden kann und das die beiden Teilbereiche der mikrobiellen Temperaturabhängigkeit zusammenfaßt.

Bei Vernachlässigung der lag-Phase (vgl. Abb. 4.6.) und ähnlicher Effekte und mit der Annahme, daß sowohl das Wachstum (McMeekin u.a., 1993) als auch die Abtötung von Mikroorganismen (Teixeira, 1992) mit der Kinetik 1. Ordnung beschrieben werden können, gelten:

für das Wachstum:

$$\frac{N}{N_0} = e^{k \cdot t}$$

für die Inaktivierung:

$$\frac{N}{N_0} = e^{-k \cdot t}$$

Im gemäßigten Temperaturbereich erreicht die Wachstumsgeschwindigkeit ein Maximum bei einer Temperatur T_m. Diese ist ein Charakteristikum zur Differenzierung des Mikroorganismentyps (psychrophile, mesophile, thermophile) und sie kann durch das Medium oder die chemische Umgebung beeinflußt werden. Das Ausmaß des Umwelteinflusses findet seinen Ausdruck in der Peakhöhe der Wachstums-Geschwindigkeits-Kurve und ebenso hängt die Peakbreite von dem Mikro-

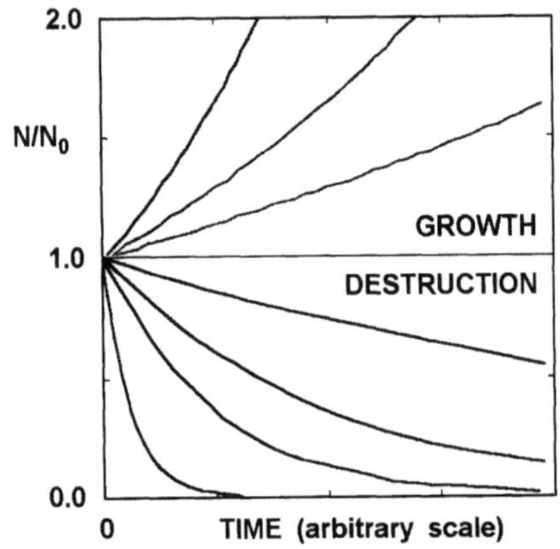

Abb. 5.20. Schematische Darstellung der Änderung der relativen Größe einer Mikroorganismenpopulation beim Wachstum und bei der thermischen Zerstörung

organismentyp und dem speziellen Reaktionsmilieu ab. Demzufolge kann die Größe der Wachstumsgeschwindigkeitskonstanten k_G zumindestens qualitativ mit einer auf der Gauss-Verteilung beruhenden Gleichung folgender Art beschrieben werden, wenn die Temperatur in diesem Abschnitt absolut keine letale Wirkung ausübt.

$$\frac{k_G(T)}{k_U} = \ln\left[1 + b^{-\left(\frac{T - T_m}{a_1}\right)^2}\right] \tag{5.48}$$

mit k_U als einer „Einheits"-Geschwindigkeitskonstanten (d.h. 1,000 min^{-1} oder 1,000 h^{-1} u.ä.), b einer dimensionslosen Konstanten für die Peak-Höhe und a_1 einer Konstanten für die Peak-Breite (mit der Dimension der Temperatur). Nach Gleichung (5.48) ist k immer positiv und die von T_m weit entfernten Temperaturen nähern sich Null. k_U wird aus Vereinfachungsgründen und, weil es definitionsgemäß den numerischen Wert von „1" mit der entsprechenden Einheit besitzt, in den folgenden Gleichungen einschließlich denen, die Gleichung (5.48) enthalten, nicht mehr aufgeführt.

Bei einer ausreichend hohen Temperatur hört das Wachstum auf und das Absterben der Mikroorganismen beginnt. Bei Temperaturen mit dominierender Letalität kann die Geschwindigkeitskonstante k_L zumindestens qualitativ durch eine auf der Fermi-Funktion beruhende Gleichung beschrieben werden:

$$k_L = \ln\left(\frac{1}{1 + e^{\left(\frac{T - T_C}{a_2}\right)}}\right) \tag{5.49}$$

worin T_C eine charakteristische Temperatur, die den letalen Temperaturbereich anzeigt, und a_2 eine Konstante mit der Dimension einer Temperatur sind. Die Größe von a_2 kennzeichnet die Steilheit von $k_L(T)$ in dem letalen Abschnitt. Je höher ihr Wert ist, desto gemäßigter ist die abtötende Wirkung. Die Gleichung (5.49) bringt mit sich, daß k_L im gesamten Temperaturbereich negativ ist, aber bei niedrigen Temperaturen mit $T \ll T_C$ wird $k_L \approx 0$. Bei $T \gg T_C$ wird nach diesem Modell $k_L = T/a_2$.

Unter realen Bedingungen und besonders im mittleren Temperaturbereich können sich die beiden Gesetzmäßigkeiten überschneiden. D.h., die Kombination der Gleichungen (5.48) und (5.49) gibt das allgemeine Modell für die Temperaturwirkung auf eine übergreifende Geschwindigkeitskonstante $k_{Ü}(T)$:

$$k_{Ü}(T) = \ln\left(\frac{1 + b \cdot e^{-\left(\frac{T - T_m}{a_1}\right)^2}}{1 + e^{\left(\frac{T - T_C}{a_2}\right)}}\right) \tag{5.50}$$

Trotz ihrer schwerfälligen Schreibweise ist die Gleichung (5.50) ein vorwärtsweisender algebraischer Ausdruck und hat genug „Flexibilität“, um verschiedenen praktischen Fällen gerecht zu werden. Sie hat die minimale theoretische Anzahl von Konstanten, die für ein so allgemeines phänomenologisches Modell benötigt wird: nämlich drei für die Beschreibung der Wachstumskurve und ihren charakteristischen Peak, d.h. ihre Lage (T_m), Höhe (b) und Breite (a_1), die in unterschiedlicher Weise bei den Mikroorganismen variieren können, und zwei für das Abtötungs-Verhalten, d.h. für die Lage (T_C) und die Steilheit (a_2), die gleichfalls bei den Mikroorganismen variieren können. Bei $T \ll T_C$ reduziert sich die Gleichung (5.50) auf die Gleichung (5.48), weil der Denominator ≈ 1 wird, und bei $T \gg T_m$ reduziert sie sich auf dic Glcichung (5.49), weil der Numerator ≈ 1 wird (Peleg, 1995).

Als kinetische Information enthält die Gleichung (5.50) den Hinweis, daß das Wachstum und die Inaktivierung von wenigstens zwei kinetischen Mechanismen kontrolliert werden und daß sich beide überschneiden können.

Peleg (1995) konnte eine sehr gute Übereinstimmung zwischen den nach der Gleichung (5.50) berechneten und den experimentellen Daten sowohl für aktive Mikroorganismen als auch für Sporen nachweisen sowie die Konstanten für einige Mikroorganismenarten mitteilen (Tabelle 5.7.).

Die in den Gleichungen (5.49) und (5.50) beschriebenen Modelle für die thermische Inaktivierung von Mikroorganismen unterscheiden sich von dem traditionell für die Berechnung von Sterilisationsprozessen verwendeten Arrhenius-

Tabelle 5.7. Regressions-Parameter der Gleichungen (5.49) und (5.50), angewendet auf mikrobielle Wachstums-/Inaktivierungsdaten[a]

Organismus	Gl.	T_U	b	a_1	T_C	a_2	r^2
Lactobac. plantarum	5.50	39 °C	2,5	15 °C	43 °C	1,7 °C	0,990
Alteromonas sp. CLD 38	5.50	298 K	0,074	14,5 K	310 K	0,52 K	0,998
Bac. stearothermophilus (Sporen)	5.49	–	–	–	415 K	2,2 K	0,999
Bac. megaterium (Sporen)							
native	5.49	–	–	–	90 °C	0,21 °C	1,000
entmantelte (decoted)	5.49	–	–	–	90 °C	0,16 °C	1,000

[a] Temperatureinheiten entsprechen den Originalarbeiten.

Modell. Bei hohen Temperaturen, wenn $(T - T_C)/a_2 \gg 1$ wird, reduzieren sich die Gleichungen (5.49) und (5.50) auf die lineare Gleichung (5.51):

$$k_Ü = \frac{T_C - T}{a_2} \tag{5.51}$$

während das Arrhenius-Modell die halbogarithmische Beziehung zwischen $k_Ü$ und dem Kehrwert der Temperatur in K beinhaltet. Trotz ihrer mathematischen Unterschiedlichkeit können beide Modelle Temperaturabschnitte praktischer Übereinstimmung aufweisen, wo sie austauschbar sind. Der Vorteil des von Peleg (1995) vorgeschlagenen Modells beruht in seiner Anwendbarkeit auf den Übergangsbereich von der Wachstums- zur Inaktivierungskinetik. Die zusätzliche Wirkung einzelner Faktoren des Reaktionsmilieus auf die Wachstums-/Inaktivierungsgeschwindigkeit kann erfaßt werden, wenn die Abhängigkeit der Modellparameter von dem jeweiligen Faktor algebraisch ausgedrückt werden kann.

Dieses generelle Konzept der zwei sich überlagernden kinetischen Gesetzmäßigkeiten sollte sich auch auf die Enzymaktivität übertragen lassen, wo der Aktivitätsbereich von einer zunehmenden Denaturierung des Enzyms abgelöst wird.

Ratkowsky u.a. (1983) haben das von ihnen 1982 vorgeschlagene Quadratwurzel-Modell zur Beschreibung der Temperaturabhängigkeit des Wachstums von Mikroorganismen auf das Wachstum bei der optimalen und darüber hinausgehenden Temperaturen erweitert, um den gesamten Temperaturbereich des Wachstums zu erfassen.

Die neue empirische nichtlineare Gleichung lautet:

$$\sqrt{r} = b \cdot (T - T_{min}) \cdot \{1 - e^{[c \cdot (T - T_{max})]}\} \tag{5.52}$$

mit:

T_{min} und T_{max} = Minimal- bzw. Maximaltemperatur, bei der die Wachstumsgeschwindigkeit gleich Null ist

b = Anstieg der Geraden im Temperaturbereich unter der Optimaltemperatur (Regressionskoeffizient),

c = ein zusätzlicher Parameter, um die Daten für Temperaturen über der Optimaltemperatur anzupassen.

Bei T viel kleiner als T_{max} wird der Beitrag des in geschwungenen Klammern stehenden Ausdrucks vernachlässigbar klein und die Gleichung (5.52) geht über in die Gl. (5.45). Mit steigender Temperatur wird der Klammerausdruck wichtiger und dominiert später, wobei die Wachstumsgeschwindigkeit sinkt, wenn T_{opt} überschritten wird. Bei $T = T_{max}$ wird die Wachstumsgeschwindigkeit Null. In mehr als 30 untersuchten Bakterienkulturen hat dieses Modell den Meßdaten sehr gut entsprochen.

Jedoch wurden häufig auch nichtlineare Kurven für den Abfall des Logarithmus der Keimzahl mit der Zeit gefunden und entsprechende Modelle entwickelt. Beispielsweise wurde hierfür eine Theorie zur Populationsdynamik entwickelt. Diese Theorie kombiniert Vorgänge 1. Ordnung für die rasche Inaktivierung weniger hitzewiderstandsfähiger Sporen mit einer anschließenden Aktivierungsperiode zur Überführung der verbliebenen Sporen in einen hitzempfindlichen Zustand und letztlich die Inaktivierung der restlichen Sporen (Rodriguez u. a., 1992; 1988; Teixeira und Rodriguez, 1990).

Zur Deutung der beobachteten Abweichungen vom exponentiellen Verlauf der Absterbekurve entwickelten Herrmann u. a. (1978) die Hypothese von dem Ablauf der Mikroorganismeninaktivierung nach dem Schema einer Folgereaktion (s. Abschnitt 4.3.3.). Danach geht der thermischen Abtötung von Bakteriensporen ihre Hitzeaktivierung voraus.

$$N^0 \xrightarrow{k_1} N_{akt} \xrightarrow{k_2} N^-$$

Ein Teil der ruhenden Sporen N^0 wird mit der Aktivierungsgeschwindigkeitskonstanten k_1 in die aktivierten Sporen N_{akt} übergeführt, die dann mit der Inaktivierungsgeschwindigkeitskonstanten k_2 abgetötet werden. Aus den Gesetzmäßigkeiten einer irreversiblen Folgereaktion mit Teilschritten 1. Ordnung ergibt sich für die Anzahl aktivierter Sporen zum Zeitpunkt t:

$$N_{akt} = \frac{N_0^0 \cdot k_1}{k_2 - k_1} \cdot (e^{-k_1 \cdot t} - e^{-k_2 \cdot t}) \tag{5.53}$$

mit N_0^0 als Ruhesporen zur Zeit $t = 0$, wenn zur Zeit $t = 0$ keine aktivierten Sporen vorhanden sind. Die Zahl der zur Zeit t abgetöteten Sporen (vgl. Gleichung (4.112)) beträgt dann:

$$N^- = N_0^0 \cdot \left[1 - \frac{1}{k_2 - k_1} \cdot (k_2 \cdot e^{-k_1 \cdot t} - k_1 \cdot e^{-k_2 \cdot t})\right] \tag{5.54}$$

Liegen im System zur Zeit $t = 0$ bereits aktivierte Sporen N^+ vor, so sind diese auf der linken Seite und ihr Abbau ($N^+ \cdot e^{-k_2 \cdot t}$) auf der rechten Seite der Gleichung (5.53) zu addieren.

Sowohl das Verhältnis von k_1 zu k_2 als auch das Verhältnis der zur Zeit $t = 0$ bereits vorhandenen aktivierten Sporen zur Gesamtzahl der Sporen N_0^0 / N_0 ist für den Verlauf der Überlebenskurve entscheidend (Abb. 5.21., Tabelle 5.8.).

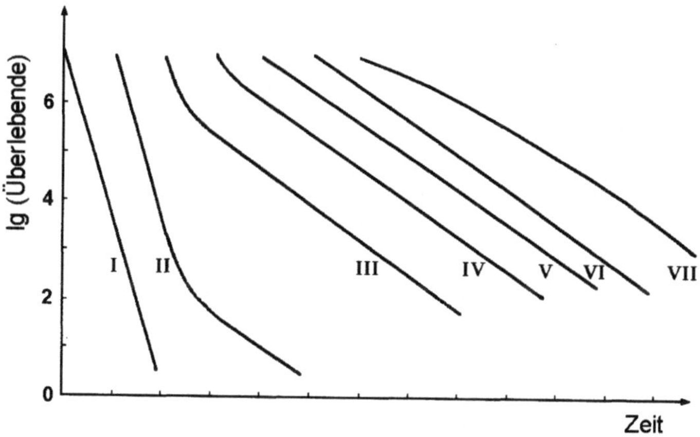

Abb. 5.21. Abweichungen vom exponentiellen Verlauf der Überlebenskurve, die durch die Verhältnisse k_1/k_2 und N_0^0/N_0 erklärt werden können (siehe Tabelle 5.8.). (Herrmann u. a., 1978)

Tabelle 5.8. Abtötungskurven von *Bacillus subtilis* HU 1 ($N_0 = 10^7$ Sporen, vgl. Abb. 5.21., Herrmann u.a., 1978)

Kurve	[°C]	k_1/k_2	$a = N_0^+/N_0$
I	137	1:5	1
II	137	1:5	0,9999
III	137	1:5	0,9
IV	137	1:5	0,5
V	137	1:5	0
VI	86	5:1	0
VII	122	1:1	0

Mit der häufig zur Bestimmung der Reaktionsgeschwindigkeitskonstanten verwendeten Methode von Halvorson und Ziegler (1932) wird der *D*-Wert meistens im Endteil der Abtötungskurve ermittelt, was bei Abweichungen vom exponentiellen Verlauf zu Fehlern führen muß.

In der Sterilisationspraxis interessiert die bei einer bestimmten Temperatur notwendige Erhitzungszeit Z_m (siehe Abschnitt 4.2.5), die zur Reduktion der Anfangskeimzahl auf den Wert $N = 1$ führt. Sie kann für den Fall $k_1 \ll k_2$ und $N_0^+ = 0$ mit der Gleichung (5.55) berechnet werden:

$$Z_m = \frac{2{,}303}{k_1} \cdot \lg\left(1 + \frac{k_1}{k_2}\right) \cdot N_0^0 \tag{5.55}$$

Für den Fall $k_1 \gg k_2$ ergibt sich Z_m aus der Gleichung (5.56):

$$Z_m = \frac{2{,}303}{k_1} \cdot \lg N_0 \tag{5.56}$$

Die Gleichungen (5.55) und (5.56) erlauben die Berechnung hinreichend exakter Z_m-Werte auch für die Fälle, in denen die exponentielle Absterbeordnung nicht zutrifft. Die Inaktivierung der Bakteriensporen nach dem Schema einer Folgereaktion führt zu Konsequenzen bei der Berechnung der Wirksamkeit von Sterilisationsregimen, da sowohl das variable Verhältnis N_0^0/N_0 als auch die Temperaturabhängigkeit der Geschwindigkeitskonstanten k_1 und k_2 keine konstanten Sterilisierwerte *F* erwarten lassen.

Diese Konzepte wurden zur Modellierung der Inaktivierung von Ruhesporen bei der UHT-Sterilisation angewendet (Sapru u.a., 1992). Bhaduri u.a. (1991) modifizierte die sigmoide Gompertz-Gleichung, um die thermische Inaktivierung von *L. monocytogena* bei mittleren Temperaturen zu beschreiben, wobei die Kurven eine Anfangsperiode des Überlebens und eine hitzeresistente Subpopulation zeigten.

Trotz der umfangreichen Nutzung von Modellen für die thermische Inaktivierung lebensmitteleigener Mikroorganismen wurde relativ wenig für die Entwicklung mathematischer Modelle zur Beschreibung der Inaktivierung bei Umgebungs- und Kühlschranktemperaturen getan. Unter ungünstigen Umweltbedingungen, z.B. bei einem niedrigen pH-Wert, schrumpft die Mikroorganismenpopulation mit der Zeit. Die Kurven der Überlebenden zeigen häufig Schultern und Schwanzbildung. Die Inaktivierungsgeschwindigkeit hängt oft von einer Kombination verschiedener Hemmfaktoren ab, von denen keiner alleine den Tod herbeiführen würde. Verschiedene Modelle wurden zur Berechnung der Inaktivierung von lebensmitteleigenen Pathogenen während der Lagerung bei konstanter Temperatur angewendet. Buchanan u.a. (1993) nutzten ein lineares Modell mit einem Term für die lag-Phase, gefolgt von einem Abfall 1. Ordnung, um die Inaktivierung von *L. monocytogenes* zu modellieren. Mit diesem Modell wurde die Wechselwirkung zwischen dem pH-Wert und der Konzentration an Milch- oder Essigsäure untersucht. Die Autoren beobachteten, daß der Logarithmus der Zeit über vier logarithmische Inaktivierungseinheiten zum Kehrwert der Quadratwurzel der Konzentration an undissoziierter Säure in Beziehung stand. Ein ursprünglich von Kamau u.a. (1990) für die Beschreibung der beschleunigten thermischen Zerstörung von *L. monocytogenes* und *S. aureus* durch das Lactoperoxidase-System entwickeltes logistisches Modell wurde zu einem Modell für das Überleben originärer Pathogener abgewandelt (Whiting, 1993).

Das spezielle Reaktionsmilieu und die konkreten Untersuchungsbedingungen sind – wie nicht anders zu erwarten – von großem Einfluß auf die Temperaturempfindlichkeit der einzelnen Mikroorganismenarten. Aus diesem Grunde können in der Literatur mitgeteilte Daten nur als Anhaltspunkt für die Temperaturempfindlichkeit einer Reaktion in einem zweiten Reaktionssystem gelten.

Mit sinkenden pH-Werten werden die Abtötungs-Temperatur-Geraden immer flacher, d.h. die z-Werte wachsen. Begleitstoffe können als Schutzkolloide wirken.

Neben den genannten Parametern können weitere Einflußfaktoren des jeweiligen Reaktionsmilieus die Kennwerte für die Temperaturabhängigkeit einer Reaktion verändern. Deswegen sollten die angeführten Werte nur für Überschlagsrechnungen verwendet werden. Zutreffende Werte müssen durch eine experimentelle Untersuchung des jeweiligen Reaktionssystems Lebensmittel erarbeitet werden.

Der wesentliche Nachteil der auf dem Arrhenius- bzw. z-Wert-Modell beruhenden Möglichkeiten zur Ermittlung günstiger und optimaler Prozeßbedingungen besteht darin, daß die Aussagen nur für das schlagartige Erreichen der jeweiligen Temperatur gelten. Näherungsweise trifft dieses zu für die Erhitzung von flüssigen und halbflüssigen Lebensmitteln z.B. in Plattensterilisatoren und für Konserven, wenn entweder eine sehr gute Konvektion innerhalb des Füllgutes vorliegt oder wenn durch Zwangskonvektion der Wärmedurchgang erheblich beschleunigt wird.

Bei Lebensmitteln, die im wesentlichen durch Wärmeleitung erhitzt werden, ist die Anwendung der Berechnungen bzw. Verfahren nur möglich, wenn die Erhitzung in dünnen Schichten oder kleinen Stücken erfolgen kann. Andernfalls ergeben sich bei höheren Temperaturen in den Randzonen Hitzeschädigungen (Anbrennen, Karamelisierung usw.) und im Zentrum des Gutes eine unzureichende Erhitzung.

Zur Berechnung der Veränderung solcher Lebensmittel sind die im Abschnitt 6 zu behandelnden Verfahren der Prozeßberechnung anzuwenden.

5.3.3 Enzymaktivität und Enzyminaktivierung

Die Aktivierung und Inaktivierung von Enzymen ist von mehreren RM-Parametern abhängig. Besonders intensiv wurde der Einfluß der Temperatur auf beide Vorgänge untersucht, experimentell belegt ist auch der Einfluß des pH- und des a_W-Wertes sowie der Ionenstärke auf die Enzymaktivierung und -inaktivierung. Kinetisch werden die aufeinander folgenden Reaktionen durch die Geschwindigkeitskonstanten und die Aktivierungsenergien gekennzeichnet (Tabelle 5.9., nach Okos; vgl. auch Kapitel 3, Tabelle 3.3.). Über die Geschwindigkeitskonstanten lassen sich auch die zeitabhängigen Umsätze berechnen.

Aus den temperaturabhängigen Geschwindigkeitskonstanten leiten sich die Q_{10}- und z-Werte ab (Gleichungen (5.28) und (5.29)).

Werden die enzymkatalysierten Lebensmittelveränderungen erwünscht wie in den Fermentations- oder Reifungsprozessen, dann versucht man aus technologischer (oder auch analytischer) Sicht, die Aktivität der Enzyme zu optimieren. Im umgekehrten Fall wie bei den besonders sensorisch wirksamen Verderbsreaktionen wird eine optimierte Enzyminaktivierung angestrebt. Beide Prozesse überschneiden sich jedoch in der Regel (als aufeinanderfolgende Reaktionen). In folgender Tabelle 5.10. sind die thermodynamischen Aktivierungsparameter und die relativen Inaktivierungskonstanten ausgewählter Proteasen nach einer Reaktion 1. Ordnung zusammengestellt.

Von Robert u. a. (1995) werden vergleichbare Daten zur Polyphenoloxidase (aus *Acanthophoenix rubra*) mitgeteilt.

Das Temperaturoptimum der Aktivität kann, wie oben festgestellt, nur bedingt zur Charakterisierung von Enzymen herangezogen werden. Die Geschwindigkeiten sowohl der Aktivierung als auch der Inaktivierung nehmen mit der Temperatur zu, allerdings sind die Aktivierungsenergien häufig sehr verschieden. Meist wird die Enzyminaktivierung mit steigender Temperatur deutlich bevorzugt. So steigen bei einer Temperaturerhöhung von 0 auf 60 °C die Amylosehydrolyse in Gegenwart von α-Amylase (Aktivierungsenergie $E_A = 20$ kJ/mol) auf das 5fache, die Inaktivierung ($E_A = 295$ kJ/mol) aber mehr als um das 10fache (Belitz und Grosch, 1992).

Die Saccharose-Hydrolyse in Gegenwart von löslicher Invertase erfordert eine Aktivierungsenergie von 39 kJ/mol, die Inaktivierung eine solche von etwa 404 kJ/mol. Für die Temperaturabhängigkeit beider Vorgänge sind folgende Beziehungen ermittelt worden (Westphal, Vogel und Pusch, 1988):

für den Aktivierungsbereich (18–36 °C):

$$\lg \frac{1}{Q_{\Delta T_A}} = \frac{E_A}{2{,}3 \cdot R} \cdot \left(\frac{1}{T_{k=1}} - \frac{1}{T} \right) \tag{5.57}$$

und mit $T_{k=1} = 345{,}6$ K:

$$\lg \frac{1}{Q_{\Delta T_A}} = 5{,}897 - \frac{2038}{T} \tag{5.58}$$

Tabelle 5.9. Kinetische Inaktivierungsparameter für ausgewählte Enzyme

Enzym	Lebensmittel	Temp.-Bereich [°C]	Bezugstemp. [°C]	k [s^{-1}]	E_A [kJ/mol]
Chlorophyllase	Spinat	84–96	60	0,0384	251
Chymotrypsin	Protein, isoliert	13–40	0	219	49
Invertase	Hefe	43–50 (pH 5,7)	50	$7{,}7 \cdot 10^{-5}$	222
		45–50 (pH 3,0)	55	$7{,}75 \cdot 10^{-4}$	364
Lipase	Reis	110–150	120	$4 \cdot 10^{-4}$	105
Peroxidase	grüne Bohnen	82–104	104	0,7931	144
		104–132	104	0,7931	82
		104–177	104	0,051	76
	Milch	69–71	70	$5{,}1 \cdot 10^{-4}$	779
	Spinat	77–92	77	0,327	138
	Gelbe Rübe	82–132	104	0,0575	205
	Rettich,				
	temp. resistent	76–87	82	$9{,}1 \cdot 10^{-4}$	88,3
	temp. labil	76–87	82	$33{,}1 \cdot 10^{-3}$	141

Tabelle 5.10. Thermische Aktivierungsparameter und relative Inaktivierungskonstanten für tierische Proteasen (Amiza und Owusu Apenten, 1994)

Protease	Temp.-Bereich [°C]	ΔG^{akt} [kJ/mol]	ΔH^{akt} [kJ/mol]	ΔS^{akt} [kJ/mol]	k [min^{-1}] (bei 40 °C)
Alkalische Protease					
roher Fisch	40–60	103,7–92,9	246,8 ± 0,07	476 ± 12,6	1
teilweise gereinigt	40–60	93,7–88,3	196,4 ± 0,07	282 ± 17,5	46
Chymotrypsin					
Fleisch	40–60	99,7–87,7	234,0 ± 0,08	430 ± 1,3	10

für den Inaktivierungsbereich (18–70 °C):

$$\lg \frac{1}{Q_{\Delta T_I}} = 62{,}1 - \frac{21\,027}{T} \tag{5.59}$$

Die Gleichungen (5.58) und (5.59) lassen sich durch Arrhenius-Diagramme veranschaulichen (Abbildungen 5.22. und 5.23.).

Die Abb. 5.22. verdeutlicht, wie Aktivierung und Inaktivierung des Enzyms ineinander übergehen (vgl. Abschnitt 7.2.3). Mit den Gleichungen (5.57) bis (5.59) lassen sich die zeit- und temperaturabhängigen Umsätze bei der Saccharose-Hydrolyse berechnen und in Abbildungen darstellen.

Für die Saccharose-Hydrolyse mit immobilisierter Invertase ermittelt man vergleichbare Werte (Westphal, Vogel und Pusch, 1988).

Aus den Arrhenius-Diagrammen der Enzymaktivierung und -inaktivierung lassen sich für die jeweiligen Spezies charakteristische Q_{10}- und z-Werte ermit-

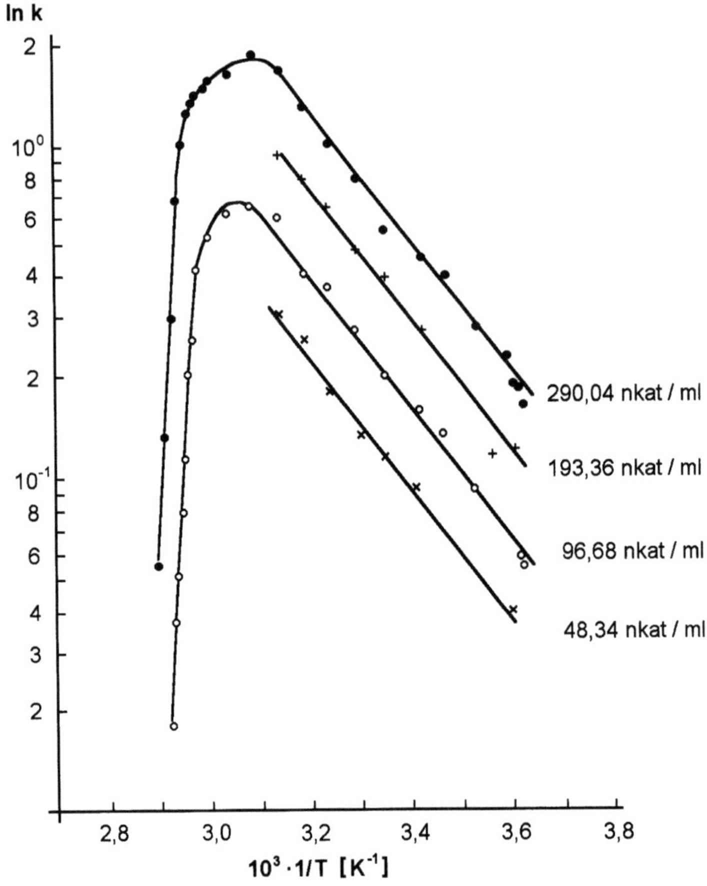

Abb. 5.22. Temperaturabhängigkeit der Saccharosehydrolyse in Gegenwart von löslicher Invertase (mikrobiell)

teln. Deren Berechnung ist mit den Gleichungen (5.28) und (5.29) möglich. Schließlich sei auf den funktionalen Zusammenhang beider reaktionskinetischer Größen hingewiesen (u. a. in Form der Abb. 5.15.). Unter diesem Blickwinkel geben die in folgender Tabelle zusammengestellten z-Werte zugleich die Q_{10}-Werte an.

Aus der Tabelle 5.11. geht die vergleichsweise hohe Stabilität der Peroxidase hervor. Damit ist die Wahl dieses Enzyms als Indikator für die Beurteilung von Enzyminaktivierungsprozessen und damit verbundenen Lebensmittelveränderungen begründet. Diese Funktion könnte für Enzyme in tierischen Geweben die Glutamat-Oxalacetat-Transaminase (GOT) übernehmen (Senter u. a., 1995).

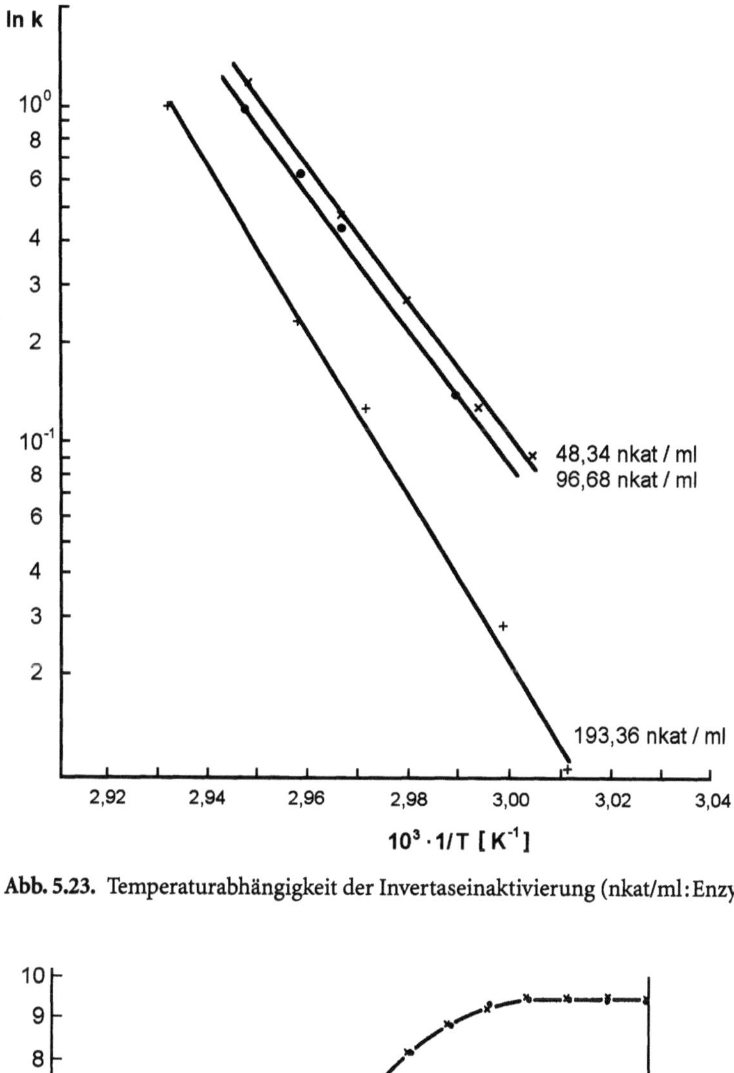

Abb. 5.23. Temperaturabhängigkeit der Invertaseinaktivierung (nkat/ml: Enzymaktivitätsmaß)

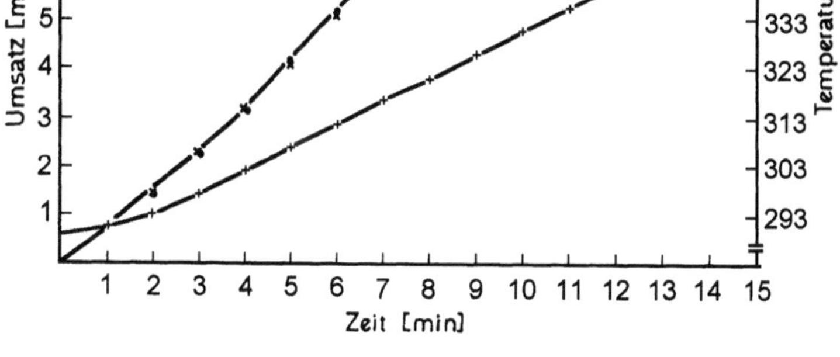

Abb. 5.24. Zeit-Umsatz-Kurve für die Saccharose-Hydrolyse in Gegenwart von löslicher Invertase

Tabelle 5.11. z-Werte für die Inaktivierung ausgewählter pflanzlicher Enzyme (nach Holdsworth; Okos; Belitz und Grosch)

Enzym	Lebensmittel	z [°C]
Mixtur	Kartoffeln	10,3
	Kirschen	17,5
	grüne Bohnen	48,9
Katalase	Spinat	8,3
Lipase	Kartoffeln	3,1
Lipoxigenase	Kartoffeln	3,6
	Erbsen	8,7
Phenoloxidase	Kartoffeln	7,8
o-Diphenoloxidase	Erbsen	5,5
Pectinesterase	Guayava	16,2
Peroxidase	Gemüse	27,7–31,4
	Mais	19,8
	Phosphatpuffer	
	temp. resistent	27,3
	temp. labil	17,0
	Kartoffeln	35,0
	Frühspinat	33,0
	Herbstspinat	45,0
	Bohnen	49,0

5.3.4 Haltbarkeit von Lebensmitteln

Die Haltbarkeit eines Lebensmittels umfaßt seine chemische, biochemische, mikrobiologische, sensorische und nährwertmäßige Stabilität und ist definiert als die maximale Zeitspanne, in der vorgegebene Qualitätsmerkmale beibehalten werden. Sie ist von großer praktischer Bedeutung und wird zum kritischen Faktor für die Verbraucherakzeptanz und die ökonomische Tragbarkeit eines Lebensmittels. Die Haltbarkeit eines Lebensmittels wird hauptsächlich von den während der Lagerung ablaufenden unerwünschten Stoffwandlungen – den Verderbsreaktionen – und dem Erreichen gewisser Grenzwerte bestimmt, wobei die konkreten Gegebenheiten wie Art und Anfangsqualität des Lebensmittels, seine Vorbehandlung, Verpackung oder Haltbarmachung sowie das Lagerungsklima innerhalb und außerhalb der Packung von entscheidender Bedeutung sind. In der Regel ist die Temperatur der wichtigste Einflußfaktor für die ablaufenden Qualitätsveränderungen. Bei kühlgelagerten Lebensmitteln ist z. B. der mikrobielle Verderb häufig haltbarkeitsbegrenzend, während bei gefriergelagerten Lebensmitteln oft chemisch oder enzymatisch verursachte sensorische Veränderungen für den Qualitätsabfall verantwortlich sind. Aber auch bei sterilisierten oder getrockneten Lebensmitteln, die bei der Umgebungstemperatur lagern, bestimmen chemische Stoffwandlungen oder Einflüsse aus dem Packmittel die Haltbarkeit.

Bei proteinreichen, aerob kühlgelagerten Lebensmitteln wird die Haltbarkeit hauptsächlich durch die Entwicklung von Pseudomonaden begrenzt. Psychotrope Pseudomonaden besitzen unter diesen Bedingungen einen Selektionsvorteil bis zu 30% gegenüber den Konkurrenten. Deshalb kann die Kenntnis der Temperaturabhängigkeit des Pseudomonadenwachstums zur Abschätzung der von der Zeit und der Temperatur abhängigen Haltbarkeit des Erzeugnisses verwendet werden, wofür sich das Quadratwurzel-Modell als gut geeignet erwies (siehe Kap. 5.3.2). Die Integration der Temperaturfunktion diente als Grundlage für elektronische Zeit-Temperatur-Indikatoren (Olley, 1978).

Zur Voraussage der Haltbarkeit wird gegenwärtig in der Regel von der Annahme ausgegangen, daß die Qualitätsänderung nach einem Zeitgesetz 0. oder 1. Ordnung verläuft und daß die Änderungsgeschwindigkeit bei einer konstanten Temperatur konstant ist. Dieses Vorgehen führt in bestimmten Fällen zu einer relativ guten Festlegung der Haltbarkeit; wegen der Komplexität der ablaufenden Veränderungen kann es jedoch nicht genau sein. Solche Komplikationen umfassen z.B. Folgereaktionen mit unterschiedlichen Teilgeschwindigkeitskonstanten oder lange Zeit verborgene, äußerlich nicht nachweisbare chemische oder physikalische Prozesse, die nach längerer Lagerung plötzlich durch nachteilige Eigenschaften manifest werden. Eine durchdachte Auseinandersetzung mit der Bestimmung der Haltbarkeit erfordert die Erfassung der relativen Bedeutung der die Qualität bestimmenden Hauptmerkmale, wie der Sicherheit, des Nährwertes und der sensorischen Eigenschaften. Da die Verderbsgeschwindigkeiten für die einzelnen Vorgänge unterschiedlich sein können, ist die Ermittlung des kritischen Weges dieser Veränderungen notwendig (Daun, 1993). Die neueren Erkenntnisse auf diesem Gebiet werden in der von Charalambous (1993) herausgegebenen Arbeit besprochen.

Die Geschwindigkeit der bei der Lagerung eintretenden Qualitätsveränderungen wird in entscheidendem Maße durch die Zeit-Temperatur-Belastung bestimmt. Für die Kühllagerung verderblicher Lebensmittel stellt die TTT-Hypothese eine wesentliche Grundlage dar. Diese Zeit-Temperatur-Toleranz-Hypothese (Time-Temperature-Tolerance-Hypothesis) umfaßt nach McMeekin u.a. (1993) die folgenden, vielfach bestätigten Feststellungen:

- der Qualitätsverlust ist der integrierten und summierten Wirkung sowohl der Zeit als auch der Temperatur proportional
- die Geschwindigkeit des Qualitätsverlustes steigt oder fällt so, wie die Lagerungstemperatur steigt oder fällt
- die Qualitätsverluste sind kumulativ und irreversibel
- alle Temperaturwirkungen sind kommutativ, d.h. sie führen zur gleichen Produktqualität, unabhängig davon, wann sie auf das Produkt einwirken.

Zur Berechnung der Haltbarkeit verderblicher Lebensmittel brauchen demnach nur die charakteristischen Kennwerte der die Qualität beeinträchtigenden Stoffwandlungen bekannt zu sein. Diese wurden für viele Lebensmittel bereits in umfangreichen amerikanischen Untersuchungen erarbeitet (Van Arsdel, 1957; Van Arsdel u.a., 1969).

Während in den ersten Arbeiten die Möglichkeit der Berechnung dieser Veränderungen mit Hilfe halbempirischer Modelle nachgewiesen wurde (Van Arsdel

u. a., 1969; Schubert, 1980), wurde in den späteren Jahren der Trend zu einer dynamischen Optimierung zwischen der Zeit-Temperatur-Belastung und der Produktqualität deutlich (Herrmann, 1974; Poeschel und Kiener, 1987; McMeekin u. a., 1993). Dabei werden zunehmend die Möglichkeiten der Mikroelektronik genutzt (Lewis und Klatt, 1985).

Die Kenntnis der Aktivierungsenergien der qualitätsbestimmenden Stoffwandlungen bzw. der von ihnen abgeleiteten Q_{10}-Werte ist die theoretische Grundlage für die Berechnungen, wobei zu prüfen ist, ob für die Lagerungspraxis nicht bereits relativ grobe Abschätzungen der möglichen Lagerdauer ausreichend sind. Die Reaktionszeiten t_{erl} (maximale Lagerdauer für ein Vorzugsqualitätsniveau) und t_{zul} (maximale Lagerdauer bei normaler Qualität) gestatten bei ihrer sensorischen Ermittlung solche Berechnungen auch bei unbekannten Konzentrationen erwünschter oder unerwünschter Aromastoffe und ohne die Kenntnis der Reaktionsordnung (Herrmann, 1976).

Poeschel und Kiener (1987) hoben für die Gefrierlagerung verschiedener Lebensmittel hervor, daß die Temperatur als Haupteinflußfaktor für Qualitätsveränderungen angesehen werden muß und die Geschmacks- und Aromaveränderungen im Vergleich zu anderen Qualitätsmerkmalen in der Regel zuerst nachgewiesen werden können. Für ausgewählte Lebensmittel fanden sie eine gute Übereinstimmung zwischen den in Lagerungsbetrieben sensorisch ermittelten Kennwerten und Literaturangaben (Tabelle 5.12.).

Die auf dem $Q_{\Delta T}$-Wert beruhenden Berechnungsmethoden gestatten präzise Aussagen über die Lagerdauer eines Produktes, wobei sich praxisrelevante Effekte einer Lagerzeitveränderung erst bei Temperaturabweichungen > 2 K nachweisen ließen. Schwankungen der Temperatur um einen Mittelwert ergaben die gleichen Auswirkungen wie das Vorliegen einer konstanten, dem Mittelwert entsprechen-

Tabelle 5.12. Aus der Literatur abgeleitete Primärdaten mit $T_b = -18\,°C$ zur Berechnung von Qualitätsveränderungen während der Gefrierlagerung (Poeschel und Kiener, 1987)

Warenart	t_{zul} [Monate]	Q_{10} (– 12 ... – 18 °C)	Q_{10} (– 18 ... – 30 °C)
Rinderviertel, gekühlt	14	3,3	1,5
Schweinehälften, gekühlt	10	8,8	1,5
Schaffleisch	10	8,8	1,5
Broiler	6	3,0	2,0
Tafelbutter in Pergament	4	2,0	2,0
Markenbutter in Pergament	6	2,5	1,6
Gefrierobst, gezuckert, Verkaufsverpackung	18	20,0	1,4
Gefriergemüse, Verkaufsverpackung	18	14,0	1,4
Pommes frites	10	6,0	1,5
Eiskrem: Verpackung gut dampfdicht	8	10,0	1,4
Eiskrem: Verpackung wenig dampfdicht	4	13,3	1,4

den Lagertemperatur. Für Berechnungen in der Praxis empfehlen die Autoren besonders die folgenden Gleichungen:

- Die Ermittlung der möglichen Lagerzeit bei einer ständigen Abweichung der konstanten Lagertemperatur von der Normtemperatur:

$$t_{x_{T_b}} = t_{x_T} \cdot Q_{\Delta T} \tag{5.60}$$

  Wenn die Ware den gleichen Grad der Qualitätsveränderung aufweisen soll wie bei der Normzeit t_{T_b} mit der dazu gehörenden Normtemperatur T_b, kann sie bei der Temperatur T die Zeit t_{x_T} gelagert werden. Je nach der Richtung der Temperaturabweichung ist eine kürzere oder längere Lagerdauer möglich.
- Die Ermittlung des qualitativen Alters einer Ware bei einer einmaligen Temperaturabweichung:

$$t_{x_{T_b}} = t_{x_T} \cdot \frac{1}{Q_{\Delta T}} \tag{5.61}$$

  Es wird das Alter der Ware ermittelt, das sie bereits hätte, wenn sie unter Normbedingungen gelagert worden wäre. So können 6 Monate unter realen Bedingungen einer Lagerung von 8 Monaten unter Normbedingungen gleichwertig sein.
  Bei mehrmaligen unterschiedlichen Temperaturabweichungen ist eine der im Kapitel 6 behandelten Berechnungsmethoden anzuwenden.
- Die Ermittlung der für eine Lagerzeitverlängerung notwendigen Temperaturabsenkung:

$$\Delta T = \frac{10 \cdot \lg \dfrac{t_{x_T}}{t_{x_{T_b}}}}{\lg Q_{10}} \tag{5.62}$$

  Über die Temperaturdifferenz ΔT wird die Lagertemperatur ermittelt, die den gleichen Qualitätszustand der Ware garantiert wie die Normtemperatur T_b und die dazu gehörige Zeit $t_{x_{T_b}}$.

Als notwendige Stoffkennwerte werden für diese Berechnungen die Q_{10}-Werte benötigt, die auf einfache Weise mit betrieblichen Mitteln aus Lagerversuchen oder aus der Literatur ermittelt werden können.

Herrmann (1974) hat ein Modell entwickelt, das die Haltbarkeit eines Lebensmittels als einen mehrstufigen Entscheidungsprozeß darstellt und das die in den vorgelagerten technologischen Stufen eintretenden Qualitätszustände bzw. Qualitätsverluste sowie entsprechende Verluste einer „fiktiven" Haltbarkeitszeit in die Betrachtung einbezieht. Wenn die Haltbarkeit eines Lebensmittels durch das Erreichen einer festgesetzten Qualitätsgrenze bestimmt wird, so entspricht der in jeder technologischen Prozeßstufe eintretende Qualitätsverlust dem Verlust einer gewissen „fiktiven" Haltbarkeitszeit bereits vor dem Beginn der eigentlichen Lagerung. Die Summierung dieser Haltbarkeitszeit-Verluste bis zum Lagerungsprozeß oder bis zum Ende der Kette ergibt die verbrauchten Haltbarkeitszeiten t_A bzw. t_E, wobei dem bei der eigentlichen Lagerung verbrauchten „wahren Haltbarkeitszeit-Verlust" eine besondere Bedeutung zukommt. Die verbrauchten Haltbarkeitszeiten sind die auf die bei der Lagerung vorherrschenden Bedingungen (Temperatur und Reaktionsmilieufaktoren) bezogenen Größen. Zur Berechnung und Optimierung von Prozessen mit chemischen, sensorischen, physikalischen oder mikrobiologischen Veränderungen wurde von Herrmann (1969, 1970) der Lagerungswert G eingeführt. Er stellt das Verhältnis des in einem Teilschritt eingetretenen Haltbarkeitszeit-Verlustes zur gesamten Haltbarkeitszeit dar ($0 \leq G \leq 1$) und ist bei variablen Reaktionsbedingungen durch Integrationsverfahren zu ermitteln (Gleichung (4.86) bzw. (6.14)).

Die wichtige Wechselbeziehung zwischen der sensorischen Qualität eines Lebensmittels und seiner Haltbarkeit wurde durch die vorgeschlagene Methodik einer mathematischen Behandlung zugänglich, wie für verschiedene allgemeine Fälle sowie für chemische Abbaureaktionen, für die sensorische Veränderung von sterilisiertem Möhrenbrei und von Apfelsaft sowie -konzentrat nachgewiesen wurde.

Bei der Distribution von Lebensmitteln besteht die Möglichkeit einer unkontrollierten Temperatureinwirkung und damit einer unvorhergesehenen Qualitäts- und Haltbarkeitsänderung. Die direkte Angabe eines Haltbarkeitsdatums auf einer Packung, die sogenannte „offene Datierung", beruht auf angenommenen, statistisch gesicherten, durchschnittlichen Klimabedingungen während der Distribution. Sie brücksichtigt nicht die tatsächliche Zeit-Temperatur-Belastung des Gutes. Da eine Temperaturkontrolle fehlt, kann eine qualitätsschädigende Temperatureinwirkung nicht erkannt werden und der Käufer erwirbt u. U. ein wertgemindertes Lebensmittel. Zur Überwindung solcher Schwierigkeiten wurden für gefrier- und kühlgelagerte Lebensmittel und Impfstoffe Zeit-Temperatur-Indikatoren (Time Temperature Indicators, TTI, oder -monitors, TTM) entwickelt und kommerziell zur Verfügung gestellt (Taoukis und Labuza, 1989a, b; Fu u.a., 1991; Labuza und Taoukis, 1991; Sherlock u.a., 1991; Taoukis u.a., 1991; McMeekin u.a., 1993).

Ein Zeit-Temperatur-Indikator ist häufig ein kleiner, plakettenartiger, leicht verfügbarer Gegenstand, der an der Lebensmittelpackung angebracht wird und nach seiner Aktivierung eine leicht erkennbare zeit- und temperaturabhängige Veränderung, gewöhnlich eine Farbänderung, in einem Fenster anzeigt. Diese Änderung beruht meistens auf einer biochemischen oder einer chemischen Reaktion oder auf der Diffusion einer gefärbten Lösung. Ihre Indikatorwirkung beruht auf der angestrebten Gleichheit der Aktivierungsenergie der TTI-Reaktion mit der Verderbsreaktion, bei proteinreichen Lebensmitteln hauptsächlich des Mikroorganismenwachstums. Das Bělehrádek-Modell beschrieb die Abhängigkeiten z. T. besser als das Arrhenius-Modell (McMeekin u.a., 1993).

Ein auf biochemischer Grundlage arbeitender TTI besteht aus einem Zweikammersystem mit Lösungen verschiedener Enzyme bzw. ihrer Substrate, bei dem zur Aktivierung die Trennwand zerdrückt wird. Die Enzyme erzeugen pH-aktive Substanzen, die einen pH-Indikator verfärben. Als Beispiel für eine chemische Reaktion sei die Polymerisation von Acetylen-Molekülen genannt. Mit zunehmendem Polymerisationsgrad ändert sich die Lichtreflektion, die mit einem elektronischen Handmeßgerät erfaßt und verarbeitet werden kann. Bei einem Diffusions-Monitor diffundiert nach der Aktivierung (Zerstörung einer Trennwand) eine gefärbte Flüssigkeit durch einen porösen Körper. Die wandernde Flüssigkeit ist in der Regel ein angefärbter Fettsäureester, z. B. Octyloctanoat. Fettsäureester mit einem Schmelzpunkt im Bereich der Lagerungstemperatur zeigen nur Zeit-Temperatur-Belastungen oberhalb der Schmelztemperatur an, da die Kristalle nicht diffundieren. Solche Zeit-Temperatur-Indikatoren wurden auch „Kritische Temperatur-Zeit-Indikatoren" genannt im Gegensatz zu den anderen, die nach der Aktivierung die gesamte Temperatur-Zeit-Geschichte erfassen.

Wider Erwarten verdoppelte sich der Preis solcher Indikatoren bei ihrer breiteren Anwendung, weshalb programmierbaren elektronischen Datenloggern eine größere Aufmerksamkeit geschenkt wurde (McMeekin u. a., 1993).

Die mathematische Modellierung der Haltbarkeit verpackter Lebensmittel erfordert die Berücksichtigung der Verderbsreaktionen, der Wirkung der Umwelteinflüsse auf das verpackte Lebensmittel und die Kenntnis der Packmitteleigenschaften (Stofftransport, mechanische Eigenschaften, Siegelfähigkeit etc.). Die vielfältigen Kombinationsmöglichkeiten dieser Faktoren erschweren eine allgemeine analytische Modellierung, weshalb die meisten vorhandenen Modelle für bestimmte Lebensmittel oder Lebensmittelgruppen spezifisch sind. In einer Übersichtsarbeit berichten Gnanasekharan und Floros (1993) über solche Modelle zur Lagerung und Haltbarkeit von Lebensmitteln und formulieren ein Schema zur Vorausberechnung der Haltbarkeit verpackter Lebensmittel mit Berücksichtigung sowohl des Lebensmittelverderbs als auch des Stofftransportes durch das Packmittel. Die meisten veröffentlichten Modelle zur Haltbarkeit verarbeiteter verpackter Lebensmittel betreffen Verderbsreaktionen durch Feuchtigkeit oder Sauerstoff. In der Regel erfordern diese Modelle a priori die Kenntnis kritischer Grenzwerte für den Feuchtigkeits- oder Sauerstoffgehalt, die zur Unbrauchbarkeit des Produktes führen. Die Komplexität der am Lebensmittelverderb beteiligten Mechanismen macht eine Modell-Überprüfung mit experimentellen Daten für eine erfolgreiche Berechnung der Haltbarkeit unerläßlich.

5.4 Kinetische Kennwerte für die Abhängigkeit der in Lebensmitteln ablaufenden Reaktionen von anderen Einflußfaktoren

Während die Temperaturabhängigkeit einer Reaktion durch die Aktivierungsenergie oder eine abgeleitete Größe in Verbindung mit einer Reaktionszeit bei einer bestimmten Temperatur eindeutig beschrieben ist, sind entsprechende Kennwerte für die Charakterisierung der Abhängigkeit einer Reaktion von den anderen Einflußfaktoren des Reaktionsmilieus weniger bekannt.

Von Herrmann (1976) wurde in Analogie zum $Q_{\Delta T}$-Wert der $Q_{\Delta RM}$-Wert als allgemeinere Form des Verhältnisses zweier Geschwindigkeitskonstanten vorgeschlagen. Je nach dem betrachteten Einflußfaktor können diese Werte konkret als $Q_{\Delta H_2O}$, $Q_{\Delta a_W}$, $Q_{\Delta c_{H^+}}$ usw. ausgedrückt werden.

Für die Abhängigkeit einer Qualitätsveränderung z. B. vom Wassergehalt gilt dann:

$$Q_{\Delta H_2O} = \frac{k_{H_2O+\Delta H_2O}}{k_{H_2O}} = \frac{k_{(H_2O)_b}}{k_{H_2O}} = \frac{H_{H_2O}}{H_{(H_2O)_b}} = \frac{t_{xH_2O}}{t_{x(H_2O)_b}} \tag{5.63}$$

Für jeden Einflußfaktor ist die Festlegung eines Bezugswertes erforderlich, wozu beispielsweise Maximal- oder Minimalwerte verwendet werden können oder Größen, bei denen die Geschwindigkeitskonstante den Wert 1 annimmt.

Diese reaktionskinetischen Kennwerte werden für die Qualitäts- und Prozeßberechnung benötigt, um die Wirkung eines nicht konstanten Einflußfaktors auf die Stoffwandlung zu erfassen. Zur Veranschaulichung dieser Feststellung sei als Beispiel die Ermittlung des $Q_{\Delta H_2O}$-Wertes für die Abhängigkeit der Bräunung eines Mischmehles von seiner Feuchtigkeit dargestellt (Thiede, 1978).

Die experimentellen Untersuchungen zeigten, daß die Bildung der gefärbten wasserlöslichen Produkte der Bräunungsreaktion über eine Extinktionsmessung bei der Wellenlänge von $\lambda = 420$ nm gemessen werden kann und nach der Erfassung dieser Werte bei einer ausgewählten konstanten Temperatur in Abhängigkeit von der Reaktionszeit die kinetische Analyse den Schluß zuläßt, daß eine Reaktion 1. Ordnung abläuft. Bei einer fortgesetzten Erhitzung kondensieren die gefärbten Produkte zu wasserunlöslichen Farbstoffen, die nicht mehr über Extinktionsmessungen erfaßbar sind. Die komplexe Geschwindigkeitskonstante k_B kann aus den Meßwerten nach der Gleichung (5.64) berechnet werden:

$$k_B = \frac{(\lg E - \lg E_0) \cdot 2{,}303}{t - t_0} \tag{5.64}$$

Für verschiedene Mehlfeuchtigkeiten ergab sich die in der Abb. 5.25. dargestellte Abhängigkeit der Geschwindigkeitskonstanten der Bräunungsreaktion.

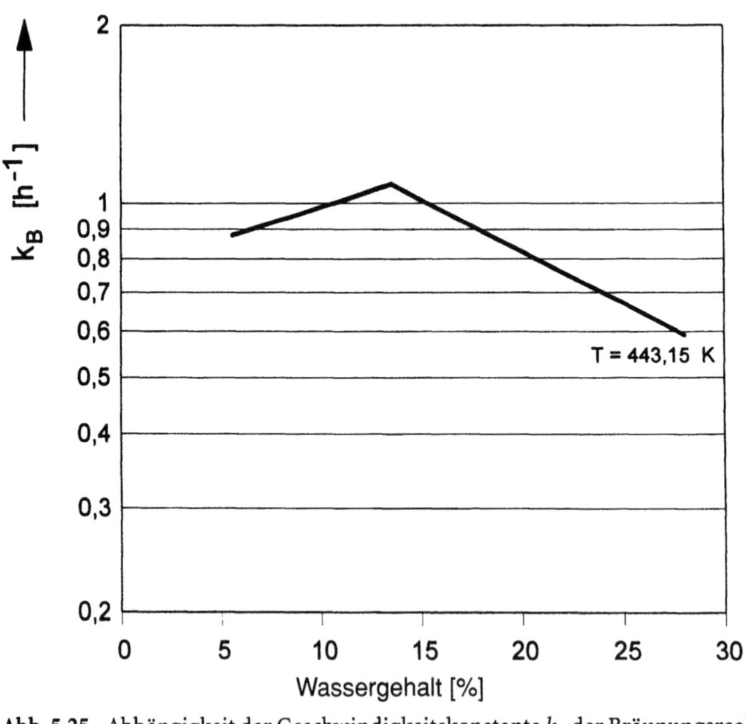

Abb. 5.25. Abhängigkeit der Geschwindigkeitskonstante k_B der Bräunungsreaktion vom Wassergehalt des Mehles

Die Bräunung verlief mit einem Optimum bei dem Feuchtigkeitsgehalt von 14%, wodurch die gesamte Kurve in zwei lineare Abschnitte mit eigenen Gesetzmäßigkeiten für die Feuchtigkeitsabhängigkeit der Bräunungsreaktion geteilt wird. Demzufolge ist für jeden Abschnitt ein spezieller $Q_{\Delta H_2O}$-Wert nach Gleichung (5.63) abzuleiten, wozu die Geradengleichung herangezogen wird:

$$\lg k_{H_2O} = a \cdot [H_2O] + \lg k_0 \tag{5.65}$$

mit:

k_{H_2O} die Geschwindigkeitskonstante bei dem interessierenden Wassergehalt
a Anstieg der Geraden
$[H_2O]$ der interessierende Wassergehalt in Prozent
k_0 Geschwindigkeitskonstante beim Wassergehalt von 0% (Schnittpunkt mit der Ordinate)

Der $Q_{\Delta H_2O}$-Wert soll für den linken Kurvenabschnitt in Abb. 5.25. ermittelt werden, d.h. für den Wassergehalt von 0%–14%.

Als Bezugswassergehalt wird 11,5% festgelegt, da bei diesem Wert die Geschwindigkeitskonstante gerade den Wert 1 besitzt. Mit den experimentell ermittelten Werten kann aus Gleichung (5.65) der Anstieg der Geraden 0 ... 14% Mehlfeuchtigkeit berechnet oder grafisch ermittelt werden. Im vorliegenden Beispiel betrug $a = 8{,}6956 \cdot 10^{-3}$. Mit der Kenntnis der Bezugsfeuchtigkeit und des Anstieges kann über die Gleichung (5.65) die Geschwindigkeitskonstante k_0 berechnet werden:

$$\begin{aligned} \lg k_{11,5} &= \lg 1 = 0 = 8{,}6956 \cdot 10^{-3} \cdot 11{,}5 + \lg k_0 \\ \lg k_0 &= -0{,}1 \\ k_0 &= 0{,}794\ \mathrm{h}^{-1} \end{aligned} \tag{5.66}$$

Die Geschwindigkeitskonstante der Bräunungsreaktion bei einem beliebigen Feuchtigkeitsgehalt kann im Bereich zwischen 0 und 14% Mehlfeuchtigkeit demnach mit der Gleichung (5.67) berechnet werden:

$$\lg k_{H_2O} = 8{,}6956 \cdot 10^{-3} \cdot [H_2O] - 0{,}1 \tag{5.67}$$

Mit der Festlegung $k_{(H_2O)_b} = 1$ ergibt sich im gewählten Beispiel:

$$Q_{\Delta H_2O} = \frac{k_{(H_2O)_b}}{k_{H_2O}} = \frac{1}{k_{H_2O}} \tag{5.68}$$

Für die Qualitäts- und Prozeßberechnung werden die $\frac{1}{Q_{\Delta H_2O}}$-Werte benötigt.

$$\frac{1}{Q_{\Delta H_2O}} = k_{H_2O}; \quad \lg \frac{1}{Q_{\Delta H_2O}} = 8{,}6956 \cdot 10^{-3} \cdot [H_2O] - 0{,}1 \tag{5.69}$$

In analoger Weise können die $Q_{\Delta RM}$-Werte einer Stoffwandlungsreaktion für andere Einflußfaktoren ermittelt werden. Die Grundlage dazu ist die Kenntnis der Reaktionsgeschwindigkeitskonstanten oder Reaktionszeiten in Abhängigkeit von dem jeweiligen Einflußfaktor.

Die grafische Darstellung dieses Zusammenhanges, d. h. die Auftragung des Logarithmus der Geschwindigkeitskonstanten oder einer Reaktionszeit gegen den RM-Faktor wird in der lebensmittelwissenschaftlichen oder pharmazeutischen Literaur gelegentlich auch als Geschwindigkeits-pH-Profil oder Geschwindigkeits-H_2O-Profil bezeichnet.

Die mathematische Formulierung der Gleichung für die Geschwindigkeitskonstante bzw. Reaktionszeit richtet sich nach der jeweiligen Kurvenform (z.B. linear, exponentiell o. a.).

Solche Gleichungen sind die Grundlage zur Berechnung der Wirkung eines nicht konstanten Einflußfaktors auf ein Qualitätsmerkmal in einer Verfahrensstufe und zugleich das Anliegen der Qualitäts- und Prozeßberechnung.

Kapitel 6

Qualitäts- und Prozeßberechnung

6

6.1 Einführung

Die Kenntnis des Abbaues oder der Bildung eines Lebensmittelinhaltsstoffes, der Mikroorganismenabtötung oder der Enzyminaktivierung während der Lebensmittelverarbeitung ist eine der wichtigsten Voraussetzungen für eine zielgerichtete qualitätsbezogene Verfahrensführung. Verarbeitungsprozesse in der Lebensmittelindustrie sind durch überwiegend dynamische Bedingungen gekennzeichnet. Für die Stoffumwandlungen heißt das unter anderem, die Parameter des Reaktionsmilieus sind nicht konstant. Es baut sich ein zeitlicher und räumlicher Gradient des Einflußfaktors in dem Lebensmittel auf und dementsprechend sind die ausgelösten Reaktionen sowohl in zeitlicher als auch in räumlicher Hinsicht zu untersuchen. Als Beispiel sei die thermische Sterilisation eines Lebensmittels genannt, in dem die Wärmeausbreitung durch Konduktion erfolgt und sich im Lebensmittel durch die Erhitzung ein sich zeitlich änderndes Temperaturfeld aufbaut. Oder beim Backen z. B. von Brot entsteht neben dem Temperaturfeld ein Gradient des Wassergehaltes, ferner Gradienten der sich bildenden flüchtigen Aromastoffe und anderer Komponenten, die ihren spezifischen Einfluß auf die ablaufenden Umsetzungen ausüben.

Unter diesen Bedingungen können die oben angeführten, für ein konstantes Reaktionsmilieu geltenden Berechnungsmethoden nicht ohne weiteres angewendet werden. Sie müssen dem variablen Reaktionsmilieu angepaßt werden.

Unter Qualitäts- und Prozeßberechnung wird eine Methode verstanden, mit deren Hilfe der Umsatz einer Reaktion bei einem nicht konstanten Verlauf eines oder mehrerer Einflußfaktoren auf reaktionskinetischer Grundlage berechnet werden kann. Das Anliegen der Qualitäts- und Prozeßberechnung ist es, das Ausmaß der durch Stoffwandlungen gekennzeichneten Qualitätsveränderungen in Abhängigkeit von den jeweiligen dynamischen Prozeßparametern zu berechnen. Dazu müssen die reaktionskinetischen Kennwerte der jeweiligen Reaktion mit den konkreten Werten der wichtigen Einflußfaktoren verknüpft werden.

Der Begriff Qualität umfaßt hierbei die Gesamtheit der wesentlichen Eigenschaften von Rohstoffen und Erzeugnissen. Die Qualität grenzt die verschiedenen Rohstoffe und Erzeugnisse voneinander ab. Von der Vielzahl der bei einem Lebensmittel vorhandenen Eigenschaften wird eine Eigenschaft zu einem Qualitätsmerkmal, wenn sie eine zur Unterscheidung oder Bewertung des Lebensmittels geeignete Eigenschaft ist. In der Regel gibt es für jeden Abschnitt eines Herstellungs-, Verarbeitungs-, Lagerungs- oder Transportverfahrens in der Lebensmittelindustrie für das jeweilige Erzeugnis nur ein oder einige wenige dominierende Qualitätsmerkmale, die zur noch stärkeren Hervorhebung gegenüber den anderen Eigenschaften auch als qualitätsbestimmende Merkmale bzw. unter Umständen als prozeßentscheidende Merkmale bezeichnet werden können.

Beim Sterilisationsprozeß ist das Erreichen der praktischen Sterilität, d.h. die Abtötung fast aller Mikroorganismen bis auf eine minimale, die Haltbarkeit nicht beeinflussende Restzahl von Mikroorganismen in dem erhitzten Lebensmittel das Ziel der Behandlung und damit das qualitätsbestimmende Merkmal. Weitere, durch die Sterilisation veränderte Eigenschaften des Füllgutes wie ein verminderter Vitamingehalt, zerstörte Farbstoffe, eine bestimmte Gewebeerweichung oder die geschmacklichen Besonderheiten sind zunächst von sekundärer Bedeutung. Wenn Fragen der Führung des Sterilisationsprozesses zur Diskussion stehen, kann die Mikroorganismenabtötung auch als das prozeßentscheidende Qualitätsmerkmal bezeichnet werden. Beim Garprozeß ist die Konsistenz des Gargutes das qualitätsbestimmende Merkmal. Die durch die Reaktionskinetik zunächst zu untersuchende Qualitätsveränderung ist im ersten Beispiel die Mikroorganismenabtötung und für den Garprozeß die Gewebeerweichung.

Da die Reaktionskinetik der Lebensmittel immer nur die Änderungen einzelner Qualitätsmerkmale untersuchen und charakterisieren kann, ergibt sich für die Qualitäts- und Prozeßberechnung ein schrittweises Vorgehen sowohl hinsichtlich der einzelnen Einflußfaktoren als auch hinsichtlich der einzelnen Qualitätsmerkmale. Ausgehend von bestimmten Prozeßbedingungen ist zunächst die Veränderung des qualitätsbestimmenden Merkmals für den entscheidenden Einflußfaktor zu berechnen, um sicherzustellen, daß das Hauptprozeßziel erreicht wird. Durch die Einbeziehung weiterer, gleichzeitig auftretender Veränderungen und weiterer Einflußfaktoren wird eine immer umfassendere Aussage über die optimalen Prozeßbedingungen möglich, was letztendlich in eine Qualitäts- und Prozeßoptimierung einmündet.

Erfahrungsgemäß lassen sich für viele stoffwandelnde Prozesse der Lebensmittelindustrie die wichtigsten Einflußfaktoren und die entscheidenden Qualitätsmerkmale des Lebensmittels ohne weiteres angeben. Zur quantitativen Charakterisierung des Zusammenhanges zwischen dem Einflußfaktor, der Reaktionszeit und der resultierenden Qualitätsveränderung sind weitaus weniger Daten bekannt. Ihre Erarbeitung ist ein Anliegen der praktischen Forschungsarbeiten in der Lebensmittelreaktionskinetik, um die Berechenbarkeit von Lebensmittelveränderungen zu vertiefen.

Mit ihren Arbeitsmethoden vermag die Qualitäts- und Prozeßberechnung einen wichtigen Beitrag zum stofflichen Aspekt umfassender Prozeßanalysen zu liefern, die wiederum eine unabdingbare Voraussetzung für die Entwicklung moderner Verarbeitungsverfahren in der Lebensmittelindustrie darstellen. Wegen der unzureichenden Prozeßkenntnis wird gegenwärtig noch ein großer Teil der stoffwandelnden Verfahren der Lebensmittelindustrie auf weitgehend empirischer Grundlage durchgeführt, wodurch die weitere Rationalisierung behindert wird. Die Übertragung handwerklicher Arbeitsmethoden auf Verfahren industriellen Ausmaßes führt bei unzureichender Kenntnis der Stoffwandlungsfaktoren häufig zu einer verminderten Qualitätslage des Erzeugnisses. Die Nutzung der Reaktionskinetik der Lebensmittel kann zur Überwindung dieser Situation beitragen.

Da die Erarbeitung der reaktionskinetischen Kennwerte für die Anwendung der Qualitäts- und Prozeßberechnung zu einer vertieften Einsicht in die ablaufenden

Veränderungen führt und die berechenbare Qualität des Erzeugnisses zugleich ein Indikator für die Güte des Verarbeitungsverfahrens ist, ermöglicht die Anwendung der Qualitäts- und Prozeßberechnung die Aufstellung qualitätsbezogener Verarbeitungsrichtlinien.

Die rechnerische Beherrschung der Wechselbeziehungen zwischen den Einflußfaktoren, den wichtigen Qualitätsmerkmalen und der Reaktionszeit ermöglicht die vorausschauende Wahl optimaler Verfahrensparameter mit dem Ziel einer erhöhten Qualität des Fertigerzeugnisses, einer maximalen Ausnutzung des Rohstoffes, einer rationellen Energieanwendung und anderer betriebswirtschaftlich wichtiger Kriterien.

6.2 Voraussetzungen zur Durchführung der Qualitäts- und Prozeßberechnung

6.2.1 Festlegung der qualitäts- und prozeßbestimmenden Merkmale als Zielgrößen der Berechnung

Für viele stoffwandelnde Prozesse der Lebensmittelindustrie sind die entscheidenden Qualitätsmerkmale bereits bekannt und dienen z. T. auch zur Kontrolle und Steuerung des Produktionsprozesses. Die Berechnung der Mikroorganismenabtötung bei Sterilisationsprozessen war das ursprüngliche Anwendungsgebiet dieser Prozeßberechnungen. Mit der Verzögerung von einigen Jahrzehnten erfolgte die Weiterentwicklung und Übertragung solcher Berechnungen auch auf andere Zielgrößen.

Als Beispiele seien genannt:

- Enzyminaktivierung beim Blanchieren und Sterilisieren,
- Mikroorganismenabtötung bei der Pasteurisation von Bier und Milch,
- Texturveränderungen bei Erhitzungsvorgängen,
- Aromaerhaltung bzw. die Entstehung eines Kochgeruchs bei der Pasteurisation von Apfelsaft,
- Bräunung beim Sterilisations- und Backprozeß,
- Thiaminabbau beim Sterilisations- und Backprozeß,
- Verfestigung der Brötchenkrume beim Altbackenwerden.

Es kann ausreichend sein, einen Verarbeitungsprozeß durch die Berechnung einer Qualitätsveränderung zu charakterisieren. In der Regel wird es aber wünschenswert und notwendig sein, weitere Qualitätsmerkmale in die Berechnung einzubeziehen, um eine umfassendere Aussage zu erhalten. Allerdings begrenzt die unzureichende Kenntnis der prozeßentscheidenden Qualitätsmerkmale und ihrer reaktionskinetischen Kennwerte häufig solche Vorhaben.

Zum Beispiel sind die beim Backen von Brot ablaufenden Veränderungen so kompliziert, daß nach dem gegenwärtigen Stand der Kenntnisse nur die gleichzeitige Berücksichtigung mehrerer Qualitätsmerkmale eine befriedigende Aussage ermöglicht.

Das Erkennen eines tatsächlich prozeßentscheidenden Merkmals kann unter Umständen erst das Ergebnis einer durchgeführten Prozeßberechnung sein.

Bei der Auswahl einer Stoffwandlungsreaktion als Zielgröße für die Berechnung sollte berücksichtigt werden, daß sich ihr Umsatz während des Verarbeitungsprozesses in Abhängigkeit von dem Einflußfaktor deutlich ändert, daß sie meßtechnisch gut zu erfassen ist und daß sie sich reaktionskinetisch gut charakterisieren läßt. Weiterhin ist die Festlegung von Grenzwerten erforderlich, innerhalb derer sich das ausgewählte Qualitätsmerkmal ändern darf, wenn es sich um eine unerwünschte Qualitätsveränderung handelt, oder bei einer erwünschten Reaktion ändern muß.

6.2.2 Festlegung bzw. Ermittlung der entscheidenden Einflußfaktoren

Hierbei ist die Situation ähnlich wie bei der Auswahl und Festlegung der zu untersuchenden Qualitätsmerkmale. Bei einem großen Teil der stoffwandelnden Prozesse in der Lebensmittelindustrie liegt es auf der Hand, was der dominierende Einflußfaktor ist, zum Beispiel bei den thermischen Verfahren und vielen Lagerungsprozessen die Temperatur. In vielen Fällen mag es ausreichend sein, die Wirkung eines einzigen Einflußfaktors auf die Änderung der festgelegten Qualitätsmerkmale zu berechnen. Häufig wirken jedoch gleichzeitig mehrere äußere Einflußfaktoren wie z. B. die Temperatur und der Wasserdampfpartialdruck der Luft bei der Lagerung unverpackter Güter, die eine entsprechende Änderung des Reaktionsmilieus im Innern des Lebensmittels bewirken. Beim Backprozeß entstehen z. B. Gradienten für die Temperatur, den Wassergehalt und die Aromastoffe, die die Änderung weiterer Parameter des Reaktionsmilieus verursachen. Bei der thermischen Konzentrierung von Fruchtsäften wirken die Temperatur, der sinkende Wassergehalt und eine Veränderung der Wasserstoffionenkonzentration als wesentliche Faktoren.

Eine exakte Bewertung der Bedeutung der einzelnen Einflußfaktoren für die ausgewählten Qualitätsmerkmale in einem speziellen Verfahren ist in der Regel erst nach einer gründlichen Analyse möglich, wozu neben der hier zu behandelnden Prozeßberechnung auch andere mathematische Methoden angewendet werden können, z. B. die Regressionsanalyse, die Faktorenanalyse oder die Methode der Pfadkoeffizienten. Gleichzeitig liefern sie Informationen über die Signifikanz der Ergebnisse und ihre Zuverlässigkeit. Diese statistischen Methoden liefern jedoch keine Aussage zur dynamischen Entwicklung eines Qualitätsmerkmals in einer Verfahrensstufe.

6.2.3 Kenntnis des zeitlichen Verlaufs der Einflußfaktoren im Lebensmittel während des Verarbeitungsprozesses

Eigentlich ist es selbstverständlich, daß die Größe des Einflußfaktors, dessen Wirkung auf die Änderung eines Qualitätsmerkmales in einem Lebensmittel berechnet werden soll, in seinem Verlauf bekannt ist. Dazu muß seine Größe als Funktion der Zeit, des Ortes sowie der Verfahrensparameter in dem untersuchten Lebensmittel während des gesamten Prozesses bekannt sein oder gemessen werden können.

Die Erfahrung zeigt jedoch, daß diese Forderung keineswegs selbstverständlich ist, wenn z.B. die Messung des pH-Wertes, des Wassergehaltes oder der Wasseraktivität bei festen Lebensmitteln kontinuierlich im Produktionsprozeß durchgeführt werden soll. Gerade die meßtechnischen Probleme sind mit dafür verantwortlich, daß die reaktionskinetischen Kennwerte für die Abhängigkeit wichtiger Stoffwandlungsreaktionen in Lebensmitteln von den entscheidenden Einflußfaktoren noch nicht umfassend erarbeitet wurden.

Die Temperaturmessung ist das am weitesten entwickelte Gebiet.

Der für die Berechnung der Stoffwandlung und eine sich eventuell anschließende Prozeßsteuerung einfachste Fall ist die direkte Messung der Temperatur mit einem Temperaturfühler in einem homogenen sich durchmischenden Lebensmittel.

Bei flüssigen Lebensmitteln ist die kontinuierliche Messung der Temperatur ohne große Probleme möglich. Das trifft auch für feste oder abgepackte Lebensmittel bei stationären Erhitzungs-, Kühl- oder Gefrierverfahren zu. Zur Messung des Temperaturverlaufs in festen Lebensmitteln werden häufig Einstech-Temperaturfühler empfohlen und angewendet, z.B. in Geräten der Speisenzubereitung zur Kontrolle der Garung von Fleisch.

Bei Standautoklaven und selbst bei Rotationsautoklaven ist die Temperaturmessung mit Temperaturfühlern in einigen Referenzdosen übliche Praxis und die Grundlage für die Berechnung des Sterilisationsregimes. Moderne Verfahren zur Temperaturkontrolle erlauben die Speicherung der Temperaturwerte in einem Datenlogger und zu einem gewünschten Zeitpunkt deren Einlesen in ein Auswertegerät.

Für die Temperaturmessung in kontinuierlichen Durchlaufautoklaven werden kleine, in einzelne Kontrolldosen einzuschließenden Logger mit einem Speicherchip und der Möglichkeit zu einer nachträglichen Auswertung des Erhitzungsverlaufs angeboten. Es wurde auch vorgeschlagen, die Werte der Kerntemperatur in einer Kontrolldose über einen eingeschlossenen Sender nach außen zu übermitteln.

Temperaturbeständige Datenlogger oder Datenlogger in einem Hitzeschutzbehälter ermöglichen die kontinuierliche Temperaturmessung im Lebensmittel, z.B. in Durchlaufbacköfen (Anonym, 1995). Datenlogger sind taschenrechnergroße Meßdatenspeichergeräte, die in der Regel mit externen Sensoren arbeiten. Häufig verfügen sie über mehrere Kanäle, so daß mehrere Sensoren gleichzeitig angeschlossen werden können, z.B. zur gleichzeitigen Temperaturmessung an verschiedenen Stellen eine Gutes oder durch den Anschluß verschiedener Sensoren zur parallelen Messung der Werte verschiedener Einflußfaktoren, z.B. Temperatur (bis 650 °C), relative Luftfeuchtigkeit, pH-Wert, Leitwert, gelöster Sauerstoff oder CO_2-Konzentration. Das Auslesen der Meßdaten ist über Schnittstellen in handelsübliche IBM-kompatible Computer unter DOS möglich, wobei z.T. durch eine spezielle Ausleseelektronik eine Datenmanipulation am Datenspeicher ausgeschlossen ist und die Messung dadurch zertifizierbar wird. Über den Computer sind die Erfassungsgeräte programmierbar. Je nach Erfordernis können Meßintervalle festgelegt, Meßkanäle aktiviert oder inaktiviert oder auch bestimmte Grenzwerte eingegeben werden. Letzteres ermöglicht in Verbindung mit der Qualitäts- und Prozeßberechnung die on-line-Steuerung von Verfahren der Lebensmittelverarbeitung.

Diese Eigenschaften der Datenlogger entsprechen in hohem Maße den Bedürfnissen der Qualitätsüberwachung beim Umgang mit Lebensmitteln.

Datenlogger werden auch zur Überwachung von Kühl- und Gefriertransporten sowie entsprechenden Lagerräumen eingesetzt. Dabei können die Temperatur, die relative Luftfeuchtigkeit und gegebenenfalls weitere Größen in der Raumatmosphäre kontinuierlich gemessen und registriert werden. Diese Meßwerte können der Berechnung der Stoffwandlung zugrunde gelegt werden, wenn z.B. nach längerer Lagerungszeit ein Temperaturausgleich zwischen Raumluft und Lebensmittel eingetreten ist. Der Übergangsbereich wird von Faktoren bestimmt, wie die Temperaturdifferenz zwischen Raumluft und Lebensmittel, Luftgeschwindigkeit, Verpackung und Stapelung des Lebensmittels u.a.m. Häufig wird versucht, die Kühl- oder Gefriergeschwindigkeit des Lebensmittels in Abhängigkeit von solchen Faktoren zu berechnen.

Bei verpackten Lebensmitteln, bei denen die Wärmeausbreitung durch Konvektion erfolgt, kann die Innentemperatur des Füllgutes ohne großen Fehler der Temperatur des Heizmediums gleichgesetzt werden. Bei wärmekonduktiven Lebensmitteln dagegen besteht oft eine erhebliche Differenz zwischen beiden Temperaturen, wie es die Abb. 6.1. zeigt.

Die gemessenen Temperaturen können unmittelbar für die Berechnung der Stoffwandlung verwendet werden. Die Aussage bezieht sich genau genommen jedoch nur auf den Meßort des Temperaturverlaufes. Bei der Erhitzung stückiger oder verpackter Lebensmittel mit Wärmeausbreitung durch Konduktion verzögert sich die Aufheizung der inneren Partien in Abhängigkeit von verschiedenen Faktoren, von denen die wichtigsten sind: die Stückchenform und -größe, die Wärmeleitfähigkeit des Objektes, die Oberflächenbeschaffenheit und die Temperaturdifferenz zum Heizmedium. Die Randzone erfährt eine stärkere Wärmeeinwirkung und demzufolge eine intensivere Stoffwandlung als der Kern. Für die Festlegung von Sterilisationsregimen wurden diese Zusammenhänge besonders gut untersucht (Ball und Olson, 1957).

Bringt man einen homogenen wärmekonduktiven Körper in ein Medium mit einer höheren Temperatur, so wird sich der Körper zunächst in den äußeren Schichten und allmählich bis ins Innere erwärmen. Die Oberfläche, so wird vorausgesetzt, nimmt schlagartig die Temperatur des Heizbades T_b (oft auch T_r) an. Jeder Punkt in dem Körper weist eine charakteristische Temperatur-Zeit-Kurve, die Wärmedurchgangskurve, auf. Auf einer Linie von der Oberfläche zum Zentrum entsteht eine ganze Schar solcher Kurven (Abb. 6.2.). Mit zunehmender Erwärmung des Körpers steigt zunächst die Erwärmungsgeschwindigkeit, erreicht einen Höchstwert und fällt im Grenzwert durch die Erreichung des Temperaturgleichgewichtes gegen Null ab. Bei einer speziellen halblogarithmischen Darstellung der Wärmedurchgangskurven – Erhitzungskurven – treten zwei Abschnitte auf: ein gekrümmter Anfangsteil und ein längerer linearer Teil. Für die auf einer Linie zwischen der Oberfläche und dem Zentrum des Körpers liegenden Meßpunkte verlaufen diese Geraden parallel (Abb. 6.3.).

Der Anstieg des linearen Teils dieser Kurven wird durch $\cot\alpha = f$ bzw. $\tan\alpha = 1/f$ charakterisiert. Es ist ein charakteristischer Kennwert für Erhitzungsvorgänge (f_h: factor heating) und analog für Abkühlungsvorgänge (f_c: factor cooling) und dient mit der Temperaturdifferenz $(T_b - T) = \Theta_t$ und weiteren Größen

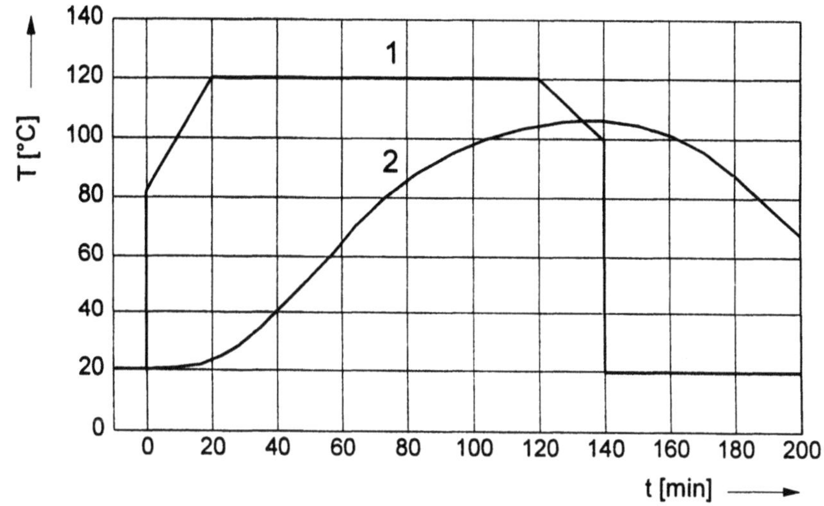

Abb. 6.1. Temperaturverlauf bei Fleischkonserven während eines Sterilisationsprozesses (1) an der Dosenoberfläche und (2) im Dosenzentrum (Riedel, 1947)

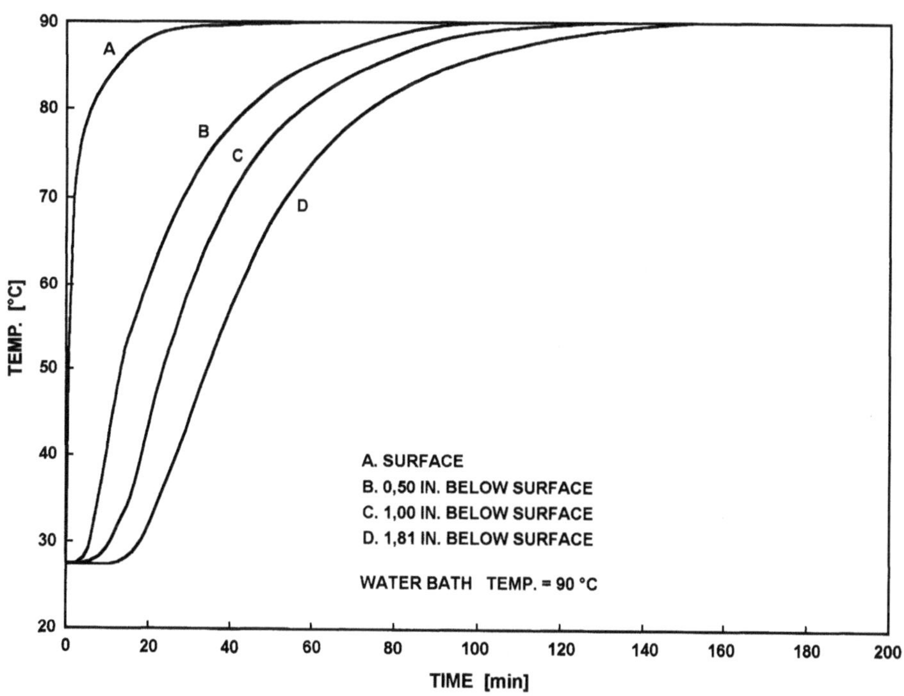

Abb. 6.2. Experimentelle Erhitzungskurve einer Süßkartoffel (Wadsworth und Sparado, 1969)

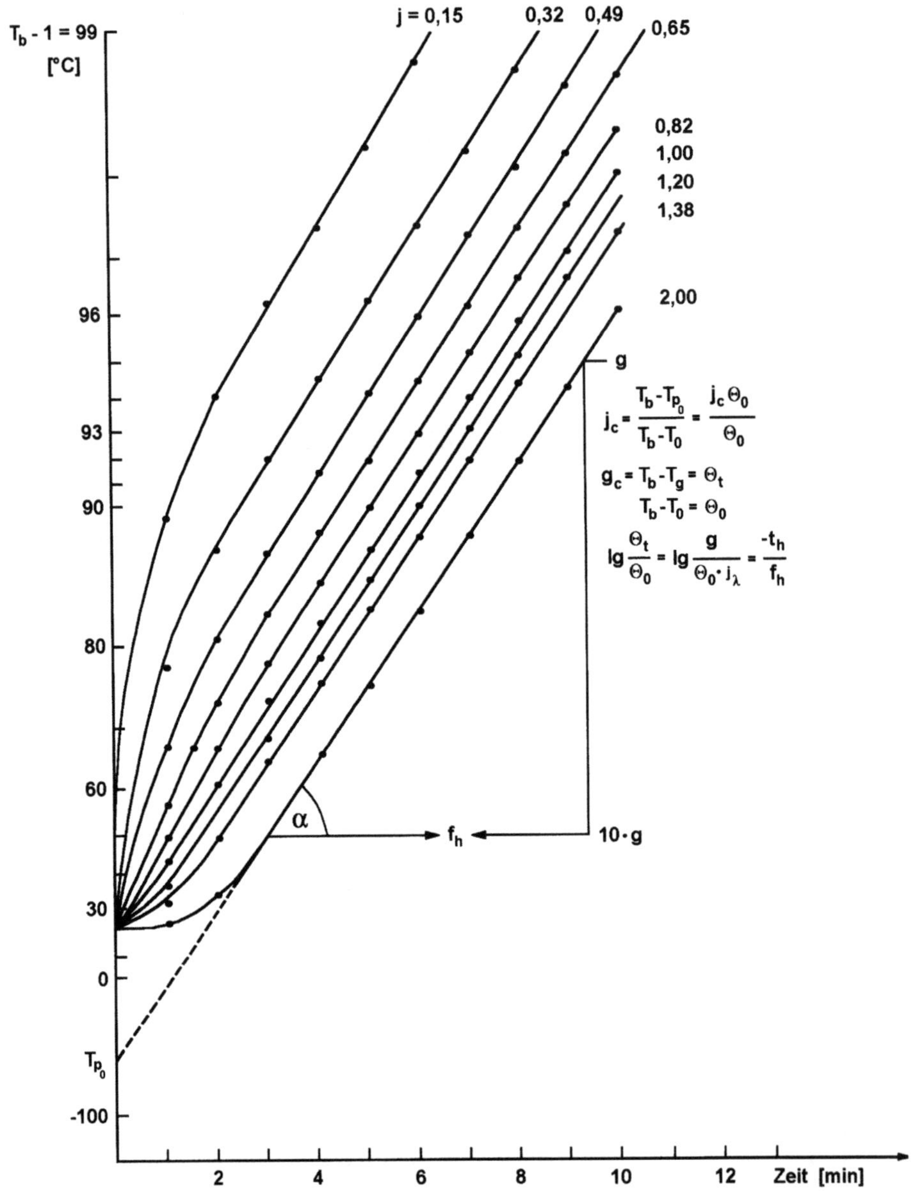

Abb. 6.3. Temperaturverlauf in verschiedenen iso-j-Schalen einer kugelförmigen Kartoffel ($f_h = 6{,}2$ min) (Herrmann u. a.., 1975)

als Grundlage zur Berechnung der Temperaturleitfähigkeit des sich erwärmenden Körpers (Ball und Olson, 1957; Stumbo, 1965).

Der gekrümmte Anfangsteil der Erhitzungskurve bleibt bei dieser Berechnung jedoch unberücksichtigt. Er charakterisiert die Verzögerung der intensiven Erwärmung an dem betreffenden Punkt. Er wird durch die Wärmeleitung bestimmt und durch das Symbol *j* gekennzeichnet.

Durch die Verlängerung des linearen Abschnittes der Erhitzungskurve im Kern des Stückchens bis zur Temperaturachse bei $t = 0$ ergibt der Schnittpunkt die sogenannte Pseudo-Anfangstemperatur T_{pih} (temperature pseudo initial heating), die die Berechnung von j erlaubt (Gl. 6.1).

$$\frac{T_{\mathrm{b}} - T_{\mathrm{pih}}}{\Theta_{\mathrm{t}}} = j$$

Am Punkt l_{h} (Abb. 6.4.) beginnt der lineare Abschnitt der Erhitzungskurve. Werte von $j \geq 1$ entsprechen einer Verzögerung und $j \leq 1$ stellen einen Temperatursprung dar.

Gleiche j-Werte bedeuten gleiche Wärmedurchgangskurven. Alle Punkte gleicher Erwärmung umgeben z.B. bei einem kugelförmigen Körper seinen Kern schalenartig, d.h. bei einem Querschnitt kreisförmig. Sie werden als iso-j-Zone bezeichnet.

Bei bekannten f- und j-Werten kann der Temperaturverlauf in einem beliebigen Punkt des Körpers während der Erhitzung und Abkühlung berechnet werden (Riedel, 1947; Brennig, 1975; Ball, 1923; Ball und Olson, 1955, 1957; Cheftel und Thomas, 1967; Stumbo, 1965; Hayakawa, 1970, 1974).

Speziell für die Berechnung von Sterilisationsregimen ist es auch üblich, bei der halblogarithmischen Auftragung des Kerntemperaturverlaufes im Füllgut die Differenzen zwischen der Autoklaventemperatur (T_{b}, T_{r}) und der Kerntemperatur in Abhängigkeit von der Erhitzungszeit aufzutragen und aus diesen Geraden charakteristische Werte abzuleiten (Abb. 6.4.).

Zur Berechnung der Mikroorganismenabtötung bei der Sterilisation von Lebensmitteln hat es sich eingebürgert, den Temperaturverlauf im thermisch ungünstigsten Punkt der Dose zugrunde zu legen, um die Sterilisation für den kritischen Punkt sicherzustellen. Ähnliche Überlegungen und meßtechnische Schwierigkeiten führten dazu, daß der Stoffumsatz bei wärmekonduktiven Lebensmitteln auch für andere Erhitzungsverfahren nur für den Temperaturverlauf im Zentrum des Lebensmittels berechnet wurde, obwohl für eine umfassende Aussage auch alle Zwischenschichten mit ihren Temperaturkurven berücksichtigt werden müßten.

Die kontinuierliche Registrierung der Werte anderer Einflußfaktoren (pH-Wert, Wasseraktivität, Wassergehalt u.a.) in kompakten Lebensmitteln während der Verarbeitung ist gegenwärtig nicht befriedigend gelöst, so daß diese wichtige Voraussetzung für die Durchführung der Qualitäts- und Prozeßberechnung weiter untersucht werden muß.

Ein weiteres Problem entsteht bei festen und halbfesten Lebensmitteln durch die auftretenden Gradienten bei den von außen einwirkenden Einflußfaktoren, wodurch ein Lebensmittel örtlich unterschiedlichen Belastungen ausgesetzt ist (Temperaturfelder, charakteristische Feuchtigkeitsverteilung in einem Backstück). Da die Messung dieser Felder schwierig ist, wurden in der Literatur für verschiedene Prozesse der Lebensmittelverarbeitung mathematische Lösungen zu ihrer Berechnung vorgeschlagen.

Häufig wird es ausreichend sein, den zeitlichen Verlauf des Einflußfaktors im Zentrum des untersuchten Lebensmittels zu kennen und die Prozeßberechnung

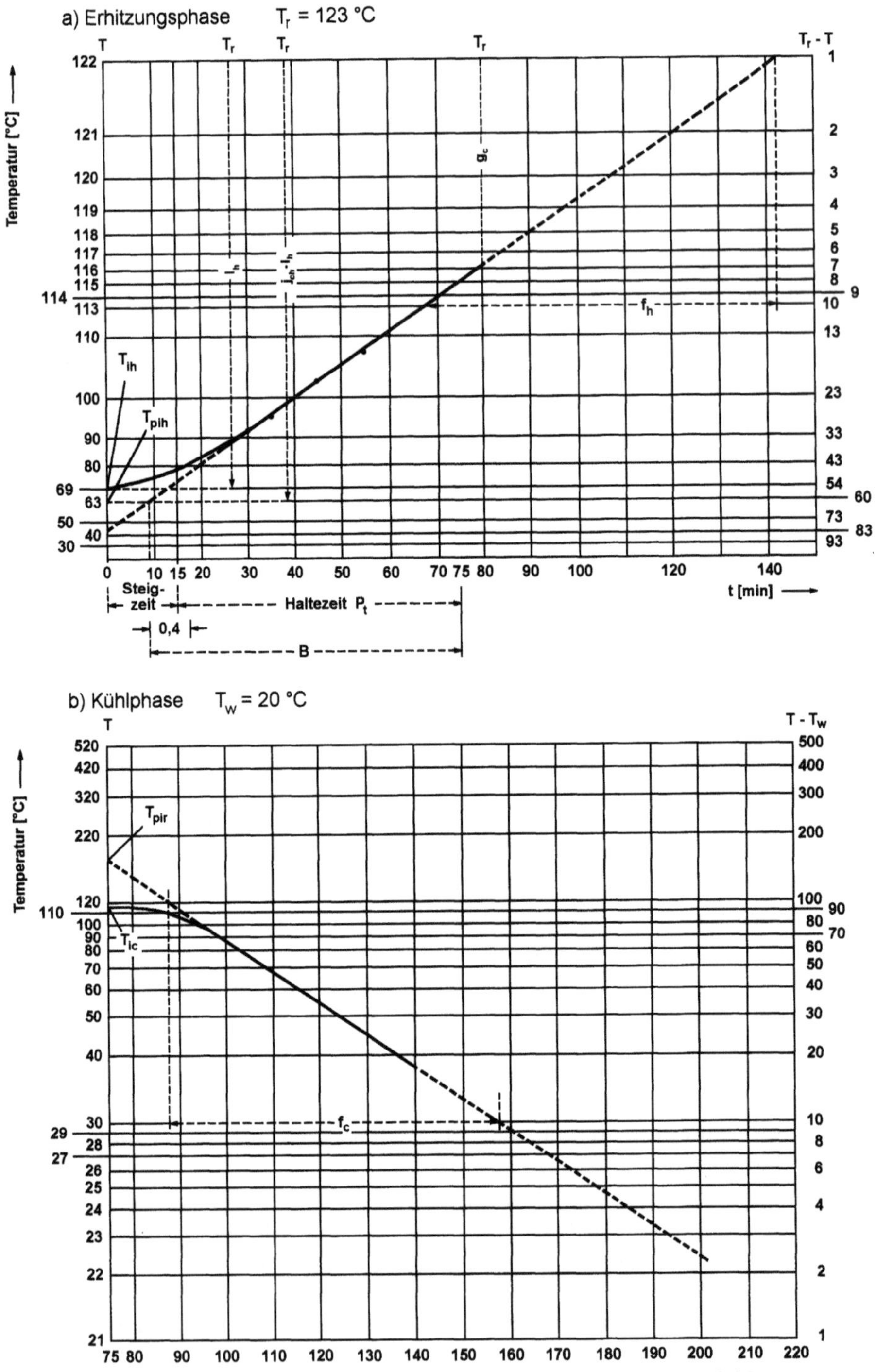

Abb. 6.4. Linearisierter Kerntemperaturverlauf in 1/1-Dosen (Spinat) (Nehring und Krause, 1969)

darauf zu beziehen. Das Zentrum des Gutes ist in der Regel der geringsten thermischen Belastung ausgesetzt (thermisch ungünstige Zone, die mitunter nicht das geometrische Zentrum darstellt). Dabei sind ortsabhängige, zeitliche Verschiebungen des angestrebten Effektes zu berücksichtigen. So entsteht z. B. bei wärmekonduktiven Sterilkonserven eine Übersterilisation der Randzone des Füllgutes, die zu einer starken Qualitätsschädigung führen kann. Durch die Prozeßberechnung und eine entsprechende Prozeßführung soll dieser Effekt möglichst gering gehalten werden.

Zur umfassenden Beschreibung der im gesamten Gut bewirkten Qualitätsänderung ist die Kenntnis der Einflußfaktoren in ihrer zeitlichen und räumlichen Abhängigkeit notwendig.

6.2.4
Kenntnis der reaktionskinetischen Parameter für die Abhängigkeit der Qualitätsmerkmale von den Einflußfaktoren

Für die Durchführung der Qualitäts- und Prozeßberechnung müssen neben den Einflußfaktoren die reaktionskinetischen Kennwerte der jeweiligen Reaktion bekannt sein. In der zu lösenden Gleichung sind dieses in allgemeiner Form die $Q_{\Delta RM}$-Faktoren und bei speziellen Einflußfaktoren z. B. die $Q_{\Delta H_2O}$-, $Q_{\Delta c_{H^+}}$- oder für die Temperatur die $Q_{\Delta T_A}$-, $Q_{\Delta T}$-, Q_{10}- oder z-Werte. Diese Werte wurden ausführlich in den Abschnitten 5.2 und 5.4 besprochen.

Für verschiedene Reaktionen wurden bereits Aktivierungsenergien und andere Kennwerte mitgeteilt. Jedoch ist vor der Verwendung von Literaturwerten zu bedenken, daß zur vollständigen Angabe neben der Aktivierungsenergie auch eine Geschwindigkeitskonstante oder eine Reaktionszeit bei einer beliebigen Temperatur gegeben sein muß, um eine eindeutige Aussage zu erhalten. Außerdem gelten die reaktionskinetischen Kennwerte streng genommen nur für das Reaktionssystem, an dem sie gewonnen wurden, und ihre Übertragung auf die gleiche Stoffwandlungsreaktion in einem anderen Lebensmittel oder selbst in dem gleichen Lebensmittel einer anderen Herkunft zu Abweichungen führen kann. Literaturwerte sollten deshalb vorläufig nur für orientierende Berechnungen verwendet werden.

Über $Q_{\Delta RM}$-Werte gibt es erst sehr wenige Angaben, so daß gegenwärtig noch die für eine Prozeßberechnung benötigten reaktionskinetischen Parameter experimentell zu erarbeiten sind.

Als eine weitere Voraussetzung zur Durchführung der Qualitäts- und Prozeßberechnung ist die Beherrschung der anzuwendenden Berechnungsmethoden sowie die richtige Bewertung der errechneten Ergebnisse zu nennen, die nachstehend behandelt werden.

6.3
Methoden der Qualitäts- und Prozeßberechnung

Die Methoden der Qualitäts- und Prozeßberechnung umfassen im wesentlichen die seit den zwanziger Jahren unseres Jahrhunderts entwickelten Verfahren zur Berechnung der Mikroorganismenabtötung bei Sterilisationsprozessen und deren

Weiterentwicklung sowie Anwendung auf die Berechnung weiterer Qualitätsveränderungen in Lebensmitteln.

Hier sind vor allem drei Methoden zu nennen:

1. die direkte Methode der Prozeßberechnung,
2. die indirekte Methode der Prozeßberechnung und
3. die mathematische Methode der Prozeßberechnung.

Diese Methoden werden nachfolgend bevorzugt am Beipiel der Wirkung des gut untersuchten Einflußfakors Temperatur auf die Mikroorganismenabtötung dargestellt, obwohl sie ohne weiteres auf andere Einflußfaktoren und Qualitätsmerkmale übertragen werden können.

6.3.1 Die direkte Methode der Prozeßberechnung

Diese Methode ist dadurch gekennzeichnet, daß die bei verschiedenen Temperaturen erforderlichen Abtötungszeiten oder gegebenenfalls Reaktionsgeschwindigkeitskonstanten direkt, d.h. ohne die Verwendung von Bezugsgrößen, in die Berechnung eingehen. Nach den Ausführungen in dem Abschnitt 5.2 kann die Wirkung einer Reaktion bei konstanter Temperatur mit den folgenden Gleichungen beschrieben werden:

$$f_n = k' \cdot t\,, \quad f_{H_n} = \frac{t}{H_n}\,, \quad W = \frac{t}{Z_m}\,, \quad G = \frac{t}{t_{zul}}\,.$$

Zusätzlich kann die Wirkung schlagartiger Temperaturänderungen berücksichtigt werden, wenn die charakteristischen Reaktionszeiten k, H, Z_m, t_{zul} oder andere für die neue Temperatur berechnet und in diese Gleichungen eingesetzt werden. Die Umrechnung auf die neue Temperatur kann mit den Gleichungen des Typs erfolgen:

$$\lg k = \frac{E_A}{2{,}3 \cdot R \cdot T}\left(\frac{1}{T_{k=1}} - \frac{1}{T}\right)$$

Um die Wirkung eines variablen Temperaturverlaufs zu berechnen, ist über die Zeit zu integrieren, in der die Temperatur Stoffwandlungen bewirkt. Dazu ist der Verarbeitungsprozeß in kleine Zeitabschnitte Δt_i mit konstanten Werten des Einflußfaktors Temperatur zu zerlegen und für jeden dieser Zeitabschnitte die eingetretene Qualitätsveränderung zu berechnen. Die Addition der in einzelnen Zeitabschnitten errechneten Beträge des Einflußfaktors zur Qualitätsveränderung ergibt den während des Prozesses entstehenden Gesamteffekt. Für die Berechnung der Mikroorganismenabtötung lautet die zu lösende Gleichung:

$$W = \int_{t_1}^{t_n} \frac{1}{Z_m} \cdot dt \tag{6.2}$$

W wird in diesem Zusammenhang als Sterilisierwert bezeichnet.

Die Lösung des Integrals kann grafisch oder numerisch nach der Additionsmethode erfolgen. Diese „Direkte Methode der Prozeßberechnung“ wurde von den amerikanischen Autoren Bigelow u.a. (1920) erarbeitet.

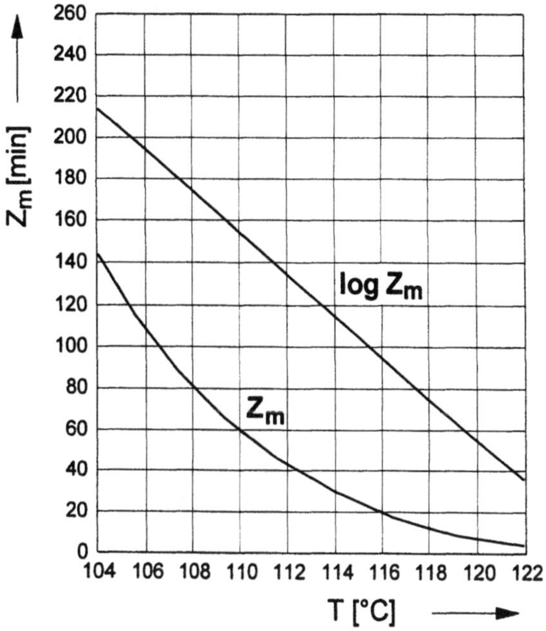

Abb. 6.5. Temperaturabhängigkeit der Abtötung der Sporen von *Clostridium botulinum* in neutralem Phosphatpuffer (Esty und Meyer, 1922)

Als Anwendungsbeispiel soll nach dem grafischen Verfahren geprüft werden, ob die im Zentrum einer Fleischkonserve vorhandene Erhitzung ausreicht, um die Zahl lebensfähiger Sporen des Mikroorganismus *Clostridium botulinum* in ausreichendem Maße zu reduzieren und dadurch eine gesundheitsunschädliche sowie haltbare Konserve herzustellen. Die Ausführungen folgen weitgehend dem Beispiel von Riedel (1947).

Für die Sterilisation einer 1/1 Konservendose sei der in der Abb. 6.1. gezeigte Verlauf der Autoklaventemperatur (1), dem die Temperatur an der Dosenoberfläche entsprechen soll, und der Temperatur im Dosenzentrum (2) zugrunde gelegt. Die Temperaturabhängigkeit der Sporenabtötung ergibt sich aus der Abb. 6.5.

Die in der Abb. 6.5. gezeigte Kurve geht auf die grundlegenden Untersuchungen von Esty und Meyer (1922) zurück und gehorcht der Gleichung:

$$\lg Z_{\mathrm{m}} = 0{,}1 \cdot (125{,}5 - T) \tag{6.3}$$

Die Wertepaare liefern eine durchschnittliche Abtötungskurve, die noch heute häufig der Berechnung von Sterilisationsregimen zugrunde gelegt wird. Die Zahl 125,5 in Gleichung (6.3) entspricht der Bezugstemperatur und damit jener Temperatur, für die die Sterilisationszeit gerade 1 min beträgt.

Bekanntlich erfolgt die thermische Mikroorganismenabtötung nach einem Zeitgesetz 1. Ordnung, d.h. im gleichen Zeitabschnitt wird von einer anfangs beliebigen Anzahl lebensfähiger Sporen immer der gleiche Bruchteil abgetötet. Wenn man die Zahl der jeweils vorhandenen lebenden Sporen mit N bezeichnet, so muß die Zahl dN der in einem differentiellen Zeitabschnitt dt absterbenden Sporen proportional N sein (siehe Gleichung (4.25)):

$$dN = - k \cdot N \cdot dt \tag{6.4}$$

Der Porportionalitätsfaktor k ist temperaturabhängig und entspricht der Geschwindigkeitskonstanten bei chemischen Reaktionen. Bei konstanter Temperatur erhält man durch Integration das Gesetz, nach dem die Zahl der lebenden Sporen mit zunehmender Erhitzungszeit abnimmt:

$$\ln \frac{N}{N_0} = - k \cdot t \tag{6.5}$$

Wird N kleiner als 1, enthält die Probe keinen lebensfähigen Keim mehr. Sie ist steril. Wenn in den Gleichungen (6.5) bzw. (4.31) $N = 1$ gesetzt wird, führt das zu dem Zusammenhang zwischen der Abtötungskonstanten k und der experimentell leicht bestimmbaren Zeit Z_m, die mindestens erforderlich ist, um bei der betreffenden Temperatur alle Sporen zu vernichten. Diese Sterilisationszeiten Z_m gelten jedoch nur für eine schlagartige Erhitzung der Proben auf die jeweilige Temperatur. Die sterilisierende Wirkung eines beliebig vorgegebenen Temperaturverlaufes ergibt sich aus der Abhängigkeit der Abtötungskonstanten k von der Zeit über die Erwärmungskurve T(t) zu: $dN = -\mathrm{k} \cdot \mathrm{N} \cdot dt$. Die Integration ergibt:

$$\ln \frac{N}{N_0} = - \int_{t_1}^{t_n} k \cdot dt = \ln \frac{1}{N_0} \int_{t_1}^{t_n} \frac{1}{Z_m} \cdot dt \tag{6.6}$$

Die für die Sterilisation kennzeichnende Bedingung $N = 1$ bedeutet also, daß die Gleichung (6.7) den Höchstwert der Sterilisierung beschreibt:

$$W_{(\mathrm{optimal})} = \int_{t_1}^{t_n} \frac{1}{Z_m} \cdot dt = 1 \tag{6.7}$$

Bleibt $W < 1$, sind nach dem Prozeß noch lebensfähige Sporen vorhanden, während bei $W > 1$ stärker und länger als nötig erhitzt wurde (siehe Abschnitt 4.2.).

Ein beliebiger Prozeß, für den man einen Sterilisierwert $W \geq 1$ erhält, darf hinsichtlich der Mikroorganismenabtötung als ausreichend bezeichnet werden, während die Sterilisationsbedingungen mit $W \leq 1$ ungenügend sind. Der Wert $W = 1$ stellt das Optimum dar, das man aus Sicherheitsgründen etwas, aber wegen der entstehenden, sonstigen Qualitätseinbußen nur gerinfügig überschreiten sollte (Riedel, 1947).

Das Integral der Gleichung (6.2) läßt sich bekanntlich als Flächeninhalt unter der Kurve $1/Z_m = f(t)$ deuten. Zur Konstruktion dieser Letalitätskurve $1/Z_m = f(t)$ (s. Abb. 6.6.) muß die Sterilisierzeit Z_m für die zu jedem Zeitpunkt t gehörende Temperatur T der Erwärmungskurve (Abb. 6.1.) nach Gleichung (6.3.) oder nach der Abb. 6.5. (bzw. einer anderen für die betreffende Konserve gültigen Abtötungskurve) bestimmt und deren reziproker Wert $1/Z_m$ über der Zeitachse linear aufgetragen werden.

Praktisch läßt sich das Verfahren sehr einfach durchführen, wenn die zu bestimmten (ganzzahligen) Temperaturwerten nach Gleichung (6.3) gehörenden $1/Z_m$-Werte von vornherein als Parallele zur Zeitachse eingezeichnet und diese Linien mit den entsprechenden Temperaturen bezeichnet werden, wie dies in der Abb. 6.6. geschehen ist. Zur Einzeichnung der Letalitätskurve sind dann auf diesen Temperaturlinien die nach der Erwärmungskurve gegebenen Zeitpunkte zu markieren, für die die Kerntemperatur gerade den betreffenden ganzzahligen Wert

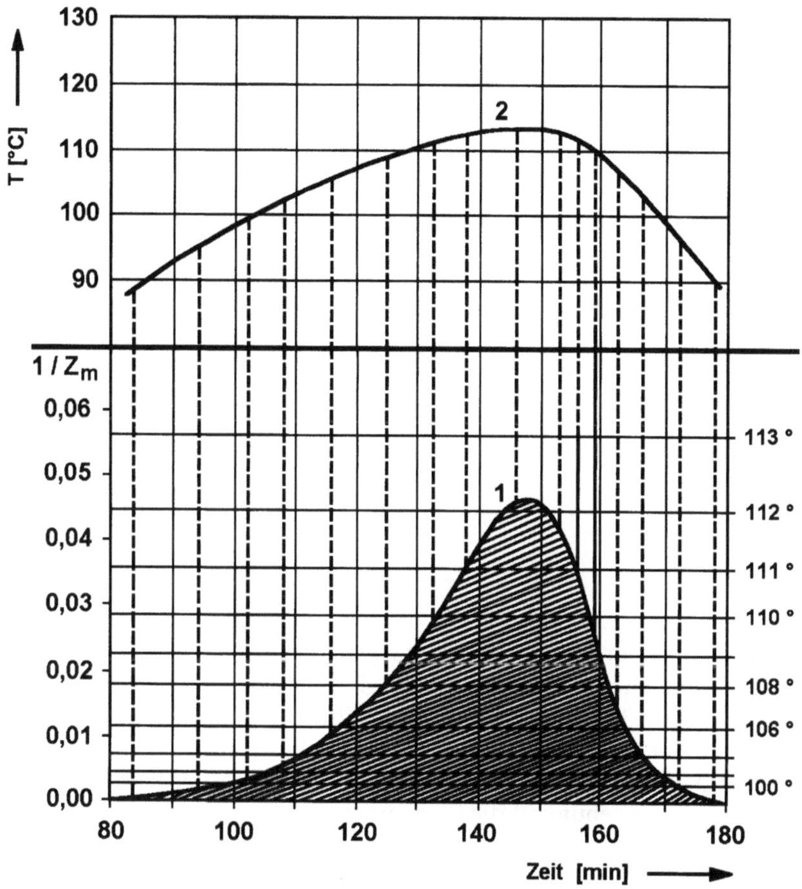

Abb. 6.6. Grafische Ermittlung des Abtötungseffektes eines Erhitzungsprozesses (Riedel, 1947)

annimmt. In der Abb. 6.5. wurde diese Konstruktion für die in der Abb. 6.1. gegebene und in der Abb. 6.6. auszugsweise noch einmal dargestellte Temperaturkurve (2) durchgeführt.

Der Sterilisierwert dieses Prozesses ist natürlich auf die zur Konstruktion der Letalitätskurve verwendete Bakterien-Abtötungskurve bezogen. Er ist durch den Inhalt der in der Abb. 6.6. schraffierten Fläche unterhalb der Letalitätskurve gegeben.

6.3.2
Die indirekte Methode der Prozeßberechnung

Bei dieser Methode der Prozeßberechnung ist zur Ermittlung der Wirkung eines variablen Einflußfaktors auf das Qualitätsmerkmal gleichfalls eine Integration über die Prozeßzeit notwendig. Hier wird jedoch für jeden der Zeitintervalle Δt_i mit konstanten Werten des Einflußfaktors die auf einen Bezugswert des Einflußfaktors bezogene äquivalente Reaktionszeit $t_{x_{RM_b}}$ mit Hilfe der $Q_{\Delta RM}$-Faktoren oder entsprechender reaktionskinetischer Kennwerte, also ohne die direkte Verwendung von Reaktionszeiten, berechnet.

Der Zusammenhang wird am Beispiel Temperatur erläutert, obwohl die Überlegungen ohne weiteres auf die Wirkung anderer Einflußfaktoren übertragen werden können.

Je nach der Größe der Temperaturdifferenzen $T_b - T$ ist die Gleichung (6.8) oder (6.9) zu lösen.

Für Temperaturdifferenzen $T < 30$ K:

$$S_{T_b} = \int_{t_1}^{t_n} \frac{1}{Q_{\Delta T}} \cdot dt = \int_{t_1}^{t_n} 10^{-\frac{\Delta T}{z}} \cdot dt = \int_{t_1}^{t_n} 10^{-\frac{T - T_b}{z}} \cdot dt \tag{6.8}$$

Für Temperaturdifferenzen $T > 30$ K:

$$S_{T_b} = \int_{t_1}^{t_n} \frac{1}{Q_{\Delta T_A}} \cdot dt \tag{6.9}$$

Das Symbol S steht für die Summe und gibt die dem Erhitzungsprozeß äquivalente Zeit einer schlagartigen Erhitzung bei der Bezugstemperatur an. Auf der Basis des S_{T_b}-Wertes, d.h. durch die Umrechnung auf die gleiche Bezugstemperatur, können Prozesse mit beliebigen Temperaturführungen in ihrer Wirkung auf ein Qualitätsmerkmal miteinander verglichen werden. Die spezielle Temperaturabhängigkeit der Reaktion wird durch die Kennwerte $Q_{\Delta T}$ bzw. z oder $Q_{\Delta T_A}$ berücksichtigt.

Die grundlegende Beziehung ist die Gleichung:

$$t_{x_{T_b}} = \frac{1}{Q_{\Delta T}} \cdot t_x$$

mit der die äquivalente Reaktionszeit bei einer Bezugstemperatur für ein Zeitintervall einer konstanten beliebigen Temperatur berechnet werden kann. Je nach der Größe der Temperaturdifferenz sind $Q_{\Delta T}$- oder $Q_{\Delta T_A}$-Werte anzuwenden. Die Addition der für die einzelnen Zeitintervalle errechneten äquivalenten Reaktionszeiten ergibt die äquivalente Reaktionszeit für den gesamten Temperaturverlauf. Diese für die Bezugstemperatur geltende äquivalente Reaktionszeit ist nichts anderes als eine Reaktionszeit bei einer konstanten Temperatur. Sie kann wie andere Reaktionszeiten zur Berechnung der Stoffwandlung bei konstanten Reaktionsbedingungen verwendet werden.

Die Lösung der Gleichung (6.9) kann wiederum grafisch oder numerisch nach der Additionsmethode erfolgen.

Der Temperaturverlauf im Heizwasser des Autoklaven und im Kern der Konserve sei der gleiche wie in der Abb. 6.1. Für die Temperaturabhängigkeit der Mikroorganismenabtötung wurde $z = 10$ K und der Vitamin B_1-Zerstörung $z = 32$ K zugrunde gelegt. Für die Vitaminzerstörung wurde die Reaktionszeit $H_{120} = 8{,}1$ min bestimmt. Das Ausmaß der Mikroorganismenabtötung und der Vitamin B_1-Zerstörung soll sowohl für den Dosenrand als auch für das Dosenzentrum für die Bezugstemperatur $T_b = 393$ K (120 °C) ermittelt werden.

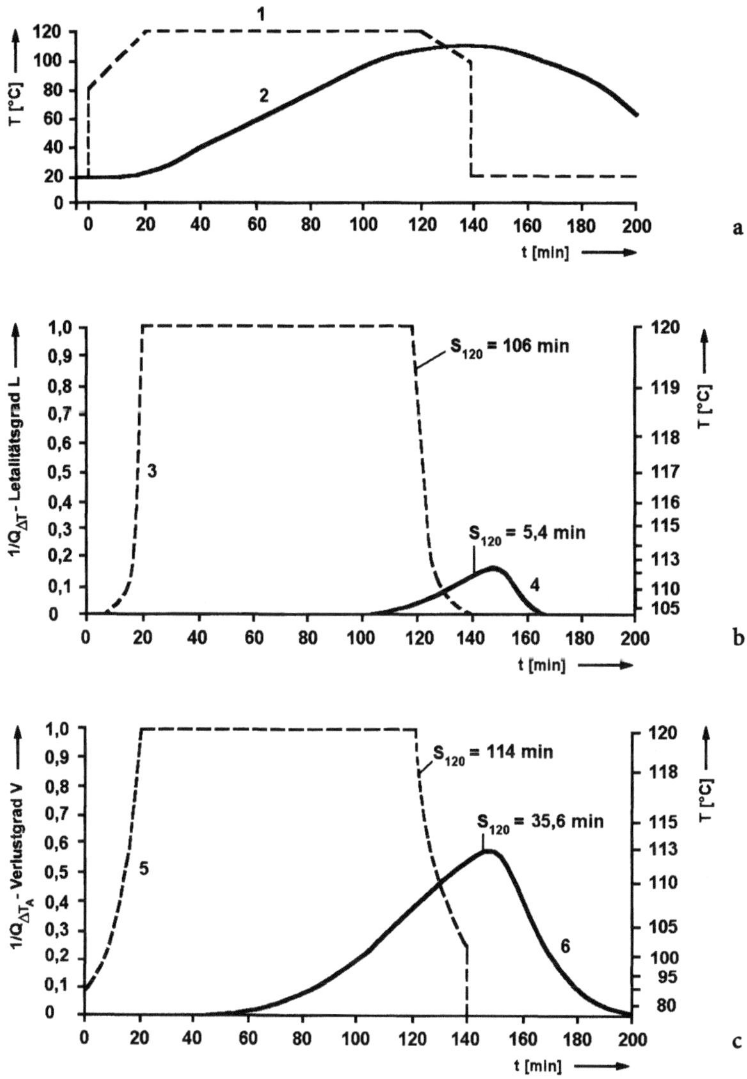

Abb. 6.7 a – c. Grafische Ermittlung des S_{120}-Wertes für die Mikroorganismenabtötung und den Vitamin B_1-Verlust einer Schweinefleischkonserve durch den Sterilisationsprozeß (Herrmann, 1976). **a** Temperaturverlauf im Heizwasser des Autoklaven am Dosenrand (1) und im Dosenzentrum (2); **b** Mikroorganismenabtötung am Dosenrand (3) und im Dosenkern (4); **c** Vitamin B_1-Zerstörung am Dosenrand (5) und im Dosenkern (6)

Die erhaltenen S_{120}-Werte können der Abb. 6.7. entnommen werden. Sie entsprechen den Flächen unter den jeweiligen Kurven. Besonders deutlich wird die starke thermische Überbeanspruchung der Randschicht der Konserve. Bei der Lösung des Integrals nach der Additionsmethode ist die Zusammenstellung der Werte in einer Tabelle zweckmäßig, wie es die Tabelle 6.1. zeigt.

Für die Zeitintervalle Δt_i wurde eine konstante Temperatur angenommen. Zur besseren Anschaulichkeit betrug die Zeitdifferenz 20 min. Eine höhere Genauig-

Tabelle 6.1. Additionsmethode zur Lösung des Integrals:

Nr.	t [min]	T [K]	$\frac{1}{Q_{\Delta T_A}}$	$\frac{1}{Q_{\Delta T_A}} \cdot \Delta t_i$ [min]
1	0	293	$1{,}5977 \cdot 10^{-4}$	$3{,}1953 \cdot 10^{-3}$
2	20	297	$2{,}5377 \cdot 10^{-4}$	$5{,}0753 \cdot 10^{-3}$
3	40	314	$1{,}5898 \cdot 10^{-3}$	$3{,}1795 \cdot 10^{-2}$
4	60	340	$1{,}8449 \cdot 10^{-2}$	$3{,}6898 \cdot 10^{-1}$
5	80	357	$7{,}5552 \cdot 10^{-2}$	1,5110
6	100	370	$2{,}0347 \cdot 10^{-1}$	4,0693
7	120	380	$4{,}1631 \cdot 10^{-1}$	8,3261
8	140	383	$5{,}1230 \cdot 10^{-1}$	10,2460
9	160	381	$4{,}4628 \cdot 10^{-1}$	8,9256
10	180	361	$1{,}0326 \cdot 10^{-1}$	2,0652
11	200	338	$1{,}5485 \cdot 10^{-1}$	$3{,}0969 \cdot 10^{-1}$

$\Sigma = S_{120} = 35{,}56$ min

keit der Berechnung läßt sich durch die Verkürzung des Zeitintervalles auf üblicherweise 1 min und durch die Verwendung einer mittleren Temperatur in jedem Zeitintervall erreichen, was durch die Anwendung von Rechnern problemlos möglich ist.

Bei anderen Verfahren der Lebensmittelindustrie, z.B. bei der Lagerung von Lebensmitteln, kann die Wahl eines anderen Zeitintervalles zweckmäßig sein. Da im Beispiel die Temperaturdifferenz 30 K übersteigt, ist mit den $1/Q_{\Delta T_A}$-Werten zu rechnen.

Dem Beispiel der Abb. 6.7. und der Tabelle 6.1. liegen die folgende Gleichungen und Werte zugrunde:

$$S_{T_b} = \int_{t_1}^{t_n} \frac{1}{Q_{\Delta T_A}} \cdot dt\,; \quad \lg \frac{1}{Q_{\Delta T_A}} = \frac{E_A}{2{,}3 \cdot R}\left(\frac{1}{T_b} - \frac{1}{T}\right) \tag{6.8}$$

$T_b = 393$ K (120 °C); $E_A = 83{,}74$ kJ/mol (20 kcal/mol);

$$\lg \frac{1}{Q_{\Delta T_A}} = \frac{20\,000}{4{,}575} \cdot \left(\frac{1}{393} - \frac{1}{T}\right) = 11{,}1236 - \frac{4371{,}6}{T}$$

Der berechnete Wert von $S_{120} = 35{,}56$ min besagt, daß eine schlagartige Erhitzung des im Zentrum der Dose befindlichen Fleisches für die Dauer von 35,56 min zu der gleichen Vitamin B_1-Zerstörung führt wie die 200 min dauernde Erhitzung bei dem zugrunde gelegten Temperaturverlauf im Autoklaven. Durch die Berechnung des S_{120}-Wertes wird die eintretende Thiaminzerstörung als Zeit bei einer konstanten Temperatur ausgedrückt. Damit können die für ein konstantes Reaktionsmilieu geltenden Gleichungen zur Berechnung einer Stoffwandlung angewendet werden. Aus der Tabelle 6.1. wird deutlich, daß die von der Bezugstemperatur stark abweichenden Temperaturen nur sehr wenig zur Qualitätsveränderung beitragen.

Im betrachteten Beispiel kann die prozentuale Vitamin B_1-Zerstörung unter Verwendung des gegebenen Wertes $H_{120} = 8{,}1$ min über den f_{H_1}-Wert und die Gleichung (6.10) berechnet werden.

$$\frac{S_{T_b}}{H_{T_b}} = \frac{S_{120}}{H_{120}} = f_{H_1} \xrightarrow{f_{H\text{-Tab.}}} x \tag{6.10}$$

Am Dosenrand beträgt sie 75,5% und im Dosenkern 35,6%.

Zur Ermittlung des Umsatzes einer Reaktion in einem Prozeß mit einem variablen Temperaturverlauf kann in Erweiterung der Gleichungen (4.73) und (4.74) sowie unter Berücksichtigung der Gleichung (5.36) auch geschrieben werden:

$$f_n = \int_{t_1}^{t_n} k'_T \cdot dt = k'_{T_b} \int_{t_1}^{t_n} \frac{1}{Q_{\Delta T}} \cdot dt = k'_{T_b} \cdot S_{T_b} \tag{6.11}$$

$$f_{H_n} = \int_{t_1}^{t_n} \frac{1}{H_T} \cdot dt = \frac{1}{H_{T_b}} \int_{t_1}^{t_n} \frac{1}{Q_{\Delta T}} \cdot dt = \frac{1}{H_{T_b}} \cdot S_{T_b} \tag{6.12}$$

Zur Beurteilung der Wirkung einer Hitzebehandlung mit variablem Temperaturverlauf kann ganz analog in der Erweiterung der Gleichungen für den *W*- und den *G*-Wert geschrieben werden:

$$W = \int_{t_1}^{t_n} \frac{1}{Z_m} \cdot dt = \frac{1}{Z_{m_{T_b}}} \int_{t_1}^{t_n} \frac{1}{Q_{\Delta T}} \cdot dt = \frac{1}{Z_{m_{T_b}}} \cdot S_{T_b} \tag{6.13}$$

und

$$G = \int_{t_1}^{t_n} \frac{1}{t_{zul}} \cdot dt = \frac{1}{t_{zul_{T_b}}} \int_{t_1}^{t_n} \frac{1}{Q_{\Delta T}} \cdot dt = \frac{1}{t_{zul_{T_b}}} \cdot S_{T_b} \tag{6.14}$$

Die Gleichungen (6.11) bis (6.14) zeigen, daß nach der Berechnung der äquivalenten Reaktionszeiten bei der Bezugstemperatur auch für einen Erhitzungsprozeß mit einem Temperaturverlauf alle diejenigen Gesetzmäßigkeiten angewendet werden können, die für konstante Temperaturen gelten.

Als Zeit einer schlagartigen Erhitzung bei der Bezugstemperatur besitzt der Betrag des S_{T_b}-Wertes zunächst nur eine relative Bedeutung, der zu einer richtigen Bewertung erst mit den für andere Bedingungen berechneten S_{T_b}-Werten verglichen werden muß bzw. für den mit einer anderen Methode, z.B. durch die sensorische Beurteilung des Produktes, die Bedeutung bestimmter Zahlenwerte festgelegt werden muß.

Folgende Anwendungsmöglichkeiten der Berechnung von S_{T_b}-Werten und anderen Kennwerten seien besonders genannt:

- die Bestimmung des Umsatzes der in Lebensmitteln ablaufenden Reaktionen, wenn ihre reaktionskinetischen Parameter bekannt sind;
- der Vergleich zweier oder mehrerer Erhitzungsvarianten eines Verfahrens hinsichtlich des Ausmaßes der qualitätsbestimmenden Haupt- und Nebenreaktionen;
- Vergleich verschiedener Erhitzungsverfahren, Behältnisarten oder -formate hinsichtlich ihrer Wirksamkeit und Qualitätserhaltung.

Die hier beschriebene, von Herrmann (1976) entwickelte indirekte Methode der Qualitäts- und Prozeßberechnung ist ein sehr variabler und gut anpassungsfähiger Ansatz zur Lösung lebensmittelwissenschaftlicher Fragen bei Stoffwandlungsreaktionen. Sie ermöglicht es, einen oder mehrere Einflußfaktoren in die Untersuchung einzubeziehen sowie die jeweiligen Bezugswerte zweckmäßig festzulegen. Damit bietet sie prinzipiell die Möglichkeit zur Optimierung der Stoffwandlungen in einem komplexen Reaktionssystem, sofern die notwendigen reaktionskinetischen Kennwerte erarbeitet werden können. Die bekannten und in der Praxis genutzten Methoden zur Berechnung von Sterilisier-, Pasteurisier-, Enzyminaktivierungs- oder Garungswerten sind in ihr als Spezialfälle enthalten.

6.3.3 Die mathematische Methode der Prozeßberechnung

Die mathematische Methode der Prozeßberechnung wurde speziell für die Berechnung der Mikroorganismentötung in zylinderförmigen Konserven entwickelt und mehrfach verbessert. Sie geht von der theoretisch bzw. experimentell ermittelten Wärmedurchdringung des erhitzten Mediums aus und verwendet charakteristische Kennwerte wie f_{h}, j_{ch} u. a. der halblogarithmisch dargestellten Erhitzungskurve sowie f_{c}, j_{cc} u. a. der Abkühlungskurve und die jeweiligen Differenzen zwischen der Heiztemperatur und Gutstemperatur zur Ermittlung einer Prozeßzeit B (s. Abb. 6.4.). Durch die Kombination der Gleichung für die Prozeßzeit B mit der Gleichung für die Letalrate, die die Abtötung der Bakteriensporen charakterisiert, (Gleichung (6.20)), erhält man für den Sterilisierwert F eine Funktion, die mit einem Exponentialintegral gelöst werden kann. Die gegenseitigen Abhängigkeiten der speziellen Parameter liegen für die wichtigsten z-Werte tabelliert vor, was die Anwendung dieser Methode erheblich erleichtert.

Der gesamte Abtötungseffekt in Minuten schlagartiger Erhitzung bei der Haltetemperatur wird bei dieser Methode durch das Symbol U ausgedrückt. Bezüglich der Einzelheiten der „Mathematischen Methode“ sei auf die Spezialliteratur verwiesen (Sielaff u. a., 1981; Takacs u. a., 1969; Nehring und Krause, 1969; Ball und Olson, 1957; Stumbo, 1965).

Wenn die Wärmedurchdringungsparameter eines Füllgutes erst einmal bekannt sind und während des Prozesses konstant bleiben, ermöglicht die Mathematische Methode die Berechnung des Sterilisationseffektes sowohl ohne neue Temperaturmessung während der Sterilisation als auch ohne erneutes Zeichnen der logarithmischen Kurven. Ferner können Prozeßdaten in gewissem Maße ausgetauscht werden, so daß der Sterilisierwert auch dann errechnet werden kann, wenn sich die Autoklaventemperatur oder die Anfangstemperatur des Füllgutes oder die Haltezeit bzw. sich der Temperaturgradient der Aufheizperiode ändert. Der lineare Temperaturanstieg bzw. -abfall in der halblogarithmischen Darstellung der Wärmedurchdringungskurve ist sowohl bei Füllgütern mit konvektiver Wärmeübertragung als auch bei Füllgütern mit überwiegend konduktiver Wärmeübertragung gegeben, so daß die „Mathematische Methode“ hierfür gut anwendbar ist. Liegen beide Wärmeübertragungsarten gleichzeitig oder nacheinander im Füllgut vor, entstehen gebrochene Erhitzungskurven, deren Berechnung nicht auf einfache Weise möglich ist.

Die „Mathematische Methode“ wurde für die Berechnung der Mikroorganismenabtötung bei Sterilisationsprozessen entwickelt und diesen speziellen Anforderungen angepaßt. Obwohl die Bezugstemperatur und der z-Wert der untersuchten Reaktion in gewissem Umfang modifiziert werden können, sind die aus der Erhitzungs- bzw. Abkühlungskurve abzuleitenden Kennwerte entscheidende Elemente dieser Methode, so daß die Erarbeitung dieser Kurven der kritische Punkt dieser Methode ist. Die Beziehungen der wichtigsten Kennwerte zueinander sind in Tabellen zusammengefaßt, wodurch die Anwendung dieser Methode wiederum sehr erleichtert wird.

Die Anwendung der Mathematischen Methode zur Berechnung der Wirkung anderer Einflußfaktoren ist bisher nicht bekannt geworden.

6.4 Beziehungen des S_{T_b}-Wertes zu anderen Größen der Prozeßberechnung

Der S_{T_b}-Wert ist das Ergebnis der indirekten Methode der Prozeßberechnung und gibt die Wirkung einer Hitzebehandlung auf ein Qualitätsmerkmal, ausgedrückt als äquivalente Zeit einer schlagartigen Erhitzung bei der Bezugstemperatur, an. Er kann nach den Gleichungen (6.8) oder (6.9) berechnet werden und ist ein Maß für die oben erwähnte „Temperatur-Zeit-Belastung“ eines Prozesses.

Der S_{T_b}-Wert kann für alle Erhitzungsprozesse, beliebige Bezugstemperaturen und Temperaturdifferenzen verwendet werden, wobei lediglich zu beachten ist, daß für die Temperaturdifferenzen über 30 K der $Q_{\Delta T_A}$-Wert zu verwenden ist. Der S_{T_b}-Wert besitzt dadurch einen hohen Grad der Allgemeingültigkeit.

Demgegenüber hat es sich bei den traditionellen Anwendungen der Prozeßberechnung eingebürgert, für bestimmte thermische Verfahren der Lebensmittelverarbeitung und ihre Hauptwirkungen besondere Symbole zu verwenden. Diese sind äquivalente Reaktionszeiten mit in der Regel einer festgelegten Bezugstemperatur und z. T. einem festgelegten z-Wert. Eine entsprechende Übersicht gibt die Tabelle 6.2.

Im angloamerikanischen Sprachgebrauch werden die Sterilisationsprozesse häufig auch als Kochprozesse bezeichnet, weshalb keine eindeutige Trennung der Symbole erfolgte. Die Werte C und E werden sowohl zur Charakterisierung der Wirkung von Sterilisationsprozessen als auch zur Erfassung der Wirkung von Kochprozessen bei Atmosphärendruck verwendet. Die Bezugstemperatur ist in beiden Fällen 373 K (100 °C). Die Umrechnung der Wirkung von Sterilisationsprozessen auf die Bezugstemperatur $T_b = 373$ K (100 °C) kann zu sehr großen Zahlen für C und E führen, weshalb hierfür die Festlegung einer höheren Bezugstemperatur günstiger wäre.

Da die Wirkung einer Hitzebehandlung von der Temperaturempfindlichkeit der untersuchten Reaktion, d. h. von ihrem z-Wert, abhängt und jedes der in Tabelle 6.2. angeführten Symbole mit verschiedenen z-Werten berechnet werden kann, ist es zur eindeutigen Kennzeichnung dieser Werte notwendig, die jeweilige Bezugstemperatur und den verwendeten z-Wert als unteren bzw. oberen Index am Symbol anzugeben:

$$S^{z}_{T_b}, \quad F^{10\,°C}_{121,1\,°C}, \quad C^{25\,°C}_{100\,°C}, \quad E^{17,5\,°C}_{100\,°C}$$

Tabelle 6.2. Übersicht über verwendete Symbole zur Charakterisierung von thermischen Prozessen und deren Wirkungen

Prozeß	Hauptwirkung	Symbol		Bezugstemp.		Bezeichnung
		als S_{T_b}	tradit.	[K]	[°C]	
Sterilisation/ Kochprozeß	Mikroorganismen-abtötung,	$S_{121,1}$	F	394,1	121,1	Sterilisierwert
	allgemeine Schädigung von Inhaltsstoffen,	S_{100}	$C\,(C_0)$	373	100	Kochschädigung, Kochminuten
	Garung,	S_{100}	C_g	373	100	Garungswert
	Enzyminaktivierung	S_{100}	E	373	100	Inaktivierungswert
Pasteurisation	Abtötung vegetativer Formen von Mikroorganismen	$S_{91,1}$	P (PU)	364,1	91,1	Pasteurisiereinheit
		$S_{71,1}$	(PE)	344,1	71,1	(Pasteurization Unit – P. effect)
Lagerung	chem. Reaktionen, sensorische Veränderungen	S_0	M	273	0	Lagerungswert

Diese speziellen Symbole für die verschiedenen Prozesse und Wirkungen können auch als S_{T_b}-Werte ausgedrückt und mit den $Q_{\Delta T}$- oder $Q_{\Delta T_A}$-Werten berechnet werden. Für gleiche z-Werte können ihre Zahlenwerte mit Hilfe des $Q_{\Delta T}$-Wertes auch auf andere Bezugstemperaturen bzw. Symbole umgerechnet werden, so wie es für andere Reaktionszeiten bereits dargestellt wurde (Abschnitt 5.2.4.).

Die Ermittlung dieser Kennwerte der Prozeßberechnung kann durch die Verwendung entsprechender Tabellen erleichtert werden. Für den S_{T_b}-Wert gibt es Tabellen mit den $1/\text{-}Q_{\Delta T}$-Werten für bestimmte Temperaturdifferenzen und Q_{10}-Werte (Herrmann u.a., 1979). Auch für den weit verbreiteten F-Wert wurden die Letalraten (s. Abschnitt 6.4.) für bestimmte Temperaturdifferenzen und z-Werte tabellarisch zusammengestellt (z.B. Sielaff u.a., 1981). Wenn die Temperaturdifferenzen und z-Werte übereinstimmen, können diese Tabellen für verschiedene Bezugstemperaturen verwendet werden, z.B. sowohl zur Ermittlung von Sterilisier- als auch von Pasteurisationswerten (Sielaff u.a., 1981).

Von Reichert (1977) wurde ein verbessertes grafisches Verfahren zur Ermittlung von C- und E-Werten bei einem Sterilisationsprozeß vorgeschlagen, das auf einem vereinfachten Arrhenius-Diagramm beruht. In dem Diagramm ist auf der Ordinate die Sterilisationszeit logarithmisch und auf der Abszisse die Sterilisationstemperatur linear aufgetragen. In das Diagramm werden die Geraden $F_{121,1}^{10} = 1$ min und z.B. $C_{100}^{25} = 10$ min sowie der für das jeweilige Produkt erforderliche E-Wert eingetragen. Der Punkt der Ordinate, der der Zeit entspricht, in der die Temperatur in der thermisch ungünstigsten Zone über 100 °C liegt, wird auf die zur Abtötung der Mikroorganismen erforderlichen F-Wert-Gerade projiziert. Durch diesen Punkt werden dann Parallelen zu den zur Inaktivierung der Enzyme und zur Ermittlung der Kochschädigung gezeichneten E-Wert- und C-Wert-Geraden gezogen. Auf der Ordinate können dann die bei den zugrunde gelegten

Prozeßbedingungen resultierenden *E*- und *C*-Werte abgelesen werden. Allerdings sind genaue Aussagen nur bei hinreichend schlagartigen Erhitzungsbedingungen zu erwarten.

6.4.1 Der Sterilisierwert *F*

Als Bezugsgröße für den Sterilisationsprozeß ist der Sterilisierwert *F* ein Maß für die thermische Belastung des Lebensmittels, die zur Erreichung eines bestimmten Sterilisationseffektes notwendig ist, da er sowohl die Erhitzungstemperatur als auch die Erhitzungszeit und die Temperaturempfindlichkeit der Mikroorganismen umfaßt. Die Berechnung des S_{T_b}-Wertes eines gegebenen Erhitzungsprozesses für die Bezugstemperatur $T_b = 394{,}1$ K (121,1 °C) nach Gleichung (6.15) ergibt den *F*-Wert des Prozesses:

$$F = \int_{t_1}^{t_n} \frac{1}{Q_{\Delta T}} \cdot dt = \int_{t_1}^{t_n} 10^{\frac{T-121,1}{z}} \cdot dt = \int_{t_1}^{t_n} L \cdot dt \tag{6.15}$$

Ein Wert von $F = 1$ min bedeutet, daß der berechnete Prozeß in seiner mikroorganismenabtötenden Wirkung dem Effekt einer schlagartigen Erhitzung auf die Temperatur von 394,1 K (121,1 °C) für die Dauer von 1 Minute äquivalent ist.

Der für eine ausreichende Sterilisation notwendige *F*-Wert hängt nicht allein von der Art, der Anzahl und der Bedeutung der auf dem Lebensmittel vorkommenden Mikroorganismenstämme ab, sondern auch von der vorhandenen Keimzahl, von der gewünschten Reduktion der Keimzahl, von der Temperaturwiderstandsfähigkeit dieser Mikroorganismen, von dem vorliegenden Reaktionsmilieu und von weiteren Faktoren. Er kann nach der Gleichung (6.16) berechnet

$$S_{121,1} = F = D_{121,1} \cdot \lg \frac{N_0}{N} \tag{6.16}$$

und mit dem für den konkreten Erhitzungsprozeß nach Gleichung (6.15) ermittelten Sterilisierwert verglichen werden. Aus Sicherheitsgründen sollte der tatsächliche Sterilisierwert stets über dem notwendigen Wert liegen.

Nach dem D_{12}-Konzept wird für die Abtötung der Sporen von *Clostridium botulinum* eine Reduktion der Keimzahl von $N_0 = 10^{12}$ auf $N = 1$ zugrunde gelegt. Der *D*-Wert beträgt bei 121,1 °C $D_{121,1} = 0{,}21$ min. Der für die angestrebte Verminderung der Keimzahl notwendige Sterilisierwert errechnet sich nach Gleichung (6.16) zu $F = 2{,}52$ min.

Da auf den Lebensmitteln in der Regel Mischpopulationen von Mikroorganismen vorkommen, deren unterschiedliche Temperaturwiderstandsfähigkeit im einzelnen nicht berücksichtigt werden kann, wird häufig eine durchschnittliche, durch einen *z*-Wert von $z = 10$ K gekennzeichnete Temperaturwiderstandsfähigkeit den Berechnungen zugrunde gelegt. Der so berechnete Sterilisierwert wird mit F_0 bezeichnet, wie es die Gleichung (6.17) zum Ausdruck bringt.

$$S_{121,1}^{10} = F_0 = \int_{t_1}^{t_n} \frac{1}{Q_{\Delta T}} \cdot dt = \int_{t_1}^{t_n} 10^{\frac{T-121,1}{10}} \cdot dt \tag{6.17}$$

Gelegentlich wird das Symbol F_C benutzt, was besagt, daß sich der angegebene Sterilisierwert auf den Temperaturverlauf im Centrum einer Konserve bezieht. Das Symbol F_S bringt die Summe des Abtötungseffektes von Mikroorganismen in allen Bereichen des Füllgutes zum Ausdruck und wird deshalb auch als integraler Erhitzungseffekt bezeichnet. Der F_S-Wert kann ermittelt werden, wenn alle Punkte des Füllgutes und die dort erreichten, partiellen Abtötungseffekte zusammengefaßt werden (Sielaff u. a., 1981).

Da die $1/Q_{\Delta T}$-Werte für weit von der Bezugstemperatur entfernte Temperaturen sehr klein sind und zum Gesamteffekt der Erhitzung nur unwesentlich beitragen, wird der F_0-Wert meistens nur aus den Temperaturen des Erhitzungsvorganges berechnet, die über 373 K (100 °C) liegen.

In der Regel wird von einer logarithmischen Absterbeordnung der Mikroorganismensporen ausgegangen, jedoch ist auch ein abweichendes Verhalten bekannt (Sielaff u. a., 1981).

Für die Sterilisation der einzelnen Lebensmittel sind entsprechend ihrer spezifischen Mikroorganismenflora, ihres speziellen Reaktionsmilieus und ihrer unterschiedlichen Wärmeübertragungseigenschaften ganz bestimmte Sterilisierwerte durch den Erhitzungsprozeß zu garantieren. Die Temperaturführung während der Erhitzung, d. h. wie der geforderte F-Wert erreicht wird, ist dagegen von sekundärer Bedeutung. Hierdurch werden unterschiedliche Sterilisationsregime bei der Herstellung einer bestimmten Art von Konserven möglich.

Einige solcher Richtwerte für die Sterilisation verschiedener Arten von Lebensmitteln sind in den Tabellen 6.3. und 6.4. angeführt.

Tabelle 6.3. Erforderliche Sterilisierwerte zur Herstellung von Konserven

Verderbniserreger	Klassifizierung der Produkte	pH-Wert	F_0-Wert [min]	Produkt
mesophile, sporenbildende anaerobe Bakterien	schwach sauer	4,5	~ 10	Fleisch, Würstchen
			6–10	Suppen
			6–10	Pilze
			4– 8	Gemüse
			3	Tomatensuppe
säureresistente, nichtsporenbildende Bakterien	sauer	3,7–4,5	1	Obst
säure- und sporenbildende Bakterien, Hefen, Schimmelpilze	stark sauer	3,7	1	Säfte Sauergemüse

Tabelle 6.4. F-Werte zur Herstellung von Fischkonserven

Konserven	F-Wert
Konserven ohne Säureanteil (Ölkonserven, Konserven in eigenem Saft)	$F \geq 5{,}0$
Konserven mit Säureanteil sowie alle übrigen Konserven	$F \geq 4{,}0$
Konserven für tropische und subtropische Gebiete	$F \geq 16{,}0$

Aus diesen Tabellen wird vor allem der starke Einfluß des pH-Wertes auf den angestrebten F_0-Wert deutlich. Einerseits ist die Hitzeresistenz von Bakteriensporen am Neutralpunkt am größten, während anderseits im sauren pH-Bereich ihr Auskeimen erschwert wird. Deshalb kann die notwendige Temperaturbelastung für eine ausreichende Sterilität bei sauren Gütern gesenkt werden.

Die in diesen Tabellen genannten F-Werte sind nur als Richtwerte zu betrachten, d.h. als Empfehlungen, da sie sich auf bestimmte Standardbedingungen beziehen. Die Standardbedingungen umfassen u.a.

- die Zusammensetzung des Produktes, besonders den Fett- und Salzgehalt,
- den pH-Wert,
- die Arten und Eigenschaften der Mikroorganismenpopulationen,
- den Anfangskeimgehalt,
- die Konsistenz des Gutes,
- den Zerkleinerungsgrad,
- die Wärmedurchgangsgeschwindigkeit (Wärmeleitzahl),
- die Behälterart und -form,
- den Kopfraum der Dose.

Der F_0-Wert gilt nur dann, wenn alle Faktoren und Voraussetzungen lückenlos eingehalten werden. Wegen der Vielzahl zu berücksichtigender Parameter und der Unterschiedlichkeit der Lebensmittel ist es äußerst schwierig, genaue Angaben über den bei jedem Produkt anzuwendenden Sterilisierwert zu machen. Die F_0-Richtwerte sind daher vor ihrer Anwendung in der Produktion unbedingt experimentell mit anschließenden bakteriologischen Kontrollen zu überprüfen (Cheftel u. Thomas, 1967).

6.4.2
Der Kochwert *C*

Der C-Wert (Cook value) dient zur Charakterisierung der bei Sterilisations- und Kochprozessen auftretenden Hitzeschädigung des Füllgutes, die neben der Mikroorganismenabtötung eintritt. Dazu wurden besonders der Abbau wertbestimmender Inhaltsstoffe (Vitamine, Farbstoffe) sowie sensorische Veränderungen untersucht. Hierauf weist die deutsche Bezeichnung für den C-Wert als Kochschädigung hin. Insofern dient der C-Wertes als ein zusätzliches Kriterium für die Beurteilung von Sterilisationsprozessen (Schleusener und Sielaff, 1980).

Nach einem Beispiel von Reichert (1977) sind bei verschiedenen Erhitzungsverfahren zur Sterilisation von „Grüne-Bohnen-Eintopf", die alle bis zu einem annähernd gleichen F-Wert geführt wurden, durchaus unterschiedliche C-Werte und E-Werte erreicht worden, die unmittelbar Ausdruck für den Abbau wertbestimmender Inhaltsstoffe sind (Tabelle 6.5.). Die hohen C-Werte entsprechen einer starken Schädigung des Füllgutes.

Der C-Wert kann nach der Gleichung (6.18) berechnet werden.

$$C = \int_{t_1}^{t_n} \frac{1}{Q_{\Delta T}} \cdot dt = \int_{t_1}^{t_n} 10^{\frac{T - T_b}{z}} \cdot dt \qquad (6.18)$$

Tabelle 6.5. *C*- und *E*-Werte bei der Sterilisation von „Grüne-Bohnen-Eintopf" in Abhängigkeit vom Erhitzungsverfahren (in Minuten) (Reichert, 1977)

Erhitzungsverfahren		$C_{100°C}^{25°C}$	$E_{100°C}^{48,9°C}$
Turmautoklav	122 °C	270	130
Standautoklav	125 °C	170	70
Rotationsautoklav	122 °C	215	97
Rotationsautoklav	125 °C	138	54
Rotationsautoklav	130 °C	112	41

Er charakterisiert die durch eine Wärmebehandlung bewirkte Veränderung eines Qualitätsmerkmales in einem Lebensmittel in Minuten einer schlagartigen Erhitzung bei der Bezugstemperatur. Hiervon leitet sich die häufige Bezeichnung Kochminuten ab.

Da viele Wärmebehandlungsprozesse unter atmosphärischem Druck durchgeführt werden, dient als Bezugstemperatur für den *C*-Wert in der Regel der Siedepunkt des Wassers bei Normaldruck, d.h. 373 K (100 °C). Das Symbol C_0 wird zur Charakterisierung der Kochschädigung (Vitamin- und Farbstoffabbau, Eiweißdenaturierung, Kochgeschmack oder -geruch) bei dieser Bezugstemperatur verwendet, ohne zugleich damit die Festlegung eines bestimmten *z*-Wertes zu verbinden.

Ein weiteres wichtiges Anwendungsgebiet für den *C*-Wert ist die Beurteilung von Garungsvorgängen in Lebensmitteln, die sowohl bei der Zubereitung der Lebensmittel im Haushalt als auch als Nebenreaktion bei Sterilisationsprozessen eine qualitätsbestimmende Rolle spielen. Der *C*-Wert wird dann auch als Garungswert C_g bezeichnet.

Für den auf die Bezugstemperatur von 394,1 K (121,1 °C) bezogenen *C*-Wert gibt es auch die Bezeichnung *CH*-Wert (chemische Veränderung).

Die Verwendung der Bezugstemperatur von 373 K (100 °C) bei der Berechnung des *C*-Wertes von Sterilisationsprozessen führt im Vergleich zu den *F*-Werten zu sehr großen Zahlenwerten (Tabelle 6.5.), weshalb hierfür die Verwendung einer höheren Bezugstemperatur günstiger ist. Da die $1/Q_{\Delta T}$-Werte für niedrige Temperaturen sehr klein ausfallen und zum Gesamteffekt der Erhitzung und zum *C*-Wert ebenso wie beim *F*-Wert nur unwesentlich beitragen, wird der auf 373 K bezogene *C*-Wert oft nur für den Temperaturbereich des Erhitzungsvorganges errechnet, der über 343 K (70 °C) liegt.

Eine wichtige Aussage liefert die Berechnung der *C*-Werte zur Güte eines thermischen Prozesses für die Randschicht und für die thermisch ungünstigste Zone. Je geringer die Differenz zwischen beiden Werten und je kleiner ihr Betrag ist, desto qualitätsschonender war die Prozeßführung.

6.4.3 Die Enzyminaktivierung *E*

Bei der Anwendung von HTST-Verfahren zur Haltbarmachung von Lebensmitteln ist die ausreichende Enzyminaktivierung ein wichtiges Qualitätskriterium. Durch die Anwendung hoher Temperaturen können Mikroorganismen wegen ihrer relativ großen Temperaturempfindlichkeit (kleine z-Werte) schon in kurzen Zeiten abgetötet werden, während thermoresistente Enzyme (große z-Werte) nur geringfügig geschädigt werden. Bei einer nachfolgenden Lagerung des Lebensmittels besteht die Möglichkeit, daß nicht inaktivierte Enzyme selbst bei niedrigen Lagerungstemperaturen unerwünschte, in der Regel sensorische Qualitätsveränderungen verursachen.

Die genaue Berechnung der Enzyminaktivierung bei einem Erhitzungsprozeß kann ebenfalls mit den bereits erläuterten Methoden der Prozeßberechnung erfolgen. Das Ausmaß der erreichten thermischen Inaktivierung der Enzyme wird mit dem Symbol E gekennzeichnet und in Minuten einer schlagartigen Erhitzung bei der Bezugstemperatur, in der Regel bei 373 K (100 °C) angegeben. Die Gleichung (6.18) ist analog anzuwenden.

Für die Berechnung der Enzyminaktivierung in Kartoffeln, Kirschen und Grünen Bohnen wurden z-Werte von 10,3 K, 17,5 K bzw. 48,9 K verwendet (Reichert, 1977). In der Tabelle 6.5. sind einige E-Werte für verschiedene Erhitzungsverfahren bei annähernd gleichen F-Werten angeführt. Es wird deutlich, daß eine hohe Enzyminaktivierung bei den angeführten Verfahren mit einer starken Kochschädigung verbunden ist.

6.4.4
Der Pasteurisierwert *P*

Um die mikroorganismenabtötende Wirkung verschiedener Pasteurisationsprozesse miteinander zu vergleichen, kann der Pasteurisationswert P (auch PU = Pasteurization Unit) verwendet werden. Er entspricht dem S_{T_b}-Wert für eine Bezugstemperatur im thermischen Bereich der Pasteurisationsverfahren.

$$P = \int_{t_1}^{t_n} \frac{1}{Q_{\Delta T}} \cdot dt = \int_{t_1}^{t_n} 10^{\frac{T-T_b}{z}} \cdot dt \qquad (6.19)$$

Für die Berechnung des Pasteurisierwertes hat sich bisher keine allgemein anerkannte Bezugstemperatur durchgsetzt. Für einzelne Lebensmittelgruppen werden bestimmte Bezugstemperaturen bevorzugt. Die Pasteurisation von Fleischerzeugnissen (Halbkonserven wie Dosenschinken oder Würstchen) erfolgt im Temperaturbereich zwischen 343 K (70 °C) und 368 K (95 °C). Harabasz u.a. (1982) verwendeten für Fleischprodukte die Bezugstemperatur $T_b = 72$ °C, während für die Pasteurisation von Milch verschiedene Verfahren bekannt sind, die mit Temperaturen zwischen 333 K (60 °C) und 359 K (86 °C) arbeiten. Saure Füllgüter wie Obstsäfte, Obst- und Essigkonserven werden bei Temperaturen zwischen 343 K (70 °C) und 378 K (105 °C) pasteurisiert. Für Obst- und Gemüsekonserven wurden z. B. die Bezugstemperatur von $T_b = 366{,}3$ K (93,3 °C bzw. 200 °F) und ein z-Wert von 8,9 °C verwendet, wofür das Symbol $F^{8{,}9\,°C}$ vorgeschlagen wurde. Biere werden bei Temperaturen zwischen 323 K (50 °C) und 338 K (65 °C) pasteurisiert. Bei der Bezugstemperatur von $T_b = 333$ K (60 °C) soll das Bier einen Pasteurisierwert von $P = 20$ min aufweisen. Die unterschiedlichen Bezugstemperaturen erschweren den Vergleich der ermittelten Pasteurisierwerte. Zur Vereinheitlichung wurde vorgeschlagen, zu ihrer Berechnung die Bezugstemperaturen von 344,1 K (71,1 °C) und 364,1 K (91,1 °C) zu verwenden, da sie zur Bezugstemperatur der Sterilisierwertberechnung eine ganzzahlige Differenz darstellen und so die verwendeten Letalitätstabellen für die Ermittlung des Sterilisierwertes auch für die Pasteurisation anwendbar werden. Diese Bezugstemperaturen erlauben die Anwendung dieser Berechnungen sowohl bei Milch, Fleisch- und Wurstkonserven als auch bei Fruchtsäften, Obst- und Sauerkonserven sowie bei Bier (Sielaff und Schleusener, 1979).

6.5 Beziehungen des $Q_{\Delta T}$-Wertes zu anderen Größen der Prozeßberechnung

In der für die Qualitäts- und Prozeßberechnung grundlegenden Gleichung (5.39) berücksichtigt der $Q_{\Delta T}$-Wert die spezielle Abhängigkeit der jeweils untersuchten Reaktion von der Temperatur. Er ist ein dimensionsloser Faktor, der die bei einer beliebigen Temperatur T für eine bestimmte Stoffwandlung benötigte Zeit im Verhältnis zu der bei der Bezugstemperatur für den gleichen Stoffwandlungsgrad erforderlichen Zeit zum Ausdruck bringt.

Anschaulicher lassen sich diese Zusammenhänge für die Mikroorganismenabtötung bei der Sterilisation darstellen, für die eigene Symbole schon lange bekannt sind.

Die hypothetische Abtötungskurve für Mikroorganismen zeigt die Zeit bei jeder anderen Temperatur, deren Abtötungseffekt der Wirkung von 1 min bei 121,1 °C äquivalent ist. Diese Zeiten werden in der Sterilisations-Literatur mit F_i oder F_T bezeichnet. Sie entsprechen in ihrer Funktion dem $Q_{\Delta T}$-Wert mit z = 10 K.

Zur Berechnung der Wirkung eines Erhitzungsprozesses sind in den differentiellen Zeitintervallen bei konstanter Temperatur die $1/Q_{\Delta T}$- bzw. $1/Q_{\Delta T_A}$-Werte zu verwenden. Sie stellen jene Faktoren dar, mit denen die Erhitzungszeiten F_T bei beliebigen Temperaturen zu multiplizieren sind, um die partielle Wirkung der Erhitzung zu erhalten. Wegen der geringen Wirksamkeit niedriger Temperaturen sind die notwendigen Erhitzungszeiten F_T, deren Wirkung einer schlagartigen Erhitzung von 1 min Dauer bei der Bezugstemperatur T_b äquivalent ist, größer als bei höheren Temperaturen und die dazugehörigen $1/Q_{\Delta T}$-Werte entsprechend klein. Entwicklungsbedingt wurden für das ursprüngliche Anwendungsgebiet der Prozeßberechnung, der Berechnung zur Mikroorganismenabtötung bei Sterilisationsprozessen, spezielle auf die Bezugstemperatur $T_b = 394{,}1$ K (121,1 °C) bezogene Begriffe eingeführt. Für diese Bezugstemperatur entsprechen die $1/Q_{\Delta T}$-Werte den Letalraten L, die auch als Abtötungsraten bezeichnet werden. Die Letalrate ist definiert als der partielle Abtötungseffekt für einen Mikroorganismenstamm bei einer beliebigen Temperatur für die Einwirkzeit von 1 min, umgerechnet auf die Bezugstemperatur $T_b = 394{,}1$ K. Es gilt die Beziehung (6.20).

$$L = \frac{1}{F_T} \tag{6.20}$$

Tabelle 6.6. F_T- und L-Werte für $z = 10$ K bei ausgewählten Temperaturen

T [°C]	90	100	110	120	130
F_T [min]	1291	129,1	12,91	1,291	0,1291
L [min^{-1}]	0,0008	0,0077	0,0775	0,7746	7,7459
$F_T \cdot L$	1,033	0,994	1,0005	1,000	0,999

Für einen z-Wert von 10 K und ausgewählten Temperaturen sind die Reaktionszeiten F_T sowie die Letalraten L in der Tabelle 6.6. zusammengestellt.

Die Letalraten können nach Gleichung (6.21) berechnet werden.

$$L = 10^{\frac{T - 121,1}{z}} \tag{6.21}$$

Als Arbeitshilfe liegen die Letalraten für verschiedene z-Werte bei der Bezugstemperatur $T_b = 394{,}1$ K (121,1 °C) häufig auch in tabellierter Form vor (Sielaff u. a., 1981; Reichert, 1977).

Zur analogen Charakterisierung chemischer Veränderungen wurde der Begriff Verlustrate V eingeführt, da der Begriff Letalrate hierfür wenig geeignet ist. Die zur Verlustrate V gehörende Reaktionszeit bei einer beliebigen Temperatur wird mit C_T gekennzeichnet. Der Begriff Verlustrate V wird bevorzugt für die Bezugstemperatur von $T_b = 373$ K (100 °C) verwendet (C-Wert).

Die Beziehungen zwischen den genannten Begriffen sind in der Tabelle 6.7. noch einmal zusammengestellt.

Die Anwendung der traditionellen Symbole berücksichtigt nicht die Einschränkung des z-Wertes auf relativ kleine Temperaturdifferenzen. Die Auftragung der Letalrate L bzw. äquivalenter Größen eines Erhitzungsprozesses gegen die Zeit t ergibt die Letalitätskurve (Abb. 6.6. und 6.7.). Bei chemischen Veränderungen bezeichnet man diese Auftragung als Verlustkurve. Diese Bezeichnungen werden auch auf Darstellungen von $1/Q_{\Delta T}$ gegen t angewendet.

Für die praktische Ermittlung von Sterilisierwerten gibt es ein gedrucktes Koordinatenpapier, das als Letalitätspapier bezeichnet wird. Auf der Ordinate sind die Letalraten linear aufgetragen und auf der Abszisse die Prozeßzeit. Das Letalitätspapier der Sterilkonservenindustrie baut in der Regel auf der Bezugstemperatur $T_b = 394{,}1$ K (121,1 °C) auf und berücksichtigt die durchschnittliche Temperaturempfindlichkeit der Mikroorganismen von $z = 10$ K.

Da jeder Letalrate eine ganz bestimmte Temperatur entspricht, sind auf einer zweiten Ordinate die zu den Letalraten gehörenden Temperaturen aufgetragen. Zur Ermittlung des Sterilisierwertes eines Prozesses brauchen dann nur die zu bestimmten Zeiten im Lebensmittel herrschenden Kerntemperaturen auf den Parallelen der jeweiligen Temperatur über der Zeit eingezeichnet und die umschlossene Fläche bestimmt zu werden.

Die schraffierte Fläche $0{,}1 \cdot 10 = 1$ in der Abb. 6.8. ist die Flächeneinheit, durch die der von der Letalitätskurve umschlossene Flächeninhalt zu dividieren ist, um das Flächenintegral zu erhalten.

Tabelle 6.7. Beziehungen des $Q_{\Delta T}$-Wertes zu anderen Größen der Prozeßberechnung

Bezugstemperatur beliebig	394,1 K (121,1 °C)	373 K (100 °C)
$Q_{\Delta T} = \frac{k_{T+\Delta T}}{k_T} = 10^{\frac{\Delta T}{z}}$		für Mikroorg. Abtötg.
$Q_{\Delta T} = 10^{\frac{T_b - T}{z}}$	$Q_{\Delta T} = 10^{\frac{121,1-T}{z}}$	$F_T = 10^{\frac{121,1-T}{z}}$
		für chem. Veränd.
		$C_T = 10^{\frac{121,1-T}{z}}$ oder $C_T = 10^{\frac{100-T}{z}}$
$\frac{1}{Q_{\Delta T}} = 10^{\frac{-\Delta T}{z}}$		
$\frac{1}{Q_{\Delta T}} = 10^{\frac{T-T_b}{z}}$	$\frac{1}{Q_{\Delta T}} = 10^{\frac{T-121,1}{z}}$	$L = \frac{1}{F_T} = 10^{\frac{T-121,1}{z}}$ Summe → F-Wert
		$L = \frac{1}{F_T} = 10^{\frac{T-121,1}{10}}$ Summe → F_0-Wert
	$\frac{1}{Q_{\Delta T}} = 10^{\frac{T-100}{z}}$	$V = \frac{1}{C_T} = 10^{\frac{T-121,1}{z}}$ $V = \frac{1}{C_T} = 10^{\frac{T-100}{z}}$ Summe → C_0-Wert

Besonders auffällig ist die Verzerrung der Temperaturachse, die durch die zunehmende Wirksamkeit der Sterilisation bei hohen Temperaturen verursacht wird. Die Abb. 6.8. zeigt ein modifiziertes Letalitätspapier für die Bezugstemperatur $T_b = 393$ K (120 °C) mit $z = 10$ K und $z = 33$ K sowie für eine beliebige Bezugstemperatur und einen beliebigen z-Wert.

Für chemische Veränderungen kann man ganz analog von einem Verlustpapier sprechen.

In jüngerer Zeit werden in der Regel Rechner zur Ermittlung des Sterilisierwertes für einen gemessenen Temperaturverlauf eingesetzt.

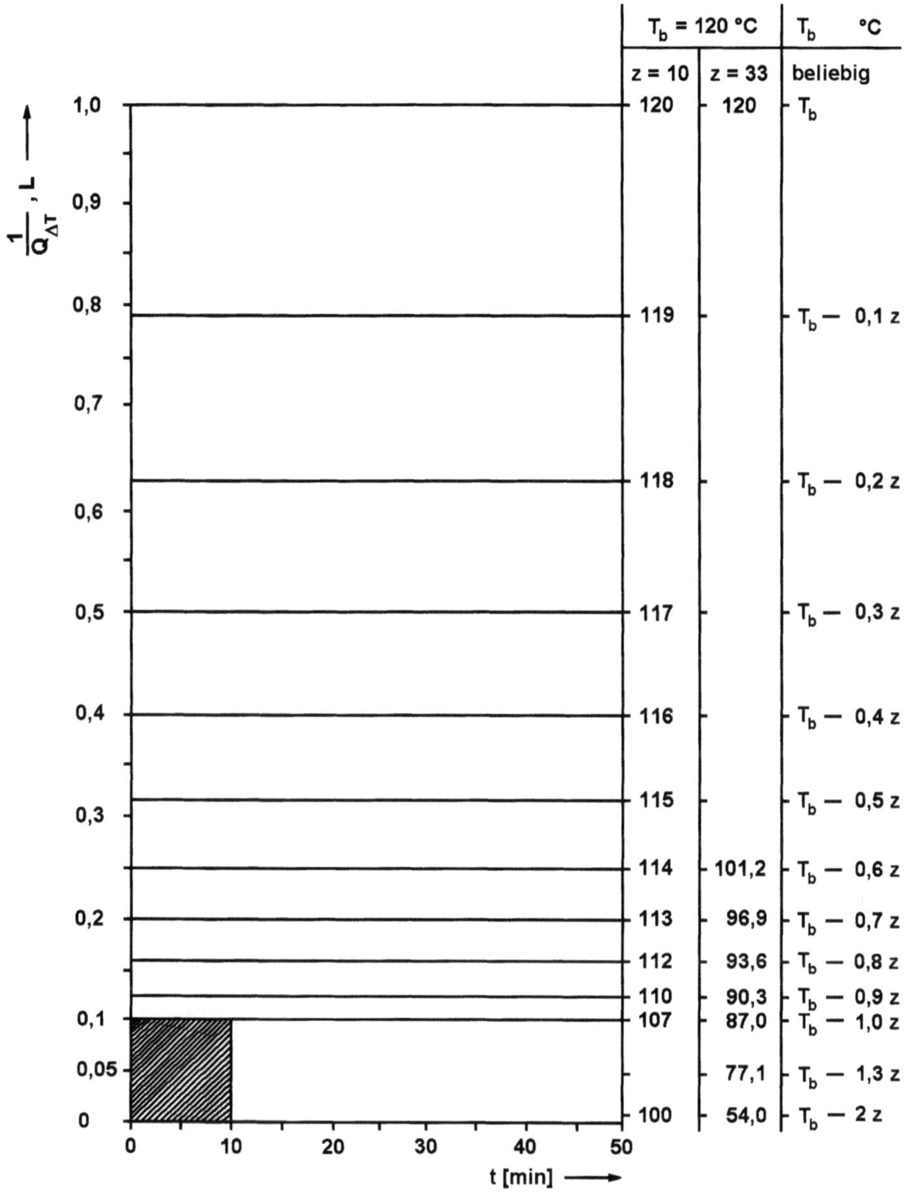

Abb. 6.8. Letalitätspapier, bezogen auf $T_b = 393$ K (120 °C) für $z = 10$ K und $z = 33$ K sowie beliebige Bezugstemperaturen und z-Werte

6.6 Qualitäts- und Prozeßberechnung bei mehreren Einflußfaktoren

Bisher wurde die Qualitäts- und Prozeßberechnung einschränkend vor allem für den Einflußfaktor Temperatur erläutert. Für eine umfassende Qualitäts- und Prozeßberechnung ist jedoch die Berücksichtigung weiterer Einflußfaktoren notwendig. Ganz analog wie bei der Berechnung temperaturbedingter Veränderungen kann auch der Einfluß des Wassergehaltes, der Wasseraktivität, der Wasserstoffionenkonzentration, der Ionenstärke und anderer Faktoren des Reaktionsmilieus auf die Veränderung qualitätsbestimmender Eigenschaften im Lebensmittel quantitativ erfaßt werden. Hierzu ist gleichfalls eine Integration über die Prozeßzeit mit verschiedenen Werten der Einflußfaktoren durchzuführen, wie es in allgemeiner Form die Gleichung (6.22) beschreibt.

$$S_b = \int_{t_1}^{t_n} \frac{1}{Q_{\Delta RM}} \cdot dt \tag{6.22}$$

Der S_b-Wert ist die Summe der während des Prozesses durch die Einflußfaktoren bewirkten partiellen Veränderungen des Qualitätsmerkmales, umgerechnet auf die Bezugsbedingungen. Er besitzt die Dimension einer Zeit. Die $1/Q_{\Delta RM}$-Werte sind die reaktionskinetischen Parameter zur Charakterisierung der Abhängigkeit der Qualitätsveränderung von den untersuchten Einflußfaktoren. Für einen bestimmten Einflußfaktor ist die Gleichung (6.22) entsprechend anzupassen, z.B. für den Einflußfaktor Wassergehalt:

$$S_{(H_2O)_b} = \int_{t_1}^{t_n} \frac{1}{Q_{\Delta H_2O}} \cdot dt \tag{6.23}$$

Soll die gleichzeitige Wirkung mehrerer Einflußfaktoren auf ein Qualitätsmerkmal berechnet werden, wie es die Gleichung (6.22) in allgemeiner Form zum Ausdruck bringt, so sind in der konkreten Form die einzelnen partiellen Einflußfaktoren in diese Gleichung einzuführen. Die Gleichung (6.24) demonstriert dies für die Faktoren Temperatur, Wassergehalt und Wasserstoffionenkonzentration.

$$S_b = \int_{t_1}^{t_n} \frac{1}{Q_{\Delta T_A}} \cdot \frac{1}{Q_{\Delta H_2O}} \cdot \frac{1}{Q_{\Delta c_{H^+}}} \cdot dt \tag{6.24}$$

Eine wesentliche Voraussetzung für die Anwendung der Gleichung (6.24) ist die voneinander unabhängige Wirkung der Einflußfaktoren auf das Qualitätsmerkmal, wie es z.B. die Abb. 5.4. zeigt. Die verschiedenen Probenfeuchtigkeiten beeinflussen die Temperaturabhängigkeit der Bräunungsreaktion in einem Mischmehl nicht, wie die parallelen Geraden im Arrhenius-Diagramm als Ausdruck einer gleichen, konstanten Aktivierungsenergie zeigen. Auch umgekehrt ist zu fordern, daß sich die spezielle Abhängigkeit der Bräunungsreaktion vom Wassergehalt bei verschiedenen Temperaturen in ihrem Charakter nicht verändert.

Ermittlung reaktionskinetischer Daten

Fortschritte in der Lebensmitteltechnologie hängen essentiell von der gründlichen Untersuchung der einzelnen Prozeßstufen unter den realen Bedingungen ab. Die Beurteilung und Steuerung der Erzeugnisqualität und der Prozesse kann einerseits über Indikatorsubstanzen, deren Eigenschaften typisch für das Verhalten des Gesamtsystems Lebensmittel sind, erfolgen. Andererseits können auch RM-Parameter infolge ihrer Wirkpaarung mit den inneren Faktoren der Lebensmittelsysteme solche Funktionen übernehmen. Diesbezügliche Erfahrungen gelten allgemein. Dazu zählt auch, daß bei der Herstellung, Lagerung und Distribution von Lebensmitteln deren Vorgeschichte einzubeziehen ist.

Die Untersuchungen lebensmitteltechnologischer Prozesse sollen zu reaktionskinetischen Daten führen, Basis für die Optimierung der Produktqualität und des entsprechenden Verfahrensschrittes. Im Mittelpunkt der experimentellen Daten stehen die Reaktionsgeschwindigkeit r bzw. die Reaktionsgeschwindigkeitskonstante k, die die Lebensmittelveränderung unter ansonsten konstanten Reaktionsbedingungen (RM_b) als zeitabhängige Funktionen der Konzentration dc/dt einer oder mehrerer Komponenten des Lebensmittels kennzeichnen. Über das Zeitgesetz wird die zweite charakteristische Größe der Reaktionskinetik, die Reaktionsordnung n, eingebunden. Für den Bereich der Lebensmittel treten an die Stelle der k häufig die inversen Prozeßzeiten t. Bei variablen RM-Bedingungen ermittelt man über die k die Größen E_A, z, Q_{10}, $Q_{\Delta T}$, $Q_{\Delta pH}$, ..., $Q_{\Delta RM}$.

Wegen der naturgegebenen Komplexizität der Lebensmittelsysteme ermittelt man die reaktionskinetischen Kennwerte häufig an stellvertretenden Modellsystemen.

7.1. Methoden der Meßwerterfassung und -auswertung

Die Auswahl der experimentellen Methoden hat zu berücksichtigen, daß die chemisch und/oder biochemisch verursachten Lebensmittelveränderungen mit sehr unterschiedlichen Prozeßzeiten verknüpft sein können. Ionen- und Radikalreaktionen können, läßt man die Diffusion dieser Teilchen außer acht, in 10^{-10} bis 10^{-6} s ablaufen, Redoxreaktionen benötigen etwa eine Sekunde, Hydrolysen schon eine Stunde oder länger. Die Beschleunigung solcher Prozesse durch Katalysatoren oder Enzyme ist bei diesen Zeitangaben nicht berücksichtigt.

Unabhängig von den Prozeßzeiten ist bei den Untersuchungen von Lebensmitteln in jedem Falle der Anfangszustand dieses Systems unter den jeweiligen RM-Bedingungen zu charakterisieren, z.B. durch die Konzentrationen eines sowie mehrerer Inhaltsstoffe (c_0 zur Zeit $t = 0$) und durch die Anfangstemperatur (T_1 zur Zeit t_1). Die Messung der sich ändernden Konzentrationen einzelner Lebensmittelinhaltsstoffe informiert dann über die Veränderung der Lebensmittel, ebenso die Erfassung variabler Größen am System selbst. Mit der quantitativen Bestimmung einzelner Komponenten – vorausgesetzt, diese sind bekannt oder können ermittelt werden – sind gegebenenfalls auch andere Inhaltsstoffe miteinander stöchiometrisch verknüpft.

Der Zustand und die Veränderungen von Lebensmitteln lassen sich durch molekulare und makroskopische Größen widerspiegeln. Zwischen beiden Bereichen von Eigenschaften bestehen naturgemäß funktionale Zusammenhänge. Eine exakte analytische Erfassung der einzelnen Komponenten und das Herausfinden funktionaler Beziehungen zwischen ihnen charakterisiert zugleich das komplexe System Lebensmittel selbst. Demnach kann die Messung der sich ändernden Konzentrationen bzw. proportionaler Größen der Lebensmittelinhaltsstoffe am System selbst oder an entnommenen Proben erfolgen.

Um die Meßergebnisse nicht zu verfälschen, darf das System während der quantitativen Bestimmung der Eigenschaften nicht beeinflußt werden. So muß z. B. der zeitliche Bedarf der Messung einzelner Werte deutlich unter der Gesamtzeit der Lebensmittelveränderung liegen.

Unter Berücksichtigung der Tabelle 7.1. können für die Untersuchung folgende prinzipielle kontinuierliche und diskontinuierliche Verfahrenweisen gewählt werden:

1. Einem sich verändernden System (Lebensmittel) werden zeitabhängig möglichst kleine Proben zur Messung eines nahezu als konstant zu betrachtenden Systemvolumens entnommen. Um den aktuellen Zustand der Probe aufrecht zu erhalten, wird dieser in der Regel „eingefroren“; eine ansonsten auch weiter ablaufende Veränderung der Probe muß zur eindeutigen Reaktionszeit-Zuweisung hinreichend realisiert werden (statische Meßanordnung).

Tabelle 7.1. Meßbereiche kinetischer Untersuchungsmethoden (nach Schwetlick u. a., 1973)

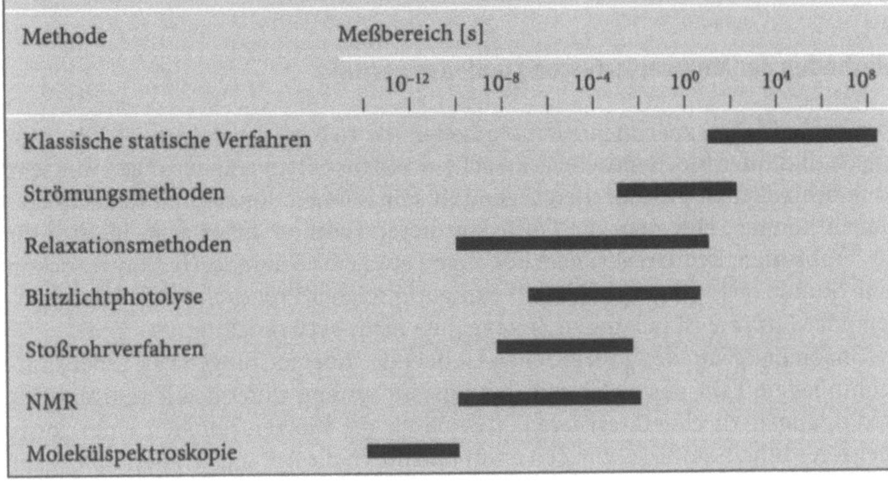

2. Es werden mehrere kleine Proben eines Lebensmittels (etwa 8–10) völlig gleichen Bedingungen ausgesetzt und zeitabhängig nacheinander vermessen.
3. Die Messungen werden am System selbst vorgenommen (Meßfühler, Sensoren u.a.). An flüssigen Systemen ist diese Art der Meßwerterfassung auch im „Nebenfluß" durchführbar, wobei der Probenteil z.B. mit Hilfe einer Umlaufpumpe an der Meßstelle vorbei und zurück in das System geführt werden kann (dynamische Verfahren).
4. Schnelle bis sehr schnelle Reaktionen erfordern dagegen spezielle Strömungsmethoden und Konkurrenz- bzw. Störungsverfahren (ebenso dynamische Verfahren; Schwetlick u.a., 1973).

Erfaßt man experimentell die abnehmende Konzentration der Inhaltsstoffe eines Lebensmittels und/oder die zunehmende Konzentration der gebildeten Verbindungen, dann ist die aufgenommene Zeitfunktion mathematisch nach einem Differential- oder Integralansatz der Zeitgesetze auszuwerten.

Für die kinetische Analyse der Messungen besonders von komplexen Systemen nutzt man vorteilhafterweise relative Größen (siehe Kapitel 4.1.6; auch Bittrich u.a., 1979). Über die Beziehungen (4.57) und (4.58) sowie (7.1)

$$(c_A^0)^{n-1} \cdot k \cdot t = f_n = 0{,}1 \cdot f_{H_n} \tag{7.1}$$

und die f_{H_n}-Tabelle (Kapitel 4.1.6.) eröffnen die dimensionslosen f_n-Faktoren die Möglichkeit, schnell Umsatzraten in Verbindung mit der Reaktionsordnung n zu berechnen.

Ermittelt man z.B. für Umlagerungsreaktionen des Typs $A \rightarrow X$ bei der Anfangskonzentration c_A^0 die Reaktionsgeschwindigkeitskonstante k bei verschiedenen Reaktionsbedingungen, dann geht aus dem Anstieg der logarithmischen Darstellung von (7.1) die Reaktionsordnung n hervor.

Schließlich sei darauf hingewiesen, daß in die Auswertung von Meßergebnissen die in der Chemie üblichen Nomogramme einbezogen werden können (Bliefert u.a., 1977).

7.1.1
Quantitative Bestimmung einzelner Komponenten in Lebensmittelsystemen

Für die Messung der zeitabhängigen Änderung der Konzentration oder der konzentrationsproportionalen Größe, allgemein λ, einzelner Lebensmittelinhaltsstoffe sind, wie schon allgemein ausgeführt, bestimmte Eigenschaften des Meßobjektes zu fordern (siehe auch Tab. 7.1.):

1. Das in seiner Konzentration untersuchte Edukt soll möglichst signifikant sein, also eine Indikatorfunktion besitzen (qualitative Seite).
2. Die Konzentrationsänderung soll deutlich, also gut meßbar sein (quantitative Seite).
3. Die Änderung der Konzentration des Indikators soll möglichst proportional zur Änderung anderer Lebensmittelinhaltsstoffe verlaufen.
4. Die Messung der Konzentration oder einer konzentrationsproportionalen Größe soll das gesamte System möglichst unbeeinflußt lassen (reale Abbildung des untersuchten Systems).

5. Ist eine direkte Bestimmung der ausgewählten Lebensmittelkomponente nicht möglich oder wenig effektiv, wählt man Hilfsreaktionen aus, die möglichst selektiv und schnell ablaufen und der eigentlichen Indikator-Reaktion vorangestellt werden (Konzentration in Hilfs- und Indikator-Reaktionen).
6. Die Meßzeiten sollten so gewählt werden, daß die Meßwertänderung größer als der zufällige Fehler einzelner Werte ist.

Den formulierten Anforderungen kommen bei hinreichender Genauigkeit die sogenannten „Schnellmethoden" am besten entgegen (Baltes, 1995; siehe Okos, 1986, und Rauscher u.a., 1986). Dabei nehmen die spezifisch wirkenden Enzyme eine besondere Stellung ein.

Lassen sich die Konzentrationen der Reaktanten nicht direkt bestimmen, dann wählt man zur Messung eine dazu proportionale Größe:

$$\lambda = f(c) \tag{7.2}$$

Die häufig über eine instrumentell-analytische Methode bestimmbaren Größen λ, wie die spektroskopischen Methoden (*I*NFRA*R*OT, *N*ahes *I*NFRA*R*OT, *U*LTRA-*V*IOLETT und/oder *V*ISIBLE, *N*UCLEAR *M*AGNETIC *R*ESONANZ), die klassisch-physikalischen (Leitfähigkeit, Volumen, Druck, optische Drehung, Brechungsindex), die thermodynamischen Größen (Wärmemenge) u.a. kennzeichnen die Lebensmittelveränderungen in qualitativer und quantitativer Hinsicht im molekularen Bereich.

Es muß hier daran erinnert werden, daß physikalische, chemische, biochemische, mikrobiologische und sensorische Veränderungen gegenwärtig noch vorwiegend am Gesamtsystem Lebensmittel gemessen werden (Viskosität, Konsistenz, Elastizität, Aromaeindruck u.a.m.). Seit etwa 10 Jahren ist die Verwendung von Sensoren zur Messung funktioneller Eigenschaften von Lebensmittelsystemen und der wirksamen RM-Parameter bekannt (Karlsson und Kress-Rogers, 1990).

Unabhängig vom gewählten Meßverfahren nimmt man c-t- oder λ-t-Funktionen auf, die numerisch oder grafisch ausgewertet werden können. Bei der Auswertung der konzentrationsproportionalen Größen λ bedient man sich häufig ihrer reduzierten Variablen, wie es in den folgenden Gleichungen (7.3)–(7.6) zum Ausdruck kommt:

$$\frac{\lambda_t - \lambda_0}{\lambda_\infty - \lambda_0} = 1 - a \tag{7.3}$$

$$\frac{\lambda_t - \lambda_0}{\lambda_t - \lambda_\infty} = 1 - \frac{1}{a} \tag{7.4}$$

$$\frac{\lambda_t - \lambda_\infty}{\lambda_\infty - \lambda_0} = -a \tag{7.5}$$

$$\frac{\lambda_\infty - \lambda_t}{\lambda_\infty - \lambda_0} = \frac{\lambda_t - \lambda_\infty}{\lambda_0 - \lambda_\infty} = a \tag{7.6}$$

In den Gleichungen (7.3) bis (7.6) sind die λ-Werte in Abhängigkeit von den Reaktionszeiten 0, t und ∞ mit der reduzierten Konzentration a der Komponente A verknüpft.

Tabelle 7.2. Quantitativ bestimmbare Einzelkomponenten in Lebensmittelsystemen

Hauptinhaltsstoffe	Minorkomponenten	Zusatzstoffe/ Kontaminaten
Wasser (A1)	Alkohole (F)	Süßstoffe (L)
Feuchtigkeit (A2)	Fettsäure (B3)	Harnstoff (M1)
Fette (B1)	Vitamine (G)	Nucleinsäuren(K4)
Phosphatide (B2)	Farbstoffe, Pigmente (H)	Schwermetallionen (K4)
Monosaccharide (C1)	Aminosäuren (D3)	biogene Amine (D4)
Oligosaccharide (C2)	organische Säuren (J)	Detergentien (O)
Polysaccharide, Ballaststoffe (C3)	Mengenionen (K1)	Pestizide (P)
Proteine (D1)	Spurenionen (K2)	polyaromatische Kohlenwasserstoffe (Q)
Peptide (D2)	Ammoniak (K3)	Arzneistoffe (R)
Enzyme (E)		Mikroorganismen (S)

Die oben genannten Punkte 1.–6. führen in Verbindung mit den vorhandenen experimentell-analytischen Erfahrungen und dem einsetzbaren Instrumentarium zur Auswahl von für die quantitative Bestimmung geeigneter qualitätstypischer Inhaltststoffe (Tabelle 7.2.).

Auf die experimentellen Methoden zur Bestimmung der Einzelkomponenten *A* bis *S* in Tabelle 7.2. kann in dieser Schrift nur im Überblick in Tabelle 7.3. eingegangen werden.

Aus der Vielzahl der erprobten Verfahren zur quantitativen Erfassung der Lebensmittelinhaltsstoffe seien zunächst die spektroskopischen Methoden hervorgehoben. Eine Adsorption oder Reflektion von Lichtenergie bestimmter Wellenlänge wird vorausgesetzt. Sie sind vorteilhaft, weil sie keine Stoffveränderungen nach sich ziehen und als kontinuierliche Meßmethoden in kurzer Zeit eine große Anzahl von Meßwerten liefern. Natürlich hat man sich vor der quantitativen Auswertung über die optischen Eigenschaften der einzelnen Systembestandteile sowie die Bandenlage zu informieren. Inzwischen sind die Spektrographen mit Software-Programmen zur Auswertung der Spektren gekoppelt (Bliefert und Kwiatkowski, 1991, u.a.).

Zu den häufig angewendeten Methoden der kinetischen Lebensmittelanalysen zählen im weiteren die enzymatischen Verfahren. Sie sind wegen ihrer Spezifität und Schnelligkeit hervorzuheben. Die aktuelle Aktivität der Enzyme gibt ebenso Auskunft über die Anwesenheit von Inhibitoren bzw. Aktivatoren. Schließlich kann man aus der gemessenen Enzymaktivität bei gleichem Substrat auf die Wirkung von RM-Parametern schließen.

Tabelle 7.3. Methoden zur Bestimmung von Lebensmittelinhaltsstoffen

Analyt	analytische Methoden
A1, A2	Karl-Fischer-Titration, IR-Trocknung; niedrigauflösende NMR *(a)*
B1	*(a)*; Direktextraktion; Fettkennzahlen (Verseifungs-, Iod-, Säure-, Peroxidzahl) *(b)*; enzymatisch (hydrolytisch, oxidativ-reduktiv)*(c)*; Gaschromatographie *(d)*
B2; B3	*(b)*; *(c)*; *(d)*
C1, C2	HPLC *(e)*; Biosensoren/*i*onen*s*elektive *E*lektroden (ISE) *(f)*; *F*ließ*i*njektions*a*nalyse (FIA) *(g)*;
C3	*(c)*; *(e)*; *(f)*; Kombination von Hilfs- und Indikator-Reaktionen
D1, D2	Farbbindemethoden; *E*nzym*i*mmuno*a*ssay (EIA) *(h)*; *I*mmuno*a*ffinitäts-Chromatographie (IAS) *(i)*; Kjeldahl-Methode, Biuret-Reaktion; *(e)*
D3	*(c)*; *(e)*; *(m)*
D4	Isotachophorese *(j)*
E	*(c)*; *(i)*; enzymgestützte Immunoassays (ELISA)*(k)*; *R*adio*i*mmuno*a*ssays (RIA) *(l)*
F	*(c)*; *(e)*
G	*(e)*; *(j)*; optische Methoden(UV/VIS) – z.T. erst nach Derivatisierung *(m)*
H	*(e)*; *(m)*; Kapillarsäulen-Chromatographie *(n)*
I	*(d)*; multiples bzw. dynamisches Headspace-Verfahren (sensorisch) *(o)*
J	*(c)*; *(f)*
K1, K2	*(c)*; *(f)*; *(j)*
K3	*(c)*; *(e)*
K4	*A*tom*a*bsorptions*s*pektroskopie (AAS) *(p)*; *A*tom*e*mmisions*s*pektroskopie mit *i*nduktiv*g*e*k*oppeltem *P*lasma (ICP-AES); *M*assen*s*pektrometrie (ICP-MS)
L	*(f)*; *(j)*
M1, M2	*(c)*; *(f)*
N	*(i)*; DNS-Sonden
O	*(j)*
P, Q, R	*(j)*; *(k)*
S	*(c)*; *(k)*; *d*irekte *E*pifluoreszenz-*F*il*t*er-Methode (DEFT); *L*imulus-*A*moebozym-*L*ysat-Test (LAL-Test, auch für Pyrogene); Durchflußcytometrie (für Hefen); Impedanzmessungen (auch für die Wirkung von Desinfektionsmitteln); fluoreszenzoptische Verfahren; Staphy-Slide-Test; Latex-Farbtest (für Salmonellen, Shigellen).

7.1.2 Quantitative Bestimmung der Lebensmittelveränderungen am Gesamtsystem

Besonders im Zusammenhang mit der Steuerung lebensmitteltechnologischer Prozesse bestimmt man die Veränderungen durch Messungen am Gesamtsystem. Ein solches Verfahren ist auch zu wählen, wenn die Lebensmittelqualität des Gesamtsystems zu charakterisieren ist.

In Anlehnung an die in Tabelle 7.3. aufgeführten Methoden zur quantitativen Erfassung von Einzelkomponenten sollen hier zunächst ausgewählte Analysenmethoden in die Betrachtung einbezogen werden, mit deren Hilfe man gleichzeitig mehrere Inhaltsstoffe von Lebensmitteln bestimmen kann.

Tabelle 7.4. Ausgewählte analytische Methoden zur simultanen Bestimmung mehrerer Lebensmittelinhaltsstoffe (Baltes, 1995)

Analyt	Produkt	Methode
Feuchte, Protein, Polysaccharide Protein, Fett, Lactose, Wasser, andere Saccharide Stärke, Cellulose, Pektin	Getreide, Mehl, Backwaren Milch, Milchprodukte, Schokolade, Süßwaren Obst, Gemüse	NIR (nahes Infrarot-Reflexions-technik: 80–3500 nm), NIT (nahes Infrarot-Transmissionstechnik: 80–1100 nm)
Feuchtigkeit, Öl Feuchtigkeit, Fett Feuchtigkeit, Öl	Süßwaren, Kekse, Marzipan Milchprodukte Ölsamen	niedrigauflösende Kernresonanzspektro-skopie
Ethanol, Methanol Genußsäuren, Monosaccharide, Konservierungsstoffe, Kontaminanten	Wein	Kapillar-GC, ^{1}H-NMR, ^{13}C-NMR

Köhler u.a. (1991) berichten über eine neuartige Methode, die es gestattet, die Qualität von Lebensmitteln durch Photonenemissionen zu bestimmen. Experimentell ermittelt werden die totale und spektrale Intensität des von einem Lebensmittel ausgehehenden Photonenstroms bzw. die Zahl der reemittierten Quanten nach definierter Anregung der zu untersuchenden Proben.

Die genannten und andere vergleichbare Verfahren sind über die Meßgröße systematisierbar:

1. physikalische Eigenschaften wie Druck (manometrische Messung), Volumen (Dilatometrie), Lichtadsorption (optische Methoden), Leitfähigkeit (Konduktometrie), Brechungsindex (Refraktometrie), optische Drehung (Polarimetrie)
2. technofunktionelle Eigenschaften wie Wasser- und Ölbindungsvermögen, Schaumbildung und -festigkeit, Gelbildung und -festigkeit, Emulgierbarkeit und Emulsionsstabilität, Fließeigenschaften (Viskosimetrie), Diffusion, Enthalpie (Kalorimetrie, Differentialthermoanalyse-DTA)
3. sensorische Eigenschaften wie Geschmack und Geruch (Aroma), Textur, Aussehen, Getast und akustischer Eindruck.

Die sensorischen Eigenschaften werden durch die Empfindungsgrößen n_e gekennzeichnet. Die physikalischen und funktionellen Eigenschaften werden allgemein im Parameter P zusammengefaßt, dessen differentielle Änderung wir durch die Gleichungen (4.14) und (4.17) beschrieben haben. Für viele zeitabhängige Änderungen von P ermittelt man ungerade Reaktionsordnungen, besonders dann, wenn die Umsätze 50% überschreiten. Ermittelt man P bei $t = 0$ (Anfangswert P_0), bei der Zeit t (P) und bei $t = \infty$ (Endwert P), dann erhält man Gleichungssysteme des Typs (7.3) bis (7.6), wobei λ durch P zu ersetzen ist. Ist die Lebensmitteländerung z.B. durch die Druckänderung des Systems (bei konstantem Volumen etwa von Konserven) charakterisierbar, dann ist sie durch die Gleichungen (7.7) bzw. (7.8) zu beschreiben, wenn das unterstellte Zeitgesetz 1. Ordnung gültig ist.

$$\frac{P_\infty - P}{P_\infty - P_0} = e^{-kt} \tag{7.7}$$

$$\ln (P_\infty - P) = \ln (P_\infty - P_0) - kt \tag{7.8}$$

Ist P die gemessene Extinktion z.B. des Stoffes A, dann ist das Verhältnis der Konzentrationen zur Zeit t und t_0 sowie t_∞ gegeben durch (siehe auch Gleichung (7.6)):

$$\frac{c_A}{c_A^0} = \frac{E - E_\infty}{E_0 - E_\infty} \tag{7.9}$$

In Vorversuchen hat man abzuklären, ob die vorliegende Substratkonzentration eine auswertbare Adsorption des Erregerlichtes liefert.

Bei Zeit-Konzentrationsabläufen mit $n = 2$ sind die Konzentrationen der Reaktanten mit der Meßgröße P über den Proportionalitätsfaktor g zu verbinden. Für zwei Meßzeiten t_1 und t_2 ergibt sich:

$$k(t_2 - t_1) = \frac{1}{g} \cdot \left(\frac{P_1 - P_2}{P_1 \cdot P_2}\right) \tag{7.10}$$

Für die Bestimmung der Reaktionsgeschwindigkeit muß neben den Meßwerten P also auch g ermittelt werden (Bunnett, 1961). Ist P die gemessene Extinktion z.B. des Stoffes A, dann ist das Verhältnis der Konzentrationen zu verschiedenen Zeiten durch Gleichung (7.9) gegeben.

Ändert sich die Temperatur, dann ist auch die damit verbundene Änderung der Reaktionsgeschwindigkeitskonstanten nach der Arrhenius-Gleichung (Abschnitt 5.2.1.) gegeben. Experimentell findet man einen vergleichbaren Einfluß der Temperatur auf die Viskosität von Lebensmittelsystemen. Die Temperaturabhängigkeit der Viskosität (η) des Lebensmittels ist durch die Gleichung (7.11) gegeben.

$$\eta = \eta_\infty \cdot e^{-\frac{E_A}{RT}} \tag{7.11}$$

η_∞ entspricht der Viskosität bei unendlicher Verdünnung, d.h. sie ist als Konstante zu betrachten.

Für Lebensmittelsysteme mit einer kleinen Komponentenzahl hat sich die DTA (***D***ifferentiale ***T***hermo***a***nalyse) als energetische und kinetische Analysenmethode bewährt (u.a. Koch, 1973).

Wegen der besonderen Bedeutung sensorischer Daten für die Qualität von Lebensmitteln sollen auch die Methoden ihrer Ermittlung ausführlicher besprochen werden.

7.1.3
Sensorische Analysen

Die über sensorische Methoden ermittelten Kennwerte stehen häufig in direkter Beziehung zur Lebensmittelqualität, z.B. der sogenannten HQL- und PSL-Produkte (Neumann und Molnar, 1991). Die ***h**igh-**q**uality-**l**ife* (HQL) entspricht der Lagerzeit, in der 70 % der verkostenden Prüfer zwischen Vergleichsprodukten und gefrosteten Erzeugnissen keinen Unterschied ermitteln. Die ***p**ractical-**s**torage-**l**ife* (PSL) kennzeichnet die Zeit der Gefrierlagerung von gefrosteten Lebensmitteln, nach der erste sensorische Änderungen festgestellt werden.

7.1.3.1
Begriffsbestimmungen

Die sensorischen Veränderungen an Lebensmitteln zeichnen sich wegen der beträchtlichen Empfindlichkeit der menschlichen Sinnesorgane vor allem dadurch aus, daß häufig bereits mengenmäßig geringfügige chemische Umsetzungen zu einer entscheidenden Veränderung der sensorischen Qualität eines Lebensmittels führen können und deswegen von großer Bedeutung für die Qualitätsbeurteilung der Lebensmittel sind. Bekanntlich sind die sensorischen Analysenergebnisse zu einem überwiegenden Teil (etwa 60 %) am komplexen ***Q**ualitäts**k**oeffizienten* (KQ) der Lebensmittel beteiligt (nach Neumann und Molnar, 1991). Werden die menschlichen Sinnesorgane zur „Messung" der Lebensmittelveränderungen eingesetzt, so spricht man unter bestimmten methodischen Voraussetzungen von einer sensorischen Analyse oder der Sensorik.

Von dem Inhalt des Begriffes Sensorik ist der Begriff Organoleptik zu unterscheiden, da man unter dem letzteren allgemein jegliches Probieren, Ansehen, Erfühlen, Betasten, Riechen und Abschmecken von Lebensmittel im Sinne einer Beliebtheitsprüfung versteht. Persönliche Meinungen, oft auch Vorurteile, spielen in der Organoleptik eine maßgebliche Rolle. Diese Ergebnisse tragen damit weitgehend subjektiven Charakter und entstehen also ohne die Kontrolle der Urteilstreue der Prüfer.

Unter der Sensorik wird ein nach wissenschaftlichen Grundsätzen durchgeführtes Prüfverfahren verstanden, dessen Ergebnisse objektiv reproduzierbar sind. Damit wird die sensorische Untersuchung mit einem instrumentellen Meßverfahren wesensgleich. Die Schulung der Prüfer ist eine wichtige Voraussetzung für die objektive Anwendung sensorischer Methoden. Zur Vermeidung subjektiver Differenzen arbeitet man in der Regel mit einer Prüfergruppe bei Anwendung einer statistischen Aufbereitung der Ergebnisse. Weil der Prüfer die sensorische Qualität eines Lebensmittels mit den gleichen Sinnesorganen wie der Verbraucher beurteilt, beinhaltet die sensorische Analyse gleichzeitig die psychische Bewertung einer Konzentrationsveränderung, was für die Lebensmittelwissenschaft und -industrie ein großer Vorteil ist. Bekanntlich können zwar mit apparativen Meßverfahren geringste Substanzmengen nachgewiesen werden, ohne jedoch den Geschmacks- oder Geruchseindruck zu erfassen.

In einer Schulung erlernt der Prüfer, wie die Analyse durchzuführen ist und die Geschmacks- bzw. Geruchsempfindung (gustatorisch und olfaktorisch) zu bewerten ist. Die menschliche Nase vermag mit etwa zehn Gruppen von Geruchsrezeptoren mehr als 1000 Gerüche zu differenzieren. Über die Bewertung in den vier Grundgeschmacksarten (süß, salzig, sauer, bitter) „mißt" der Mensch die Konzentrationen der die Empfingsstufen hervorrufenden Stoffe (Tabelle 7.5.).

Tabelle 7.5. Abhängigkeit der Intensitätsstufen von der Konzentration der Geschmacksstoffe (nach Neumann und Molnar, 1991)

Intensitätsstufen n_e	Grundgeschmacksarten			
	süß Bezug auf Saccharose in g je 100 ml	salzig Bezug auf Kochsalz in g je 100 ml	sauer Bezug auf Citronensäure in g je 100 ml	bitter Bezug auf Coffein in g je 100 ml
1	0,354 ± 0,083	0,0715 ± 0,025	0,0204 ± 0,0030	0,0045 ± 0,0009
2	0,563 ± 0,090	0,118 ± 0,021	0,026 ± 0,0032	0,0089 ± 0,0023
3	0,718 ± 0,092	0,175 ± 0,024	0,0334 ± 0,0030	0,0142 ± 0,0030
4	0,862 ± 0,092	0,216 ± 0,027	0,0370 ± 0,0034	0,0208 ± 0,0034
5	1,012 ± 0,095	0,272 ± 0,025	0,0413 ± 0,0034	0,0279 ± 0,0041

Tabelle 7.6. Prüfmethoden in der sensorischen Lebensmitteluntersuchung (nach Neumann und Molnar, 1991)

Labormethoden	Bewertende Methoden
Schwellenwertprüfung	einfach beschreibend-bewertende Prüfung
Rangordnungsprüfung	bewertende Prüfung mit Skala
paarweise Unterschiedsprüfung	Punktbewertung
Dreiecks-, Duo/Trio-, Tetraden-Profilanalyse	bewertende Profilanalyse

Die Sinneseindrücke mit den Intensitäswerten z.B. der vorstehenden Tabelle können durch instrumentelle Analysen objektiviert werden, genannt seien optische, chromatografische, kernresonanzspektroskopische und massenspektrometrische Methoden.

Die olfaktorische Empfindung korreliert klassisch mit den Retentionszeiten und den Peakflächen der gaschromatografisch getrennten Komponenten eines Rindfleisch-Aromakonzentrates (siehe auch Gleichung (4.17)).

Mit Bezug auf die Lebensmittelqualität wählt man die für die jeweilige Produktpalette zutreffende Prüfmethoden aus (Tabelle 7.6.).

7.1.3.2
Bewertungsskalen

Die sensorische Analyse orientiert sich an typischen Geschmacks- und Geruchseindrücken (wie süß, bitter, bratenartig, fruchtig), deren Intensität z.B. mit den Empfindungsstärken $n_e = 1 \dots 5$ quantifiziert wird. Über die Ermittlung der Empfindungsgrößen lassen sich reaktionskinetische Zusammenhänge finden. Für die Bewertung einer Empfindung wird vom Prüfer ein bestimmtes Schema angewendet, weshalb man in diesem Zusammenhang von den Bewertungsskalen spricht.

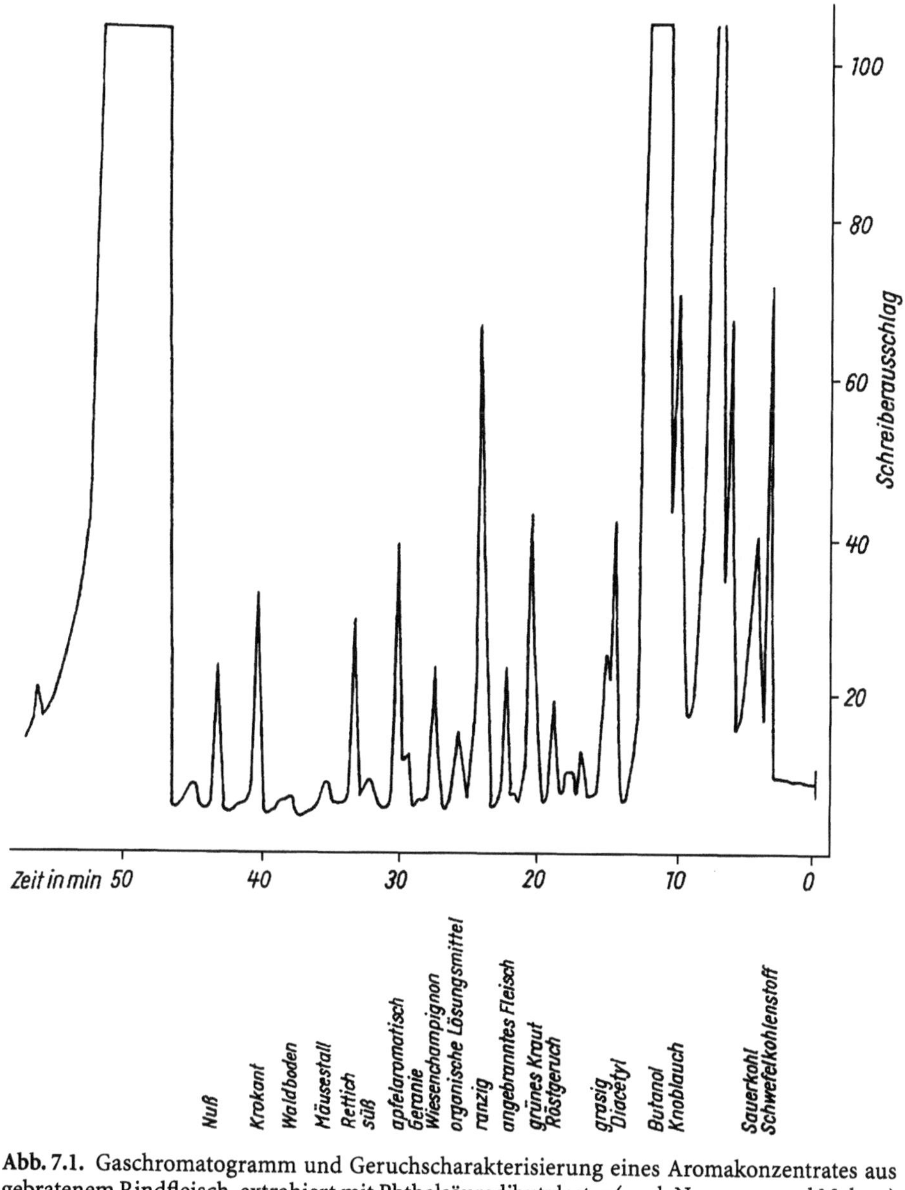

Abb. 7.1. Gaschromatogramm und Geruchscharakterisierung eines Aromakonzentrates aus gebratenem Rindfleisch, extrahiert mit Phthalsäuredibutylester (nach Neumann und Molnar)

Die einzelnen Bewertungsskalen - von denen nachstehend nur einige genannt seien - unterscheiden sich hinsichtlich ihrer Exaktheit und der Art der Bewertung.

Mit der Nominalskala erfaßt man vor allem das äußere Erscheinungsbild des Erzeugnisses (etwa helles oder dunkles Bier). Die Methode eignet sich zur Bestimmung von Reizschwellen sowie zur Skalierung von Profilanalysen oder Punktbewertungssytemen.

Die Ordinalskala oder Rangskala beinhaltet den Vergleich „größer – kleiner“ und ermöglicht damit die qualitative Einstufung der Eigenschaften einer Probe. Die Reihenfolge der Bewertung, z. B. von sehr gut bis schlecht, liegt fest, wodurch eine Ordnung gegeben ist. Jedoch ist der Abstand zwischen zwei Punkten auf der Skala im Hinblick auf die Empfindungsgröße und auch im Hinblick auf die Konzentration nicht korrekt meßbar, d. h. mathematisch nicht erfaßbar. Man nutzt diese Skala bei der Wertung von Konsumentenbefragungen.

Die Meß- oder Intervallskala beruht auf metrischen, meßbaren Merkmalen sowie auf der Gleichheit von Abständen, Intervallen oder Differenzen und somit auf einer gleichen kontinuierlichen Teilung wie z. B. bei der Temperaturskala. Sie ist nach oben begrenzt und günstig für die Untersuchung bekannter Größen. Sie bietet eine gute Grundlage für die mathematische Behandlung der Bewertungsergebnisse.

In der Sensorik wird die absolute Größenskala häufig angewendet, ebenfalls eine Meßskala mit gleich großen Intervallen, bei der auf ganzzahlige Vielfache der Schwellenwertempfindung n_1 geprüft wird: $n_1 : n_2 : n_3 \ldots = 1 : 2 : 3 \ldots$

Die Empfindungsgröße n_1 entspricht dabei der Reizintensität I_x und der Schwellenwertkonzentration c_{S_x} des Aromastoffes S:

$$c_{S_x} = c_{S_1} \rightarrow I_x = n_1$$

n_1 fungiert damit als unterer Bezugspunkt für die Größenskala. x kennzeichnet die auf die Schwellenwertkonzentration bezogenen Größen. Die Merkfähigkeit des Prüfers ist bei 5 bis 7 Skalenstufen von n_e optimal, weshalb Skalen dieses Umfangs häufig verwendet werden.

Die Schwellenwerteempfindungen werden, sieht man z. B. von der Art des verursachenden Aromastoffes ab, durch die angewendete sensorische Methode, die Temperatur, den pH-Wert und andere *RM*-Parameter beeinflußt. Aus der nachfolgenden Tabelle 7.7. geht die Abhängigkeit der Schwellenwertkonzentration und der proportionalen Schwellenwertempfindungen vom Alter des Prüfenden hervor.

Die relative Größenskala, die gleichfalls für sensorische Analysen angewendet wird, geht nicht von der Reizintensität der Schwellenwertkonzentration aus, sondern legt einen beliebigen Wert den gleichmäßigen Stufen der Empfindungsgrößen zugrunde. Beispielsweise kann die Empfindung bei der doppelten Schwellenwertkonzentration als Ausgangspunkt dieser Skala dienen.

Tabelle 7.7. Schwellenwertkonzentration [%] für ausgewählte Geschmacksstoffe in Abhängigkeit vom Alter (nach Neumann und Molnar, 1991)

Geschmacksstoffe	Altersgruppen				
	19 bis 29	30 bis 44	45 bis 59	60 bis 74	75 bis 89
Saccharose	0,540	0,522	0,604	0,979	0,914
Kochsalz	0,071	0,091	0,110	0,270	0,310
Salzsäure	0,0022	0,0017	0,0021	0,0030	0,0024
Chininsulfat	0,000321	0,000267	0,000389	0,000872	0,000930

Bei der Bewertung des Lebensmittels durch den Prüfer oder Verbraucher vollzieht dieser – bewußt oder unbewußt – zwei Schätzprozesse:

1. Bewertung der Reizintensität einer Empfindung, d.h. Festlegung der Empfindungsgröße n_e.
2. Vergleich dieser Empfindungsgröße mit seiner Idealvorstellung nach einer Ordinalskala als „sehr gut", „gut" o. ä.

Für die sensorische Analyse ist die Anwendung des ersten Schätzprozesses mit den durch die Schulung fest eingeprägten Empfindungsgrößen besonders wichtig, während der zweite Schätzprozeß möglichst unterdrückt werden soll.

7.1.3.3
Zusammenhang zwischen der Empfindungsgröße und der Konzentration eines Aromastoffes

Eine der wichtigsten Aufgaben für die praktische Anwendung der Sensorik ist die Erfassung der Abhängigkeit der Empfindungsgrößen n_e von den Konzentrationen c_S eines Geschmacks- und Geruchsstoffes S[1] in Form mathematischer Gleichungen. Erst wenn es gelingt, diesen Zusammenhang zu quantifizieren, können im Bereich lebensmittelwissenschaftlicher und -technologischer Anwendung viele sensorische Probleme einer Lösung zugeführt werden.

Die sensorischen Verfahren zur quantitativen Bestimmung der Konzentration von Aromastoffen wurden ab 1970 besonders von Herrmann (1976, 1977)[2] entwickelt und als „Subjektive Gustometrie und Olfaktometrie" (SGO) als Verfahren zur quantitativen Messung mit den Sinneszellen für Geschmack und Geruch eingeführt. Die Bezeichnung wurde analog zum Begriff „Subjektive Colorimetrie" gebildet, ein bis in die 60er Jahre verbreitetes photometrisches Verfahren mit dem Auge als „Meßinstrument" (Anwendung: Pulfrich-Photometer).

Nach der SGO besteht nach den Gleichungen (4.15) und (4.16) zwischen der Empfindungsgröße und der Konzentration eines Geschmacks- oder Geruchsstoffes folgende allgemeine Beziehung:

$$n_e = \frac{c_{S_n}^x}{c_{S_1}^x} = \left(\frac{c_{S_n}}{c_{S_1}}\right)^x \tag{7.12}$$

mit:

n_e: Größe der Empfindung (1, 2, 3, ...); c_{S_n}: Konzentration des Aromastoffes, die zur Empfindungsstufe n_e gehört; c_{S_1}: Konzentration des Aromastoffes, die zur Empfindungssstufe 1 gehört, Grundstufe der Größenskala; x: Exponent, Anstieg der Geraden bei der doppellogarithmischen Darstellung des Zusammenhanges n_e über c_{S_n}, eine stoffspezifische Konstante zwischen $0 \leq x \leq 2$.

[1] Nachfolgend wird für die Menge eines Aromastoffes vorwiegend der Begriff Konzentration verwendet, wobei jedoch zu beachten ist, daß bei Riechvorgängen der Dampfdruck an seine Stelle tritt.

[2] Hingewiesen sei auch auf die Forschungsergebnisse der Arbeitskreise um von Sydow (1973), Hoppe (1983), Rothe (1988), Neumann und Molnar (1991), O'Mahony (1995).

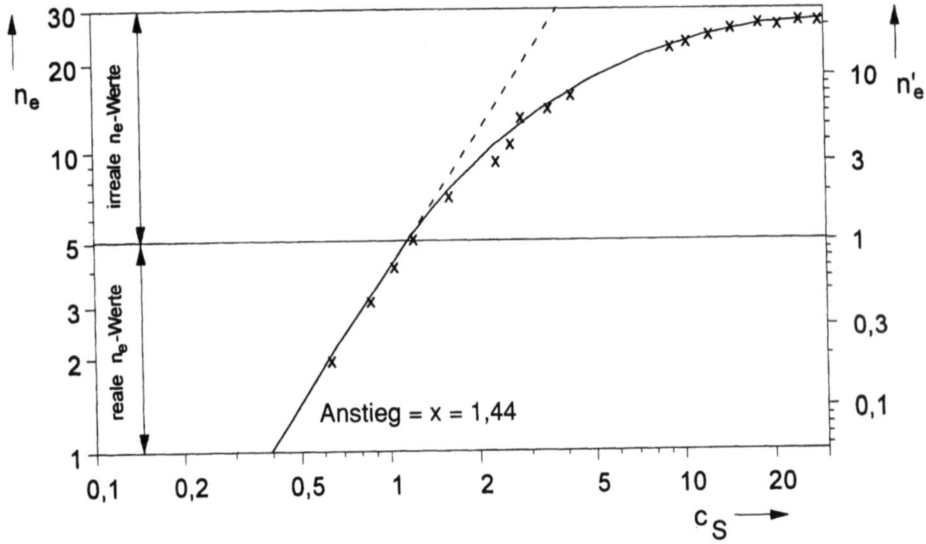

Abb. 7.2. Abhängigkeit der Empfindungsgröße n_e bzw. n'_e von der Saccharosekonzentration c_S in g/100 ml (Herrmann, 1976)

Die Empfindungsgröße n_e ist gemäß der Gleichung (7.12) gleich dem Quotienten aus der zu dieser Empfindungsgröße gehörenden Konzentration c_{S_n} des Aromastoffes S und der zur Empfindungsgröße $n_e = 1$ gehörenden Konzentration c_{S_1}, wobei beide Konzentrationen den Exponenten x besitzen. Entsprechend einer absoluten oder relativen Größenskala erfolgt die Prüfung auf eine Änderung um das Mehrfache der zugrunde gelegten Empfindungsgröße, d.h. ganze Zahlenverhältnisse 1 : 2 : 3 : ..., obwohl auch Zwischenwerte festgestellt werden können. Nach einer expliziten Darstellung von c_{S_n} durch die Auflösung der Gleichung (7.12) ist bei Kenntnis der Konzentration c_{S_1} sowie des x-Wertes eines Aromastoffes die Konzentration c_{S_n} berechenbar:

$$c_{S_n} = c_{S_1} \cdot \sqrt[x]{n_e} \tag{7.13}$$

Die Abb. 7.2. zeigt die Darstellung des Zusammenhanges zwischen der Größe n_e zur Empfindung „süß" und der Saccharosekonzentration c_S. Die ausgezogene Kurve entspricht den n_e-Werten, die extrapolierte gestrichelte Funktion bei $n_e > 5$ deutet auf irreale n_e-Werte hin; die Steigung x beträgt 1,44 ; $c_{S_1} = 0{,}4$g/100ml.

Der im unteren Teil der Abbildung dargestellte lineare Bereich entspricht dem Gültigkeitsbereich der Gleichung (7.12), während der nichtlineare Funktionsteil einer anderen Gesetzmäßigkeit gehorcht. Die Grenze für den Gültigkeitsbereich der Gesetzmäßigkeit (7.12) liegt offenkundig in der objektiven Fähigkeit der Prüfer, die in der Schulung trainiert wurde und als natürlicher konzentrationsproportionaler Bereich der Empfindungsgrößen betrachtet werden muß. Im vorliegenden Beispiel waren die Prüfer auf eine 5stufige absolute Größenskala geschult. Die Proben konnten deshalb auch nur aus diesem Empfindungsbereich exakt bewertet werden.

Beim Überschreiten des geschulten Bereiches, d.h. beim Bewerten von Proben höherer Konzentration, beruht die Bewertung der Empfindungsgrößen auf der Erfassung gerade noch feststellbarer Unterschiede zwischen zwei Konzentrationen (ausgedrückt durch j' und die Empfindungsgröße n_e').

Für den nichtlinearen Kurventeil in Abb. 7.2. unter Berücksichtigung der modifizierten Empfindungsgröße n_e' gilt:

$$n_e' = j' \cdot x \cdot \lg \frac{c_{S_n}}{c_{S_{Ny}}} + N_y \tag{7.14}$$

mit:

$$j' = \frac{1}{\lg \dfrac{N_y}{N_y - 1}}$$

N_y ist die Grenze für die Gültigkeit der durch eine Schulung eingeprägten absoluten Größenskala.

Bei der doppeltlogarithmischen Darstellung der berechneten Empfindungsgröße n_e nach Gleichung (7.14) gegen die Konzentration lg c_S erhält man den im oberen Teil von Abbildung 7.2. dargestellten nichtlinearen Kurventeil als eine Gerade, während die Funktion im Gültigkeitsbereich der absoluten Größenskala erwartungsgemäß zur nichtlinearen Funktion wird. Man spricht deshalb auch vom Geltungsbereich der Potenzfunktion (unterer Teil der Abb. 7.2) und einem Geltungsbereich der Exponentialfunktion (oberer Teil derselben Abbildung).

Die Tatsache von der Gültigkeit zweier Bewertungsgesetze bei der sensorischen Analyse läßt den Schluß zu:

1. die Anzahl der für die Schulung zugrunde gelegten Skalenstufen mit dem natürlichen Endwert N_Y und der dazugehörigen Bezugskonzentration $c_{S_{N_y}}$ hängt von der richtigen Auswahl begabter und geschulter Prüfer ab, um optimale Schätzungen zu erhalten;
2. die Reproduzierbarkeit der sensorischen Analyse hängt von der Konstanz eingeprägter Empfindungsgrößen n_1 ... N_Y aller Prüfer ab, was im Rahmen mathematisch statistischer Verfahren verbessert und optimiert werden kann.
3. bei der Analyse verschiedener Aromastoffe infolge einer unterschiedlichen sensorischen Sensibilität menschlicher Sinneszellen stellen der x-Wert und der Schwellenwert c_{S_1} charakteristische Größen für einen Aromastoff dar und daher bestimmen auch die aromatischen Eigenschaften die Signifikanz der sensorischen Analyse mit.

So unterscheiden sich verschiedene Aromastoffe im Gültigkeitsbereich der Potenzfunktion sowohl durch den Neigungswinkel der sich ergebenden Geraden (Standardfunktion), die der stoffspezifischen Größe x entspricht, als auch in der Schwellenwertkonzentration c_{S_1} (Abb. 7.3.). Bei der gleichen Konzentration zweier Aromastoffe mit dem gleichen Schwellenwert resultieren unterschiedliche Empfindungsgrößen, wenn die x-Werte beider Komponenten voneinander verschieden sind.

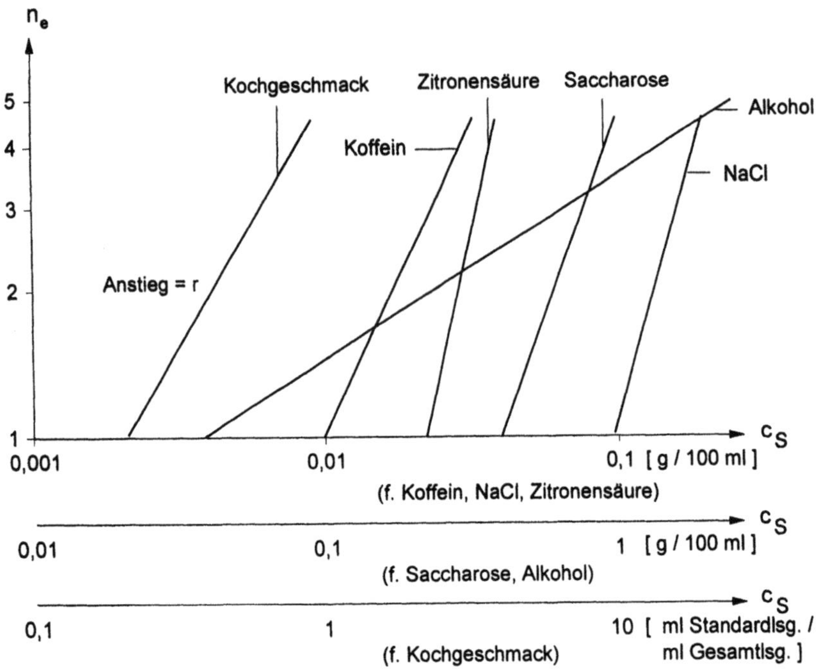

Abb. 7.3. Abhängigkeit der Empfindungsstufen n_e verschiedener Geschmacksstoffe von der Konzentration in der Standardfunktion; Bewertungsskala: 5stufige absolute Größenskala (Herrmann, 1976)

Beim Riechen hängt das durch den Aromastoff am Rezeptor erzeugte Potential und damit die Empfindungsgröße n_e bei der normierten Riechtechnik allein vom Dampfdruck p des Aromastoffes ab.

Die Gesamtkonzentration Σc_S der Aromastoffe in den Lösungen homogener Phasen ist dann mit der Empfindungsgröße n_e nach dem folgenden Schema verbunden (siehe Abb. 7.2.):

$$\Sigma c_S \rightarrow c_{S_n} \rightarrow a_n \rightarrow p_n \rightarrow n_e .$$

So ist bei isomeren bzw. dissoziierenden und assoziierenden Stoffen nicht die Gesamtkonzentration Σc_S, sondern lediglich der flüchtige Anteil c_{S_n} sensorisch wirksam, bei einer Aromabase dagegen z.B. der undissoziierte Anteil $(1-\alpha)$ der Moleküle. Der flüchtige Anteil der Aromastoffe wird durch einen Proportionalitätsfaktor ihrer Aktivität a bedingt, wonach der Dampfdruck p des Aromastoffes gemäß dem Henry-Daltonschen Gesetzes zu berechnen ist:

$$p = k_H \cdot a_S = k_H \cdot \gamma_C \cdot c_S \tag{7.15}$$

a_S ist die Aktivität eines Aromastoffes, γ_C der Aktivitätskoeffizient und k_H ein Proportionalitätsfaktor.

Die zuletzt dargelegten Gesetzmäßigkeiten über den Zusammenhang der Empfindungsgröße und der Konzentration eines Aromastoffes gelten streng genommen nur bei der Anwesenheit eines einzigen Aromastoffes, aber dennoch in guter

Näherung bei dem Auftreten mehrerer Aromastoffe in einem Lebensmittel mit einem stark dominierenden Riechstoff. Bei den häufig vorliegenden Gemischen von Aromastoffen ist allerdings mit einer gegenseitigen Beeinflussung zu rechnen, wodurch die Empfindungsgrößen sich verändern können und die analytische Behandlung unscharf wird.

7.1.3.4.
Anwendung der Subjektiven Gustometrie und Olfaktometrie zur Berechnung sensorischer Veränderungen und zur Bestimmung reaktionskinetischer und physikochemischer Daten

Da die Bestimmung der Zeitabhängigkeit von Veränderungen der Lebensmittel eine ganz wichtige, praktische Bedeutung u.a. für den einzuschätzenden Qualitätseinfluß in der technologischen Verarbeitung und Verbesserung der Lagerfähigkeit z.B. von Genußmitteln hat, sind neben dem Einsatz der instrumentell-analytischen Methoden durch die Anwendung der sensorischen Analyse und Auswertung nach reaktionskinetischen Gesichtspunkten äußerst praxisrelevante Untersuchungsergebnisse zu erwarten.

Beim Abbau eines wertbestimmenden Aromastoffes bzw. bei der Bildung eines off-Flavor-Stoffes durch eine irreversible Reaktion muß nach dem Schema $c_S \rightarrow c_X$ oder $c_X \rightarrow c_S$ die Berechnung der sensorischen Veränderung sowohl dem Ablauf der chemischen Reaktion als auch der Empfindungsgröße Rechnung tragen. Beim Abbau eines Stoffes gilt für die betreffende Reaktionsgeschwindigkeit die Beziehung (4.14).

Wenn beispielsweise die Zeit t_{n_e} bis zur Bildung einer unerwünschten Geschmacksnote der Empfindungsgröße n_e in einem Lebensmittel während eines Lagerungsvorganges die charakteristische Bezugsgröße darstellt, so kann nach einer Bestimmung der Reaktionsordnung des geschwindigkeitsbestimmenden Schrittes und der Ermittlung der Geschwindigkeitskonstante aus der Aufnahme der Zeitabhängigkeit einzelner Empfindungsstufen mit $n_e = 1, \ldots, 5$ dieser Qualitätsveränderung selbst in Variation der Lagerungsbedingungen jeweils die eingangs zitierte Zeit berechnet sowie unter Berücksichtigung des Einflusses der ausgewählten Lagerungsparameter auf die Geschwindigkeitskonstante die Zeit t_{n_e} auch im Hinblick auf die günstigsten Lagerungsbedingungen optimiert werden.

So wird z.B. aus zwei ermittelten Zeiten t_{n_4} der Empfindungsstufe 4 in Variation der Temperatur um 10 °C nach Gleichung (7.16) auch die Temperaturabhängigkeit der Qualitätsveränderung berechnet:

$$\frac{t_{n_{4\,(T)}}}{t_{n_{4\,(T+10)}}} = Q_{10} \tag{7.16}$$

Diese kurzen Ausführungen sollen zeigen, daß mit den charakterisitischen Zeiten t_{n_e} genauso wie mit den speziellen Reaktionszeiten $t_{x\%}$, t_{erl} oder t_{zul} gearbeitet werden kann.

Durch die mathematische Verknüpfung der Empfindungsgrößen mit den zugrunde liegenden Konzentrationen des Aromastoffes wird mit den Erkenntnissen der SGO ein entscheidendes Problem der sensorischen Qualitätsbewertung berücksichtigt.

Werden für den Abbau eines Aromastoffes eine Reaktion 0. oder 1. Ordnung zugrunde gelegt und für die nach einzelnen Zeiten ermittelten Konzentrationen nach Gleichung (7.12) die Empfindungsstufen (Qualitätsnoten) berechnet, so erhält man die zur linearen Konzentrationsachse nichtlinear geteilte n_e-Achse (Abb. 7.4. a). Da der Verbraucher die Qualitätsänderung aber nach einem linearen Maßstab empfindet (Abb. 7.4. b), resultiert bei der linearen Darstellung der Qualitätsnoten n_e gegen die Reaktionszeit t ein anderes Bild bei der Zeitfunktion. Aus dem Vergleich beider Darstellungen wird dies deutlich (Herrmann, 1976).

Die Abb. 7.4. zeigt die grafischen Darstellungen der Abhängigkeit der Aromakonzentration c_A bzw. der Empfindungsgröße n_e eines Aromastoffes sowie der

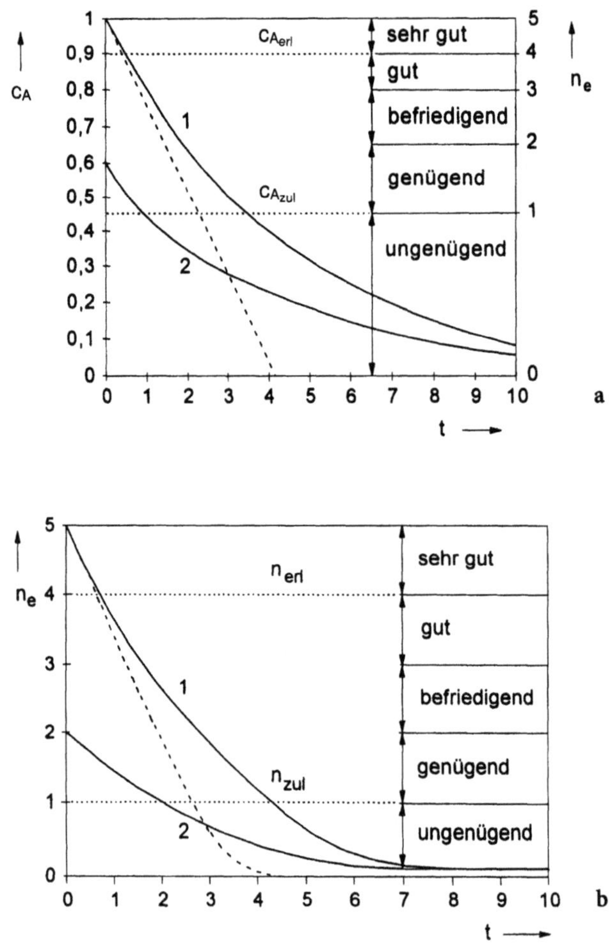

Abb. 7.4. Schematische Darstellung der Abhängigkeit **a** der Konzentration c_A bzw. der Empfindungsgrößen n_e **b** der Qualitätsnoten eines Aromastoffes A von der Reaktionszeit t für eine Reaktion 0. Ordnung (gestrichelt), 1. Ordnung (Kurve 1 und 2) mit der Anfangskonzentration: $c_A^0 = c_{N_Y} = 1$ (Kurve 1); $c_A^0 = 0{,}6$ (Kurve 2). Annahmen: $N_Y = 5$ für eine 5stufige relative oder absolute Größenskala, $x = 2$ (nach Herrmann, 1976)

Qualitätsnoten von der Zeit *t* für einen unterstellten Reaktionsverlauf 0. Ordnung sowie 1. Ordnung.

Durch die reversible Reaktion eines Aromastoffes S mit einem Reaktanten *R* zu einer nichtflüchtigen Verbindung (SR):

$$S + R \rightleftarrows (SR)$$

kann sich die Aromawirksamkeit durch eine Verschiebung der Lage des Reaktionsgleichgewichtes stark ändern. Die Ursache einer Gleichgewichtsverschiebung kann sehr vielschichtig sein. In erster Linie wird aber bei Lebensmitteln die Effizienz der Aromastoffe durch eine Veränderung des Reaktionsmilieus beeeinflußt. Dieser Zusammenhang wurde zunächst für Aromabasen abgeleitet (Herrmann, 1977) und experimentell am Reaktionsmodell durch eine Änderung des pH-Wertes mit Ammoniak und Trimethylamin bestätigt.

Bekanntlich dissoziiert eine Base *B* in der protonierten Form nach dem Schema:

$$BH^+ \rightleftarrows B + H^+$$

Hierbei ist *B* die geruchswirksame Form. Eine Verschiebung des pH-Wertes verändert den Anteil der dissoziierten Moleküle und muß sich deshalb unmittelbar auf die Geruchswirksamkeit auswirken (pH-n_e-Analyse).

Hierbei gilt die Gleichung:

$$\lg n_e = x_S \cdot \lg \frac{c_{B_{n_e}}}{c_{B_1}} = x_S \cdot \lg \frac{\Sigma c_{n_e}(1-\alpha_{n_e})}{\Sigma c_1 (1-\alpha_1)}$$

$$= x_S \cdot \lg \frac{\Sigma c_{n_e} [1 + 10^{[pK_A - (pH)_1]}]}{\Sigma c_1 [1 + 10^{[pK_A - (pH)_{n_e}]}]} \qquad (7.17)$$

wobei Σc_{n_e} und Σc_1 die Gesamtkonzentration der Base zur Empfindungsgröße n_e bzw. 1 ist und K_A die Aciditätskonstante nach Brönstedt mit dem entsprechenden pK-Wert ($pK_A = -\lg HK_A$) darstellt.

Durch die Anwendung dieser Methode konnte der dominierende Einfluß des pH-Wertes auf die Aromawirksamkeit an verschiedenen Aromastoffen bestätigt und die allgemeine Bedeutung der pH-n_e-Analyse als praxisrelevante Methode nachgewiesen werden. Damit wird zugleich die Notwendigkeit sichtbar, daß die Angaben in der Literatur zu Aromastoffen auch nur dann ein allgemeines Interesse in der Lebensmittelbranche finden können, wenn zu den charakteristischen Größen von dissoziierenden Aromastoffen (Schwellenwertkonzentration, *x*-Wert, u.a.) immer der aktuelle pH-Wert des Reaktionsmilieus, unter denen die Meßergebnisse entstanden, angegeben wird. In Gleichung (7.17) ist der pH-Wert der Empfindungsstufe n_e über das logarithmische Verhältnis auf den pH-Wert $(pH)_1$ von $n_e = 1$ bezogen.

Ersetzt man in Gleichung (7.17) den pH-Wert sowie den pK_A-Wert durch analog definierte Größen, wie z.B. den pH durch pR und den pK_A durch pK_R, so gilt die Gleichung auch für:

- die Reaktion eines Aromastoffes mit Bisulfit (Titrationsmethode);
- die Komplexbildung mit Schwermetallen (M);
- die Sorption des Aromastoffes an Eiweiße (E).

Die pR-Werte sind hierbei:

- lg $c_{HSO_3^-}$
- lg c_M
- lg $\Sigma\, c_E$ unter Berücksichtigung der Gesamtmenge des Eiweißes.

Die pR-n_e-Analyse (Herrmann, 1981) ist als Methode auch auf weitere reversible Reaktionen übertragbar, wie z. B. die Bildung von schwerlöslichen Verbindungen oder Redoxreaktionen. Sie gestattet eine qualitative Gruppenanalyse der Aromastoffe sowie die Bestimmung von x- und K_R-Werten zur Beurteilung und Beeinflussung von Mediumsfaktoren.

Da bei Säuren gemäß:

$$AH + H_2O \rightleftarrows A^- + H_3O^+$$

die undissoziierte Verbindung flüchtig und somit aromawirksam ist, ergeben sich in diesem Fall etwas andere Beziehungen als sie für Basen nach (7.17) gelten (Herrmann und Abd el Salam, 1981).

Die titrimetrische sensorische Analyse beruht auf den theoretischen Grundlagen der pR-n_e-Analyse und besteht im Prinzip darin, daß man Reaktanden gemäß der erweiterten Gleichung (7.18) zur Endpunktbestimmung einsetzt, bei denen der Geruch im Titrationsverfahren verschwindet oder erstmalig bei c_{S_x} auftritt.

Die Titrationsmethode wurde beispielsweise bei der qualitativen und quantitativen Bestimmung des Bestrahlungsgeruches bei strahlensterilisiertem Apfelsaft angewendet, wobei Quecksilberacetat als Komplexbildner verwendet wurde. Tetrahydrofuran konnte zuvor als Ursache des off-Flavor ermittelt werden (Herrmann, 1976).

Bei den Untersuchungen für den Frischegrad von Fisch mit den Indikatoren Ammoniak und Trimethylamin wurden zur Titration Schwefelsäure bzw. 0,1 *n* Silbernitratlösung eingesetzt (Trong Can, 1977).

Bei Aromastoffen in heterogenen Phasen trifft man auf kompliziertere Gesetzmäßigkeiten, die sich aus der Unterschiedlichkeit der Reaktionsphasen ergeben. Bei den Lebensmittel tierischer Herkunft interessieren besonders die Phasenübergänge Wasser (W), Fett (F) und Eiweiß (E). Die Untersuchungen mit der subjektiven Olfaktometrie sind hierbei insofern einfach und aussagekräftig, da im thermodynamischen Gleichgewicht der Dampfdruck p_{n_e} und folglich auch die Empfindungsgröße n_e über der wäßrigen Bezugsphase mit den Partialdampfdrücken der Fett- und der Biopolymerphase nach der Gesetzmäßigkeit des Nernstschen Verteilungssatzes im Gleichgewicht steht.

Nach dem Nernstschen Verteilungssatz ist bei konstanter Temperatur das Verhältnis C der Aktivität $a_S = \gamma_c \cdot c_S$ eines Stoffes S in zwei miteinander nicht mischbaren Phasen im Gleichgewicht konstant.

$$C = \frac{c_{SW} \cdot \gamma_{cW}}{c_{S_F} \cdot \gamma_{cF}} = \frac{(c_{SW})^{x\, b_W}}{(c_{S_F})^{x\, b_F}} \tag{7.18}$$

x_{b_W} und x_{b_F} werden als Flüchtigkeitsexponenten über der wäßrigen Phase bzw. der Fettphase bezeichnet. Sie sind die Quotienten aus dem x-Wert eines Geruchsstoffes bei variierter Konzentration des Geruchsstoffes in der Lösung und seinem x-Wert bei variiertem Dampfdruck .

Wenn keine in der wäßrigen Phase bzw. Fettphase dissoziierenden oder assoziierenden Aromastoffe vorliegen, d.h. mit: $x_{b_W} = x_{b_F} = 1$, so vereinfacht sich die Gleichung (7.18).

$$C = \frac{(c_{S_n})_W}{(c_{S_n})_F} = \frac{\Sigma\, c_{S_W}}{\Sigma\, c_{S_F}} = \text{const.} \tag{7.19}$$

In der sensorische Analyse gelten dann für die wäßrige Phase W und die Fettphase F:

$$\lg (n_e)_W = x_W \cdot \lg \frac{(c_{S_n})_W}{(c_{S_1})_W}; \qquad \lg (n_e)_F = x_F \cdot \lg \frac{(c_{S_n})_F}{(c_{S_1})_F} \tag{7.20}$$

Über die sensorische Bestimmung von $(n_e)_W$ und $(n_e)_F$ (experimentell ermittelte Empfindungsgrößen in der wäßrigen Phase und der Fettphase) lassen sich der Verteilungskoeffizient C, die Konzentration des Aromastoffes in den beiden Phasen und die Größen x_W sowie x_F ermitteln.

Sind die Gesamtkonzentration eines Aromastoffes $\Sigma\, c_S$ verteilt auf die zwei Phasen und die Volumina der wäßrigen Phase V_W sowie der Fettphase V_F bekannt, ist der Verteilungskoeffizient C auch wie folgt zu erhalten:

$$\Sigma\, c_S = c_{S_W} \cdot V_W + c_{S_F} \cdot V_F \tag{7.21}$$

und

$$C = \frac{c_{S_W}}{c_{S_F}} \tag{7.22}$$

bzw.

$$c_{S_F} = \frac{c_{S_W}}{C} \tag{7.23}$$

woraus mit (7.21) folgt:

$$\Sigma\, c_S = c_{S_W} \cdot V_W + \frac{c_{S_W} \cdot V_F}{C} \tag{7.24}$$

Nach der Bestimmung von c_{S_W} sowie c_{S_F} kann der Verteilungskoeffizient C über die Gleichung (7.22) oder die Gleichung (7.24) bei Kenntnis der Gesamtmenge des Aromastoffes $\Sigma\, c_S$ sowie der Phasenvolumina nach der Bestimmung von c_{S_W} berechnet werden.

Mit der sogenannten n_e-Verteilungsanalyse ist der Verteilungskoeffizient C ebenfalls bestimmbar. Dazu werden die Volumenverhältnisse der Wasser-Fett-Phasen systematisch variiert und die entsprechenden Empfindungsgrößen bestimmt. Die Ergebnisse lassen sich als Gerade darstellen, wobei aus dem Anstieg der linearen Funktion C ermittelt wird.

Auch die Bindung eines Aromastoffes S an ein Eiweiß E kann sensorisch verfolgt werden. Durch Variation der Gesamteiweißkonzentration $\Sigma\, c_E$ läßt sich die Konzentration des vorhandenen Aromastoffes ermitteln und in der Auftragung von $\log n_e$ gegen pE (pE = – lg $\Sigma\, c_E$) erhält man eine Kurve mit zwei linearen Teilbereichen. Der extrapolierte Schnittpunkt der linearen Teilfunktionen ist ein Ausdruck der komplexen Bindungskonstante pK_E (Sorptions-n_e Analyse).

Für die Berechnungen mit variablen Mengen von Eiweiß als dem Biopolymer P kann in guter Näherung für die sorbierte Aromakonzentration (c_{S_n}) die Freundlichsche Adsorptionsisotherme:

$$(c_{S_n})_P = k \cdot (c_{S_n})_W^m \tag{7.25}$$

verwendet werden. k und m sind für das betreffende System gültige, experimentell zu ermittelnde Konstanten (Herrmann und Kiener, 1981).

In der Praxis besteht oft die Aufgabe, die Aroma- oder off-Flavorintensität (Konzentration des Aromastoffes S) von bestimmten Lebensmittelkomponenten zu berechnen, deren Gesamtmenge in 100 g Lebensmittel entweder instrumentell (z. B. gaschromatographisch) bestimmt oder zur Aromatisierung definiert zugegeben wurde.

Wenn das Lebensmittel aus M_W-, M_F-, M_{P_1}-, M_{P_2}-Masseprozenten der wäßrigen Phase, der Fettphase sowie zweier Biopolymerphasen P_1, P_2 besteht und sich die einzelnen Konzentrationsanteile c_S des Aromastoffes jeweils auf die Mengeneinheit von 1 g einzelner Phasen bezieht, so gilt die Gleichung:

$$\Sigma c_S = (c_{S_n})_W \cdot M_W + (c_{S_n})_F \cdot M_F + (c_{S_n})_{P_1} \cdot M_{P_1} + (c_{S_n})_{P_2} \cdot M_{P_2} \tag{7.26}$$

Da die Partialdampfdrücke und damit auch die Empfindungsgrößen n_e bei einer konstanten Temperatur über allen Phasen im thermodynamischen Gleichgewicht stehen, ist es möglich, bei Kenntnis des Verteilungskoeffizienten C und der Konstanten k sowie m aus der Freundlichschen Adsorptionsisotherme die Gesamtaromastoffkonzentration Σc_S über die Analysenergebnisse der wäßrigen Phase zu berechnen.

Bei der Vernachlässigbarkeit der Aktivitätskoeffizienten ($c_S \approx a_S$) in Systemen geringer Aromastoffkonzentrationen darf man mit den Werten von $(c_{S_n})_F$, $(c_{S_n})_{P_1}$, $(c_{S_n})_{P_2}$ den Wert $(c_{S_n})_W$ gemäß den Gleichungen (7.19) bzw. (7.25) ausdrücken und erhält die Beziehung:

$$\Sigma c_S = (c_{S_n})_W \cdot M_W + (c_{S_n})_W \cdot \frac{M_F}{C} + k_1 \cdot (c_{S_n})_W^{m_1} \cdot P_1 + k_2 \cdot (c_{S_n})_W^{m_2} \cdot P_2 \tag{7.27}$$

Durch Variation der Aromakonzentration c_S in wäßrigen Lösungen ist mit einer Prüfgruppe die Standardgerade gemäß Abb. 7.2. aufzustellen, die als Eichfunktion entweder zur Bestimmung der $(c_{S_n})_W$-Werte aus geschätzten Empfindungsgrößen n_e für die quantitative Ermittlung von Σc_S-Werten nach Gleichung (7.27) dient oder zur Berechnung der Empfindungsgrößen n_e (Aromaintensitäten) aus bekannten Σc_S- und c_{S_n}-Werten genutzt wird. Voraussetzung der erläuterten Anwendungen ist allerdings die Kenntnis der Verteilungskoeffizienten, der Konstanten k und m der Freundlichschen Adsorptionisotherme, die ebenfalls mit der SGO gewonnen werden können.

7.2. Ermittlung der Reaktionsgeschwindigkeitskonstanten und Reaktionsordnung

Wie schon in Abschnitt 7.1 ausgeführt, erfordert die Ermittlung der reaktionskinetischen Daten die zeitabhängige Konzentrationsbestimmung einer oder mehrerer Lebensmittelinhaltsstoffe bzw. daraus entstehender Verbindungen in Abhängigkeit von der Reaktionszeit. Diese meßbaren unabhängigen Variablen sind mit den abhängigen Größen Reaktionsordnung n und Geschwindigkeitskonstanten k bzw. k' in den theoretisch immer formulierbaren Zeitgesetzen selbst komplexer Reaktionstypen in der differentiellen oder integralen Form verknüpft. Die betreffenden Grundgleichungen bilden die Basis für die Ermittlung kinetischer Daten sowie der dimensionslosen Größen (W, G) unter Berücksichtigung verschiedener Zeitparameter (H_n, D, f_n, f_{H_n}, f_D, Z, t_x).

Häufig werden aber in der formalen Unterstellung der Gültigkeit eines integralen Zeitgesetzes bestimmter Reaktionsordnung die kinetischen Daten k, H_n, D, t_x u.a. berechnet. Dieses Vorgehen ist jedoch nur dann zu akzeptieren, wenn die nach einem formalkinetischen Ansatz ermittelten Daten nicht zur Diskussion des Reaktionsmechanismuses herangezogen werden und schon gar nicht als Beweismittel für einen aufzuklärenden Prozeß gewertet werden, sondern allein dem Ziel dienen, den zeitlichen Ablauf eines beobachteten Vorganges bei formaler Gültigkeit des unterstellten Zeitgesetzes berechenbar zu gestalten. Dieses Anliegen ist in der Regel für praxisrelevante Aufgaben von erstrangiger Bedeutung. Das zweite Anliegen der Reaktionskinetik, die Untersuchungen auf mechanistische Zusammenhänge eines lebensmittelverändernden Prozesses zu richten, erfordert ausnahmslos bedeutend höhere Anforderungen an die Erfassung reagierender Inhaltsstoffe, was bei den natürlichen Grenzen der Analytik gegenüber der komplizierten Natur von Lebensmittelreaktionen die mechanistischen Aussagen erschwert und eine kritische Haltung voraussetzt.

Himmelblau u.a. (1967) und Swartzel (1989) vertreten die Auffassung, daß von den Methoden zur Bestimmung der Reaktionsordnung für thermische Lebensmittelveränderungen die Verfahren „trial und error" sowie nachgeordnet, die multiple lineare Regression am ehesten zum Erfolg führen.

Von den in der Literatur beschriebenen Methoden zur Ermittlung reaktionskinetischer Daten werden hier die numerischen und grafischen Verfahren in ihren Grundzügen vorgestellt.

Numerisch ergibt der Differenzenquotient $\Delta c_i/\Delta t$ in grober Näherung die Geschwindigkeit r der erwünschten oder unerwünschten Lebensmittelveränderung für einen mittleren Zeitpunkt t als Sekante (Abb. 7.5.a). Grafisch ist mit einem Spiegellineal die Geschwindigkeit r genauer aus dem bestimmbaren Anstieg der Tangente an die c-t-Kurve zum Zeitpunkt t_1 (Abb. 7.5.b) zu ermitteln.

7.2.1. Numerische Verfahren

Bestimmt man zu den Prozeßzeiten t_1 und t_2 innerhalb einer Meßreihe die zugehörigen Konzentrationen eines Lebensmittelinhaltsstoffes A als $c_{A(1)}$ und $c_{A(2)}$, so ergeben sich mit dem bekannten integralen Zeitgesetz (4.53):

$$\frac{1}{c_A^{(n-1)}} - \frac{1}{c_A^{0\,(n-1)}} = (n-1) \cdot k \cdot t$$

die Beziehungen (7.28) und (7.29).

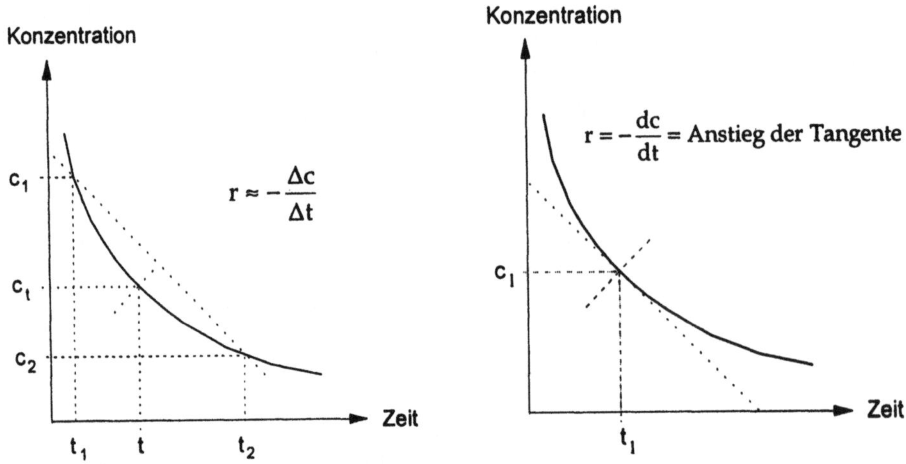

Abb. 7.5. Bestimmung der Reaktionsgeschwindigkeit r: **a** als Diffenzenquotient; **b** als Diffentialquotient

$$\frac{1}{c_{A(1)}^{(n-1)}} - \frac{1}{c_A^{0\,(n-1)}} = (n-1) \cdot k \cdot t_1 \tag{7.28}$$

$$\frac{1}{c_{A(2)}^{(n-1)}} - \frac{1}{c_A^{0\,(n-1)}} = (n-1) \cdot k \cdot t_2 \tag{7.29}$$

Für die Zeitdifferenzen $\Delta t = t_2 - t_1$ erhalten wir durch Subtraktion der Gleichung (7.28) von (7.29) den Ausdruck:

$$\frac{1}{c_{A(2)}^{(n-1)}} - \frac{1}{c_{A(1)}^{(n-1)}} = (n-1) \cdot k \cdot \Delta t \tag{7.30}$$

Setzt man in die Gleichung (7.30) für verschiedene oder gleiche Δt-Werte die entsprechenden $c_{A(i)}$-Werte ein, so ist formal betrachtet k allein von n abhängig. Da n im Falle der einfachen Reaktionen nur die Werte $n = 0, 1, 2, \ldots$ annehmen kann, so kann bei der Auswertung der Meßwerte nach unterschiedlichen Zeitgesetzen (7.30) durch ein „Probieren" die Gültigkeit eines Zeitgesetzes geprüft werden. Wir möchten nochmals daran erinnern, daß für eine Reaktion 1. Ordnung das Zeitgesetz (4.53) wie die daraus abgeleiteten Zeitgesetze in den Formen (7.28) bis (7.30) nicht anwendbar sind, sondern das integrale Zeitgesetz (4.6) zur Auswertung von Meßwerten der Reaktionen 1. Ordnung herangezogen werden muß:

$$\ln c_A = -k \cdot t + \ln c_A^0$$

Die nachgewiesene Gültigkeit eines Zeitgesetzes ist auch für die Anwendung der Gleichungen (4.53) und (7.28) bis (7.30) zur kinetischen Auswertung von Lebensmittelveränderungen ein entscheidendes Problem bei der kinetischen Analyse. Wir sprechen daher auch bewußt bei den kinetischen Modellversuchen von Messungen an Lebensmittelinhaltsstoffen, deren Ergebnisübertragung auf reale Lebensmittelsysteme immer notwendige Überprüfungen voraussetzen.

Im Gegensatz zu jenen Auswertungen der Meßwerte nach (4.53) sowie (7.28) bzw. (7.29) weist die Gleichung (7.30) den entscheidenden Vorteil eines Differenzen-Verfahrens auf, bei denen der oft nicht exakt zu bestimmende Zeitpunkt $t = 0$ mit der zu korrelierenden Ausgangs-Konzentration c_A^0 nicht bekannt sein muß.

Stellt man zur Auswertung der gemessenen c_A-Werte die Gleichung (4.53) in die Form um:

$$\frac{1}{c_A^{(n-1)}} = (n-1) \cdot k \cdot t + \frac{1}{c_A^{0\,(n-1)}}$$

so entfällt zwar die Bedingung einer Kenntnis der wahren Anfangskonzentration von *A* zu dem Zeitpunkt $t = 0$ als eine allgemeine Voraussetzung, doch bleibt die systematische Fehlerquelle einer eindeutigen Zuordnung der gemessenen Konzentrationswerte zur Reaktionszeit *t* bei der kinetischen Analyse bestehen. Der so leicht entstehende systematische Fehler ist nur über ein Differenzen-Verfahren vermeidbar.

Wählt man zum Unterschied bei den vorangestellten Lösungsfunktionen auch verschiedene Ausgangskonzentrationen $c_{A\,(i)}^0$ des Stoffes A, dann werden in der Regel die Prozeßzeiten ermittelt, nach denen die vorgegebenen Ausgangskonzentrationen auf den „gleichen Bruchteil" abgesunken sind, also z.B. für die Zeiten $t_x = t_{0,1}$, $t_{0,5}$ bzw. $t_{0,9}$ mit einem 10-, 50- und 90%igen Umsatz. So lassen sich aus der Gleichung (4.53) mit zwei unterschiedlichen Ausgangskonzentrationen $c_{A\,(i)}^0$ und $c_{A\,(2)}^0$ für den Umsatz von 90% die Zeitfunktionen (7.31) und (7.32) herleiten:

$$\frac{1}{c_A^{(n-1)}} - \frac{1}{c_{A\,(1)}^{0\,(n-1)}} = -\frac{10}{9} \cdot \frac{1}{c_{A\,(1)}^{0\,(n-1)}} = (n-1) \cdot k \cdot t_{0,9\,(1)} \tag{7.31}$$

$$\frac{1}{c_A^{(n-1)}} - \frac{1}{c_{A\,(2)}^{0\,(n-1)}} = -\frac{10}{9} \cdot \frac{1}{c_{A\,(2)}^{0\,(n-1)}} = (n-1) \cdot k \cdot t_{0,9\,(2)} \tag{7.32}$$

In der logarithmierten Form der beiden Ausdrücke ergeben sich die mathematischen Zusammenhänge:

$$\lg\left(-\frac{10}{9}\right) - (n-1)\lg c_{A\,(1)}^0 = \lg(n-1) + \lg k + \lg t_{0,9\,(1)} \tag{7.33}$$

$$\lg\left(-\frac{10}{9}\right) - (n-1)\lg c_{A\,(2)}^0 = \lg(n-1) + \lg k + \lg t_{0,9\,(2)} \tag{7.34}$$

Durch Substraktion der Gleichung (7.33) von (7.34) erhält man nach der expliziten Darstellung von *n* eine Lösungsfunktion, die wiederum als Differenzen-Verfahren nicht durch einen systematischen Fehler über die Umsatz-Zeitwerte $t_{0,9(i)}$ belastet ist.

$$n = 1 - \frac{\lg t_{0,9\,(2)} - \lg t_{0,9\,(1)}}{\lg c_{A\,(2)}^0 - \lg c_{A\,(1)}^0} \tag{7.35}$$

Mit der so ermittelten Bruttoreaktionsordnung $n \neq 1$ läßt sich unter der Voraussetzung, daß bei den Messungen auch die mathematischen Gültigkeitsbedingungen erfüllt sind, natürlich auch *k* z.B. über (4.53) berechnen. Das beschriebene Verfahren ist als Spezialfall der klassischen Methode von Noyes und Ostwald anzusehen. Von ähnlichen Überlegungen gehen auch Powell und Wilkinson aus (siehe Bittrich u.a., 1979).

Mit der Gleichung (7.35) ermittelt man die Reaktionsordnung n über die Differenz praktisch relevanter Prozeßzeiten. Bezieht man diese Prozeßzeiten auf die Anfangskonzentration z.B. von A, wie in besagter Gleichung geschehen, dann kann man n mit den Beziehungen (4.62) und (4.63) auch aus dem Verhältnis der relativen Zeiten f_n bestimmen. Für zwei Reaktionszeiten t_1 und t_2 gelten dann z.B.:

$$(n = 1)\colon \frac{f_1(t_1)}{f_1(t_2)} = \frac{t_1}{t_2} \tag{7.36}$$

$$(n \neq 1)\colon \frac{f_n(t_1)}{f_n(t_2)} = \frac{t_1}{t_2} \tag{7.37}$$

In den Gleichungen (7.36) und (7.37) kann t_1 z.B. den H_n- und t_2 den D-Wert repräsentieren.

Die bisher dargestellten Verfahren zur Auswertung von Meßwerten bezogen sich ausnahmslos auf die integralen Zeitgesetze von Reaktionen. Besonders zur Ermittlung der auf einen bestimmten Reaktanten bezogenen Teilreaktionsordnung wählt man zweckmäßig für die Bruttoreaktion:

$$\alpha \cdot A + \beta \cdot B + \gamma \cdot C + \ldots \rightarrow X$$

die Differentialform des Zeitgesetzes:

$$r = -\frac{dc_A}{dt} = k \cdot c_A^\alpha \cdot c_B^\beta \cdot c_C^\gamma \tag{7.38}$$

Liegen die Reaktanten B und C in großem Überschuß (100-fach) vor, so verhält sich die mechanistisch trimolekulare Bruttoreaktion kinetisch wie eine pseudomonomolekulare Reaktion. Aus der Gleichung (7.38) resultiert dann das einfache Zeitgesetz:

$$r = -\frac{dc_A}{dt} = k_A \cdot c_A^\alpha \tag{7.39}$$

mit:

$$k_A = k \cdot c_B^0 \cdot c_C^0 .$$

Die Auswertung differentieller Zeitgesetze wird allgemein als Tangenten-Verfahren bezeichnet, wobei die sogenannte Anfangsanstieg-Methode als spezielle Lösung ihre Meßwerte aus der Anfangsphase einer Reaktion bezieht.

Die zwingende Unterscheidung zwischen dem kinetischen, also dem zeitlichen Verhalten einer Bruttoreaktion und ihrem mechanistischen Hintergrund wird hier leicht verständlich. So kann beispielsweise die Anfangsanstieg-Methode naturgemäß keinen Beitrag zur Aufklärung eines Reaktionsmechanismuses leisten, da bei Folgereaktionen in der Anfangsphase allein der geschwindigkeitsbestimmende erste Teilschritt die Reaktionsgeschwindigkeit bestimmt. Anders verhält es sich dagegen bei jenen Tangenten-Verfahren, die über den fast vollständigen Umsatzbereich einer Bruttoreaktion ($\geq 90\,\%$) die kinetischen Verhältnisse analysieren und nicht $r \approx \Delta c_i / \Delta t$, den Diffenrenzenquotienten, sondern den Differentialquotienten

$r = dc_i/dt$ berücksichtigen. Deshalb ist unbedingt bei der Darstellung kinetischer Untersuchungsergebnisse die Angabe von Meßbedingungen und der verwendeten Auswertungsmethode zu fordern, weil sonst die Vergleichbarkeit und Übernahme kinetischer Ergebnisse aus der Literatur problematisch wird.

Zur Bestimmung von α kann man bei kinetisch einheitlichen Reaktionen auf die vorher beschriebenen integralen Verfahren zurückgreifen. Zur Ermittlung von β und γ wiederholt man die Überschußmethode mit: $c_B \ll c_A$, c_C bzw. $c_C \ll c_A$, c_B.

Die Reaktionsordnung n ergibt sich aus der Summe der Teilordnungen geschwindigkeitsbestimmender Reaktanden:

$$n = \alpha + \beta + \gamma + \dots$$

7.2.2
Grafische Verfahren

Durch probeweises Auftragen von c, lg c, $1/c$ bzw. $1/c^2$ oder entsprechender konzentrationsproportionaler Meßgrößen λ über t kann im einfachsten Fall auf Millimeterpapier oder moderner in der Computergrafik anschaulich an der Linearität des Ergebnisses die Auswahl eines gültigen Zeitgesetzes gemäß (4.53) oder (4.6) vorgenommen werden.

Aus der Vielzahl der Beispiele sei der von Horak (1980) untersuchte temperaturabhängige Thiamin-Abbau in Rohmilch ausgewählt. Schon im Abschnitt 4.1.2.1 war auf diesem Wege die „richtige" Reaktionsordnung mit $n = 2$ (Abb. 4.9.) gefunden worden. Aus den folgenden Abb. 7.6. kann der Schluß des Autors nachvollzogen werden.

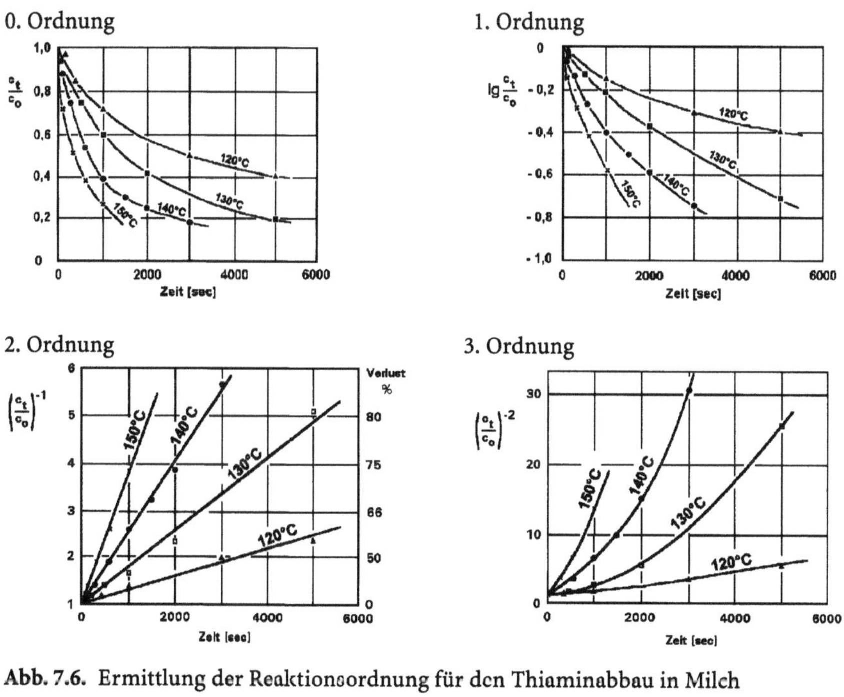

Abb. 7.6. Ermittlung der Reaktionsordnung für den Thiaminabbau in Milch

Bei der Auswertung der Meßwerte nach integralen Lösungsfunktionen sind ihre Abweichungen von der erwarteten Linearität ein Ausdruck der Ungültigkeit des unterstellten Zeitgesetzes einer Lösungsfunktion.

7.2.3 Auswertung nichtlinearer Konzentrations-Zeitfunktionen

Bei den reaktionskinetischen Untersuchungen ist die Abhängigkeit der Reaktionsgeschwindigkeit von den Faktoren des Reaktionsmilieus zu ermitteln. Bedient man sich bei der Auswertung der Meßergebnisse grafischer Verfahren (Abschnitt 7.2.2), ist die Linearisierung der Lösungsfunktion ein häufig genutztes Mittel. Hilfreich ist in diesem Zusammenhang z.B. das von Batuner und Posin (1958) vorgeschlagene Verfahren, für den gemessenen Kurvenverlauf anhand der Ähnlichkeit mit Kurvenscharen verschiedener Funktionstypen und -parameter die entsprechende Funktionsgleichung zu bestimmen. Ein anderes nützliches Verfahren zur Ermittlung des funktionellen Zusammenhanges bei einer unabhängigen Variablen ist die Anwendung von Spline-Funktionen, die den Kurvenverlauf durch abschnittsweise Polynome beschreiben (Wold, 1971; Draper und Smith, 1981). Die resultierende mathematische Funktion kann geprüft werden, ob sie einem Zeitgesetz entspricht. In der Regel ist die Ableitung kinetischer Kennwerte jedoch nicht möglich.

Rand (1983) führt als wichtige empirische mathematisch kinetische Modelle die in der Tabelle 7.8. zusammengestellten Funktionen auf (siehe Saguy und Karel, 1980).

Bei der Anwendung von mathematischen Modellfunktionen der unten stehenden Tabelle ist zu bedenken, daß die ermittelten Ergebnisse kaum veranschaulicht werden können und im allgemeinen auch keinen Beitrag zur Aufklärung von Reaktionsmechanismen leisten können. Die Anwendung mathematischer Methoden hat dennoch durch die Nutzung entsprechender Software-Programme erheblich an Bedeutung gewonnen. Im besonderen können Software-Programme zur

Tabelle 7.8. Zweckmäßige mathematische Modelle für die Lebensmitteltechnologie (Rand, 1983)

Form	Beschreibung
$y = A + Bx$	*linear*
$y = A + Bx + Cx^2 + \ldots + Dx^p$	*polynomial*
$y = Ax^B$	*Potenz*
$y = x/Ax - B$	*hyperbolisch*, Asymptoten bei $y = b/a$ und $x = 1/A$
$y = A\exp(-Bx)$	*exponentiell*, fallend zu einer Asymptote bei $y = 0$
$y = A(1 - \exp(-Bx))$	*exponentiell*, ansteigend von 0 zu einer Asymptote bei $y = A$
$y = (A/A - B)(\exp(-Bx))$	*doppelt exponentiell*, ansteigend von 0 auf ein Maximum und dann abfallend, Asymptote bei $y = 0$
$y = A/1 + \exp(B - Cx)$	*logistisch*, sigmoid zwischen den Asymptoten bei $y = 0$ und $y = A$

Auswertung von nichtlinearen Konzentrations-Zeit-Kurven eingesetzt werden. Einige solcher, für die Lebensmittelsysteme typischen Kurvenverläufe sollen nachfolgend besprochen werden.

7.2.3.1
Biphasische Reaktionsabläufe

Konzentrations-Zeit-Kurven mit einem biphasischen Verlauf wurden wiederholt beobachtet. Sie sind durch eine starke Änderung der Meßgröße zu Beginn der Reaktion gekennzeichnet, der nach einer Übergangsphase ein zweiter Abschnitt mit einer deutlich geringeren Reaktionsgeschwindigkeit folgt. Sie besitzen Ähnlichkeit sowohl mit den Kurven der Reaktionen 1. Ordnung als auch denen 2. Ordnung, ohne daß die Zeitgesetze den Kurvenverlauf exakt beschreiben.

Typische Beispiele bei Stoffwandlungen in Lebensmitteln sind:

- der thermische Betaninabbau bei der Herstellung von Sterilkonserven. Die erste oxidative Abbauphase weist eine größere Geschwindigkeitskonstante auf als die folgende nichtoxidative Abbauphase (Muschiolik, 1966).
- die Gewebeerweichung beim Garen von Kartoffeln und Gemüse (Buhr, 1981; Zabel,1989; Rouwen, 1980; Harada u. a.,1985; Bourne, 1989).
- die thermische Inaktivierung immobilisierter Enzyme (Chymotrypsin, Trypsin, α-Amylase). Durch die Immobilisierung sollen Gruppen von Enzymmolekülen unterschiedlicher Konformation und dadurch mit unterschiedlicher Temperaturempfindlichkeit entstehen (Fischer u. a., 1980).

Das Kurvenbild ähnelt oft einer Hyperbel und deshalb wurde wiederholt versucht, eine Linearisierung durch eine doppellogarithmische Auftragung zu erreichen (Rouwen, 1980; Buhr, 1981), wobei das Kriterium eines hohen Korrelationskoeffizienten erfüllt wurde. In anderen Fällen führte auch eine Auswertung der Gesamtkurve nach dem Schema einer Reaktion 1. Ordnung (Zabel, 1989) oder nach dem Schema einer Reaktion 2. Ordnung (Rudolph, 1982) zu guten Korrelationskoeffizienten. Diese Auswertungen verknüpfen die Interpretation der gemessenen Konzentrations-Zeit-Kurven jedoch nicht mit den zu Grunde liegenden wahrscheinlichen Reaktionsmechanismen, weshalb die abgeleiteten Kennwerte nur eine geringe Aussagekraft besitzen.

Der Interpretation solcher Kurven auf der Grundlage eines biphasischen Reaktionsmechanismus mit getrennten Geschwindigkeitskonstanten sollte deshalb sowohl aus naturwissenschaftlichen als auch aus mathematischen Gründen der Vorzug gegeben werden. Bourne (1989) spricht bei den durch die Garungsprozesse hervorgerufenen Erweichungsreaktionen von zwei ineinander übergehenden Vorgängen, wie sie allgemein in den folgenden Abb. (7.7 a, b) dargestellt werden. Beide Reaktionen sind (scheinbar) von 1. Ordnung, gekennzeichnet durch die Geschwindigkeitskonstanten k_1 und k_2. Dieser Feststellung liegen die Befunde z. B. bei der Extrusion verschiedener Gemüse über 120 min, verbunden mit einer Temperaturerhöhung auf 100 °C, zugrunde. Die Geschwindigkeitskonstanten verhalten sich dabei wie 30 bis 170 zu 1 (mit $k_1 = 0{,}1 - 0{,}2\ \text{min}^{-1}$ und $k_2 = 0{,}001 - 0{,}04\ \text{min}^{-1}$) und die Aktivierungsenergien wie 1 bis 3 zu 1 (mit $E_{A(1)}$ = 15–35 kcal/mol und $E_{A(2)}$ = 5–24 kcal/mol).

In der modernen Software zur Ermittlung wissenschaftlicher Daten ist die Auswertung biphasischer Reaktionsabläufe 1. Ordnung unter der Bezeichnung „doppelt exponentieller Abfall“ (EXPDCAY2.FIT) mit der Gleichung enthalten:

$$y = a \cdot e^{-b \cdot x} + c \cdot e^{-d \cdot x} \tag{7.40}$$

Für die herkömmliche Festlegung der beiden Teilabschnitte solcher Konzentrations-Zeit-Kurven gibt es verschiedene Möglichkeiten. Harada u. a. (1985) schlugen hierfür die zeichnerische Verlängerung der linearen Abschnitte bis zum Schnittpunkt vor, um aus den Geraden die Geschwindigkeitskonstanten zu ermitteln. Allerdings ist dieses Vorgehen dann problematisch, wenn keine linearen Anteile zu erkennen sind.

Fischer u. a. (1980) wendeten ein verfeinertes grafisches Verfahren an, das ohne weiteres zur Auswertung anderer biphasischer Kurvenverläufe angewendet werden kann. Die biphasische thermische Inaktivierung immobilisierter Enzyme beschrieben sie durch zwei Teilreaktionen 1. Ordnung und schlugen die folgende Gleichung für den Kurvenverlauf vor:

$$\frac{A}{A_0} = x_1 \cdot e^{-k_1 \cdot t} + (1 - x_1) \cdot e^{-k_2 \cdot t} \tag{7.41}$$

worin A und A_0 die Enzymaktivitäten zu den Zeiten t und $t = 0$ sind. x_1 ist die relative Konzentration des Enzymanteils, der k_1 gehorcht. k_1 und k_2 sind die Reaktionsgeschwindigkeitskonstanten der labilen und der stabilen Fraktion. Die Verfeinerung dieses kinetischen Modells durch die Hinzufügung eines 3. und 4. Exponentialgliedes erhöhte die Anpassungsgenauigkeit nicht.

Die grafische Ermittlung der Reaktionsgeschwindigkeitskonstanten und der relativen Molekülfraktionen erfolgt so:

Der biphasische Verlauf der Inaktivierung immobilisierter Enzyme wird durch die Gleichung (7.41) beschrieben. Da die Aktivität der labilen Fraktion $x_1 \cdot \exp(-k_1 \cdot t)$ viel schneller als die der stabilen Fraktion gegen Null strebt, kann bei langen Erhitzungszeiten der Aktivitätsabfall annähernd durch die lineare Beziehung wiedergegeben werden:

$$\ln \frac{A}{A_0} \approx \ln (1 - x_1) - k_2 \cdot t \tag{7.42}$$

Bei der Auftragung von $\ln (A/A_0)$ gegen die Erhitzungszeit t erhält man aus dem Anstieg k_2 und dem Ordinatenschnittpunkt die Größe x_1 (Abb. 7.7 a).

k_1 kann aus einer zweiten Abbildung ermittelt werden. Da in der Anfangsphase die Inaktivierung der stabilen Fraktion vernachlässigt werden kann ($k_2 \ll k_1$; $\exp(-k_2 \cdot t) \approx 1$), kann für die 1. Reaktionsphase die Auftragung von $\ln (A/A_0 - (1 - x_1))$ gegen die Erhitzungszeit t angenähert werden durch die lineare Beziehung:

$$\ln \left[\frac{A}{A_0} - (1 - x_1)\right] \approx \ln x_1 - k_1 \cdot t \tag{7.43}$$

aus deren Anstieg k_1 und aus dem Ordinatenabschnitt wiederum x_1 ermittelt werden kann (Abb. 7.7 b). Die Genauigkeit dieser grafischen Methode hängt von der Anzahl der Meßpunkte in den Abschnitten ab, in denen die Kurve annähernd

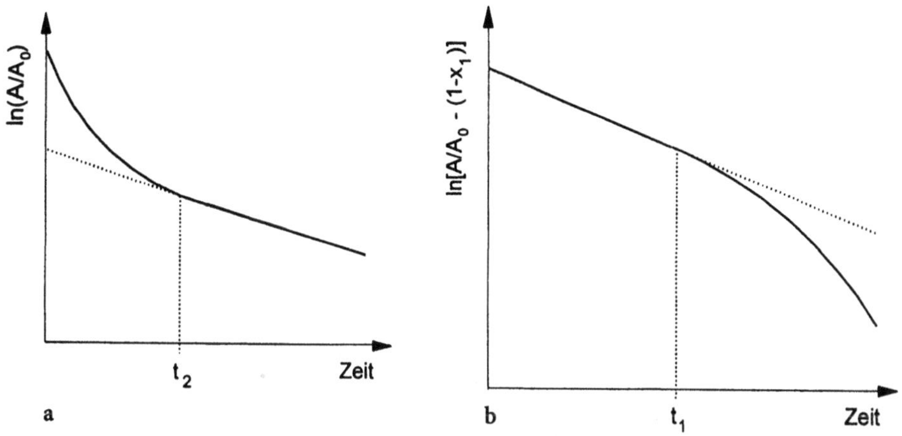

Abb. 7.7. Bestimmung der Geschwindigkeitskonstanten aus Konzentrations-Zeit-Verläufen von biphasischen Reaktionen: **a** Bestimmung von k_2 und $(1-x_1)$; **b** Bestimmung von k_1 (nach Fischer u.a., 1980)

linear verläuft. Fischer u.a. (1980) führen eine Fehlerabschätzung durch und stellen fest, daß die Inaktivierungskurve ab $t_2 = 6/k_1$ als Gerade gezeichnet werden kann. Für eine zuverlässige Zeichnung der Geraden sollte der Versuch bis $t > 15/k_1$ fortgesetzt werden. Um diese Zeit bereits vor Beginn der experimentellen Untersuchungen bestimmen zu können, wenn k_1 noch nicht bekannt ist, kann k_1 in den Beziehungen durch die Inaktivierungskonstante des löslichen Enzyms ersetzt werden, da im allgemeinen nur ein geringer Unterschied zwischen k_1 und k_S besteht.

Eine ähnliche Fehlerschätzung ergibt die Zeit t_1 (Abb.7.7 b), bis zu der die Kurve $\ln(A/A_0 - (1-x_1))$ als Gerade nach Gleichung (7.43) gezeichnet werden kann, und k_1. In der Zeit von $t = 0$ bis $t = t_1$ sollten wenigstens 5 Messungen liegen. Im Gegensatz zu t_2 kann t_1 nicht vor der Versuchsdurchführung bestimmt werden. Nur nach der Bestimmung von $(1-x_1)$ und k_2 kann geprüft werden, ob die Anzahl der Messungen ausreicht oder vervollständigt werden muß.

7.2.3.2
Die Sättigungskurve

Sättigungskurven spielen bei lebensmittelwissenschaftlichen Untersuchungenn eine große Rolle. Als „Bindungskurve" charakterisieren sie die Bindung von Liganden an Rezeptor-Makromolekülen bei steigender Ligandenkonzentration und sind die Grundlage für die Ableitung der Bindungskonstanten. Auch die Michaelis-Menten-Kurve und ihre enzymkinetische Interpretation gehört zu diesem Kurventyp (Bisswanger, 1979; Kiener, 1980; Herrmann und Kiener, 1981; siehe Abschnitt 4.1.2.4).

Sättigungskurven beschreiben beispielsweise auch die chemische Wirkung der Invertase (gemessen an der Glucosebildung) und die physikalische Wirkung der Invertase (gemessen als Penetrometerwerte) in Fondant. Sie bildeten die Grundlage für die Optimierung dieses Reaktionssystems (Buhr, 1990).

Bei der Auswertung von Sättigungskurven ist zu beachten, daß es zwei Typen mit unterschiedlichen mathematischen Gesetzmäßigkeiten gibt:

1. Zwei exponentielle Teilreaktionen führen die Kurve zu einem Maximum. Sie werden durch die Gleichung (7.40) charakterisiert (siehe auch Kap. 4.4.1).
2. Die Sättigungskurve in Form einer Hyperbel mit der Funktionsgleichung (7.44)

$$y = \left(1 + \frac{a}{b}\right) \cdot x \quad \text{oder auch} \quad y = \left(\frac{1}{a} + b\right) \cdot x \tag{7.44}$$

Dieses ist der häufigere Typ von Sättigungskurven. Bei der Auswertung experimentell bestimmter Kurvenverläufe ist ihre Linearisierung zur Ausschaltung der Streuung und zur Ableitung der quantitativen Beziehungen zweckmäßig. Die bekannte Linearisierung der Michaelis-Menten-Kurve nach Lineweaver-Burk ist nicht die günstigste Variante (Stiebitz u.a., 1987). Die Vorschrift nach Langmuir-Hanes, auch Scatchard-Plot genannt, ist eine weitere Möglichkeit zur Linearisierung von Sättigungskurven (Scatchard und Ann, 1949; Kiener, 1980; Batuner und Posin, 1958). Dabei wird $Y = x/y$ gegen x aufgetragen.

Aus der resultierenden Geradengleichung:

$$Y = a \cdot x + b \tag{7.45}$$

sind die Koeffizienten a und b bestimmbar. Außerdem kann eine Hyperbel durch eine doppellogarithmische Auftragung der Werte linearisiert werden. Der Anstieg der entstehenden Geraden entspricht einer Bruttogeschwindigkeitskonstante, d.h. einer effektiven Geschwindigkeitskonstante des erfaßten komplizierten Vorganges.

7.2.3.3 *Der sigmoide Kurvenverlauf*

Die Dissoziation von Säuren und Basen wird durch einen sigmoiden Kurvenverlauf charakterisiert. Solche Vorgänge sind an verschiedenen qualitätsbestimmenden Reaktionen in Lebensmitteln beteiligt. Die Dissoziation von Aromasäuren und -basen ist z.B. für die sensorische Qualität eines Lebensmittels wichtig, da in der Regel nur die undissoziierte Verbindung aromawirksam ist (Herrmann, 1976). Bekannt ist auch die pH-Abhängigkeit der mikrobiziden Wirkung des Konservierungsstoffes Benzoesäure, da auch hier nur die undissoziierte Verbindung wirksam ist. Veränderungen des Säure-Basen-Gleichgewichtes beeinflussen gleichfalls die Geschwindigkeit des thermischen Thiaminabbaues (Dwivedi und Arnold, 1972; Mauri, 1988; Mauri u.a., 1989).

Weniger bekannt ist, daß sich der Verderb von lagernden Lebensmitteln bei einer kumulativen Darstellung der Verderbsraten als eine sigmoide Kurve darstellen läßt, die mit der Weibull-Funktion linearisiert werden kann und aus der charakteristische Verderbsraten abgelesen werden können (Hicguet, 1988).

Der sigmoide Kurvenverlauf entspricht einer Vier-Parameter-Logistik-Funktion mit der folgenden Gesetzmäßigkeit:

$$f(x) = a - \frac{d}{1 + \frac{e^{b}}{c} \cdot x} + d \tag{7.46}$$

Darin sind die Größen *a* und *d* die asymptotischen Maximal- und Minimalwerte. Der Parameter *c* ist der Abszissenwert (x) im Wendepunkt; *b* ist der Anstieg. Für $b > 0$ ist der Anstieg negativ, weshalb sich mit $b < 0$ eine aufsteigende und mit $b > 0$ eine fallende sigmoide Kurve ergibt.

Eine Fünf-Parameter-Logistik-Funktion liegt vor, wenn exponentielle Abschnitte am Kurvenverlauf beteiligt sind.

Weibull entwickelte ein mathematisches Modell für die variable Verderbsdichte als eine Funktion der Zeit. Die Weibull-Funktion berechnet den Verderbsanteil für jede Zeitspanne als kombinierte Wirkung von zwei Faktoren:

1. der Zeiten wie (t), (α), (γ) und
2. der Empfindlichkeit für den Verderb (β).

Die Weibull-Funktion lautet: $F(t) = 1 - e^{\beta} \cdot e^{\left(\frac{\gamma}{\alpha} - t\right)}$ (7.47)

Hierin sind:

γ = die Zeitspanne ohne Verderbsanzeichen;

β = die „Empfindlichkeit“ oder der Neigungs-Index; je höher die Verderbsrate nach ihrem Einsetzen ist, desto größer ist dieser Exponent und desto steiler die „Kurve“

α = eine charakteristische Haltbarkeitszeit (die vom Beginn des Verderbs gemessene Zeit bis zum Verderb von 63,2% der Proben).

(α), (β) und (γ) sind unveränderliche charakteristische Werte für ein Lebensmittel.

Diese statistische Weibull-Funktion besitzt eine große Ähnlichkeit mit der Rosin-Rammler-Funktion für Siebanalysen. Zur Linearisierung der Weibull-Funktion können handelsübliche spezielle Funktionspapiere[1] verwendet werden. Auch andere sigmoidale Kurvenverläufe lassen sich mit der Weibull-Funktion linearisieren.

7.3 Aussagen zum Reaktionsmechanismus

Lebensmittelveränderungen unterliegen fast ausnahmslos einem komplizierten Mechanismus. Das mag für die Feststellung sprechen, daß in der Lebensmittelwissenschaft bis in die Gegenwart die empirischen Methoden zur Beurteilung unerwünschter oder erwünschter Erscheinungen sowie zum Erreichen gewünschter Effekte an den Produkten vorherrschen. Erst die Kenntnis des Reaktionsmechanismus und der kinetischen Daten versetzt uns aber in die Lage, gezielt auch auf einer mathematischen Grundlage in die Veränderungen der Lebensmittel einzugreifen und erwünschte Effekte herbeizuführen.

Bei der Aufklärung des Reaktionsmechanismus hat man zunächst eine Hypothese zu entwerfen, die unter Berücksichtigung bereits vorliegender Befunde,

[1] Wahrscheinlichkeitsnetz für Extremwertverteilungen (Weibull-Verteilung); Verlag Schäfers Feinpapier, Plauen (Vogtland), Best.-Nr. 687 oder Zuverlässigkeitsnetz (Körnungsnetz) (Weibull-Verteilung); Schleicher und Schüll GmbH., Einbeck, Best.-Nr. 667 552

insbesodere über analytisch ermittelte Reaktionsprodukte, auf Grund allgemeiner kinetischer Erfahrungen an vergleichbaren Reaktionssystemen sowie den charakteristischen Beobachtungen der Lebensmittelveränderung dem postulierten Reaktionsmechanismus Rechnung trägt und entsprechend dazu einen widerspruchsfreien kinetischen Ansatz, d.h. das Geschwindigkeit-Zeit-Gesetz zu formulieren. Danach erfolgt die Prüfung der Gültigkeit des unterstellten Zeitgesetzes mit experimentellen Werten.

Die Prüfung des Geschwindigkeit-Zeit-Gesetzes mit experimentellen Werten wird als *kinetische Analyse* bezeichnet. Die Übereinstimmung der Meßdaten mit den funktionalen Beziehungen der Konzentration der Reaktionsteilnehmer im kinetischen Ansatz ist jedoch *kein* Beweis für die Richtigkeit des postulierten Reaktionsmechanismus, sondern lediglich ein Hinweis auf sachlich richtige Vorstellungen, die es also durch eine Reihe unabhängiger Meßergebnisse zu beweisen gilt.

Der Wert der kinetischen Analyse ist deshalb vielmehr darin zu sehen, zu den Meßwerten im Widerspruch stehende, postulierte Mechanismen *eindeutig* auszuschließen. Eine weiterreichende Zielstellung mechanistischer Untersuchungen bei der hier behandelten stationären Reaktionskinetik kann es nicht geben, weil bei der begrenzten Genauigkeit der Meßwerte durch zufällige Fehler die Mannigfaltigkeit der mit den Meßwerten verträglichen Mechanismen noch erheblich vergrößert wird. In den meisten Fälle *muß* wegen der fehlenden Entscheidungs-Kriterien zur Gültigkeit der Bestimmungsgleichungen darauf verzichtet werden, auch die Signifikanz dieser Kriterien selbst zu diskutieren. So wird allerdings auch die Anwendung der Lösungsfunktionen zur Bestimmung von kinetischen Daten leicht zu einem unwissenschaftlichen Formalismus.

Von besonderer Bedeutung für die Aufklärung des Mechanismuses einer Lebensmittelveränderung sind der Nachweis von Zwischenstufen („Übergangszustände“) und die Isolierung von Zwischenprodukten („Intermediate“). Mit der Identifizierung und Isolierung können bei der angestrebten Erfassung aller entstehenden Verbindungen (Formulierung der Stöchiometrie der Produktänderung) wesentliche Einsichten und Erkenntnisse gewonnen werden. Der Wert isolierter Zwischenprodukte liegt darin, auch experimentell mit ihrer Substanz Untersuchungen zu einem Teilmechanismus von der Stelle an in einer komplexen Reaktion zu beginnen, die sonst nur von anderen Teilprozessen in den Meßwerten einer Bruttoreaktion unüberschaubar überlagert sind und damit das Studium ihrer kinetische Wirkung oft unmöglich machen.

Die Isolierung von Intermediaten wird allerdings nur dann erfolgreich sein, wenn deren Lebensdauer wenigstens einige Minuten beträgt. Es empfiehlt sich deshalb, zunächst den zeitabhängigen Konzentrationsverlauf am besten instrumentell-analytisch zu bestimmen. Ist die Lebensdauer der Zwischenprodukte zu klein, um sie präparativ zu gewinnen, dann besteht immer noch die Möglichkeit, durch den Einsatz von „Fängern“ die Bruttoreaktion zu stoppen bzw. abzubrechen. Dazu kann der Einsatz von Radikalen oder nucleophilen bzw. elektrophilen Ionen oder Molekülen probiert werden. Es bedarf wohl keiner Erklärung, daß sich auf diesem Wege Teilschritte selbst komplizierter Reaktionen kinetisch übersichtlicher erfassen lassen und die Meßwerte nach vereinfachten mathematischen Ausdrücken auswertbar werden.

Schließlich sei noch darauf hingewiesen, daß für die Aufklärung des Reaktionsmechanismuses auch durch Variation der Temperatur, des pH-Wertes, des Lösungsmittels u. a. m. die zu untersuchenden Systeme für die kinetische Analyse gezielt gesteuert werden können, um brauchbare Informationen aus den Meßwerten zu erhalten.

7.4 Grenzen der Aussagefähigkeit experimentell ermittelter Meßgrößen

Qualitative und besonders quantitative Aussagen über Lebensmittelveränderungen sind nur dann vergleichbar und sinnvoll, wenn zugleich die entscheidenden Parameter des Reaktionsmilieus angegeben werden können. Demzufolge muß bei der Meßwerterfassung darauf geachtet werden, daß die Umsätze in den Lebensmitteln unter vergleichbaren, praktisch ebenso konstanten Bedingungen erfaßt wurden. Natürlich sind selbst beim Meßvorgang die experimentellen Rahmenbedingungen zu berücksichtigen (vgl. Punkte 1.– 6. im Abschnitt 7.1.1).

In diesem Sinne sind in der Versuchanlage und der Meßwerterfassung wichtig, daß tatsächlich nur die Änderung von einem Lebensmittelinhaltsstoff bzw. einer daraus entstehenden Verbindung als Zwischen- und/oder Endprodukt erfaßt wird. Die zu messenden Vorgänge müssen stöchiometrisch belegt sein. In diesem Fall muß man sich vergewissern, d. h. prüfen, ob tatsächlich ein Ausgangs-, Zwischen- oder Endprodukt gemessen wurde. Der Experimentator hat außerdem auch darauf zu achten, daß der lebensmittelverändernde Prozeß über eine hinreichend lange Zeit erfaßt wurde. Der Umsatz sollte wenigstens 80% betragen, weil sonst gerade Folgereaktionen einer Betrachtung entgehen. Anderseits ist entsprechend der maximalen Geschwindigkeit in der Anfangsphase einer Reaktion nach dem Ablauf einer möglichen Induktionsphase der Aufnahme von Konzentrations-Zeit-Wertepaaren eine besondere Beachtung zu schenken, weil einerseits infolge der höchsten Ausgangskonzentration sich verändernder Lebensmittelinhaltsstoffe die größten Umsätze in kürzester Zeit erfolgen und anderseits auch mit vorgelagerten Reaktionen bei einer Lebensmittelveränderung zu rechnen ist. Weiterhin bedarf es wohl keiner besonderen Erörterung, daß der Meßvorgang selbst (wesentlich) schneller erfolgen muß, als die Lebensmittelveränderung abläuft. Diese Voraussetzung erfüllen die instrumentell-analytischen Methoden weitgehend. So dürfen die zeitabhängigen Konzentrationsmessungen zur numerischen oder grafischen Ermittlung der kinetischen Gesetzmäßigkeiten selbst nur als hinreichend genau angesehen werden, wenn mindestens 8 Meßpunkte zur Auswertung vorlagen und durch Wiederholungsmessungen das Ergebnis bestätigt werden kann.

Allgemein gilt der Grundsatz: Je komplizierter der zu vermessende Prozeß ist, desto größer muß die Meßpunktezahl und umso genauer müssen die Meßwerte sein.

8

Ausblick

Die Qualitäts- und Prozeßoptimierung von Lebensmitteln verlangt die Fachkompetenz und das Zusammenwirken von Ingenieuren und Naturwissenschaftlern. Dabei zielt die Tätigkeit des Ingenieurs auf die möglichst effektive Gestaltung der Technologie; in diesem Sinne nutzt er besonders die Erkenntnisse in der Reaktorkinetik. Der Naturwissenschaftler hat sein Wissen über die physikalischen, chemischen und biologischen Eigenschaften der Lebensmittel und ihrer Rohstoffe einzubringen. Deren zeitabhängige Änderungen zu messen und aufzuklären, führt ihn zur Reaktionskinetik. Die kinetische Analyse der molekularen Eigenschaften fördert das Verständnis zum Mechanismus der Stoffwandlungen und zur Identifizierung geeigneter Systemvariablen.

In die Reaktionskinetik von Lebensmitteln sind nach unserem Verständnis vor allem die qualitativen und quantitativen Veränderungen solcher Naturstoffe infolge chemischer Reaktionen, die auch biochemisch und/oder mikrobiologisch bedingt sein können, einzubeziehen. Ermutigende Anregungen und fördernde Hinweise zu unserem Lehrbuch verdanken wir im besonderen den Professoren H. Klostermeyer (Weihenstephan), L.-G. Fleischer (Berlin) und S.D. Holdsworth (Withens).

Die kinetische Analyse von Lebensmitteln erfaßt also vor allem die chemischen, enzymatischen, mikrobiologischen und in deren Folge die sensorischen Veränderungen solcher Systeme. Dominierte physikalische Veränderungen von Lebensmittelsystemen wie Diffusion, Gelbildungen oder Kristallisationen sind kaum in die Betrachtungen dieses Lehrbuches einbezogen worden. Dazu werden in der Literatur experimentelle Befunde meist nur zu Einzelkomponenenten mitgeteilt. Hinsichtlich der technischen und Reaktorkinetik muß auf die Spezialliteratur verwiesen werden.

Reaktionskinetische Berechnungen liefern zutreffende Aussagen nur für das den Untersuchungen zugrunde liegende Reaktionssystem mit seinen Besonderheiten und speziellen Reaktionsbedingungen. Aus dieser Feststellung resultiert die Forderung, für jeden Anwendungsfall die benötigten reaktionskinetischen Kennwerte erneut zu ermitteln und die in der Literatur mitgeteilten Werte nur als Anhaltswerte anzusehen. Dennoch ist es wichtig, die in der Literatur zu der untersuchten Stoffwandlung enthaltenen reaktionskinetischen Angaben zu erfassen und zu bewerten, um einerseits die Einordnung der eigenen Werte zu prüfen und andererseits Aussagen zur möglichen Schwankungsbreite der Kennwerte und deren Auswirkung auf das Ergebnis der Prozeßberechnung zu erhalten.

Viele Lebensmittel sind heterogen zusammengesetzt, demzufolge müßten in die Veränderungen solcher Systeme neben den chemischen Reaktionen in den Phasen und an den Phasengrenzen auch die zutreffenden Diffusions-, Adsorptions- und Desorptionsprozesse einbezogen werden. Eine geschlossene Darstellung der auf die Lebensmittel bezogenen Heterogenkinetik ist eine Aufgabe der Zukunft.

Von den auf die Lebensmittel und deren Rohstoffe einflußnehmenden Parametern hat wegen der langjährigen technologischen Erfahrungen und der vergleichsweise gut durchgearbeiteten experimentellen Befunde die Temperatur eindeutig den Vorrang. Das betrifft auch die Behandlung der Wirkung von Temperaturgradienten. Die reaktionskinetisch begründete Anwendung von Druck gewinnt erst in den letzten Jahren an Bedeutung, im besonderen im Zusammenhang mit der Abtötung von Mikroorganismen und der Desaktivierung von Enzymen.

Empirische und zunehmend auch wissenschaftliche Befunde sind zum Einfluß von Licht oder Strahlung auf Lebensmittelinhaltsstoffe bekannt geworden, allerdings nahezu ausschließlich im Zusammenhang mit Abbaureaktionen. Eine notwendige Bearbeitung der prinzipiell kombiniert auftretenden Photo- und Dunkel-Reaktionen ist bisher allenfalls in Ansätzen gelungen. Die Aufklärung solcher kinetisch gestützten Mechanismen würde auch zum gezielteren Einsatz von Licht- oder Strahlungsenergie führen.

Überzeugende Ansätze fehlen für die kinetische Bewertung von mechanisch bedingten Lebensmittelveränderungen. Auch elektrotechnologische Lösungen von lebensmitteltechnologischen Fragestellungen sind bisher kaum bearbeitet worden.

Der gegenwärtige Stand unseres Wissens und unserer Erfahrungen gestattet eine naturwissenschaftlich begründete Erfassung und formalkinetische Beschreibung insbesondere von, wie schon gesagt, thermisch bedingten Lebensmittelveränderungen. Dabei bemüht man sich, den Konzentrations-Zeit-Verlauf solcher Veränderungen möglichst exakt zu beschreiben. Nachvollziehbare mechanistische Aussagen besonders zu komplizerteren Reaktionen in Verbindung mit lebensmitteltechnologischen Prozessen sind eher selten. Mechanistische Studien resultieren vor allem aus durchaus begründeten Modell-Untersuchungen.

Die von uns dargestellte Reaktionskinetik liefert die Voraussetzung für die Mathematisierung und Modellierung des Systemverhaltens unter methodisch begründeter Einbeziehung und Nutzung der Computer. Die Mathematisierung ist zugleich Voraussetzung für die Beurteilung der Güte eines Modells und für die optimierte Auswahl von Experimenten.

Die rasante Entwicklung der Computer-Hardware und -Software hat der mathematischen Modellierung von Lebensmittelveränderungen einen neuen Antrieb verliehen. Der Erfolg der auf die Qualitäts- und Prozeßoptimierung der Lebensmittelherstellung orientierten Modellierung hängt jedoch ganz entscheidend von der Kenntnis der Reaktionsmechanismen und der Systemvariablen, also von den kinetischen Aussagen, ab. Bei dem CAD (Computer-aided design) zur Inaktivierung von Bakteriensporen geht man begründet von einer modellierten Reaktionsordnung $n = 1$ aus. Es ist aber daran zu erinnern, daß man in der Reaktionskinetik häufig Brutto-Geschwindigkeiten ermittelt, die sich auf den langsamsten Schritt von Simultan- oder Folgereaktionen beziehen. Da Lebensmittelsyteme im allgemeinen heterogen sind, können die mit den

Konzentrationsgradienten verbundenen Stofftransporte oder die mit dem Temperaturgradienten verbundenen Wärmeenergie-Transporte durchaus geschwindigkeitsbestimmend sein.

Die Formulierung eindeutiger Zeitgesetze setzt die Kenntnis des Reaktionsmechanismus, also die Kenntnis der Folge und der Verflechtung der Elementarreaktionen voraus. Mit dem experimentell noch zu erstellenden Datenmaterial wird es möglich sein, die Potenzen der Computertechnik gezielter und effektiver zu nutzen. Dies setzt allerdings fachspezifische Auswertungsprogramme voraus, die nicht selten unter Berücksichtigung eigener analytischer Möglichkeiten in den Arbeitskreisen selbst erarbeitet werden müssen.

Kapitel 9

Kontrollaufgaben

Kapitel 1

1. Kennzeichnen Sie Gemeinsamkeiten und Unterschiede zwischen chemischen Reaktionen und Veränderungen an Lebensmitteln.
2. Erläutern Sie an selbstgewählten Beispielen, warum viele Lebensmittel als Mehrstoffsysteme zu charakterisieren sind!
3. Ordnen Sie die Begriffe abgeschlossenes, geschlossenes und offenes System folgenden Beispielen aus der Lebensmitteltechnologie zu:
   A: lagernde Konserven
   B: im Kühllager eingestellte Konserven
   C: im Kühllager aufbewahrte offene Konserven
   D: Sterilisation von geschlossenen Konserven
4. Welche Formen der Energieausbreitung sind für flüssige Lebensmittel und stückige Lebensmittel im Aufguß typisch?
5. Welche Eigenschaften bestimmen die Lebensmittelqualität?
6. Erläutern Sie die Begriffe Struktur, Konstitution, Konfiguration und Konformation an Glucose und Saccharose!
7. Welche Parameter sind für das Reaktionsmilieu von folgenden lebensmitteltechnologischen Prozessen kennzeichnend?
   A: Käsereifung
   B: Fruchsaftgewinnung
   C: Mälzen und Darren von Gerste
   D: Brotbacken
   E: Kuttern von Fleisch
   F: Kalkung von Rübenzuckerextrakten
8. Definieren Sie den pH-, pK- und rH-Wert.
9. Was sind Effektoren? Welche Rolle spielen Sie in der Lebensmittelindustrie?
10. Erläutern Sie den Verlauf einer Sorptionsisotherme. Was versteht man in diesem Zusammenhang unter Hysterese?
11. Der mikrobiologische Lebensmittelverderb kann durch Bakterien, Hefen und Schimmel hervorgerufen werden. Welche Mikroorganismen können – eine ausreichende Wasseraktivität vorausgesetzt – den Verderb in geöffneten Lebensmittelkonserven einleiten? Unter welchen Bedingungen ist mit einem chemisch verursachten Lebensmittelverderb zu rechnen?
12. Kennzeichnen Sie die üblichen Grenzbereiche der Wasseraktivität für das Wachstum von Bakterien, Hefen und Schimmelpilzen.

Kapitel 2

1. Was sind thermodynamische Zustandsgrößen?
2. Welche Unterschiede kennzeichnen extensive und intensive Zustandsgrößen?
3. Was sind isobare, isotherme, isochore und adiabatische Vorgänge?
4. Wie lautet das totale Differential für die Änderung der inneren Energie bei der vorausgesetzten Abhängigkeit von der Temperatur T, der Molzahl n und der Oberfläche O?
5. Wie groß muß die abgegebene Wärmemenge eines Systems sein, um bei Zufuhr von Volumenarbeit pdv die innere Energie konstant zu halten?
6. Unter welchen Bedingungen sind die Beträge der freien Energie und freien Enthalpie gleichzusetzen? Nennen Sie ein Beispiel aus der Lebensmittelindustrie.
7. Erläutern Sie die Begriffe Absorption und Adsorption. Welche Bedeutung besitzen beide Vorgänge in der Lebensmittelindustrie?

Kapitel 3

1. Wann kann eine chemische Reaktion freiwillig ablaufen?
2. Welche thermodynamischen Gleichgewichtsbedingungen sind Ihnen bekannt?
3. Was verstehen Sie unter dem Begriff chemisches Potential und welche thermodynamische Funktion ist Ihnen zur Beschreibung der Konzentrationsabhängigkeit des chemischen Potentials geläufig?
4. Charakterisieren Sie den Zusammenhang zwischen der molaren freien Enthalpie und der Gleichgewichtskonstanten.
5. Welche thermodynamische Bedingung ist die Voraussetzung für den Ablauf einer chemischen oder biochemischen Reaktion?
6. Was sind exergonische, exotherme und exotrope Prozesse?
7. Was versteht man unter einer partiellen molaren Größe?
8. Wie lautet das totale Differential für die Enthalpie eines Lebensmittelsystems, wenn $h = f(c, T, n)$ ist?
9. Welcher Zusammenhang besteht zwischen thermodynamischen und kinetischen Größen?
10. Welche experimentellen Daten werden für die Prüfung der Gültigkeit eines unterstellten Zeitgesetzes benötigt?
11. Wie groß ist die Bruttoreaktionsordnung im Zeitgesetz: $r = k \cdot c_A^2 \cdot c_B^2$? Welche Teilreaktionsordnung gilt für A und B?
12. Formulieren Sie die Geschwindigkeitsgleichung für die Elementarreaktion: $A + B \rightarrow C$. Welche Reaktionsordnung trifft bei einem großen Konzentrationsüberschuß eines Teilnehmers zu? Welche Vereinfachung des Zeitgesetzes resultiert bei äquimolekularen Verhältnissen von A zu B und welche Reaktionsordnung ist direkt bestimmbar?
13. Eine Lebensmittelveränderung verlaufe nach einem bimolekularen Mechanismus! Handelt es sich dabei um eine Elementar- oder Bruttoreaktion?

14. Welche Bedeutung hat die Aufklärung des Mechanismus einer Lebensmittelveränderung?
15. Welchen praktischen Wert besitzen experimentell ermittelte Aktivierungsenergien für die Gestaltung lebensmitteltechnologischer Prozesse?

Kapitel 4

(Aufgaben 2–5 vgl. Lehninger, 1987)

1. Warum stimmen für die Elementar-Reaktionen die Reaktions-Molekularität und -Ordnung überein? Gibt es Ausnahmen von dieser Aussage?
2. Bei der Reaktion 1. Ordnung $A \rightarrow B$ beträgt c_A zur Zeit $t = 0$, $c_A^0 = 0{,}5$ mM. Nach 2 Sekunden ist $c_A = 0{,}25$ mM. Wie groß ist c_A nach 5 Sekunden?
3. Bei der Reaktion 2. Ordnung $A + B \rightarrow C$ betragen zur Zeit $t = 0$ die Konzentrationen der Ausgangsstoffe: $c_A^0 = 0{,}5$ mM und $c_B^0 = 4$ mM. Nach 1 Sekunde beträgt $c_A = 4$ mM und $c_B = 3$ mM. Wie ist das Verhältnis von c_A/c_B nach 3 Sekunden?
4. Die Halbwertszeit $\tau_{1/2}$ einer Reaktion 1. Ordnung beträgt 0,3 Sekunden.
   a) Wie groß ist die Geschwindigkeitskonstante?
   b) Wie lange dauert es, bis 95% der Reaktanten verschwunden sind?
5. Formulieren Sie die Zeitgesetze für die Reaktionen 1., 2. und n. Ordnung.
6. Stellen Sie den Konzentrations-Zeit-Verlauf für eine Reaktion $A \rightarrow 2B$ als Funktion von $c_A = f(t)$ und $c_B = f(t)$ in einer Skizze dar.
7. Zeichnen Sie den prinzipiellen Verlauf für $c_X = f(t)$ von der Reaktion $A \rightarrow X$.
8. Wie verhalten sich die Umsätze der Ausgangsstoffe A, B und C nach der stöchiometrischen Gleichung: $\alpha A + \beta B + \gamma C \rightarrow X$?
9. Ist eine Reaktion n. Ordnung in jedem Fall eine Elementarreaktion?
10. Welche Einheit (Dimension) hat k in einem Zeitgesetz 2. Ordnung?
11. Eine alkalische Fetthydrolyse (Verseifung) bei 20 °C mit äquivalenten Ausgangskonzentrationen (10^{-2} mol/l) liefert $k = 4{,}9$ [l/mol · s]. Welche Reaktionsordnung liegt vor?
12. Ein Zeitgesetz $r = k \cdot c_A \cdot c_B \cdot c_C$ ist in die Form $r = k' \cdot c_A$ zu überführen.
    Mit welchem stöchiometrischen Verhältnis der Anfangskonzentrationen $c_A^0 : c_B^0 : c_C^0$ kann dies hinreichend realisiert werden?
    Wie lautet das Zeitgesetz, wenn das Verhältnis der Anfangskonzentrationen einerseits 1:2:3 beträgt und andererseits der Umsatz dabei zur Zeit t mit x angegeben wird?
13. Welche Menge H_2O_2 zerfällt in 10 Minuten, wenn die Geschwindigkeitskonstante den Wert von $k = 6{,}29 \cdot 10^{-1}$ min^{-1} besitzt?
14. Wie lassen sich Umsätze berechnen?
15. Berechnen Sie den prozentualen Abbau von Thiamin in der Krume des Brotes für einen Backprozeß, der einer äquivalenten schlagartigen Erhitzungszeit von 35 min. bei 100 °C entspricht und nach einer Reaktion 1. Ordnung mit einem k-Wert von 0,16 h^{-1} verläuft.
    Wie groß sind dann der H- und D-Wert bei 100 °C?
16. Bekannt sei $H = 1$ min, $n = 2$ und $t = 10$ min.
    Wie groß sind a und x?

17. Vom Vitamin-B_1-Gehalt wurden durch eine Reaktion 1. Ordnung in 10 min. 18 % zerstört. Wie groß sind der H- und k'-Wert?
18. Ein Lebensmittelinhaltsstoff wird in 8,3 bzw. 800 min. um 4 bzw. 8 % abgebaut. Wie groß ist sein H-Wert?
19. Bekannt seien $D = 1$ min. und $t = 0{,}4$ min. Wie groß ist die Stoffzerstörung?
20. Wie groß sind die Reaktionszeiten t_x für $x = 0{,}5$ (Halbwertszeit), wenn $H = 1$ min. für eine Reaktion 0., 1., 2. und 3. Ordnung gilt?
21. Wie läßt sich aus der experimentell ermittelten Reaktionsgeschwindigkeit die relative Reaktionsgeschwindigkeitskonstante berechnen?
22. Wie lassen sich H- und D-Werte aus relativen Reaktionsgeschwindigkeitskonstanten berechnen?
23. Der auf einen 10 %igen Umsatz bezogene H-Wert in der integrierten Geschwindigkeitsgleichung:

$$H = \frac{1}{9 \cdot k \cdot (n-1) \cdot c_A^{0(n-1)}}$$

soll für gegebene c_A^0/H-Wertepaare zur Ermittlung von n umgestellt werden. Für welchen Wert von n gilt diese Gleichung nicht?
24. Was sind f_n-, f_{H_n}- und f_{D_l}-Werte?
25. Welche Art von Lebensmittelveränderungen werden durch folgende Angaben mitgeteilt:
$t_{erl} = 12\ d$, $Z_e = 2{,}4$ min, $Z_c = 5$ min, $t_{zul} = 14\ d$?
26. Welche Größe wird durch $-\lg a \cdot D$ angegeben?
27. Was besagt das lebensmittelhygienische Minimum?
28. Ordnen Sie folgende Zeitgesetze einfachen oder komplexen Reaktionen zu!
1. $r = kx^2$
2. $r = kxy$
3. $r = kx/y$
4. $r = kx^{1/2}$
5. $r = ky^{-1}$
6. $r = k_B y$
29. Der Saccharose-Abbau (S) in wäßriger Lösung führt über den Invertzucker (I) zu Folgeprodukten (P). Für diese Reaktion nach dem Schema:
$S \xrightarrow{k_1} I \xrightarrow{k_2} P$ gilt bei $T = 80\,°C$ und pH = 9 das Verhältnis der Teilreaktionsgeschwindigkeitskonstanten $k_1/k_2 = 10^{-3}$.
Kennzeichnen Sie das Konzentrationsverhältnis c_I/c_S für das quasistationäre Gleichgewicht.
30. Welcher Zusammenhang besteht zwischen den Geschwindigkeitskonstanten der Teilreaktionen einer reversiblen Reaktion und der Gleichgewichtskonstante?
31. Unter welchen Arbeitsbedingungen kann bei einer reversiblen Reaktion die Geschwindigkeit der Rückreaktion vernachlässigt und so die Bruttoreaktion als irreversible Reaktion betrachtet werden.
32. Welche experimentellen Daten benötigt man zur Bestimmung der Geschwindigkeitskonstanten einer reversiblen Reaktion?

33. In welchem Konzentrationsverhältnis entstehen die Endprodukte bei den kinetisch einheitlichen Parallelreaktionen gleicher Ordnung? Ist das Konzentrationsverhältnis der Endprodukte vom Umsatz abhängig?
34. Erläutern Sie das Bodenstein'sche Stationaritätsprinzip! Unter welchen Voraussetzungen kann es angewendet werden?
35. Wie ändert sich bei einer Folgereaktion die Konzentration eines Zwischenproduktes in Abhängigkeit von der Zeit?
36. Formulieren Sie für die komplexe Reaktion $A \xrightarrow{k_1} B \xrightarrow{k_2} C \xrightarrow{k_3} D$ die Zeitgesetze für die Konzentationen einzelner Reaktanten. Diskutieren Sie die formulierten Zeitgesetze bei dem Auftreten geschwindigkeitbestimmender Teilreaktionen.
37. Unter welchen Bedingungen kann man bei einer Folgereaktion eine vorgelagerten Gleichgewichtsteilreaktion annehmen, in der praktisch immer ein stationäres Gleichgewicht vorliegt? Welcher Ausdruck gilt dann für die Geschwindigkeitskonstante der Gesamtreaktion?
38. Was verstehen Sie unter einer Kettenreaktion? Nennen Sie Beispiele aus der Lebensmittelchemie!
39. Unter Anwendung eines Enzyms zerfällt H_2O_2 in wässriger Lösung. Bestimmen Sie die Reaktionsordnung und die Geschwindigkeitskonstante des H_2O_2-Zerfalls unter Berücksichtigung der folgenden Daten (Aufgabe aus Bittrich u. a., 1979):

t [min]	0	7,5	15,0	22,0	30
$C_{H_2O_2}$ [mol/l]	25,4	15,9	9,83	6,17	3,81

40. Was versteht man unter einer Katalyse?
41. Beschreiben Sie an Hand eines skizzierten Diagramms die Änderung der Aktivierungsenergie durch einen Katalysator!

Kapitel 5 und 6

1. Erläutern Sie anhand der Arrhenius-Gleichung die Beziehung zwischen der Reaktionsgeschwindigkeit, Aktivierungsenergie und Temperatur.
2. Wie kann die Aktivierungsenergie einer Reaktion aus experimentellen Daten ermittelt werden?
3. Stellen Sie die Temperaturabhängigkeit einer Reaktion im Arrhenius-Diagramm und im vereinfachten Arrhenius-Diagramm mit der Einzeichnung von E_A bzw. dem Q_{10}- und z-Wert dar.
4. Zeichnen Sie die Temperaturabhängigkeit der Enzymaktivität und der Enzyminaktivierung (Aktivierung: $Q_{10} = 2$, Inaktivierung: $Q_{10} = 10$).
5. Schildern Sie die Ableitung und Bedeutung der $Q_{\Delta T}$- und $Q_{\Delta T_A}$-Werte. Begründen Sie den Unterschied zwischen diesen Werten.
6. Wie ist die Temperaturabhängigkeit für Parallel-Reaktionen zu beschreiben?
7. Wie groß ist die Aktivierungsenergie bzw. der Q_{10}- und z-Wert einer Reaktion mit folgenden Parametern?
   $T_1 = 323$ K (50 °C) $k_1 = 0{,}45\ \text{min}^{-1}$
   $T_2 = 368$ K (95 °C) $k_2 = 2{,}31\ \text{min}^{-1}$
   $T_3 - 413$ K (140 °C) $k_3 = 8{,}30\ \text{min}^{-1}$

8. Berechnen Sie den Q_{10}-Wert für den Abbau von Ascorbinsäure mit den folgenden Angaben: Ascorbinsäure-Gehalt in % nach:

t [min]	T [°K]	
	404	414
5	42	37
7	–	30
8	35	–

9. Wie groß sind die Aktivierungsenergie sowie der z-, H- und D-Wert für den Thiaminabbau bei 393 K, wenn bei 373 K die folgenden Werte vorliegen: $k = 0{,}16\ h^{-1}$ und $Q_{10} = 3{,}5$.
10. Wie groß ist die Geschwindigkeitskonstante bei einer Temperatur von 393 K (120 °C), wenn die Aktivierungsenergie der Reaktion $E_A = 104{,}67$ kJ/mol (25 kcal/mol) beträgt und bei 323 K (50 °C) die Geschwindigkeitskonstante den Wert hat: $k = 0{,}23\ min^{-1}$?
11. Ermitteln Sie die Temperatur, bei der die Geschwindigkeitskonstante den Wert 1 annimmt ($T_{k=1}$), wenn bei der Temperatur von 323 K (50 °C) $k = 0{,}23\ min^{-1}$ beträgt. Die Aktivierungsenergie ist $E_A = 104{,}67$ kJ/mol (25 kcal/mol).
12. In welchen Prozessen der Lebensmittelindustrie treten annähernd schlagartige Temperaturveränderungen auf und welches sind dabei die kennzeichnenden Qualitätsveränderungen?
13. Zeichnen Sie die Temperaturabhängigkeit der Abtötung von *Clostridium botulinum* mit den Daten: $D_{394\ K\ (121\ °C)} = 0{,}2$ min; $z = 10$ K und erläutern Sie die Darstellung!
14. Ermitteln Sie die optimalen Prozeßbedingungen für eine schlagartige Erhitzung von Erbsen in Aufguß mit folgenden Kennwerten der wichtigsten Veränderungen: $Z_{m\ (394\ K)} = 8$ min; $z = 10$ K; Peroxydaseinaktivierung: $Z_{e(394\ K)} = 8$ min; $z = 29$ K;
eine unerwünschte sensorische Veränderung: $t_{zul} = C_0 = 50$ min; $z = 33$ K;
Gare: $t_{zul} = C_0 = 20 - 30$ min;
$z = 33$ K.
15. Berechnen Sie die mögliche Lagerzeit eines Lebensmittels bei 277 K (4 °C) und 298 K (25 °C), wenn die Haltbarkeit bei 288 K (15 °C) 10 Tage beträgt! Die begrenzende Qualitätsveränderung der Haltbarkeit besitzt einen Q_{10}-Wert von 2.
16. Wie groß ist der Q_{10}-Wert für die Ascorbinsäurezerstörung beim Erhitzen von Kartoffeln bei der Temperatur von 343/353 K (70/80 °C), wenn er bei 404/414 K (131/141°C) 1,71 beträgt? H_{404} (131 °C) = 164 min.
17. Welche experimentellen Arbeiten sind notwendig, um ein Erhitzungsdiagramm lg H gegen $1/T$ zeichnen zu können?
18. Wie ist der F_0-Wert definiert und wie kann man ihn berechnen?
19. Rote-Rüben-Saft wird in Flaschen sterilisiert. Wie groß sind der C_0-Wert, der M_0 -Wert und die äquivalente Lagerzeit bei 293 K (20 °C) sowie der Betaninabbau, wenn gilt:
$F_0 = 1$ min; $H_{373} = 1$ min; $E_A = 100{,}48$ kJ/mol (24 kcal/mol);
und der Abbau des Betanins als Reaktion 1. Ordnung abläuft.

20. Charakterisieren Sie die direkte und die indirekte Methode der Prozeßberechnung!
21. Schildern Sie die beiden Wege zur Berechnung des Integrals:

$$S_{T_b} = \int_{t_1}^{t_n} \frac{1}{Q_{\Delta T}} \cdot dt$$

22. Wie groß ist der Lagerungswert G einer Gefrierkonserve, die 3 Monate bei 251 K (– 22 °C) und 5 Monate bei 255 K (– 18 °C) lagerte?
    Für den sensorischen Verderb gilt: t_{zul} = 30 Tage bei 273 K (0 °C); z = 33 K.
23. Rote-Rüben-Saft wird bei einer Temperatur von 373 K (100 °C) 5 Minuten erhitzt und schlagartig abgekühlt. Dabei wurde folgender Temperaturverlauf gemessen:

Zeit [min]	0	0,01	0,1	1,0	2,0	3,0	4,0	5,0
T_t [°C]	20	21,82	36,45	92	99,2	99,92	99,992	99,9992

    a) Ermitteln Sie die dem Erhitzungsprozeß äquivalenten Minuten einer schlagartigen Erhitzung C_0 bei 373 K (100 °C) für den Betaninabbau mit einem z-Wert von 30 K.
    b) Wie groß ist der prozentuale Betaninabbau nach einer Reaktion 1. Ordnung, wenn H_{373} = 0,89 min und z = 30 K betragen?

Kapitel 7

(Aufgaben 4–7 nach Bittrich u.a., 1979)

1. Wie kann die Reaktionsordnung bestimmt werden?
2. Wie läßt sich grafisch für einen beliebigen Zeitpunkt die entsprechende Geschwindigkeit aus einer c/t-Kurve ermitteln?
3. Ist die Reaktionsordnung theoretisch wie auch experimentell über die Bestimmung der Anfangsgeschwindigkeiten in Variation der Ausgangskonzentration bestimmbar?
   Wie können die Reaktionsordnungen einer modellierten Maillard-Reaktion: $A + B \rightarrow X$ (A = Aminosäuren; B = Zuckern) mit Glucose/Glycin an Hand experimentell bestimmter Abhängigkeiten von $r = f(c_{\text{Glucose}})$ bzw. $r = f(c_{\text{Glycin}})$ grafisch ermittelt werden?
   Wie erhält man die Geschwindigkeitskonstante?
4. Wie sind mit der folgenden linearen Lösungsfunktion die kinetischen Größen n sowie k zu ermitteln?

$$\frac{1}{(c_A^0)^{n-1}} = (n-1) \cdot kt + \frac{1}{(c_A)^{n-1}}$$

5. Experimentell ermittelte Daten liefern z.B. über die Methode der Zeitverhältnisse die Reaktionsordnung n. Dazu kann man sich der f_{H_n}-Tabelle oder der folgenden Tabelle 1 bedienen:

Tabelle 1. Charakteristische Werte für die Zeitverhältnisse von p/q : r/s in Abhängigkeit von n

p	q	r	s	Reaktionsordnung				
				0	0,5	1,0	1,5	2,0
4	5	1	2	0,4	0,371	0,321	0,285	0,25
4	5	1	3	0,333	0,249	0,20	0,161	0,125
3	4	1	2	0,5	0,488	0,415	0,372	0,333
3	4	1	4	0,333	0,268	0,207	0,154	0,111
3	4	1	10	0,278	0,208	0,125	0,071	0,037
2	3	1	2	0,667	0,646	0,586	0,543	0,5
1	2	1	3	0,75	0,693	0,63	0,566	0,5
1	2	1	4	0,667	0,568	0,50	0,414	0,414
1	2	1	5	0,625	0,532	0,43	0,355	0,25
1	2	1	10	0,555	0,424	0,301	0,192	0,111
1	4	1	10	0,833	0,726	0,603	0,463	0,333

Der p/q- bzw. r/s-Quotient der Tabelle 1 entspricht der betreffenden relativen Konzentration a der f_{H_n}-Tabelle, ebenso sind die Werte der Tabelle 1 mit den f_{H_n}-Werten letzterer verknüpft.

a) Wie groß ist das Verhältnis der Halbwerts- zur Drittelwertszeit für eine Reaktion 2. Ordnung?

b) Das Verhältnis der Halbwerts- zur Drittelwertszeit beträgt 0,63. Welche Reaktionsordnung liegt vor?

6. Ein Ester A wird irreversibel mit wäßriger Salzsäure hydrolysiert. Zeitabhängig entnimmt man dem Hydrolysat Proben von 2 ml und titriert diese mit 0,05 n NaOH. Der Verbrauch ist der folgenden Wertetabelle zu entnehmen:

t [min]	0	30	60	90	120∞	∞
V_{NaOH} [ml]	12,70	13,81	14,73	15,52	16,31	20,22

Daraus resultieren die zeitabhängigen relativen Konzentrationen a gemäß der Beziehung:

$$a = \frac{V_{\mathrm{NaOH}\,(\infty)} - V_{\mathrm{NaOH}\,(\mathrm{t})}}{V_{\mathrm{NaOH}\,(\infty)} - V_{\mathrm{NaOH}\,(\mathrm{o})}}$$

t [min]	0	30	60	90	120	150	∞
a	1	0,855	0,728	0,623	0,525	0,44	0

Ermitteln Sie unter Verwendung der Ihnen bekannten Zeitgesetze die Reaktionsordnung n und die Geschwindigkeitskonstante k.

7. Bei einer Reaktion 2. Ordnung wird in 78 Min. ein Umsatz von 75% erreicht, wenn die Anfangskonzentrationen $c_A^0 = c_B^0 = 0{,}36$ Mol/l betragen.
   a) Wie lange dauert es, bis die Konzentration noch 0,24 Mol/l beträgt?
   b) Wie ändert sich die Zeit, wenn die Anfangskonzentration einer Komponente verdoppelt wird? Verwenden Sie bei der Lösung der Aufgabe die f_{H_n}-Tabelle!
8. Wie kann man mit Hilfe der „Subjektiven Gustometrie und Olfaktometie" (SGO) die Konzentration von Aromastoffen bestimmen?
9. Wie können mit Hilfe der Sensorik reaktionskinetische Daten ermittelt werden?
10. Erläutern Sie den Zusammenhang zwischen der Empfindungsgröße n_e und der Konzentration c_S eines Aromastoffes und seinen Geltungsbereich!
11. Berechnen Sie die Koffeinkonzentration (Bittergeschmack) für die Empfindungsgröße $n_e = 2$ bis 5, wenn die Empfindungsgröße $n_e = 1$ einer Konzentration von $c_{S_1} = 0{,}03\%$ Koffein entspricht und $x = 1{,}155$ beträgt.
12. Welche Zusammenhänge sind bei der olfaktometrischen Bestimmung der Konzentration eines Aromastoffes in heterogenen Lebensmitteln zu berücksichtigen?

Kapitel 10

Lösungen der Kontrollrechenaufgaben

Es werden Lösungsschritte und Ergebnisse angegeben. In der Regel wird aber nur ein Lösungsweg angewendet.

Kapitel 4

Aufgabe 2:

1. Berechnung von k (4.6 oder 4.64): $\ln \frac{c_A}{c_A^0} = -k \cdot t$

   $\ln 0{,}25 - \ln 0{,}5 = -k \cdot 2\,; \quad k = 0{,}347\ \mathrm{s}^{-1}$
2. Ermittlung von c_A nach 5 s:

   $\ln c_A = \ln 0{,}5 - 0{,}3475; \quad c_A = 0{,}088\ \mathrm{mmol/l} = 0{,}088\ \mathrm{mM}$

   Anmerkung: Anstelle der Dimension [mol/l] verwendet man auch die kürzere Angabe [M].

Aufgabe 3:

1. Berechnung von k (4.36):

   $$k = \frac{2{,}3}{t \cdot (c_A^0 - c_B^0)} \cdot (\lg c_A^0 - \lg c_B^0 + \lg c_A - \lg c_B)$$

   mit $c_A^0 - c_B^0 = 1$ und $t = 1\ \mathrm{s}$ erhält man: $k = 0{,}065\ \mathrm{mM}^{-1} \cdot \mathrm{s}^{-1}$
2. Berechnung des Verhältnisses c_A/c_B nach 3 s:

   $\lg (c_A/c_B) = \lg (5/4) + 3 \cdot 0{,}065 / 2{,}3\,; \quad c_A/c_B = 1{,}5$

Aufgabe 4:

1. Berechnung von k (4.78): $k = \frac{\ln 2}{\tau}$

   $k = 0{,}693/0{,}3 = 2{,}31\ \mathrm{s}^{-1}$
2. Ermittlung der Zeit für den 95%igen Umsatz (4.6): $k \cdot t = \ln c_A^0 - \ln c_A$

   $2{,}31 \cdot t = \ln 100 - \ln 5\,; \quad t = 1{,}296\ \mathrm{s}$

Aufgabe 12:

1. Antwort (4.52 und 7.39): $c_B^0 \gg c_A^0 \ll c_C^0$.
2. Antwort: Mit den Anfangskonzentrationen 1:2:3 lautet das Zeitgesetz für die Anfangsgeschwindigkeit mit:

   $c_B^0 = 2 \cdot c_A^0$ und $c_C^0 = 3 \cdot c_A^0 \quad \rightarrow \quad r^0 = 6 \cdot k \cdot (c_A^0)^3$
3. Antwort: Nach der Zeit t wäre dann $r = 6 \cdot k \cdot (c_A^0 - x)^3$.

Aufgabe 13:

1. Die Stöchiometrie für den Zerfall ist: $2\,H_2O_2 \rightarrow 2\,H_2O + O_2$
2. Ermittlung der relativen Konzentration von H_2O_2 (A) nach 10 s mit (4.63):

   $-\ln a = k' \cdot t = k \cdot t$

   $\ln a = -0{,}0629 \cdot 10\,; \quad a = 0{,}533$

   Der Zerfall an A beträgt 46,7%.

Aufgabe 15:

1. Ermittlung der relativen Konzentration a von Thiamin mit (4.64): $-\ln a = kt$

   $\ln a = -0{,}16 \cdot 0{,}583 = 0{,}0933\,; \quad a = 0{,}91$
2. Berechnung des D-Wertes:

   a) aus a über die f_{H_n}-Tabelle 4.9.

   b) mit: $D = \dfrac{2{,}3}{k}$ und mit dem gegebenen k-Wert erhält man (4.80): $D = 14{,}394$ h.
3. Berechnung des H_1-Wertes mit (4.72): $H_1 = \dfrac{0{,}1}{k'}$

   erhält man: $H_1 = 0{,}625$ h.

Aufgabe 16:

1. Berechnung von f_{H_2} mit $f_{H_2} = \dfrac{t}{H_2}$ (4.74) und $t = 10$ min ist: $f_{H_2} = 10$
2. Ablesen von a bzw. x aus der f_{H_n}-Tabelle 4.9: $a = x = 0{,}5$

Aufgabe 17:

1. Ermittlung von f_{H_1} mit $x = 0{,}18$ über die f_{H_n}-Tabelle 4.9: $f_{H_1} = 1{,}985$
2. Berechnung von H_1 mit (4.74): $H_1 = \dfrac{t}{f_{H_1}}$ erhält man: $H_1 = 5{,}038$ min.
3. Berechnung von k (k') mit (4.72): $k' = \dfrac{0{,}1}{H_1}$ ist $k' = 0{,}0198\ \text{min}^{-1}$.

Aufgabe 18:

1. Berechnung des f_{H_n}-Quotienten (4.73 und 7.36 sowie 7.37):

   $(f_{H_n})_1 : (f_{H_n})_2 = t_1 : t_2$

   Mit dem Verhältnis 8,3 : 100 ist der Quotient 0,01.
2. Ablesen von n aus der f_{H_n}-Tabelle 4.9 für $x = 0{,}04$ und $x = 0{,}8$ sowie den errechneten Quotienten von 0,01 mit 2.

Aufgabe 19:

1. Berechnung von f_D mit $f_D = \dfrac{t}{D}$ (4.82) folgt: $f_D = 0{,}4$
2. Ablesen von x aus der f_{H_n}-Tabelle 4.9: $x = 0{,}6$; d.h. 60%.

Aufgabe 20:

1. Ablesen der n-abhängigen f_{H_n}-Werte aus Tabelle 4.9 bei $x = 0{,}5$ für $n = 0$ mit 5, $n = 1$ mit 6,93; $n = 2$ mit 10 und $n = 3$ mit 15.
2. Berechnung der Reaktionszeiten mit (4.74): $t = H \cdot f_{H_n}$ für $H = 1$ erhält man Reaktionszeiten von $t < 1$ min.

Aufgabe 29:

Antwort: Im stationären Gleichgewicht ist das Verhältnis c_I/c_S durch den Quotienten der Reaktionsgeschwindigkeitskonstanten gegeben (1 : 1000).

Aufgabe 39:

1. Berechnung der k'-Werte in Abhängigkeit von der Reaktionsordnung:

   a) für $n = 0$ mit der Beziehung (4.64):

   $k' = (1 - a)/t$ und $t = 7{,}5$ min:

   $k' = 1 - 15{,}9/25{,}4 = 0{,}00499\ \text{min}^{-1}$

   mit $t = 15$ min: $k' = 1 - 9{,}83/25{,}4 = 0{,}00409\ \text{min}^{-1}$ usw.

   b) für $n = 1$ mit der Beziehung (4.66): $k' = -\dfrac{\ln a}{t}$

   mit t = 7,5 min: $k' = [\ln (15{,}9/25{,}4)]/7{,}5 = 0{,}0635\ \text{min}^{-1}$
   mit t = 15 min: $k' = -[\ln (9{,}83/25{,}4)]/15 = 0{,}0633\ \text{min}^{-1}$
   mit t = 22 min: $k' = -[\ln (6{,}17/25{,}4)]/22 = 0{,}0645\ \text{min}^{-1}$.

   c) für $n = 2$ zeigen die Geschwindigkeitskonstanten einen „starken Gang“.

Schlußfolgerung: Es handelt sich um die Reaktion 1. Ordnung mit der Reaktionsgeschwindigkeitskonstanten $k = k' = 0{,}0634\ \text{min}^{-1}$.

Kapitel 5 und 6

Aufgabe 6:

Antwort: Mit dem Zeitgesetz (4.98) und der Arrhenius-Gleichung (5.2) erhält man für die Temperaturabhängigkeit der Reaktionsgeschwindigkeit den Ausdruck:

$$r_B = c_A(k_1 + k_2) = c_A \cdot k_0 \left(e^{-\frac{(E_A)_1}{R \cdot T}} + e^{-\frac{(E_A)_2}{R \cdot T}} \right)$$

Aufgabe 7:

1. Berechnung der Aktivierungsenergie mit der Gleichung (5.6):

$$E_A = \frac{2{,}3 \cdot R \cdot T_1 \cdot T_2}{T_2 - T_1} \cdot \lg \frac{k_2}{k_1}$$

Mit $R = 8{,}314$ J/(M · K) und T_1 sowie und T_2 erhält man: $E_A = 35{,}93$ kJ/M.

2. Berechnung von Q_{10} mit (5.29):

$$\lg Q_{10} = \frac{E_A}{0{,}23 \cdot R \cdot T^2} \quad \text{und} \quad T = 368\ \text{K ist:} \quad Q_{10} = 1{,}375.$$

3. Berechnung von z mit (5.28): $\frac{1}{z} = \frac{\lg Q_{10}}{10}$

ergibt dann: $z = 72{,}18$ K.

Aufgabe 8:

1. Ermittlung der relativen Ascorbinsäure-Konzentrationen a_i: $a_i = \frac{c_A}{c_A^o}$

$a_1 = (c_A)_{8\,\text{min}}/(c_A)_{5\,\text{min}} = 35/42 = 0{,}833$

$a_2 = (c_A)_{7\,\text{min}}/(c_A)_{5\,\text{min}} = 0{,}811$

2. Ermittlung der f_{H_1}- Werte mit (4.77): $f_{H_1} = -23{,}03 \cdot \lg a$

führt für a_1 bzw. a_2 zu: $(f_{H_1})_1 = 1{,}83$ bzw. $(f_{H_1})_2 = 2{,}09$.

3. Berechnung der H_n-Werte mit (4.74): $H_1 = \frac{t}{f_{H_1}}$

führt zu: $H_{404\,\text{K}} = 3/1{,}83 = 1{,}64$ min und $H_{414\,\text{K}} = 2/2{,}09 = 0{,}96$ min.

4. Berechnung des Q_{10}-Wertes mit (5.72):

$$Q_{10} = \frac{H_{404\,\text{K}}}{H_{414\,\text{K}}} \quad \text{ergibt:} \quad Q_{10} = 1{,}7.$$

Aufgabe 9:

1. Berechnung der Aktivierungsenergie mit (5.29): $E_A = 0{,}23 \cdot R \cdot T^2 \cdot \lg Q_{10}$ und $Q_{10} = 3{,}5$ sowie $T = 393$ K erhält man: $E_A = 34{,}6$ kcal/M $\triangleq$ 114,6 kJ/M.

2. Berechnung von z mit (5.28):

$$z = \frac{10}{\lg Q_{10}} \quad \text{folgt: } z = 18{,}38 \text{ K.}$$

3. Berechnung des H_n-Wertes

   a) Ermittlung des Q_{20}-Wertes mit (5.33): $Q_{20} = Q_1^{20}$ und $\lg Q_{20} = \dfrac{20}{z}$
   folgt: $Q_{20} = 12{,}25$.

   b) Berechnung der mit (5.34): $k_{393} = k_{373} \cdot Q_{20}$
   ist $k_{393} = 0{,}16 \cdot 12{,}25 = 1{,}96\ \text{h}^{-1}$.

   c) Berechnung von H_{393} (4.72): $H_{393} = \dfrac{0{,}1}{k_{393}}$

   $H_{393} = 0{,}1/1{,}92 = 0{,}05$ h.

4. Berechnung von D_{393} mit (4.83): $D_{393} = 23{,}03 \cdot H_{393}$; $D_{393} = 1{,}175$ h.

Aufgabe 10:

Lösung mit (5.7): $\lg k_2 = \lg k_1 + \dfrac{E_A}{2{,}3\,R}\left(\dfrac{T_2 - T_1}{T_2 \cdot T_1}\right)$

und $E_A = 25\,000$ cal/M, $k_1 = 0{,}23\ \text{min}^{-1}$ sowie $T_1 = 373$ K, $T_2 = 393$ K ist:
$k_2 = 237{,}14\ \text{min}^{-1}$.

Aufgabe 11:

Lösung durch Auflösen der folgenden Gleichung nach $T_{k=1}$ (5.8):

$$\lg k = \frac{E_A}{2{,}3 \cdot R}\left(\frac{1}{T_{k=1}} - \frac{1}{T}\right)$$

und Einsetzen von $E_A = 104{,}67$ kJ/M sowie $k = 0{,}23\ \text{min}^{-1}$ und $T = 323$ K folgt:
$T_{k=1} = 335{,}68$ K (diese Aufgabe wäre auch leicht grafisch zu lösen!).

Aufgabe 13:

Lösung: Im Arrhenius-Diagramm zeichnet man analog zur Abb. 5.7 eine Gerade mit lg D gegen T durch die Punkte (0,2 min; 121,1 °C) und (2 min; 111,1 °C).

Aufgabe 14:

Lösung: Im Arrhenius-Diagramm in der Darstellung lg t gegen $1/T$ (analog zur Abb. 5.6) für

1. die Peroxidaseinaktivierung über Punkt (8 min; 1/394 K) und Punkt (80 min; 1/384 K)
2. die unerwünschte sensorische Veränderung über Punkt (8 min, 1/394 K) und Punkt (80 min, 1/365 K)
3. die erwünschte Gare über Punkt (20 bis 30 min, 1/373 K) und Punkt (200 bis 300 min, 1/340 K).

Aufgabe 15:

Lösung der Aufgabe mit den Gleichungen (5.37 und 5.60):

$$t_{x(T)} = t_{x(T_b)} \cdot Q_{\Delta T} \quad \text{und} \quad Q_{\Delta T} = Q_1^{\Delta T}$$

1. Berechnung der Lagerzeit bei 277 K:
   a) Ermittlung des Q_{11}-Wertes ($\Delta T = T_b - T = 288 - 277 = 11$ K)

   über (5.33): $Q_1 = \sqrt[10]{Q_{10}} = \sqrt[10]{2}$; $Q_1 = 1{,}072$

   und $Q_{11} = Q_1^{11} = 2{,}15$.

   b) Ermittlung der möglichen Lagerzeit mit: $t_{x(277)} = 10 \cdot 2{,}15 = 21{,}5$ Tage.
2. Berechnung der Lagerzeit bei 298 K:
   a) Ermittlung des Q_{-10}-Wertes ($\Delta T = 288 - 298 = -10$ K)

   über (5.38): $Q_{-10} = \dfrac{1}{1{,}072^{10}} = 0{,}5.$

   b) Ermittlung der möglichen Lagerzeit mit: $t_{x(298)} = 10 \cdot 0{,}5 = 5$ Tage.

Aufgabe 16:

1. Berechnung der Aktivierungsenergie mit (5.29): $E_A = \lg Q_{10} \cdot 0{,}23 \cdot R \cdot T(T+10)$
   und $Q_{10} = 1{,}71$ sowie $T = 404$ K
   erhält man: $E_A = 17828{,}8$ cal/M.
2. Berechnung von Q_{10} bei 343/353 (K) mit (5.29):

   $$\lg Q_{10} = \frac{E_A}{0{,}23\, R \cdot T \cdot (T+10)}$$

   durch Einsetzen der gegebenen und berechneten Zahlenwerte erhält man: $Q_{10} = 2{,}1$ (ein anderer Lösungsweg könnte über

   $Q_{10} = \dfrac{H_{404}}{H_{414}}$ führen).

Aufgabe 19:

1. Berechnung von C_0 mit
   (Herleitung aus (5.60) mit $C_0 \triangleq t_{x_T}$ und $F_0 \triangleq t_{x_T}$): $C_0 = F_0 \cdot Q_{\Delta T}$
   und $\Delta T = 121{,}1 - 100 = 21{,}1$ ist: $C_0 = 1 \cdot Q_{21,1}$. Dabei ist $\lg Q_{21,1} = 21{,}1 \cdot \lg Q_1$
   und (5.32):

   $$\lg Q_1 = \frac{E_A}{2{,}3 \cdot R \cdot T^2} = \frac{24000}{4{,}575 \cdot 373^2}\,,$$

   womit man das Ergebnis erhält: $C_0 = 6{,}19$ min.
2. Berechnung von M_0 mit
   (Herleitung aus (5.60) mit $M_0 \triangleq t_{x_T}$ und $F_0 \triangleq t_{x_{T_b}}$): $M_0 = F_0 \cdot Q_{\Delta T_A}$ und (5.39):

   $$\lg Q_{\Delta T_A} = \lg Q_{121} = \frac{E_A}{2{,}3\,R}\left(\frac{1}{T} - \frac{1}{T_b}\right) = \frac{24000}{4{,}575}\left(\frac{1}{273} - \frac{1}{394}\right)$$

   ist: $Q_{121} = 796680$ min $\triangleq$ 553,25 Tage.

3. Berechnung von M_{20} mit:

$$M_{20} = \frac{M_0}{Q_{20}}$$

und (5.32):

$$\lg Q_{20} = \frac{20 \cdot E_A}{2{,}3 \cdot R \cdot T^2}$$

erhält man: $Q_{20} = 20 \cdot 24000/4{,}575 \cdot 273^2$.
Damit errechnet man das Ergebnis: $M_{20} = 21{,}9$ Tage.

4. Ermittlung des Betanin-Abbaus über (4.74):

$$f_{H_1} = \frac{t_{373}}{H_{373}} \quad \text{und} \quad t_{373} = C_0 = 6{,}19 \text{ min}$$

ist mit Hilfe der f_{H_n}-Tabelle 4.9: $f_{H_1} = 6{,}19$ und $x = 46\%$.

Aufgabe 22:

Lösungsgleichungen (5.16 und 6.14):

$$G = \int_{t_1}^{t_2} \frac{1}{t_{zul}}\, dt \quad \text{und} \quad \lg t_{zul} = \frac{1}{z}\,(T_{t(zul=1)} - T)$$

1. Berechnung von $T_{t(zul=1)}$ mit:

$$\lg t_{(zul=1)} = \lg 30 = \frac{1}{33}\,(T_{t(zul=1)} - 0)$$

zu: $T_{t(zul=1)} = 48{,}74\,°C$.

2. Berechnung der t_{zul}-Werte mit:

$$\lg t_{(zul=1)} = \frac{1}{33}\,(48{,}74 - T)$$

3. Lösung des Integrals:

$$G = \sum \frac{1}{t_{zul}} \cdot \Delta T\,, \quad G = 2{,}07\,.$$

Ergebnis: Die Konserve ist verdorben.

Aufgabe 23

1. Weg: Berechnung des C_0- Wertes mit (6.8):

$$S_{100} = \int_{t_1}^{t_2} \frac{1}{Q_{\Delta T}} \cdot dt \quad \text{und} \quad Q_{\Delta T} = \frac{\Delta t_{x(T)}}{\Delta t_{x(T_b)}}$$

sowie (5.37):

$$\lg Q_{\Delta T} = \Delta T \cdot \lg Q_1 \quad \text{und} \quad Q_1 = \frac{1}{z}$$

erhält man mit $z = 30$ die Lösung des Integrals: $C_0\,(S_{100}) = \sum \Delta t_{x(100)}$

t [min]	$\Delta t_{x(T)}$ [min]	ΔT [°C]	$Q_{\Delta T}$	$\Delta t_{x(T_b)}$
0,01	0,01	78,18	403,645	0,0000248
0,1	0,09	63,55	131,321	0,000685
1	0,9	8	1,848	0,487
2	1	0,8	1,063	0,940
3	1	0,08	1,006	0,994
4	1	0,008	1,001	0,999
5	1	0,008	1,000	0,999

Das Ergebnis lautet: $C_0 = 4{,}42$ min.

2. *Weg:* Berechnung des C_0-Wertes über die Verlustraten V mit (5.21) und $V \triangleq k$:

$$\lg V = \frac{1}{z}(T - T_{V=1}) \quad \text{und } T_{V=1} = 373 \text{ K}$$

$$\lg V = (T_t - 100)/30$$

t [min]	Δt [min]	T_t [°C]	$V \cdot \Delta t$
0,01	0,01	21,82	0,0000248
0,1	0,09	36,45	0,000685
1	0,9	92,0	0,4871
2	1	99,2	0,9404
3	1	99,92	0,9939
4	1	99,992	0,9994
5	1	99,999	0,9999

also $C_0 = \sum V \cdot \Delta t = 4{,}42$ min.

Die C_0-Werte können auch mit dem Verlustpapier ermittelt werden.

2. Ermittlung der Betaninzerstörung mit (4.74):

$$f_{H_1} = \frac{t_{x(373)}}{H_{373}} = \frac{C_0}{H_{373}}$$

$f_{H_1} = 4{,}42 \,/\, 0{,}89 = 4{,}968$

und über die f_{H_n}-Tabelle den Wert: $x = 39\,\%$.

Kapitel 7

Aufgabe 5:

1. Aus der Tabelle 1 der Aufgabe liest man den Quotienten ab: $t_{1/2} : t_{1/3} = 0{,}5$.
2. Der Wert von 0,63 für diesen Quotienten führt zur Reaktionsordnung von $n = 1$.

Die Lösungen der folgenden Aufgaben wäre auch über die f_{H_n}-Tabelle 4.9 möglich!

Aufgabe 6:

Lösung: Man setzt die experimentellen Werte für t und die relative Konzentration a in die jeweiligen Zeitgesetze ein; ist die „richtige" Reaktionsordnung gefunden, müssen die Reaktionsgeschwindigkeitskonstanten nahezu konstant sein.

1. für die Reaktionsordnung $n = 0$ erhält man mit (4.65): $k' = (1 - a)/t$
   für $t = 30$ min und $a = 0{,}855$ einen k'-Wert von 0,0048
   für $t = 50$ min und $a = 0{,}728$ einen k'-Wert von 0,0054
   für $t = 90$ min und $a = 0{,}623$ einen k'-Wert von 0,0042
   usw.
2. für die Reaktionsordnung $n = 1$ erhält man mit (4.66): $k' = -\ln a/t$
   für $t = 30$ min und $a = 0{,}855$ einen k'-Wert von 0,0052 min^{-1}
   für $t = 50$ min und $a = 0{,}728$ einen k'-Wert von 0,0063 min^{-1}
   für $t = 90$ min und $a = 0{,}623$ einen k'-Wert von 0,0053 min^{-1}
   für $t = 120$ min und $a = 0{,}525$ einen k'-Wert von 0,0054 min^{-1}
3. für eine Reaktionsordnung $n = 2$ erhält man mit (4.67):

   $$k' = \left(\frac{1}{a} - 1\right)\frac{1}{t}$$

   für die unter 1. und 2. genannten Wertepaare Reaktionsgeschwindigkeitskonstanten in der Reihenfolge 0,0056 $\text{M}^{-1} \cdot \text{min}^{-1}$ und 0,007 bzw. 0,018 $\text{M}^{-1} \cdot \text{min}^{-1}$.

Schlußfolgerung: Bei dieser Esterhydrolyse gilt das Zeitgesetz 1. Ordnung. Da mechanistisch eine bimolekulare Reaktion abläuft, bezeichnet man bei der Überschußmethode das Ergebnis als ‚Pseudo-Ordnung' (erklären Sie das Ergebnis und die Anwendungsbedingungen dieser Methode).

Aufgabe 7:

1a. Berechnung des H-Wertes über (4.74):

$$H_2 = \frac{t}{f_{\text{H}_2}}$$

mit $x = 75\,\%$ ergibt für $n = 2$ nach der f_{H_n}-Tabelle 4.9 den Wert von $f_{\text{H}_2} = 30{,}07$. Somit ist der H_2-Wert berechenbar: $H_2 = 78/30{,}07 = 2{,}59$ min.

1b. Berechnung der Zeit für Abnahme der Anfangskonzentration auf 0,24 M; der Umsatz x ist also 33,3 ... %, die Reaktionszeit ist somit:
$t = H \cdot f_{\text{H}_2} = 2{,}59 \cdot 5{,}01 = 12{,}98$ min.
Hinweis: Der Wert 5,01 wird aus der f_{H_n}-Tabelle für $x = 0{,}333..$ abgelesen.

2a. Berechnung der (relativen) Reaktionsgeschwindigkeitskonstanten mit:

$$k' = \frac{0{,}1}{H_2}$$

$k' = 0{,}1/\,2{,}59 = 0{,}0385\ (\text{M} \cdot \text{min})^{-1}$

2b. Ermittlung der Reaktionszeit t für die Reduzierung der Anfangskonzentration $c_1 = 0{,}72$ M auf

$c_2 = 0{,}24$ M mit der umgeformten Gleichung: $t = \frac{1}{k'}\left(\frac{1}{a} - 1\right)$

$t = (0{,}0385)^{-1}\,[(1/3)^{-1} - 1] = 51{,}95$ min.

Aufgabe 11:

Die gesuchten Substratkonzentrationen errechnet man über (7.13):
$c_{S(n_e)} = c_{S(1)} \cdot \sqrt[x]{n_e}$ mit $x = 1{,}155$.
Die proportionalen Substratkonzentrationen zu den Empfindungsgrößen n_e sind der folgenden Tabelle zu entnehmen:

n_e	$\sqrt[x]{n_e}$	$c_{S(n_e)}$
1	0	0,03
2	1,822	0,055
3	2,589	0,077
4	3,321	0,099
5	4,029	0,121

Anhang

Anhang 1

Reaktionsenthalpien $\Delta_R G$ ausgewählter Reaktionen von Lebensmittelkomponenten bei pH = 7 (nach Ackermann, 1992)

Reaktion	$\Delta_R G$ (kJ/mol)
Milchsäure + 3 $O_2 \rightarrow 3\ CO_2 + 3\ H_2O$	- 134,6
Palmitinsäure + 23 $O_2 \rightarrow 16\ CO_2 + 16\ H_2O$	- 9786,3
Glc-1-Phosphat → Glc-6-Phosphat	- 7,3
$CH_3COOH + H_2O \rightarrow CH_3COO^- + H_3O^+$	+ 26,3
Äpfelsäure → Furmarsäure + H_2O	+ 3,1

Anhang 2

Freie Bildungsenthalpien $\Delta_B G$ ausgewählter Lebensmittelkomponenten in 1 M-Lösung (nach Ackermann, 1992)

Verbindung oder Ion	- $\Delta_B G$ (kJ/mol)
Acetat	372,30
L-Aspartat	688,69
Fumarat	604,21
Lactat	517,81
L-Malat	845,08
Oxalacetat	797,18
Pyruvat	474,63
Succinat	690,23
Hydroxid	157,30
Hydrogencarbonat	587,14
Proton	39,96
Ammonium	79,50
L-Alanin	371,30
Ethanol	181,60
Glycerol	488,64
Wasser (flüssig)	237,20
Kohlendioxid (fest)	395,20

Anhang 3

(Für die Einordnung der E_A-Werte in das Arrhenius-Diagramm sind die Reaktionsgeschwindigkeitskonstanten k von Anhang 5 und 6 einzubeziehen)

a) E_A-Werte für Reaktionen von ausgewählten Lebensmitteln oder -komponenten (nach Holdsworth, 1990)

Veränderung von Lebensmitteln/-komponenten	E_A [kcal/mol]
Vitamin A	
Rinderleber (Püree)	27 (23)
Möhrensaft	25,6
Vitamin B_1	
Möhren	28,3
grüne Bohnen	28,6
Erbsen (Püree)	24,8
Rinderherz	28,0
Rinderleber	28,5
Rindfleisch (Püree)	27,5
Lammfleisch (Püree)	27,5
Schweinefleisch (Püree)	22,9
Vitamin B_6	
Blumenkohl	13,8
Folsäure	
Apfelsaft	19,9
Tomatensaft	19,9
Vitamin C	
Erbsen	39,3
Grapefruit-Saft	4,98 (11,3)
Casein	
Milch	35,0
entrahmte Milch	25 (35)
Haemoglobin	
Rindfleisch	12,7
Oxihaemoglobin	
Rindfleisch	21,7
Methionin	
Spinat	14,5

b) E_A-Werte für Abbaureaktionen von Farbstoffen (nach Holdsworth, 1990)

Farbstoff im Lebensmittel	E_A [kcal/mol]
grüne Pigmente in	
Spinat (Püree)	
Chlorophyll a	15,4
Chlorophyll b	7,6
Chlorophyll	23
Erbsen (Püree)	
Chlorophyll	23
Grüne Bohnen	
Chlorophyll	19,8
rote Pigmente in	
Rote Beete	
Betanin (pH 4,8-6,2)	18,8 – 19,6
Vulgaxanthin (pH 4,8-6,2)	15,5 – 16,8
Betalaminsäure	17,7
Extrakt	20 – 21
Stachelbeeren	
Betacyanin	7,7
blaue Pigmente	
Blaukrebs	22,5
braune Pigmente	
Milch	26

c) Aktivierungsenergien für Texturveränderungen von Lebensmitteln (nach Holdsworth, 1990)

Lebensmittel	E_A (kcal/mol)
Rote Beete	13 – 19
Möhren (durchschnittlich)	30,5
Kartoffeln (durchschnittlich)	43,5
Erbsen (Alaska, getrocknet)	42,2
Schwarze Bohnen	35,5
Braune Bohnen	37,5
Sojabohnen	43,5
Weiße Bohnen (getrocknet)	12,9
Grüne Bohnen	42
Grüne Erbsen	22 – 24
Reis (durchschnittlich)	13,5
Äpfel (durchschnittlich)	27,4
Rindfleisch (frisch)	140

Anhang 4

Ausgewählte Literatur über Lebensmittelveränderungen, die dem Zeitgesetz der Reaktionen 1. Ordnung unterstellt werden können (nach Okos, 1986).

Hansen JR (1978) Dehydration and hydration kinetics of soyabean proteins. J Agric and Food Chem 26, 297-301

Lewis PS (1926) The kinetics of protein denaturation,I. The effect of variation in the hydrogen ion concentration on the velocity of the heat denaturation of oxyhaemoglobin. Biochem J 20, 965-992

Eyring H and Stearn AE (1939) The application of the theory of absolute reaction rates to proteins. Chem Reviews 24, 253 (1939)

Tuszynski WB (1971) A kinetic model of the clotting of casein by rennet. J Dairy Res 38, 115-125

White JCD and Sweetsur AWM (1977) Kinetics of heat induced aggregation of milk protein. J Dairy Res 44, 237-247

Tammann O (1895) Zur Wirkung ungeformter Fermente. Z Phys Chemie 18, 426-442

Haurowitz F et. al. (1954) Denaturation of hemoglobin by alkali. J Phys Chem 58 , 103-105

Lyster RLJ (1970) The denaturation of α-Lactalbumin and α-Lactoglobulin in heated milk. J Dairy Res 37, 233-43

Eipeson WE et. al. (1974) Kinetics of thermal precipitation of leaf proteins from lucern. J Food Sci and Technol India 2, 66-70

Luers VH und Landauer M (1922) Über die Kinetik der Hitzegerinnung von Proteinen. Angew Chemie 35, 469-472

Labuza TP et. al. (1982) Kinetics of protein quality change in egg noodles stored under constant and fluctuating temperatures. Cereal Chem 59, 142-148

Tsao TF et. al. (1973) Available lysine in heated fortified rice meal. Food Sci. 43, 1106-1108

Wolf JC et. al. (1981) Mathematical model for predicting free lysine and methionine losses during elevated temperature processing. Progr Food Nutr Sci 5, 405-413

Wolf JC et. al. (1982) Predicting available lysine losses during heat processing. J Food Proc Eng 6, 201-218

Taira H and Sukarai Y (1966) Studies on amino acid contents of processed soybean Pt 8. Effect of heating on total lysine on available lysine in defatted soybean flour. Jap J Nutr Food 18, 359

Labuza TP and Saltmarch M (1981) Kinetics of browning and protein quality loss in whey powders during steady state and nonsteady state storage conditions. J Food Sci 47, 92-96

Williams MP and Nelson PE (1974) Kinetics of thermal degradation of methylmethionine sulfonium ions in citrate buffers and in sweet corn and tomato serum. J Food Sci 39, 457-460

Greenberg DM and Winnick J (1940) Plant proteases; III. Kinetic properties. J Biol Chem 135, 781-787

Butler JAV (1941) The molecular kinetics of trypsin action. J AA C S (2), 2971-2974

Resende R et. al. (1969) Thermal destructions and regeneration of enzymes in green bean and spinach puree. Food Tech 23, 63-66

Mc Gilliviary JH (1930) The denaturation of pancreatic lipase by heat. Biochem J 24, 891-904

Farkas DF et. al. (1962) Studies on the kinetics of lipoxidase inactivation using thermal and ionizing energy. J Food Sci 27, 262-276

Kunitz M (1937) Formation of trypsin from trypsinogen by an enzyme produced by a mold of the genus Penicillium. J Gen Phsl 21, 601-620

Zoueil ME and Esselen WB (1958) Thermal destruction rates and regeneration of peroxidase in green beans and turnips. Food Res 24, 119-133

Vavek D et. al. (1982) Kinetics of peroxidase deactivation in blanching of corn on the cob. J Agric and Food Chem 30, 967-970

Joffe FM and Ball CO (1962) Kinetics and energetics of thermal inactivation and the generation rates of a peroxidase system. J Food Sci 27, 58-592

Zilva SS (1914) The rate of inactivation by heat of peroxidase in milk. Biochem J 8, 656-669

Ling AC and Lund DB (1978). Determining kinetic parameters of heat resistant and heat labile isoenzymes from thermal destruction curves. J Food Sci 43, 1307–1310
Blang SM and Hagratawata B (1972) Kinetics of aerobic oxidation of ascorbic acid. J Pharm Sci 61, 556–562
Huelin FE (1953) Studies on the anaerobic decomposition of ascorbic acid. Food Res 18, 633–639
Neumen HJ et. al. (1965) Effect of drying temperatures on initial quality and storage stability of dehydrofrozen peas. Food Techn 19, 125
Labuza TP (1972) Nutrient losses during drying and storage of dehydrated foods CRC Critical Rev. in Food Techn. 3, 217 - 240 (1972)
Kirk J et. al. (1977) Dehydration of ascorbic acid in a dehydrated food system. J Food Sci 42, 1274–1279
Lee SH and Labuza TP (1975) Destruction of ascorbic acid as a function of water activity. J Food Sci 40, 370–373 (1975)
Saguy I et. al. (1978) Accelerated method for determining the kinetic model of ascorbic acid loss during dehydration. J Food Sci 43, 1860–1864
Waletzko P and Labuza TP (1976) Accelerated shelf life testing of intermediate moisture food in air and in an oxygen free atmosphere. J Food Sci 41, 1338–1344
Dennison DB and Kirk JR (1978) Oxygen effect on the degradation of ascorbic acid in a dehydrated food system. J Food Sci 43, 609–612
Garrett ER (1956) Prediction of stability of pharmaceutical preparations; II. Vitamin stability in liquid multivitamin preparations. J Pharm Sci 45, 171–178
Laing BM et. al. (1978) Degradation kinetics of ascorbic acid at high temperature and water activity. J Food Sci 43, 1440–1443
Eison-Perchonek und T. W. Downes TW (1982) Kinetic of ascorbic acid and autoxydation as a function of dissolved oxygen concentration and temperature. J Food Sci 47, 765–767, 773
Evenden W and Marsh GL (1947) Effect of storage temperature on retention of ascorbic acid in orange juice. Food Res 13, 244–253
Lee YC et. al. (1977) Kinetics and computer-simulation of ascorbic acid stability of tomato juice as functions of temperature, pH and metal catalyst. J Food Sci 42, 640–641
Vojnovich C and Pfeifer VJ (1970) Stability of ascorbic acid in blends with wheat flour, CSM and infant cereals. Cereal Sci Today 15, 317
Reimer J and Karel M (1977) Shelf life studies of vitamin C during food storage, prediction of L-ascorbic acid retention in dehydrated tomato juice. J Food Process and Preservation 1, 293
Cameron EJ (1955) Retention of Nutrients during canning National Canners Association. Washington DC
Gami DB and Chen TS (1985) Kinetics of folacin destruction in Swiss chard during storage. J Food Sci 50, 447–449, 453
Frost DV and Mc Intire JC (1944) The hydrolysis of pantothenate; A first order reaction – relation to thiamin stability. J Am Soc 66, 425–427
Hamm DJ and Lund DB (1978) Kinetic parameters for thermal inactivation of pantothenic acid. J Food Sci 53, 63–633
Evans SR et. al. (1981) Thermal degradation of pyridoxine hydrochloride in dehydrated model food systems. J Food Sci 46, 555–558, 563
Woodcock EA et. al. (1982) Riboflavin photochemical degradation in pasta measured by high performance liquid chromatography. J Food Sci 47, 545–549, 555
Singh RP et. al. (1975) Kinetic analyses of induced riboflavin loss in whole milk. J Food Sci 40, 164–167
Fellicotti E and Esselen WB (1957) Thermal destruction rates of thiamin in purred meats and vegetables. Food Techn 11, 77–84
Bendix GH et. al. (1951) Factors influencing the stability of thiamin during heat sterilisation. J Food Res 16, 494–503
Mulley EA (1975) Kinetics of thiamin degradation by heat. J Food Sci 40, 77–84
Kamman JF et. al. (1981) Kinetics of thiamin and riboflavin loss in pasta as a function of constant and variable storage conditions. J Food Sci 46, 1457–1461

Farrer KTH (1955) The thermal destruction of vitamin B1 in foods. Adv Food Res 6, 257–312
Rice EE and Beuk JF (1945) Reaction rates for decomposition of thiamin in pork at various cooking temperatures. Food Res 10, 99–107
Lenz MK and Lund DB (1982) Experimental procedurs for determining destruction kinetics of food components. Food Techn 34, 51–55
Bell JW et. al. (1979) Catalytic effects of stainless steel, teflon, or glass on thermal degradation of thiamin in a tubular laminar flow reactor. J Agric and Food Chem 27, 384–386
Corry JEL (1973) The water relations and heat resistance of microorganisms, in: Prog. in Industrial Microbiology, 12, 73–108
Briggs A (1960) The resistance of spores of the genus Bacillus to phenol, heat and radiation. J Appl Bact 29, 490–504
Collier CP and Towsend CT (1961) The resistance of bacterial spores to superheated steam. J Dairy Sci 44, 1989–1996
Perkin AG et. al. (1977) Thermal death kinetics of Bacillus stearothermophilus spores at ultrahigh temperatures, II. Effect of heating period on experimental results. J Food Techn 12, 131–148
Fox K and Pflug IJ (1968) Effect of temperatures and gas velocity on the dry heat destruction rate of bacterial spores. Appl Microbiol 16, 343–348
Wang DI-C et. al. (1964) Kinetics of death of bacteria spores at elevated temperatures. Appl Microbiol 12, 45–454
Harnulv BD and Snygg BG (1972) Heat resistance of Bacillus subtilis spores at various water activities. J Appl Bact 35, 615–624
Van Uden NV and Madeira-Lopes (1976) Yield and maintenance relations of yeast growth in the chemostat at superoptimal temperatures. Biotechnology and -engineering 18, 791–804
Sognefest P et. al. (1948) Effect of pH on thermal process requirements of canned foods. Food Res. 13, 400–410
Stumbo CR et. al. (1950) Nature of thermal death time curves for P.A. 3679 and Clostridium botulinum. Food Technol 4, 321–326
Xezones H and Hutchings IJ (1965) Thermal resistance of Clostridium botulinum (62A) as affected by fundamental food constituents. Food Techn 19, 113–115
Kaplan AM et. al. (1974) Significance of variations in observed slopes of thermal death time curves for putrefactic anaerobes. Food Res 19, 173–184
Odlaug TE and Pflug IJ (1977) Thermal destruction of Clostridium botulinum spores suspended in tomato juice in aluminum thermal death time tubes. Appl and Env Microbiol 34, 429–433 (1977)
Bradshaw JG et. al. (1977) Thermal inactivation of ideal loop-reactive Clostridium perfringens Type A strains in phosphate buffer and beef gravy. Appl and Env Microbiol 34, 280–284
Warren DS (1973) A physicochemical model for the death-rate of a microorganism. J Food Techn 8, 247–257
Xezones H et. al. (1965) Processing requirements for a heat tolerant anaerobe. Food Techn 18, 1001–1002
Roberts JA (1968) Heat and radiation resistance and activation of spores of Clostridium welchii. J Appl Bact 31, 133–144
Evans DA et. al. (1970) Heat resistance of certain pathogenic bacteria in milk using a commercial plate heat exchanger. J Dairy Sci 53, 1659–1665
Dega CA et. al. (1972) Heat resistance of salmonellae in concentrated milk. Appl Microbiol 23, 415–420
Collins EB (1961) Resistance of certain bacteria to cottage cheese cooking procedures. J Dairy Sci 44, 1989–1996
Read RB jr. et. al. (1961) Studies on thermal destruction of E. coli in milk and milk products. Appl Microbiol 9, 415–418
Van Uden NV et. al. (1968) Temperature functions of thermal death in yeast and their relation to the maximum temperature for growth. Archiv für Mikrobiol 61, 381–393
Sognefest P et. al. (1948) Effect of pH on thermal process requirements of canned foods. Food Res 13, 400–410

Collier CP and Townsend CT (1956) The resistance of bacterial spores to superheated steam. Food Techn 10, 477–481
Sevastronova NA et. al. (1971) The effect of sorbic acid and heating of Pseudomonas fluorescens Konservnaya i ovoshchesushilnaya promyslenost, 30–31 (1971)
Elizondo H and Labuza TP (1974) Death kinetics of microorganism in spray draying. Biotechn. and Bioeng 15, 1245–1259
Gibson B (1973) The effect of high sugar concentrations on the heat resistance of vegetative microorganisms. J Appl Bact 36, 365–376
Angelotti R et. al. (1961) Time temperature effects on Salmonellae and Staphylococci in foods, III. Thermal death time studies. Appl Microbiol 9, 308–315
Anellis A et. al. (1954) Heat resistance in liquid eggs of some strains of the genus salmonellae Food Res 19, 377–395
Goepfert JM and Biggie RA (1968) Heat resistance of Salmonellae typhimurium and senftenberg 775-w in milk chocolate. Appl Microbiol 16, 1939–1940
Cotterill OJ and J. Glauert J (1971) Thermal resistance of Salmonellae in eggs yolk containing 10 percent sugar or salt after storage at various temperatures. Poultry Sci. 50, 109–115
Baird-Parker AC et. al. (1970) The effect of water activity on the heat resistance of heat sensitive and heat resistant strains of Salmonellae. J Appl Bact 33, 512–522 (1970)
Thomas CT et. al. (1966) Thermal resistance of Salmonellae and Staphylococci in foods. Appl Microbiol 14, 315–320
Li Cari JJ and Potter NN (1970) Salmonella survial during spray drying and subsequent handling of skim milk powder. J Dairy Sci 53, 865–882
Walker GC and Harmon LG (1966) Thermal resistance of Staphylococcus aureus in milk, whey and phosphate buffer. Appl Microbiol 14, 584
Evans DA et. al. (1970) Heat resistance of certain pathogenic bacteria in milk using a commercial plate heat exchanger. J Dairy Sci 53, 1659–1665
Scott WJ (1937) The growth of microorganism on ox muscle; II. The influence of temperature Austr J of the Council for Sci and Ind Res 10, 338–350
Greene VW and Jezeski JJ (1954) The influence of temperature on the development of several psychrophilic bacteria of dairy origin. Appl Microbiol 2, 110–117
Barg EA and Hopton JW (1969) Psychrophilic properties and the temperature characteristic of growth of bacteria. J Bact 100, 552–553
Ingraham JL (1958) Growth of psychrophilic bacteria. J Bact 76, 75–80
Slaton A (1916) The rate of growth of bacteria. J Chem Soc (London) 109, 2–10
Harder W and Veldkamp H (1971) Competition of marine psychrophilic bacteria at low temperatures. Ant van Leeuwenholk 37, 51–63
Olson RH and Jesetzki JJ (1963) Some effects of carbon source, aeration, and temperature on growth of a psychrophilic strain of Pseudomonas fluorescence. J Bact 86, 429–433

Anhang 5

Ausgewählte Reaktionsgeschwindigkeitskonstanten von Lebensmittelveränderungen in Abhängigkeit von der Sterilsationstemperatur ($T = 121\,°C$) und anderen *RM*-Parametern (nach Okos, 1986)

Inhaltsstoffe	k_{121} [min^{-1}]
Vitamin B_1	
Erbsen (konserviert)	0,002296
Grapefruitsaft (konzentriert, 11,2 - 62,5 °Bx)	0,003989–0,02809
Vitamin B_2	
Möhren (Püree)	0,01467–0,00828
Grüne Bohnen (Püree)	0,01504

Inhaltsstoffe	k_{121} [min^{-1}]
Erbsen (Püree)	0,01457
Erbsen (in Lake)	0,0173
Erbsen (i.Vak.verpackt)	0,01606
Spinat (Püree)	0,01839
Rind (Herz, püriert)	0,01790
Rind (Leber, püriert)	0,01902
Rind (Fleisch, püriert)	0,00897
Lamm (Fleisch, püriert)	0,01794
Schwein (Fleisch, püriert)	0,01812
Vitamin B_6	
Blumenkohl (Püree)	0,00557
Folsäure	
Apfelsaft (pH = 3,4)	0,004399
Tomatensaft (pH = 4,3)	0,003623
Vitamin A	
Butter	0,006441
Süßkartoffeln	0,00514
Gelbkorn	0,02056
Rind (Leber)	0,05522
Chlorophyll	
Spinat [1)]	0,1740 – 0,0789
Erbsen (konserviert)[2)]	0,1787 – 0,1644
Erbsen (Püree)	0,0204
Rosenkohl (blanchiert)[3)]	0,1476 – 0,1587
Grüne Bohnen (blanchiert)[3)]	0,07072 – 0,1416
Anthocyane	
Brombeere	0,02163
Granatapfel (Saft)	0,01849
Früchte (Saft)	0,04963
Himbeeren (Saft), pH = 3,3	0,04727
Pflaumen (Saft), pH = 2,5 – 4,5[4)]	0,04772 – 0,1074
Betaline	
Rote Rüben (Saft), pH = 4,8 – 6,2[5), 6)]	0,4311 – 0,4873
Rote Rüben (Püree), pH = 4,8 – 6,2[5)]	0,01653
Rote Rüben (Extrakt)	1,298 – 1,679
Carotinoide	
Blaukrebs	18,75

[1] Chlorophyll a,b und Pheophytin a,b
[2] in dest.Wasser u. 2 % NaCl
[3] wasser- bzw. dampfblanchiert
[4] Cyanidin- bzw. Pelargonidin-3-rutinosid
[5] Betanin
[6] Vulgaxanthin

Inhaltsstoffe	k_{121} [min^{-1}]
Braune Pigmente	
Apfelsaft (nichtenzym. Bräunung)	0,00828
Grapefruitsaft (therm. konzentr.)[7]	0,00987 - 1,707
Ziegenmilch (homogenisiert), pH = 6,5 - 6,6	0,91 - 2,531
Ziegenmilch (nicht homogen.)	1,08 - 2,132
Aroma - Verlust	
Erbsen (konserviert)	0,02255
Bohnen	0,2157
Spargel	0,02237
Textur-Abbau	
Möhren (Schnitzel)	0,420 - 0,670
Reis	0,1291 - 0,4503
Garnelen (Muskel)	0,0395

[7] 11,2 - 62,5 °Bx Feststoffgehalt

Anhang 6

Reaktionsgeschwindigkeitskonstanten für den Abbau von Lebensmittelfarbstoffen in Abhängigkeit von der Temperatur und anderen RM-Parametern (nach Villota und Hawkes, 1992)

Farbstoffe Lebensmittel	Temperatur/ andere RM-Bedingungen	k [min^{-1}]
Chlorophyll		
Spinat-Püree	56,7 - 32 °C/a_W = 0,11 - 0,75; pH = 5,9	0,08 - 18,8 · 10^{-5}
	38,6 °C/a_W = 0,32 - 0,75; pH = 5,6	1,03 - 51,9 · 10^{-5}
Anthocyanidine		
Weintraubenmost	100 °C/sortenabhängig	0,0018 - 0,0034
Betaline		
Rote Beete(Pulver)	28 - 48 °C (Betanin)	1,63 - 3,04 · 10^{-6}
	25 - 45 °C (Vulgaxantin)	1,67 - 3,49 · 10^{-6}
Rote Beete(Schnitzel)	70 - 90 °C (Betanin); 0,03 - 6,67 g H_2O[1]	0,00142 - 0,00984
	70 - 90 °C (Vulgaxanthin); ebenso	
Carotine		
Paprika	125 °C	0,003786
Lachs	37 °C/a_w = 0,0 - 0,4	1,83 - 0,17 · 10^{-5}
Braune Pigmente		
Mehl	150 - 190 °C/6 - 30 % H_2O[2]	0,001472 - 0,02647

[1] auf 1 g Feststoff
[2] im geschlossenen System

Anhang 7

Ausgewählte Literatur zur Maillard-Reaktion

Maillard LC, CR. (1912) Acad Sci Ser 154, 2, 66 (1912); ibid 155, 1554
Amadori M, Atti R. (1931) Acad Naz Lincei Mem, Cl Sci Fis Mat Nat 13, 72
Heyns K et. al. (1957) Chem Ber 90, 2039
Paulsen H et.al. The carbohydrates: Chemistry and Biochemistry (ed. by D Horton) Vol IB, Academic Press, New York 1980, p. 881
Westphal G u Kroh L (1986) Nahrung 29, 757, 765
Baltes W (1986) Lebensmittel- und Gerichtl Chemie 40, 49
Wittmann R u. Eichner K (1989) Z Lebensm Unters Forsch 188, 212
Beck J et. al. (1988) Carbohydrate Res 177, 240
Ledl F u. Schleicher E (1990) Angew Chemie 102, 597
Namiki M (1989) Adv Food Res 38, 155
Baynes JW (1989) "The MAILLARD reaction in Aging, Diabetes and Nutrition"(ed. by VM Monnier), Prog Clin Biol Res 304, AR Lin Inc, New York
Hogde JE et. al. (1963) Proc Am Soc Brew Chem 84
Ledl F et. al. (1986) Z Lebensm Unters Forsch 182, 12
Fujimaki M u M Namiki M (1986) "Aminocarbonyl reactions in Food and Biological systems" (ed. by H Kato) Dev Food Sci 13, Elsevier, Amsterdam
Kato Y et. al. (1986) J Agric Food Chem 34, 351
Kroh L et. al. (1989) Z Lebensm Unters Forsch 188, 351
Shigematsu H et. al. (1971) Agric Biol Chem 35, 2097
Hodge JE (1953) J Agric Food 1, 928
Anet EFLJ (1959) Austr J Chem 12, 491
Baltes W (1973) Ernährungsumschau 20, 35
Olano F et. al. (1992) Food Chem 43, 351
Yaylayan VA u. W.M. Baiser WM (1992) "Physical Chemistry of Foods" (ed. by HG Schwartzberg u. RW Hartel) Verlag Marcel Dekker Inc, New York-Basel-Hongkong
Labuza TP, Reineccius GA, Monnier VM, Brien JO and Baynes JW (1994) "Maillard-Reaction in Chemistry, Food and Health", The Royal Society of Chemistry

Kapitel 12

Literaturverzeichnis

12

Ackermann T (1992) Physikalische Biochemie - Grundlagen der physikalisch-chemischen Analyse biologischer Prozesse. Springer-Verlag, Berlin - Heidelberg - New York

Adair C, Briggs PA (1993) The concept and application of expert systems in the field of microbiological safety. J Industr Microbiol 12, 263-267

Amiza AM, Owusu Apenten RK (1994) Thermal inactivation parameters for alkaline proteinases from North Sea Cod (Gadus morhua) and bovine α-chymotrypsin. J Sci Food Agri 66, 389-391

Ananth K, Andreotti RE (1989) Kinetics of lysine loss in compressed model systems due to Maillard reaction. J Food Biochem 13, 105-125

Anderson SA (1950) Automatic refrigeration. MacLaren and Son Ltd, Norberg, Denmark

Anonym (1995) Temperaturmessung: Informationen aus dem Backofen. ZFL, Z für Lebensmittelwirtschaft 46, (5) 32

Appelt G (1988) Vorausbestimmung der Haltbarkeit wasserarmer Lebensmittel. Lebensmitteltechnik 4, 154-158

Arabshahi A, Lund DB (1985) Considerations in calculating kinetic parameters from experimental data. J Food Process Engineering 7, 239-251

Arabshahi A, Lund DB (1988) Thiamine stability in simulated intermediate moisture foods. J Food Sci 53, 199-203

Arrhenius SA (1915) Quantitative laws in biological chemistry. GB Bells and Sons Limited, London. Reproduced: Readex Microprints, New York (1973)

Arrhenius SA (1889) Über die Reaktionsgeschwindigkeit bei der Inversion von Rohrzucker durch Säuren. Z Physik Chemie 4, 226-248

Baiser WM, Labuza TP (1992) MAILLARD browning kinetics in a liquid model system, J Agric Food Chem 40, 707-713 (1992)

Baker DA, Genigeorgis C (1993) Predictive modeling, in: Hausschild, HAW und KL Dodds (Ed.), 343-406

Ball CO (1923) Determination by methods of calculation, the time necessary to process food. Bull Nat Res Council 7 (37), 9-76

Ball CO, Olson FCW (1955) Foundation of food process calculation methods. Food Res 20, 666

Ball CO, Olson FCW (1957) Sterilisation in food technology. MacGraw-Hill, NewYork

Baltes W, (Ed.) (1995) Schnellmethoden zur Beurteilung von Lebensmitteln und ihren Rohstoffen. 2. Aufl, Behr's Verlag, Hamburg

Baranyi J, Roberts TA, McClure PJ (1993) Non-autonomous differential equation to model bacterial growth. Food Microbiol 10, 43-59

Batuner LM, Posin MJ (1958) Mathematische Methoden in der chemischen Technik. Berlin

Bauernfeind JC, Pinkert DM (1970) Food processing with added ascorbic acid. Adv Food Res 18, 219-315

Belilacqua AE, Zaritzky NE (1986) Rate of pigment modifications in packed refrigerated beef using reflectance. J Food Proc Preserv 10, 1-18

Bělehrádek J (1926) Influence of temperature on biological processes. Nature (Lond.) 118, 117-118

Bělehrádek J (1930) Temperature coefficients in biology. Biological Reviews and Biological Proceedings of the Cambridge Philosophical Society 5, 30-58

Bělehrádek J (1935) Temperature and living matter. Gebrüder Borntraeger, Berlin

Belitz H-D, Grosch W (1987) Lehrbuch der Lebensmittelchemie. Springer Verlag, Berlin - Heidelberg - New York, 3. Auflage, 4. Auflage (1992)

Bell LN, Labuza TP (1993) Aspartame degradation kinetics as affected by pH in intermediate and low moisture food systems. J Food Sci 56, 17-20

Bendix GH, Herberlein DG, Ptak LR, Clifcorn LE (1951) Factors influencing the stability of thiamine during heat sterilization. Food Research 16, 494

Berry MR jr., Dickerson RW (1973) Moisture adsorption isothermes for selected feeds and ingredients. Trans. ASEA 16, 137-139

Bhaduri S, Smith PW, Palumbo SA, Turner-Jones CO, Smith JL, Marmer BC, Buchanan RL, Zaikam LI, Williams AC (1991) Thermal destruction of Listeria monocytogenes in liver sausage slurry. Food Microbiol 8, 75-78

Bigelow WD, Bohart GS, Richardson AC, Ball CO (1920) Heat penetration in processing canned foods. Nat Canner's Assoc Bull 16L

Birch G. (Ed.) (1991) Food for the 90's. Plenum Press New York

Bisswanger H (1979) Theorie und Methoden der Enzymkinetik. Verlag Chemie, Weinheim, Deerfield Beach, Florida, Basel

Bittrich H-J, Haberland D, Just G (1973) Leitfaden der chemischen Kinetik. Deutscher Verlag der Wissenschaften, Berlin, S. 34ff

Bittrich H-J, Haberland D, Just G (1979) Methoden chemisch-kinetischer Berechnungen. VEB Deutscher Verlag für Grundstoffindustrie, Leipzig

Björck J, Asp N-G (1983) The effects of extrusion cooking on nutritional value - a literature review. J Food Eng 2, 281

Blang SM, Hagratawata B (1972) Kinetics of aerobic oxidation of ascorbic acid. J Pharm Sci 61, 556-562

Bliefert C, Dehms G, Moravietz G (1977) Praktische Nomographie. Verlag Chemie, Weinheim - New York

Bliefert C, Kwiatkowski J (Eds) (1991) Kinetische Analyse mit Hilfe der UV-VIS-Spektroskopie. VCH Weinheim, New York, Basel, Cambrigde

Bourne MC (1989) Application of chemical kinetic theory to the rate of thermal softening of vegetable tissue, in: Jen, JJ, 98-110

Braddock RJ, Sadler GD (1989) Chemical changes in citrus juices during concentration processes, in: Jen, JJ

Breese MH (1955) Hysteresis in the hygroscopic equilibria of rough rice at 25 °C. Cereal Chem 32, 481-487

Brenning K (1975) Möglichkeiten der Simulation thermischer Prozesse der Lebensmittelbearbeitung und -verarbeitung zur Ermittlung reaktionskinetischer Daten. Diss Humboldt-Universität zu Berlin, Biowis. Fak

Buchanan RL (1991) Using spreadsheet software for predictive microbiology applications. J Food Safety 11, 123-134

Buchanan RL (1992) Predictive microbiology: Mathematical modeling of microbial growth in foods. in: Finley, JW, SF Robinson u. DJ Armstrong (Ed), 250-260

Buchanan RL (1993) Developing and distribution userfriendly application software. J Industr Microbiol 12, 251-255

Buchanan RL, Palumbo SA, Whiting RC (1993) Predictive microbiology and computer modeling techniques for the food industry. J. Industr. Microbiol. 12, 135-159

Buhr H (1981) Untersuchungen zur Berechnung der Gare bei pflanzlichen Lebensmitteln. Material des IV. Lebensmitteltechn Kolloquiums der TU Dresden

Buhr H (1990) Kinetik der Saccharosespaltung mittels Invertase in Süßwaren. I u. II. Forschungsbericht Humboldt-Universität zu Berlin, Sektion NGW/LMT

Buma TJ, Meerstra J (1969) The specific heat of milk products and of some related materials. Neth Milk Dairy J 23, 124-127

Bunnet JF (1961) The interpretation of rate data, in: Freiss u.a.

Buttersack Ch, Laketic D (1994) Hydrolysis of sucrose by deilluminated Y-zeolithes. J. Molecular Catalysis 94, L283-L290

Butz P, Koller WD, Tauscher B, Wolf S (1994) Ultra-high pressure processing of onions, chemical and sensory changes. Lebensmittel-Wiss u -Technol 27, 463-467

Carbonell JO, Sendra JM, Todo V (1990) Kinetics of beta-glucan degradation in beer by exogenuous beta-glucanase treatment. J Inst Brew 96, 81 – 84

Chandler DE, McMeekin TA (1985) Temperature function integration and ist relationship to the spoilage of pasteurized, homogenized milk. Austral J Dairy Technol 40, 37

Charalambous G (Ed) (1993) Shelflife studies of food and beverages: chemical, biological, physical, and nutritional aspects. Elsevier, Amsterdam u.a., 1204. (Development in Food Science, Bd. 33)

Cheftel H, Thomas G (1967) Grundlagen und Methoden für die Aufstellung von Sterilisationsmaßstäben bei Lebensmittelkonserven, Braunschweig

Chen BH, Chen TM, Chien JT (1994) Kinetic model for studying the isomerization of α- und β-carotene during heating and illumination. J Agric Food Chem 42, 2391 – 2397

Chirife I (1987) Die Bedeutung der Wasseraktivität für die Konservierung von Lebensmitteln. GIT Supplement 7, 37 – 43

Chirife I, del Pilar Buera M (1994) Water activity glass transition and microbial stability in concentrated semimoist food systems. J Food Sci 59, 921 – 927

Choi Y, Okos MR (1983) The thermal properties of tomato juice concentrates. Transl of ASAE 26, 305 – 311 (1983)

Clark PE, Waldeland CR, Cross RP (1946) Specific heat of vegetable oils from 0 °C to 280 °C. Ind Eng Chem 38, 350

Cohen E, Saguy I (1985) Statistical evaluation of Arrhenius model und ist applicability in prediction of food quality losses. J Food Process Preserv 9, 273 – 290

Dannenberg F (1986) Zur Reaktionskinetik der Molkenproteindenaturierung und deren technologischer Bedeutung. Diss TU München – Weihenstephan

Daun H (1993) Einführung, in: Charalambous, S. IX – X

Davey KR (1989) A predictive model for combined temperature and water activity on microbial growth during the growth phase. J Appl Bacteriol 67, 483 – 488

Davey KR (1991) Applicability of the DAVEY (linear Arrhenius) predictive model to the lag phase of microbial growth. J Appl Bacteriol 70, 253 – 257

Dennison D, Kirk J, Bach J, Kokoshka P, Heldman D (1977) Storage stability of thiamine and riboflavine in a dehydrated food system. J Food Process and Preservation 1, 43

Dickerson RW, jr. (1969) Thermal properties of food, in: Tressler u. a.

Dickerson RW, jr. (1981) Enthalpy of frozen foods, in: Handbook and product directory fundamentals; American Soc of Heating, Refrigeration and Air Conditioning Engineers, New York

Dietrich WC, Neumann HJ (1965) Blanching brussels sprouts. Food Techn 19, 1174

Draper N, Smith H (1981) Applied regression analysis. John Wiley & Sons, New York

Dwivedi BK, Arnold RG (1972) Chemistry of thiamine degradation. Mechanisms of thiamine degradation in model system. J Food Sci 37, 886 – 888

Dworschak E, Örsi F (1977) Acta Aliment. 6, 59

Edsall JT, Wyman J (1958) Biophysical chemistry, Vol. 1. Academic Press, New York

Eshtiaghi MN, Stute R, Knorr D (1994) High-pressure and freezing pretreatment effects on drying, rehydration, texture and color of green beans, carrots, and potatoes. J Food Sci 59, 1168 – 1170

Esty R, Meyer KF (1922) The heat resistance of the spores of B. botulinum and allied anaerobes. XI J Infect Dis 31, 433 – 447

Farber JM (1986) Predictive modeling of food deterioration and safety, in: Pierson, MD u. NJ Stern (Ed.), 57 – 90

Feliciotti E, WB Esselen (1957) Thermal destruction rates of thiamine in pureed meats and vegetables. Food Technol 11, (2) 77 – 84

Fennema, O (Ed.) (1975) Principles of food science; Verlag Marcel Dekker, New York

Fennema, O (Ed.) (1985) Food Chemistry; 2. Aufl, Verlag Marcel Dekker, New York

Fernandez B, Mauri LM, Resnik SL, Tomio JM (1986) Effect of adjusting the water activity to 0,95 with different solutes on the kinetics of thiamine loss in a model system. J Food Sci 51, 1100 – 1101

Fernandez-Martin F (1972) Influence of temperature and composition on some physical properties of milk and milk concentrates. I. Heat capacity. J Dairy Res 39, 65 – 73

Fink R (1984) Charakterisierung technologisch bedingter Veränderungen der Emulsionsstabilität von Rahm. Diss TU München - Weihenstephan

Fink R, Kessler HG (1985) Reaction kinetics study of thiamine losses in stored ultrahigh temperature milk. Milchwiss 40, (12) 709-712

Finkel'shstein EJ, Alekseev EV, Kozlov EJ (1973) The kinetics of β-carotene solid film autoxidation. Dokl Akad Nauk SSSR 208, 1408-1411

Finkel'shstein EJ, Alekseev EV, Kozlov EJ (1974) Kinetic relationships of the solid state autooxidation of β-carotene. Zh Org Khim 10, 207-210

Finley JW, Robinson SF, Armstrong DJ (Ed) (1992) Food Safety Assessment. ACS Sympos. Series 484, Amer Chem Soc, Washington, DC

Fischer J, Ullrich R, Ziemann R, Flatau S, Wolna P, Schleiff M, Pluschke V, Schellenberger A (1980) Thermische Inaktivierung immobilisierter Enzyme: eine kinetische Studie. J Solid-Phase Biochem 5, (2) 79-96

Fleischer L-G, Picht H-P (1976) Technische Thermodynamik I - Begriffe, Gleichungen, Hinweise. Lehrwerk Verfahrenstechnik für Universitäten und Hochschulen. VEB Deutscher Verlag für Grundstoffindustrie, Leipzig (1976)

Franzke, C (1990) Lehrbuch der Lebensmittelchemie, Akademie-Verlag Berlin

Freiss SL, Lewis ES, Weissberger A (1961) Investigations of rates and mechanisms of reactions Vol. III, Part I. of „Techniques of organic chemistry" New York

Frost AA, Pearsen RG (1964) Kinetik und Mechanismen homogener chemischer Reaktionen-Verlag Chemie GmbH, Weinheim

Fu B, Taoukis PS, Labuza TP (1991) Predictive microbiology for monitoring spoilage of dairy products with time-temperature-integrators. J Food Sci 56, 1209-1215

Fujikawa H, Ushioda H, Kudo Y (1992) Kinetics of Escherichia coli destruction by microwave irradiation. Appl Environm Microbiol 58, 920-924

Furuja EM, Warthesen JJ, Labuza TP (1984) Effects of water activity, light intensity and physical structure of food on the kinetics of riboflavine photodegradation. J Food Sci 49, 525-528

Garcia P, Brenes M, Vattan T, Garrido A (1992) Kinetic study at different pH values of the oxidation process to produce ripe olives. J Sci Food Agric 60, 327- 331

Gibson AM, Roberts TA (1986) The effect of pH, water activity, sodium nitrite and storage temperature on the growth of enteropathogenic Escherichia coli and Salmonellae in a laboratory medium. Int J Food Microbiol 3, 183-194

Gibson AM, Bratchell N, Roberts TA (1987) The effect of sodium chloride and temperature on the rate and extent of growth of Clostridium botulinum type A in pasteurized pork slurry. J Appl Bacteriol 62, 479-490

Gloria MBA (1988) Kinetics of beta carotene degradation in an oxygen environment. Diss Abstr Intern 2, 272

Gnanansekharan V, Floros JD (1993) Shelf life prediction of packaged foods, in: Charalambous, 1081-1113

Gold HJ, Weckel KG (1959) Degradation of chlorophyll to pheophytin during sterilization of canned green peas by heat. Food Technol 13, (5) 281

Goldblith S, Joslyn MA, Nickerson TR (1961) Introduction to thermal processing of foods AVI, Westport, USA (1961)

Goldschmidt SJ, Eitenmiller RR, Toledo RT, Barnhardt HM (1983) Effects of processing and storage on the water-soluble vitamin content of human milk. J Food Sci 48, 994

Griffith MW, Phillips JD (1988) Modelling the relation between bacterial growth and storage temperature in pasteurized milks of varying hygenic quality. J Soc Dairy Technol 41, (4) 96

Grosch W (1975) Ablauf und Analytik des oxidativen Fettverderbs. Z Lebensm Unters Forschg 157, 70-83

Grosch W (1976) Abbau von Linolsäureperoxiden zu flüchtigen Monocarbonylverbindungen Z Lebensm Unters Forschg 160, 371-373

Grosch W (1976) Reaktionen in Lebensmitteln pflanzlicher Herkunft, die durch das Enzym Lipoxygenase verursacht werden. Gerichtl Chemie 30, 1-8

Grosch W, Schwarz J, Schormüller J (1971) Untersuchungen über einen enzymatischen Abbau von Linolsäurehydroperoxiden durch Proteinfraktionen aus Weizen, Bohnen und Leinsamen. Fette - Seifen - Anstrichmittel 73, 433-437

Grosch W, Laskawy G (1977) ω-Oxidation von β-Carotin und Canthaxanthin durch gereinigte Lipoxigenase aus Sojabohnen. Z Lebensmittel Unters Forschg 165, 77-81

Guilbot A, Multon JL, Drapon R (1972) Enzymic activities and dehydration. Dechema Monographie 70, 279-299

Hall G (1984) Kinetic models for lipid oxidation, in: Marcuse, R (Ed), 218-222

Halvorson HO, Ziegler NR (1932). J Bacteriol 25, 101

Hamm DJ, Lund DB (1978) Kinetic parameters for thermal inactivation of pantothenic acid. J Food Sci 43, 631

Harabasz JS, Ziemkowski M, Wojciechowski J (1982) Bestimmung des Pasteurisationswertes Fleischwirtschaft 62, 644-647

Harada T, Tirtohusodo H, Paulus K (1985) Influence of the composition of potatoes on their cooking kinetics. J Food Sci 50, 459 468

Harris RS, Karmas E (1975) Nutritional evaluation of food processing. AVI Publ Comp, Westport, Conn

Hauschild AHW, Dodds KL (Ed.) (1993) Clostridium botulinum ecology and control in foods. Marcel Dekker, New York

Hayakawa K-I (1970) Experimantal formulas for accurate estimation of transient temperature of food and their application to thermal process evaluation. Food Technol 24, (12) 89- 99

Hayakawa K-I (1974) Improved procedure for mathematical evaluation of heat processes. J Food Sci 39, 849

Heimann W (1972) Grundzüge der Lebensmittelchemie. Theodor Steinkopff Verlag, Dresden, 2. Aufl.

Heiss R (1955) Fortschritte in der Technologie des Konservierens von Gemüse und Obst. Verlag Serger u Hempel, Braunschweig

Heiss R (1968) Haltbarkeit und Sorptionsverhalten wasserarmer Lebensmittel. Springer Verlag, Berlin - Heidelberg - New York

Heiss R (1980) Verpackung von Lebensmitteln. Springer Verlag, Berlin - Heidelberg - New York

Heiss R (1980) Über den Druckverlauf beim Sterilisieren von Lebensmitteln. Z Lebensmitteltechnol Verfahrenstechnik 31, 117-121

Heiss R, Eichner K (1990) Haltbarmachen von Lebensmitteln - Chemische, physikalische und mikrobiologische Grundlagen der Verfahren. Springer Verlag, Berlin - Heidelberg - New York, 2. Auflage, 3. Auflage (1994)

Heldman DR, Lund DB (1992) Handbook of food engineering. Verlag Marcel Dekker, New York

Helvey TC (1954) Study of some physical properties of honey. Food Res 19, 282-292

Hendel CE, Silveira V, Harrington WO (1955) Rates of nonenzymatic browning of white potato during dehydration. Food Technol 9, 433-438

Henyon D (Ed) (1991) Food Packaging Technology. Amer Soc for Testing and Materials, Philadelphia ASTM STP 1113

Herrmann J (1969) Optimierung von Sterilisationsprozessen unter Berücksichtigung der Keimabtötung und der chemischen Veränderungen. Die Nahrung 13, 639-661

Herrmann J (1970) Berechnung der chemischen und sensorischen Veränderungen unserer Lebensmittel bei Erhitzungs- und Lagerungsprozessen. Ernährungsforschung XV, 279-299

Herrmann J (1974) Die Haltbarkeit von Lebensmitteln als Wechselbeziehung zwischen Ausgangsqualität, Verpackung, Transport- und Lagerungsbedingungen. Die Nahrung 18, 409-424

Herrmann J, Brennig K, Nour S (1975) Berechnung thermischer Proteinveränderungen in Lebensmitteln mit Wärmekonduktion - Ermittlung der Reaktionsgeschwindigkeit und Aktivierungswärme. Die Nahrung 19, 1013-1024

Herrmann J (1976) Anwendung der Subjektiven Gustometrie und Olfaktometrie zur Bestimmung der Reaktionskinetik sensorischer Veränderungen bei technologischen Prozessen. Z Lebensm Unters Forschg 160, 227-243

Herrmann J (1976) Qualitäts- und Prozeßoptimierung zur Erhöhung der Effektivität der Lebensmittelproduktion durch die Reaktionskinetik der Lebensmittel. Die Lebensmittelindustrie 23, 399-406, 469-474, 515-522, 537-544. Die Lebensmittelindustrie 24, 94-95 (1977)

Herrmann J (1977) Neue Methoden der Be- und Auswertung sensorischer Eigenschaften von Lebensmitteln und der Berechnung ihrer Veränderungen. 11. Mitt.: Zur Theorie der Abhängigkeit von Geruchsempfindungsgrößen flüchtiger Säuren und Basen in wässrigen Lösungen von ihren Konzentrationen und vom pH-Wert sowie Ableitungen quantitativer Analysenverfahren mit Hilfe der Subjektiven Olfaktometrie. Die Nahrung 21, 873-891

Herrmann J, Al-Khayat M, Schleusener H (1978) Zur Kinetik der Temperaturabhängigkeit der Hitzeaktivierung und -inaktivierung von Bakterienendosporen als Folgereaktion. Die Nahrung 22, 89-99

Herrmann J, Vogel J, Buhr H (1979) Empfehlung zur Erarbeitung von Richtwerten für die Qualitätserhaltung der Lebensmittel im Bereich des Handels. KdT-Empfehlung, Berlin

Herrmann, Abd El Salam I (1981) Neue Methoden der Be- und Auswertung sensorischer Eigenschaften von Lebensmitteln und der Berechnung ihrer Veränderungen. 14. Mitt. Die Nahrung 25, 11

Herrmann J, Kiener W (1981) Neue Methoden der Be- und Auswertung sensorischer Eigenschaften von Lebensmitteln und der Berechnung ihrer Veränderungen. 15. Mitt: Abhängigkeit der Aromaintensität von der Sorption der Flavorstoffe am Eiweiß. Die Nahrung 25, 693-700

Herrmannsson AMJ (1978) Texture Studies 9, 33

Hicguet R (1988) An effective and easy way to compute shelf-life for fresh foods. Materialien der 32. Beratung der EOQC, Food Section, Moskau, 43-53

Himelbloom BH, Rugledge JE, Biede SL (1983) Color changes in blue crals during cooking. J Food Sci 48, 652

Himmelblau DM, Jones CR, Bischoff KB (1967) Determination of rate constants for complex kinetic models. Ind Eng Chem Fundam 6, 539-543

Holdsworth SD (1990) Kinetic data - what is available and what is necessary. S. 174-190; in: Zeuthen u Mitarb

Holman JP (1976) Heat transfer. Mc Graw-Hill, New York

Holmström B, Ricia J (1967) Production of hyaluronic acid by a streptococceal strain in batch culture, Appl Microbiol 15, 1409-1413

Hoppe K (1983) Zur Psychophysik und Theorie des Süßgeschmacks. Diss B, Humboldt-Universität Berlin, Sektion NGW/LMT

Horak FP (1980) Über die Reaktionskinetik der Sporenabtötung und chemischen Veränderungen bei der thermischen Haltbarmachung von Milch zur Optimierung von Erhitzungsverfahren. Diss TU München-Weihenstephan

Hsieh YHP, Harris ND (1993) Effect of sucrose on oxygen uptake of ascorbic acid in a closed aqueous system. J Agric Food Chem 41, 259-262

Hui YH (Ed) (1991) Encyclopedia of food science and technology; Vol.3, 1573-1585. John Wiley & Sons, Inc., New York, Chichester u. a.

Ingraham JL, Maalee O, Neidhardt FC (1983) Growth of the bacterial cell. Sinaaer Associates, Inc, Sunderland, MA, USA

Jen JJ (Ed) (1989) Quality factors of fruits and vegetables - chemistry and technology. Amer Chem Soc Symposium Series 405, Washington, DC

Johnson FH, Eyring H, Scover BJ (1974) The theory of rate processes in biology and medicine. John Wiley & Sons, New York, 199

Jones MC (1968) The temperature dependence of the lethal rate in sterilization operation. J Food Technol 3, 31-38

Jones JE (1993) A real-time data base/models base/expert system in predictive microbiology J Industr Microbiol 12, 268-272

Jones JE, Walker SJ (1993) Advances in modelling microbial growth. J Industr Microbiol 12, 273-276

Jonsson U, Snygg BG, Harnulv BG, Zachrisson T (1977) Testing two models for temperature dependence of the heat inactivation rate. J Food Sci 42, 1251

Kacyn LJ, Saguy J, Karel M (1983) J Food Process Preserv 7, 183

Kamau DN, Doores S, Pruitt KM (1990) Enhanced thermal destruction of Listeria monocytogenes and Staphylococcus aureus by the lactoperoxidase system. Appl Environm Microbiol 56, 2711-2716

Karel M (1992) Kinetics of lipid oxidation, in: Schwartzberg, HG u. KW Hartel, S 651-667

Karlin R, C Hours C, Vallier C, Bertoye R, Berry H, Moremd H (1969) Effects of various heat treatments on the level of folate. Intern Z Vitaminforsch, 349-359

Karlsson E, Kress-Rogers E (1990) Sensors and sensor techniques, in: Zeuthen u.a., 191-1105

Katusin-Razem B, Mihaljevic B, Razem D (1992) Time-dependent postirradiation oxydative chemical changes in dehydrated egg products. J Agric Food Chem 40, 1948-1952

Kearsley HW, Katsaboxakis KZ (1980) Stability and use of natural colors in foods. J Food Technol 15, 501

Kessler HG (1988) Lebensmittel- und Bioverfahrenstechnik - Molkereitechnologie, Verlag A Kessler, Freising, 3. Aufl.

Kiener W (1980) Zur Abhängigkeit der Empfindungsgrößen der Aromastoffe von ihrer Konzentration, dem Reaktionsmilieu sowie ihrer Bindung an Eiweißstoffe. Diss Humboldt-Univ Berlin, Sektion NGW/LMT

Kikova K, Kyzlink V, Heinzowa A (1981) Oxidative destructure of L-ascorbic acid in the presence of glutamic acid and copper. Sbornik Vysoke Skoly Chemicko-Technologicke v Praze, E, 52, 15-36

Kim YN, Kim CM, Han KW, Oh SK (1982) Effect of temperature on amino-carbonyl reactions. J Korean Soc of Food and Nutr 11, (1) 51-56

Kinsella JE (1976) Functional properties of proteins in foods : A survey, CRC Critical Reviews Food Sci Nutr 1, 219

Kinsella JE, Shetty, KJ (1978) Plenum Press S 797 (1978)

Koch E (1973) Mechanistische Analyse von Lösungsreaktionen durch nichtisotherme Kalorimetrie. Angew Chem 85, 381-390

Köhler B, Lambing K, Neurohr R, Nagl W, Popp FA, Wahler J (1991) Photonenemission - Eine neue Meßmethode zur Erfassung der „Qualität" von Lebensmitteln. Dt Lebensm Rdschau 87, (3) 78-83

Kroh L, Vogel J, Zeise S, Reukauf B, Westphal G (1990) Biochemie der Lebensmittel - Praktische Übungen zu lebensmittelwissenschaftlichen Grundlagen. 3. Lehrbrief für das Hochschulfernstudium, Dresden

Kubota K, Matusmoto T, Kurisu S, Suzuki K, Hosaka H (1980) The equation regarding temperature and concentration of the density and viscosity of sugar, salt, and skim milk solution. J Fac Appl Biol Sci Hiroshima Univ 19, 133-145

Kumamoto J, Raison JK, Lyons, JM (1971) Temperature „Breaks" in Arrhenius plots: A thermodynamic consequence of a phase change. J theor Biol 31, 47-51

Kunz B (1988) Grundriss der Lebensmittelmikrobiologie. Behr's Verlag Hamburg, S 405 ff

Labuza TP (1971) Kinetics of lipid oxidation in foods. Crit Rev in Food Technol Sci 2, 355

Labuza TP, Kreisman LN, Heinz CA, Lewicki PO (1977) Evaluation of the Abbeon Crep Analyzer compared to the VPM and Fett-Vos methods for water activity measurement. J Food Process and Preservation 1, 31-41

Labuza TP, Warren RM, Warmbier HC (1977) The physical aspects with respect to water and nonenzymatic browning. Adv Exptl Med Biol 86B, 379

Labuza TP, Kreisman L (1978) Open shelf life dating of foods. Office of Technology Assessment Contract OTA-C-78-001

Labuza TP, Bohnsack K, Kim MN (1982) Kinetik der Veränderung der Proteinqualität in Eiernudeln bei der Lagerung unter konstanten und wechselnden Temperaturen. Cereal Chem 59, 142-148

Labuza TP, Riboh D (1982) Theory and application of Arrhenius kinetics to the prediction of nutrient losses in foods. Food Technol 36, (10) 66-74

Labuza TP, Saltmarch M (1982) Kinetik der Bräunung und der Abnahme der Proteinqualität beim Molkenpulver unter konstanten und variierenden Lagerungsbedingungen. J Food Sci. 47, 92-96, 113

Labuza TP (1982) Feuchtezunahme und -verlust in verpackten Lebensmitteln. Food Technol. (Chicago) 36, (4) 92-97

Labuza TP, Taoukis PS (1991) The relationship between processing and shelf life, in: Birch, G; 73-106

Labuza TP, Fu B, Taoukis P (1992) Prediction for shelf life and safety of minimally processed CAP/MAP chilled foods: A review. J Food Protect 55, 741-750

Labuza TP, Baiser WM (1992) The kinetics of nonenzymatic browning, in: Schwartzberg, HG u Hartel, KW, S 595-649

Laidler KJ (1950) Chemical kinetics. McGraw-Hill, New York

Laidler KJ (1969) Theories of chemical reaction rates. McCraw-Hill, New York

Lathrop PJ, Leung HK (1980) Rates of ascorbic acid degradation during thermal processing of canned peas. J Food Sci 45, 152-153

Lee MC, Sherr B, Koh YN (1984) Evaluation of kinetic parameters for a glucose-lysine Maillard-reaction. J Agric Food Chem 32, 379-382

Lehninger AL (1987) Biochemie; 2. Aufl, Verlag Chemie, Weinheim - New York

Lenz MK, Lund DB (1975) in: Harris, RS u E Karmas

Lenz MK, Lund DB (1980) Experimental procedures for determining destruction kinetics of food components. Food Technol 34, (2) 51

Leung HK (1986) Wasseraktivität und andere kalligative Eigenschaften von Lebensmitteln, in: Okos, MR (Ed), S 138-191

Lewis T, Klatt KA (1985) Anwendung des „Analog TTM“ (Zeit-Temperatur-Monitor) zur Überwachung von Nahrungsgütern im Transit. Bull der Tagung der Komm. D1, D2, D3 des Intem. Kälteinstituts, Orlando

Linke F, LaBorde, von Elbe JH (1994) Chlorophyll degradation and zinc complex formation with Chlorophyll derivatives in heated green vegetables. J Agric Food Chem 42, 1100-1103

Liu Y, Liang Xu, Danmin Zhang (1993) Degradation kinetics of vitamine C in wild jujube juice. Shipin Kexue (Beijing) 96, 1-5

Löschner J, Kroh L, Westphal G, Vogel J (1991) L-Ascorbinsäure als Carbonylkomponente nichtenzymatischer Bräunungsreaktionen. Amino-Carbonyl-Reaktionen der Ascorbinsäure. Z Lebensm Unters Forsch 192, 1-4

Lund DB (1975) Heat transfer in foods; Part II, Chap 2 in: Fennema, OW

Lund DB (1975) Effects of commercial processing and storage on nutrients in: Harris u Karmas, 205 ff

MacKenna, BM (Ed) (1984) Proc. 3. Intern Conf on Energy and Food, 26.-28.9.1983, Dublin, Ir Vol. I: Engineering sciences in the food industry, S 1-558; Vol. II: Processing applications, S. 559-1100, Elsevier, London

Mansfield T (1974) unveröffentlicht, übernommen aus Lund

Marcuse R (Ed) (1984) Proc Scand Symp Lipids, 12th Meeting. Lipid-Forum, Goeteborg, Swed

Mauri LM, Resnik SL, Tomio JM, Chirife I (1987) Kinetics of thiamine loss in model food systems of high water activity. Anales de la Asociacion Quimica Argentina 75, 43-54

Mauri LM (1988) Efeto del soluto usado para ajustar la actividad del agna en la cinetica de degradacion termica de tiamina en sistemas modelo. Doctoral thesis, Universidad Nacional de Buenos Aires, Argentina

Mauri LM, Alzamora SM, Chirife J, Tomio JM (1989) Review: kinetic parameters for thiamine degradation in foods and model solutions of high water activity. Int J Food Sci Technol 24, 1-9

Mauri LM, Alzamora SM, Tomio JM (1992) Effect of electrolytes on the kinetics of thiamine loss in model systems of high water activity. Food Chemistry 45, 19-23

Mauser H (1967) Z Naturforschg 22b, 371

Mauser H (1974) „Formale Kinetik“. Bertelsmann Univ-Verlag, Düsseldorf

Mazza G (1980) Water vapor equilibrium relations of potato slices. Amer Potato J 57, 91-100

McMeekin, TA, Ross T u. J. Olley J (1992) Application of predictive microbiology to assure the quality and safety of fish and fish products. Int J Food Microbiol 15, 13-32

McMeekin TA, Olley J, Ross T, Ratkowsky DA (1993) Predictive Microbiology: Theory and application. John Wiley, NewYork, USA

Meyer RS, Grant MA, Luedecke LO, Keung HK (1989) Effects of pH and water activity on microbiol stability of salad dressing. J Food Protect 52, 477-479

MikkelsenA, Skibsted LM (1992) Kinetics of the enzymatic reduction of metmyoglobin in relation to oxygen activities in meat products. Z Lebensm Unters Forsch 194, 9-16

Minguez-Mosquera MJ, Gandul-Rojas B, Minguez-Mosquera J (1994) Mechanism and kinetics of the degradation of chlorophylls during the processing of green table olives. J Agric Food Chem 42, 1089-1095

Minguez-Mosquera MJ, Jaren-Galan M (1995) Kinetics of the decolouring of carotenoid pigments. J Sci Food Agric 67, 153-161

Mischkin M, Saguy I (1982) Thermal stability of pomegranete juice. Z Lebensm Unters u -forsch (1982)

Mnkeni AP, Beveridge T (1982) Thermal destruction of pteroyl glutamine in buffer and model systems. J Food Sci 47, 2038

Möbius H-H, Dürselen W (1973) Chemische Thermodynik, Lehrwerk Chemie, Lehrbuch 4. VEB Verlag für Grundstoffindustrie, Leipzig

Mohr K-H, Simon S (1992) Kinetische Untersuchungen zur thermischen Mikroorganismenabtötung in Eigelb. Die Nahrung 36, 228-238

Mohr PW, Krawiec S (1980) Temperature characteristics and Arrhenius-plots for nominal psychrophiles, mesophiles and thermophiles. J General Microbiol 121, 311

Morales FJ, Romero C, Jimenez-Pérez S (1994) New methodologies for kinetic study of 5-(hydroxymethyl)-furfural formation and reactive lysine blockage in heat treated milk and model systems. J Food Protection 58, (3), 310-315

Morsi MKS, Sterfing C, Volman DH (1967) Sorption of water vapor on B pattern starch. J Appl Polymer Sci 11, 1217-1225

Moskowitz HR, Chandler JW (1977) New uses of magnitude estimation, in: Rothe, M (1988)

Mulley GA, Stumbo GR, Hunting WM (1975) Kinetics of thiamine degradation by heat. A new method for studying reaction rates in model systems and food products at high temperatures. J Food Sci 40, 985

Muschiolik G (1966) Die Temperaturabhängigkeit der Zerstörung des Farbstoffs in Rote-Rüben-Saft. Diplomarbeit, Land.-Gärtn Fak der Humboldt-Univ Berlin

Navankasettusas S, Lund DB (1982) Thermal destruction of vitamin B6 citamers in buffer solution and cauliflower puree. J Food Sci 47, 1512

Nelson, KA, Labuza TP (1992) An evaluation of the kinetics of microwave doneness indicators. J Food Protect 55, 203-207

Nehring P, Krause H (1969) Konserventechnisches Handbuch der Obst- und Gemüseverwertungsindustrie. Verlag Günter Hempel, Braunschweig, 15. Aufl

Neumann R, Molnar P (1991) Sensorische Lebensmitteluntersuchung. Fachbuchverlag Leipzig, 2. Aufl

Ohta F, Hirahara T (1977) Rate of degradation of nucleotides in cool-stored carp muscle. Memo Fac Fish Kagoshima Univ 26, 97-102

Okamura T (1973) Studies on the state of water in soybean seed in relation to moisture content. Research Bull of Obihiro Zootechnical Uni., Ser I, 8, 148-149

Okos MR (Ed) (1986) Physical and chemical properties of food. American Soc of Agricult Engineers, Michigan

Olley J (1978) Current status of the application of temperature indicators, temperature integrators, and temperature function integrators to the food spoilage chain. Int J Refrig. 1, 81-86

O'Mahony M (1995) Sensory measurement in food science: Fitting methods to goals. Food Technol. 49, 72-82

Pechner A (1989) Einfluß verschiedener Zucker auf die Hitzestabilität von Enzymen. Z Verfahrenstechnik u Lebensmitteltechnologie 40, 477-479

Peleg M (1995) A model of temperature effects on microbial populations from growth to lethality. J Sci Food Agric 68, 83-89

Peri C, DeCesari L (1974) Thermodynamics of water sorption on Saccharomyces cerevisiae and cell viability during spray-drying. Lebensmittelwiss u -Technol 7, 76-81

Peri C (1976) Studio delle condizione di sopravvivenzadie lieviti sottoposti ad essiccamento spray. Ann Microbiol 26, 175–185

Pesek CA, Warthesen JJ (1988) Characterization of the photodegradation of beta-carotene in aquaous model systems. J Food Sci, 53, 1517– 1520

Pesek CA (1989) Characterization of the photodegradation reactions of major vegetable carotenes in model and food systems. Diss Abstr Intern B 49, 12, 49

Pesek CA, Warthesen JJ (1990) Kinetic model for photoisomerization and contaminant photodegradation of beta-carotenes. J Agric Food Chem 38, 1313–1315

Peters H (1985) Beitrag zur Verbesserung der Qualität und Haltbarkeit von Konserven. Dissertation Humboldt-Universität zu Berlin

Pierson MD, Stern NJ (Ed) (1986) Foodborne Microorganisms and their toxins: Developing methodology. Marcel Dekker, New York

Pino J, Torricella R (1985) Effect of storage temperature on the quality of pasteurized and canned grapefruit juice. I. Degradation of ascorbic acid. Rev Cienc Quim 16, 299–303

Pixton SW, Henderson S (1981) The moisture content – equilibrium relative humidity relationships of five varieties of Canadian wheat and of candle rapeseed at different temperatures. J Stored Prod Res 17, 187–190

Plank R (1959) Die Abhängigkeit der Reaktionsgeschwindigkeit von der Temperatur. Pflügers Archiv 269, 498–510

Pointing JD, Sanshuk DW, Brekke JE (1960) Labor measurement and deterioration in grape and berry juices and concentrates. Food Res 28, 471

Poeschel W, Kiener W (1987) Berechnung von zeit- und temperaturabhängignen Veränderungen während der Gefrierlagerung von Lebensmitteln. Die Lebensmittelindustrie 34, 7–10

Pyun, YR, Park MJ, Cuo HY, Lee YY (1981) Kinetic studies on the thermal degradation of pantothenic acid. Korean J of Food Sci and Technol 13, 188–193

Raidy GA (1968) I. Methods for determining thermal conductivity and thermal diffusicity of foods. II. Values for thermal properties of foods gathered from the literature, MS Thesis, Michigan State Univ

Ramaswamy H, Ghazala, van de Voort F (1990) Dehydration kinetics of thiamine in aqueous systems at high temperatures. Canadian Inst of Food Sci Technol J 23, (2/3) 125–130

Rand WM (1983) Development and analysis of empirical mathematical kinetic models pertinent to food processing and storage, in: Saguy, 49–70

Rao MA, Lee CY, Katz J, Cooley HJ (1981) A kinetic study of the loss of vitamine C, color, and firmness during thermal processing of canned peas. J Food Sci 46, 636

Rassis D, Saguy JS (1995) Oxygen effect on nonenzymatic browning and vitamin C in commercial citrus juices and concentrate. Lebensmittelwiss u -Technol 28, 285–290

Ratkowsky DA, Olley J, McMeekin TA, Ball A (1982) Relationship between temperature and growth rate of bacterial cultures. J. Bacteriol. 149, 1–5

Ratkowsky DA, Lowry RK, McMeekin TA, Stokes AN, Chandler RE (1983) Model for bacterial culture growth rate throughout the entire biokinetic temperature range. J Bacteriol 154, 1222–1226

Rauscher K, Engst R, Freimuth U (1969) Untersuchung von Lebensmitteln; VEB Fachbuchverlag Leipzig (1986)

Reich L, Stivala SS (1969) Autoxidation of hydrocarbons and polyolefines. Verlag Marcel Dekker, New York

Reichert JE (1977) Der C-Wert als Hilfsmittel zur Prozeßoptimierung. Z Lebensmitteltechnol. u Verfahrenstechnik 28, 1–7

Reuter H (1980) Zur Bewertung der thermischen Wirksamkeit von UHT-Anlagen für Milch. Milchwissenschaft 35, 536–540

Riedel L (1947) Zur Theorie der Hitzsterilisierung von Dosenkonserven. Mitt. des Kältetechn.Instituts Karlsruhe (1947)

Riedel L (1960) Zur Frage der mathematischen Darstellung der Temperaturabhängigkeit der Reaktionsgeschwindigkeit. Pflügers Archiv 271, 157–161

Roa V, u. Tapia de Daza MS (1991) Evaluation of water activity measurements with a Dew Point Electronic Humidity Meter. Lebensm-Wiss u -Technol 24, 208–213

Robert ChM. u. a. (1995) Kinetic study of the irreversible thermal deactivation of Palmito (Acanthophoenix rubra) polyphenol oxidase and effect of pH. J Agric Food Chem 43, 1143 - 1150

Robertson GL, Samiego CML (1986) Effect of initial dissolved oxygen levels on the degradation of ascorbic acid and the browning of lemon juice during storage. J Food Sci 51, 184 - 187

Rödel W, Kruse, HP (1980) Die Nahrung 24 (2), 129

Rodriguez AC, Smerage GH, Teixeira AA, Busta FF (1988) Kinetic effect of lethal temperature on population dynamics of bacterial spores. Trans Am Soc Agric Eng 31, 1594 - 1601, 1606

Rodriguez AC, Smerage GH, Teixeira AA, Lindsay JA, Busta FF (1992) Population model of bacterial spores for validation of dynamic thermal processes. J Food Protect Eng 15, 1 - 30

Rothe M (1988) Handbook of Aroma research, Introduction to aroma research. Akadmie-Verlag Berlin

Rouwen F-M (1980) Der Einfluß des Tiefgefrierens auf die Textur beim Garen und Regenerieren von verschiedenen Gemüsearten als Bestandteil von Fertiggerichten. Diss Techn Univ Berlin

Ruddick J., Vanderstoep J, Richards JF (1980) Kinetics of thermal degradation of methyltetrahydrofolic acid. J Food Sci 45, 1019

Rudolph Chr (1982) Untersuchungen zur Reaktionskinetik des Garprozesses bei Gemüse mit Hilfe einer Festigkeitsmessung. Diplomarbeit Humboldt-Univ. zu Berlin, Sektion NGW/LMT

Saguy I, Koshman IJ, Mizrahi S (1978) Thermal kinetic degradation of betanine and betalaine acid. J Agricult Food Chem 26, 360

Saguy I, Karel M (1979) Optimal retort temperature profile in optimizing thiamine retention in conduction-type heating of canned foods. J Food Sci 44, 1485

Saguy I (1979) Thermostability of red beet pigments (betanine and vulgaxanthine - I) - Influence of pH and temperature. J Food Sci 44, 1554 - 1555

Saguy I, Karel M (1980) Modeling of quality deterioration during food processing and storage. Food Technol 34, (2) 78 - 85

Saguy I (1983) Computer aided techniques in food technology. Marcel Dekker Inc., New York - Basel (1983)

Sahbaz F u. G. Somer G (1993) Photosentized decomposition of ascorbic acid in the presence of riboflavine, Photochem. Photobiol. 46, 171 - 182

Saidi B, Warthesen JJ (1983) Influence of pH and light on the kinetics of vitamine B_6 degradation. J Agric Food Chem 31, 876 - 880

Sakai Y, Watanabe H, Takai R, Hasegawa T (1987). A kinetic model for oxidation of ascorbic acid and beta-carotene. J Food Proc Preserv. 11, 197 - 207, 3166 - 3167

Sapru V, Teixeira AA, Smerage GH, Lindsay JA (1992) Predicting thermophilic spore population dynamics for UHT sterilization processes. J Food Sci 57, 1248 - 1252, 1257

Scatchard G, Ann NY (1949) Acad Sci 51, 660

Schleusener H, Sielaff H (1980) Der C-Wert - eine Kenngröße der Wärmebehandlung von Lebensmitteln. Die Lebensmittelindustrie 27, 297 - 300

Schubert H (1980) Indikatoren zur Kontrolle der Zeit-Temperaturbelastung von tiefgefrorenen Lebensmitteln. Z Lebensmitteltechnol u Verfahrenstechnik 31, 137 - 142

Schwartz SJ, von Elbe JH (1983) Kinetics of chlorophyll degradation to pyrophaeophytin in vegetables. J Food Sci 48, 1303 - 1306

Schwartzberg, HG, Hartel, WM (1992) Physical chemistry of foods. Verlag Marcel Dekker, Inc. New York

Schwetlick K (1971) Kinetische Methoden zur Untersuchung von Reaktionsmechanismen. VEB Deutscher Verlag der Wissenschaften, Berlin, S 60 ff

Schwetlick K, Dunken H, Pretzschner G, Scherzer K, Tiller H-J (1973) Chemische Kinetik, Lehrwerk Chemie, Lehrbuch 6. VEB Deutscher Verlag für die Grundstoffindustrie, Leipzig (1973)

Senter SD, Searcy GK, Wilson RL (1995) Residual glutamic-oxaloacetic-transaminase (GOT) activity in thermally processed poultry and poultry products as an indicator of end-point temperatures. J Sci Food Agric 68, 19 - 23

Sherlock M, Fu B, Taoukis PS, Labuza TP (1991) An systematic evaluation of time-temperature indicators for use as consumer tags. Food Protection 54, 885 - 889

Short AL (1955) The temperature coefficient of expansion of raw milk. J Dairy Res 22, 69
Sielaff H, Schleusener H (1979) Zur Charakterisierung des Pasteurisationseffektes. Die Lebensmittelindustrie 26, 248–252
Sielaff H, Schleusener H, Köller M (1981) Die Haltbarmachung von Lebensmitteln durch Behandlung mit Wärme – Theoretische Grundlagen. Wiss Z Humboldt-Univ, Math-Nat R XXX, 137–144 (1981). Die Ermittlung des Sterilisationseffektes von Konserven. Wiss Z Humboldt-Univ, Math-Nat R XXX, 145–155 (1981). Ausgewählte Aspekte der Qualitätserhaltung von Konserven. Wiss Z Humboldt-Univ, Math-Nat R XXX, 157–163
Šimon P, Drdák M, Altamirano RC (1993) Influence of water activity on the stability of betanin in various water alcohol model systems. Food Chem 46, 155–158
Singh RK, Lund DB, Buelow FH (1983) Storage stability of intermediate moisture apples: kinetics of quality change. J Food Sci 48, 939–944
Singh RP, Medina AG (1989) Food properties and computer-aided engineering of food processing systems. NATO A 51 Series
Singh RP, Heldman DR (1993) Introduction to food engineering. Acad Press, London, 2. Aufl.
Smith MG (1985) Generation time, lag time, and minimum growth temperature of growth of coliform organisms on meat, and the implications for codes of practice in abattoirs. J Hyg. Cambri 94, 289
Song P-S, Chichester C, Stadman, HF (1966) Kinetic behaviour and mechanism of inhibition in the MAILLARD reaction, I – IV. J Food Sci 31, 908–913, 914–926, (1966). J Food Sci 32, 98–106, 107–115
Stefanovich AF, Karel M (1982) Kinetics of beta-carotene degradation at temperatures typical of air drying of foods. J Food Process and Preservation 6, 227
Stiebitz O, Wolf K-H, Klöden W (1987) Auswirkungen der Methode der Linearisierung des μ-cS-Verlaufes auf die Parameteranpassung bei dem MONODschen Modell. Acta Biotechnol 7, (2) 167–172
Stiller W (1989) Arrhenius-equation and non-equilibrium kinetics, 100 years Arrhenius equation. Teubners Texte zur Physik, Bd. 21. Hrsg W Ebeling u.a., BSB BG Teubner Verlagsgesellschaft, Leipzig
Stumbo CR (1973) Thermobacteriology in food processing. Academic Press, NewYork, USA, (1965), 2. Aufl
Swartzel KR (1989) Non-isothermal kinetic data generation for food constituents, in: Singh, R. u AG Medina, 99–103
Swern D (1979) Bailey's industrial oil and fat products, Vol. 1. John Wiley & Sons, New York 4th ed (1979)
Szejtli J, Henriques RD, Castineira M (1970), Saure Hydrolyse von Saccharose. Acta Chim Acad Sci Hung 66, 213
Tabekhia MM, D'Appolonia RL (1979) Effects of processing steps and baking on thiamine, riboflavine, and niacine levels in conventional and continuous produced bread. Cereal Chem. 56, 79
Takacs J, Wirth F, Leistner L (1969) Berechnung der Erhitzungswerte (F-Werte) für Fleischkonserven, III. Mitt Mathematische Methode. Fleischwirtschaft 49, 1166–1172
Tannenbaum SR, Archer MC, Young VR (1985) Vitamins and minerals; p. 477–544 in Fennema, OR (Ed)
Taoukis PS, Labuza TP (1989) Applicability of time-temperature indicators as shelf life monitors of food products. J Food Sci 54, 783–788
Taoukis PS, Labuza TP (1989) Reliability of time-temperature indicators as food quality monitors under nonisothermal conditions. J Food Sci 54, 789–792
Taoukis PS, Labuza TP, Francis RC (1991) Time-temperature indicators as food quality monitors in: Henyon, D., 51–63
Tauscher B (1994) Pasteurization of food by hydrostatic high pressure – chemical aspects. Z Lebensm Unters Forschg 200, 3–13
Teixeira AA (1992) Thermal process calculations, in: Heldman, DR u DB Lund (Ed), 563–571
Teixeira AA, Rodriguez AC (1990) Microbial dynamics in bioprocess sterilization. Enzymes Microbiol Technol 12, 469–473

Teixeira PC, Castro MH, Kirby RM (1995) Death kinetics of Lactobacillus bulgaricus in a spray drying process. J Food Protect 58, 934-936

Thiede A (1978) Untersuchungen zur Reaktionskinetik der Bräunung, der Carbonyl- und Aromabildung während des Backprozesses. Diplomarbeit Humboldt-Universität zu Berlin, Sektion NGW/LMT

Thijssen HAC, Bruin S (1981) Scientific and technical developments in the food industry in the eighties. Lebensmittelwiss u Technol 14, 218 - 223

Thorne S (Ed) (1992) Mathematical modelling of food processing operations. Elsevier Science Publishers Ltd

Toribio F, Lozano JE (1984) Nonenzymatic browning in apple juice concentrate during storage J Food Sci 49, 889-892

Trausch G, Becker U, Heiss R (1965) Untersuchungen über die zeitveränderliche T-Verteilung in der Nahtzone mehrschichtiger Packstoffe während des Heißsiegelns. Verpackungs-Rundschau 16, TWB 35-41

Tressler DK, van Arsdel WB, Copley MJ (Eds.) (1969) Freezing preservation of foods. AVI Publishing Co, Westport, Conn, 4th Ed, Vol 2

Trong Can N (1977) Anwendung der sensorischen Analyse zur quantitativen Bestimmung von Aromabasen und -säuren sowie deren reaktionskinetisches Verhalten. Diss. Humboldt-Uni. zu Berlin, Sektion NGW/LMT (1977)

Tsoubeli MN, Labuza TB (1991) Accelerated kinetic study of aspartame degradation in the neutral pH-range. J Food Sci 56, 1671-1675

Van Arsdel WB (1957) The time temperature tolerance of frozen foods. I. Introduction - The problem and the attack. Food Technol 11, 28

Van Arsdel WB, Guadagni DG (1959) Time-temperature tolerance of frozen foods. XV. Methods of using temperature histories to estimate changes in frozen food quality. Food Technol 13, (2) 14

Van Arsdel WB, Copley MJ, Olson RL (1969) The inside story on frozen food behaviour. Quality and stability of frozen foods: Time-temperature tolerance and its significance. Chichester

Van't Hoff, JH (1884) Etudes de dynamique chimique. F Muller & Co, Amsterdam

Villota R, Hawkes JG (1986) Kinetics of nutrients and organoleptic changes, in: Okos, MR, 279-319

Villota R, Hawkes JG (1992) Reaction kinetics in food systems, in: Heldman, DR u. DB Lund, 39-144

Villota, R, Karel M (1980) Prediction of ascorbic acid retention during drying. II. Simulation of reduction in a model system. J Food Process Preserv 4, 141-159

Vodrázka Z (1979) Physikalische Chemie für Biologen, Mediziner, Pharmazeuten. VEB Verlag Volk und Gesundheit, Berlin

Von Elbe JH, Sy SH, Maing J-Y, Gabelman WH (1972) Quantitative analysis of betacyanins in red table beets (Beta vulgaris). J Food Sci 37, 932

Von Sydow E, Persson T, Akesson C (1973) The Aroma of canned beef: models for correlation of instrumental and sensory data. J Food Sci 38, 682-689

Vukov K (1963) Saure Saccharose-Hydrolyse. Cukoripari kutatointezet közlemenyei 8, 7

Vukov K (1965) Kinetische Gesichtspunkte der Hydrolyse von Saccharose. Intern Sugar J 67, 172-175

Wachsmuth R (1892) Research in the field of international heat conduction. Annalen der Physik 48, 158-179

Wadsworth JI, Sparado JJ (1969) Transient temperature distribution in whole sweetpotato roots during immersion heating. Food Technol 23, (2) 85-89

Warmbier HC, Schnickels RA, Labuza TP (1976) Effect of glycerol on nonenzymatic browning in a solid intermediate moisture model food system. J Food Sci 41, 528-531

Warmbier HC, Schnickels RA, Labuza TP (1976) Nonenzymatic browning kinetics in an intermediate moisture model system, effect of glucose to lysine ratio. J Food Sci 41, 981-983

Wells JH, Singh RP (1992) in: Thorne, S

Westphal G, Buhr H (1982/86) Reaktionskinetik der Lebensmittel. Lehrbriefe für das Hochschulfernstudium 1-4, Dresden

Westphal G, Vogel J, Pusch D (1988) Prozeßberechnung der enzymatischen Saccharosehydrolyse in Abhängigkeit von der Temperatur. Acta Biotechnol 8, 357-365

Whiting RC (1993) Modelling bacterial survival in unfavorable environments. J Industr Microbiol 12, 240-250

Whiting RC (1994) Microbial modelling in foods, unpublished manuscript. USDepartment of Agriculture, Eastern Regional Research Center, Philadelphia, Penn

Whiting RC, Cygnarovicz-Provost M (1992) A quantitative model for bacterial growth and decline. Food Microbiol 9, 269-277

Whiting RC, Buchanan RL (1994) Microbial modeling. Food Technol 48, 113-120

Widicus WA, Kirk JR, Gregory JF (1980) Storage stability of α-tocopherol in a dehydrated model food system containing no fat. J Food Sci 45, 1015

Wilkinson SA, Earle MD, Cleland AC (1982) Einfluß der Zusammensetzung, des pH-Wertes und des Kupfers auf den Abbau von Vitamin A in Rinderleber-Brei bei Erhitzungsprozessen. J Food Sci 47, 844-848

Wold S (1971) Analysis of kinetic data by means of spline functions. Chemica Scripta 1, 97-102

Wolf M, Walker JE, Kapsalis JG (1972) Water vapor sorption hysteresis in dehydrated food. J Agric Food Chem 20, 1073-1077

Yaylayan VA, Forage NG (1992) A kinetic model for the reaction of tryptophan with glucose and mannose - the role of diglycination in the Maillard-reaction. Food Chem 44, 201-208

Yonker CB (1984) Determination of B-6 vitamine degradation kinetics by high performance liquid chromatography. Diss Abstract Intern B 44, 12, 3711

Zabel G. (1989) Reaktionskinetische Untersuchungen zum Garen ausgewählter Gemüsearten im Temperaturbereich von 80 bis 100 °C. Diss Humboldt-Univ Berlin, Sektion NGW/LMT

Zeuthen P, Cheftel JC, Eriksson C, Gormley TR, Linko P, Paulus K (1990) Processing and quality of foods. Proceedings of the COST 91 bis Final Seminar held in Gothenburg Sweden, 2.-5. Oct 1989, London u. NewYork

Ziemba Z (1980) Grundlagen der Hitzekonservierung von Lebensmitteln. Warschau, 1980

Zwietering MH, Jongenburger J, Rombouts FM, van't Riet KV (1990) Modeling of bacterial growth curve. Appl Environm Microbiol 56, 1875-1881

KAPITEL 13

Quellenverzeichnis

I. Abbildungen

Ackermann T Physikalische Biochemie – Grundlagen der physikalisch chemischen Analyse biologischer Prozesse. Springer-Verlag, Berlin – Heidelberg – New York (1992) Abb. 1.9 dieses Buches (d.B.) nach Seite 76 des Originals (1992).

Belitz H-D und W. Grosch Lehrbuch der Lebensmittelchemie. Springer – Verlag, Berlin – Heidelberg – New York, 3. Auflage. Abb. 1.8 d.B. nach Seite 48 des Originals (1987)

Heiss R und Eichner K Haltbarmachen von Lebensmitteln, Chemische, physikalische und mikrobiologische Grundlagen der Verfahren. Springer-Verlag Berlin – Heidelberg – New York, 2. Auflage (1990). Abb. 1.7 d.B. nach Seite 32 des Originals, Abb. 5.12 d.B. nach Seite 228 der 3. Aufl. (1994) des Originals

Kessler HG Lebensmittel- und Bioverfahrenstechnik; Molkereitechnologie. Verlag A. Kessler, Freising-Weihenstephan, 3. Aufl. (1988). Abb. 1.10 d.B. nach Seite 157, Abb. 4.4 d.B. nach Seite 167/168, Abb. 4.9 d.B. nach Seite 168, Abb. 4.11 nach Seite 176 des Originals

Kunz B Grundriß der Lebensmittelmikrobiologie. Behr's Verlag GmbH & Co.,Hamburg (1988). Abb. 4.6 d.B. nach Seite 405 des Originals

Nehring P und Krause H Konserventechnisches Handbuch der Obst- und Gemüseverwertungsindustrie. Verlag Günter Hempel, Braunschweig, 15. Aufl. (1969). Abb. 5.10 d.B. nach Seite 47 des Originals, Abb. 6.4 nach Seite 36 des Originals

Neumann R und Molnar P Sensorische Lebensmitteluntersuchung – Eine Einführung. Fachbuchverlag Leipzig, 2. Auflage (1991). Abb. 7.1 d.B. nach Seite 84 des Originals

Okos MR (Ed) Physical and Chemical Properties of Food, Published by American Society of Agricultural Engineers, Michigan (1986). Abb. 1.3 d.B. nach Seite 150, Abb. 1.4 d.B. nach Seite 167, Abb. 1.5 d.B. nach Seite 150, Abb. 2.1 d.B. nach Seite 151, Abb. 5.16 d.B. nach Seite 274, Abb. 5.17 d.B. nach Seite 275 des Originals

Riedel L Zur Theorie der Hitzesterilisierung von Dosenkonserven. Mitt. des Kältetechnischen Instituts der Reichsforschungsanstalt für Lebensmittelfrischhaltung an der TH Karlsruhe Nr.1. C. Müller Verlag Karlsruhe (1947). Abb. 6.1 d.B. nach Seite 4, Abb. 6.5 d.B. nach Seite 10, Abb. 6.6 nach Seite 12 des Originals

Schwartzberg HG und Hartel RW Physical Chemistry of Foods. Marcel Dekker Inc, New York – Basel – Hong Kong (1992). Abb. 4.22 d.B. nach Seite 657, Abb. 4.23 nach Seite 656 des Originals

Schwetlick K, Dunken H, Pretzschner G, Scherzer K und Tiller H-J Chemische Kinetik. Lehrwerk Chemie, Lehrbuch 6, VEB Deutscher Verlag für die Grundstoffindustrie, Leipzig, 4. Aufl. (1985). Abb. 5.3 nach Seite 111 des Originals

II. Tabellen

Ackermann Th Physikalische Biochemie – Grundlagen der physikalisch chemischen Analyse biologischer Prozesse. Springer-Verlag Berlin – Heidelberg – New York (1992), Tab. 3.2 d.B. nach Seite 322, Anhang 1 und 2 d.B. nach den Seiten 334, 335 und 345 des Originals

Baltes W Schnellmethoden zur Beurteilung von Lebensmitteln und ihren Rohstoffen. Behr's Verlag GmbH. & Co., Hamburg (1995). Tab. 7.4 d.B. nach ausgewählten Abschnitten des Originals

Belitz H-D und W. Grosch W Lehrbuch der Lebensmittelchemie. Springer-Verlag Berlin - Heidelberg - New York, 3.Auflage (1987). Tab. 1.1 d.B. nach Seite 4, Tab. 1.3 nach Seite 5, Tab. 1.4 nach Seite 48, Hofmeister-Reihen nach Seite 49 des Originals

Holdsworth DS Kinetic Data - what is available and what is necessary in P. Zeuthen u.a. (Eds.) Processing and Quality of Foods. London- New York (1990). Anhang 3 d.B. nach den Tabellen 2, 3 und 6 (Seiten 175 - 190) des Originals

Kessler HG Lebensmittel- und Bioverfahrenstechnik; Molkereitechnologie. Verlag A. Kessler, Freising-Weihenstepan, 3. Auflage (1988). Tab. 4.6 d.B. nach den Seiten 163 und 164 des Originals

Neumann R und Molnar P Sensorische Lebensmitteluntersuchung - Eine Einführung. Fachbuchverlag Leipzig (1991). Tab. 7.5 d.B. nach S. 163, Tab. 7.6 d.B. nach Seite 120, Tab. 7.7 d.B. nach Seite 53 des Originals

Okos MR (Ed) Physical and Chemical Properties of Food. Published by American Society of Agricultural Engineers, Michigan (1986). Tab. 1.2 d.B. nach den Seiten 163 ff., Tab. 2.1 d.B. nach den Seiten 62 ff., Tab. 2.2 nach den Seiten 123 ff, Tab. 4.1 und Tab. 4.5 nach den Seiten 306 ff, Tab. 4.2 d.B. nach den Seiten 320 ff. (einschließlich der Anhänge) des Originals

Schwetlick K, Dunken H, Pretzschner G, Scherzer K und Tiller H-J Chemische Kinetik, Lehrwerk Chemie, Lehrbuch 6. Enke-Verlag, Stuttgart (1973). Tab. 7.1 d.B. nach Seite 72 des Originals

Villota R und Hawkes JG Reaction Kinetics in Food Systems in: DR Heldman and D.B. Lund: Handbook of Food Engineering, Marcel Dekker Inc. New York - Basel - Hong Kong (1992). Tab. 3.3 und Tab. 3.4 d.B. nach Seite 57, Tab. 4.4 und 4.5 nach den Seiten 65 ff., Anhang 6 d.B. nach den Seiten 101 ff. des Originals

Ziemba Z Grundlagen der Wärmekonservierung von Lebensmitteln. Wydawnictwa Naukowo-Techniczne, Warszawa (1980). Tab. 5.5 und 5.6 d.B. nach den Seiten 140 und 142 des Originals

III. Aufgaben

Bittrich H-J, Haberland D und Just G Methoden chemisch-kinetischer Berechnungen. VEB Deutscher Verlag für Grundstoffindustrie, Leipzig (1979). Aufgaben nach B.1.8 (Seite 25), A.1.2 (Seite 26), A.1.15 (Seite 31), B.1.1 (Seite 14), B.1.2 (Seite 15) des Originals

Lehninger AL Biochemie. VCH Verlagsgesellschaft mbH., Weinheim 2. Auflage (1987). Aufgaben nach den Aufgaben 1, 2 und 3 von Seite 172 des Originals.

Index

N

O

Q

R

Springer-Verlag und Umwelt

Als internationaler wissenschaftlicher Verlag sind wir uns unserer besonderen Verpflichtung der Umwelt gegenüber bewußt und beziehen umweltorientierte Grundsätze in Unternehmensentscheidungen mit ein.

Von unseren Geschäftspartnern (Druckereien, Papierfabriken, Verpackungsherstellern usw.) verlangen wir, daß sie sowohl beim Herstellungsprozeß selbst als auch beim Einsatz der zur Verwendung kommenden Materialien ökologische Gesichtspunkte berücksichtigen.

Das für dieses Buch verwendete Papier ist aus chlorfrei bzw. chlorarm hergestelltem Zellstoff gefertigt und im pH-Wert neutral.

MIX
Papier aus verantwortungsvollen Quellen
Paper from responsible sources
FSC® C105338

If you have any concerns about our products,
you can contact us on
ProductSafety@springernature.com

In case Publisher is established outside the EU,
the EU authorized representative is:
Springer Nature Customer Service Center GmbH
Europaplatz 3, 69115 Heidelberg, Germany

Printed by Libri Plureos GmbH
in Hamburg, Germany